Synthesebücher

SCHWERPUNKTPROGRAMM **UMWELT**
SCHWEIZ. NATIONALFONDS ZUR FÖRDERUNG DER WISSENSCHAFTLICHEN FORSCHUNG
PROGRAMME PRIORITAIRE **ENVIRONNEMENT**
FONDS NATIONAL SUISSE DE LA RECHERCHE SCIENTIFIQUE
PRIORITY PROGRAMME **ENVIRONMENT**
SWISS NATIONAL SCIENCE FOUNDATION

Jenseits der Öko-Nische

Alex Villiger
Rolf Wüstenhagen
Arnt Meyer

mit einem Beitrag von
Mischa Kolibius

und einem Vorwort von
Thomas Dyllick

Birkhäuser Verlag
Basel · Boston · Berlin

Alex Villiger, Rolf Wüstenhagen und Arnt Meyer
Institut für Wirtschaft und Ökologie (IWÖ-HSG)
Universität St. Gallen
Tigerbergstrasse 2
CH-9000 St. Gallen

Die Deutsche Bibliothek - CIP-Einheitsaufnahme
Jenseits der Öko-Nische / Alex Villiger ; Rolf Wüstenhagen ; Arnt Meyer. Mit einem Beitrag
von Mischa Kolibius und einem Vorw. von Thomas Dyllick. - Basel ; Boston ; Berlin : Bir-
khäuser, 2000
   (Synthesebücher Schwerpunktprogramm Umwelt)
   ISBN 3-7643-6247-2

© 2000 Birkhäuser Verlag AG, Postfach 133, CH-4010 Basel, Schweiz
Camera-ready Vorlage erstellt von den Autoren
Umschlaggestaltung: Micha Lotrovsky
Gedruckt auf säurefreiem Papier, hergestellt aus chlorfrei gebleichtem Zellstoff. TCF ∞
Printed in Germany
ISBN 3-7643-6247-2

9 8 7 6 5 4 3 2 1

Inhaltsübersicht

Vorwort..IX
von Thomas Dyllick

1   Einführung 1
von Rolf Wüstenhagen/Alex Villiger/Arnt Meyer

2   Theoretisch-konzeptionelle Grundlagen 5
von Alex Villiger/Rolf Wüstenhagen/Arnt Meyer

3   Jenseits der Öko-Nische in der Lebensmittelbranche.........57
von Alex Villiger

4   Jenseits der Öko-Nische im Bekleidungshandel................141
von Arnt Meyer

5   Jenseits der Öko-Nische in der Elektrizitätsbranche.........217
von Rolf Wüstenhagen

6   Fazit: (Syn-) Thesen zum Jenseits der Öko-Nische...........293
von Rolf Wüstenhagen/Alex Villiger/Arnt Meyer

7   Ein Cyber-Ausblick: Mit dem WWW aus der Öko-Nische? 315
von Mischa Kolibius

8   Literaturverzeichnis...357

Inhalt

1   Einführung **1**

2   Theoretisch-konzeptionelle Grundlagen **5**

2.1   Erweitertes Modell des ökologischen Transformationsprozesses 6
2.2   Porters Konzept der Branchenstrukturanalyse 10
2.3   Die «Landkarte des ökologischen Massenmarktes» 16
    2.3.1   Indikatoren für die Operationalisierung des Zielerreichungsgrades ... 19
    2.3.2   Wege zum Ziel 22
2.4   Dynamische Betrachtungsweise: «Ökologischer Branchenlebenszyklus» 27
2.5   Unternehmensstrategien: Vom Öko-Nischenmarketing zum Marketing
    jenseits der Nische 37
    2.5.1   Strategische Grundsatzentscheidungen im Öko-Marketing 39
    2.5.2   Ökomarketing in der Nische 42
    2.5.3   Ansatzpunkte eines Öko-Marketings jenseits der Nische 46
    2.5.4   Übergangsprobleme und Zwischenfazit 51

3   Jenseits der Öko-Nische in der Lebensmittelbranche **57**

3.1   Branchenstrukturanalyse 60
    3.1.1   Rivalität unter den bestehenden Wettbewerbern im Schweizer
        Lebensmittelhandel 61
    3.1.2   Bedrohung durch neue Konkurrenten 64
    3.1.3   Endverbraucher 65
    3.1.4   Verhandlungsstärke der Lieferanten 67
    3.1.5   Substitutionsprodukte 70
    3.1.6   Fazit 70
3.2   Ökologische Transformation in der Schweizer Lebensmittelbranche 71
    3.2.1   Am Anfang der Transformation stehen ökologische Probleme 72
    3.2.2   Die Transformation mündet in ökologischen Wettbewerbsfeldern 73
    3.2.3   Von ökologischen Problemen zum ökologischen Wettbewerbsfeld ... 78
    3.2.4   Fazit: Ökologisierungsprozess in der Schweizer Lebensmittel-
        branche 83
3.3   Landkarte des ökologischen Massenmarktes in der Lebensmittelbranche 84
    3.3.1   Drei ökologische Qualitätsstandards – ökologische Landkarte in
        der Schweizer Lebensmittelbranche 85

3.3.2 Sechs mögliche Entwicklungspfade zum ökologischen
            Massenmarkt 88
3.4 Ökologischer Branchenlebenszyklus 96
    3.4.1 Einführungsphase (1980-1991): Ein historischer Rückblick 97
    3.4.2 Frühe Wachstumsphase (1992-1997): Neuausrichtung der
            Rahmenbedingungen und Bio-Wettbewerb im Handel 100
    3.4.3 Take-off-Phase (1998-2005): Bio-Verordnung und Erreichen
            der 5%-Schwelle 102
    3.4.4 Reifephase (ab 2005): «Bio-Land Schweiz» oder «Diktat der
            Ökonomie»? 105
    3.4.5 Überblick 108
3.5 Öko-Marketing in und jenseits der Öko-Nische 109
    3.5.1 Besondere Eigenschaften biologischer Produkte 109
    3.5.2 Marketing in der Öko-Nische 110
    3.5.3 Marketing jenseits der Öko-Nische 118
3.6 Fazit 137

4   Jenseits der Öko-Nische im Bekleidungshandel 141
4.1 Ökologische Transformation im Bekleidungshandel 142
4.2 Branchenstrukturanalyse 145
4.3 Landkarte des ökologischen Massenmarktes im Bekleidungshandel 158
4.4 Ökologischer Branchenlebenszyklus 164
    4.4.1 Einführung ökologischer Produkte (1990-1993): Der Weg zur
            Naturmodewelle 164
    4.4.2 Stagnation: Abschwung in der Masse - Aufschwung in der
            Nische (1993-1995) 168
    4.4.3 Wachstum und differenzierte Strategien (seit 1995) 174
    4.4.4 Mögliche Entwicklungspfade 181
4.5 Öko-Marketing in und jenseits der Öko-Nische 189
    4.5.1 Strategische Positionierungen jenseits der Öko-Nische 189
    4.5.2 Marketing in der Öko-Nische 196
    4.5.3 Marketing jenseits der Öko-Nische 201
4.6 Zwischenfazit 215

5   Jenseits der Öko-Nische in der Elektrizitätsbranche 217
5.1 Branchenstrukturanalyse 217
    5.1.1 Bedrohung durch neue Konkurrenten 220
    5.1.2 Verhandlungsstärke der Abnehmer 222
    5.1.3 Substitutionsgefahr 223
    5.1.4 Verhandlungsstärke der Lieferanten 224

5.1.5   Rivalität in der Branche 225
5.2   Ökologische Transformation in der Schweizer Elektrizitätsbranche 226
5.3   Landkarte des ökologischen Massenmarktes in der Elektrizitätsbranche ... 234
5.4   Ökologischer Branchenlebenszyklus 250
   5.4.1   Einführungsphase 251
   5.4.2   Frühe Wachstumsphase 251
   5.4.3   Take-off Phase 253
   5.4.4   Reifephase – der Schweizer Ökostrommarkt im Jahre 2010 257
5.5   Unternehmensstrategien: Vom Ökostrom-Marketing in der Nische zu
      Ansätzen eines erfolgreichen Mega-Marketing jenseits der Nische 261
   5.5.1   Spezifische Herausforderungen des Marketings für Ökostrom 262
   5.5.2   Ökologische Wettbewerbsstrategien in der Elektrizitätsbranche 263
   5.5.3   Nischen-Marketing für Ökostrom heute 264
   5.5.4   Mega-Marketing für Ökostrom jenseits der Nische 271
   5.5.5   Übergangsprobleme von der Nische zum Massenmarkt 287
5.6   Fazit 291

6   Fazit: (Syn-) Thesen zum Jenseits der Öko-Nische 293

6.1   Branchenstrukturanalyse: ökonomische Trends und Kräfteverhältnisse
      als Hintergrund für eine Entwicklung jenseits der Öko-Nische 294
6.2   Der ökologische Transformationsprozess: Zusammenhänge zwischen
      dem Branchengeschehen und den Lenkungssystemen Politik und
      Öffentlichkeit 298
6.3   Die «Landkarte des ökologischen Massenmarktes»: Das Ziel einer
      Entwicklung jenseits der Nische und die Wege dorthin 301
6.4   «Ökologischer Branchenlebenszyklus»: Die Rolle von Davids und
      Goliaths im Zeitablauf 303
6.5   Unternehmensstrategien: Aspekte eines erfolgreichen Mega-Marketing
      jenseits der Nische 306
6.6   Ausblick 312

**7   Ein Cyber-Ausblick:
      Mit dem World-Wide-Web aus der Öko-Nische? 315**

7.1   Einleitung: Öko-Electronic-Commerce - der Markt der Zukunft? 315
7.2   Internet und Status Quo 316
7.3   Internet und der Einfluss auf die Branche 318
   7.3.1   Markteintrittsbarrieren - Neue Konkurrenten 321
   7.3.2   Verhandlungsmacht des Kunden 323
   7.3.3   Substitution 325
   7.3.4   Grad der Rivalität 327

7.4 Internet und die «Landkarte des ökologischen Massenmarktes»............... 328

    7.4.1 Ausdehnung des Marktanteils in den Einzelsegmenten ECO und MIDDLE 328

    7.4.2 Anhebung der relativen ökologischen Qualität.................................. 338

    7.4.3 Sustainable Shrinking - Verringerung des Gesamtkonsums............ 342

7.5 Ökologieorientiertes Online-Marketing: Drei Beispiele aus der Praxis 343

    7.5.1 Electronic Marketing für landwirtschaftliche Produkte und Dienstleistungen: Der Austrian Country Market (ACM) 343

    7.5.2 Ökologisches Informations- und Kooperationsnetz in der textilen Kette: Das TexWeb 348

    7.5.3 Öko-Strom-Börse im Internet - «GreenPlanet™ von Utility.com» und der «Green-Power-Market™» von APX.................................... 351

7.6 Und die Zukunft? Electronic Öko-Commerce und Massenmarkt................ 353

8 Literaturverzeichnis 357

Abbildungsverzeichnis

Abb. 1: Aufbau des vorliegenden Buches 3

Abb. 2: Konzept der ökologischen Transformation 7

Abb. 3: Ökologische Dominokette 9

Abb. 4: Fünf Triebkräfte des Branchenwettbewerbs 12

Abb. 5: Branchenstrukturanalyse als Grundlage für die Strategiewahl 14

Abb. 6: Die Landkarte des ökologischen Massenmarktes 18

Abb. 7: Multiplying Davids und Greening Goliaths als alternative Pfade von der Öko-Nische

        zum ökologischen Massenmarkt. 21

Abb. 8: Coevolution von Multiplying Davids und Greening Goliaths 22

Abb. 9: Produktlebenszyklus 30

Abb. 10: Ökologischer Branchenlebenszyklus 32

Abb. 11: Analyseraster für die Untersuchung von Unternehmensstrategien 38

Abb. 12: Typologie ökologischer Wettbewerbsstrategien 42

Abb. 13: Der Übergang von der Nische zum Massenmarkt als Marketing-Herausforderung 52

Abb. 14: Der Handel als ökologischer Gatekeeper 61

Abb. 15: Marktanteile im Schweizer Lebensmittelhandel 1997 63

Abb. 16: Triebkräfte des Wettbewerbs in der Schweizer Lebensmittelbranche 71

Abb. 17: Ökologische Belastungsmatrix der Lebensmittelbranche 73

Abb. 18: Ökologische Wettbewerbsfelder in der Lebensmittelbranche 74

Abb. 19: Entwicklung der verschiedenen Anbaumethoden 82

Abb. 20: Ökologischer Transformationsprozess in der Schweizer Lebensmittelbranche 84

Abb. 21: Landkarte des ökologischen Massenmarktes 88

Abb. 22: Synergien zwischen Coop und Bio Suisse 89

Abb. 23: Marktanteile am Biomarkt 1998 103

Abb. 24: Verteilung der Knospe-Lizenznehmer 1998 104

Abb. 25: Kreislauf einer «sich selbst erfüllenden Prophezeiung» auf dem Öko-Markt 111

Abb. 26: Positive Rückkopplung bei der Ausbreitung biologischer Lebensmittel 120

Abb. 27: Illustratives Rechenbeispiel: Anwendung der relativen und absoluten Kalkulations-

        methode bei einem Kilogramm Glockenäpfel (biologisch und konventionell) 125

Abb. 28: Öko-Marketing zunächst nach innen und dann nach aussen 137

Abb. 29: Der Bekleidungseinzelhandel in der Wertschöpfungskette 141

Abb. 30: Umsatzschwankungen im schweizerischen Bekleidungseinzelhandel 147

Abb. 31: Marktanteile im schweizerischen Bekleidungshandel 148

Abb. 32: Dualität der Struktur anhand der Modedynamik 155

Abb. 33: Positionsstrategische Optionen der Marktbearbeitung 157

Abb. 34: Triebkräfte des Wettbewerbs im schweizerischen Bekleidungshandel 158

Abb. 35: Ökologische Belastungsmatrix der textilen Kette 159

Abb. 36: Der schweizerische Bekleidungsmarkt aus ökologischer Sicht 163

Abb. 37: Umsatzveränderungen von Öko-Pionieren (1993-1995) 172

Abb. 38: Diffusionsverlauf ökologischer Bekleidungsprodukte in der Schweiz 179

Abb. 39: Entwicklungspfade zum ökologischen Massenmarkt 183

Abb. 40: Positionierungsnetz der Migros eco products 192

Abb. 41: Positionierungsnetz der Coop NATURA Line 195

Abb. 42: «Teufelskreis» der Produktionskosten 200

Abb. 43: Informations- vs. Erlebniswerbung 207

Abb. 44: Erlebnisorientierte Kommunikation ökologischer Bekleidungsartikel
          am Beispiel Patagonia 208

Abb. 45: Anbieterstruktur des Bekleidungshandels nach Preisen 210

Abb. 46: Produktlebenszyklus für Elektrizität 218

Abb. 47: Heutige Struktur der Schweizer Elektrizitätswirtschaft 220

Abb. 48: Umweltbelastung verschiedener Systeme zur Stromerzeugung in der Schweiz 236

Abb. 49: Die Landkarte des ökologischen Massenmarktes für die Schweizer
          Elektrizitätsbranche 238

Abb. 50: Produktion, Einfuhr und Ausfuhr von Elektrizität in der Schweiz 1998 239

Abb. 51: Aufpreis von Ökostromprodukten im Vergleich zu konventionellem Strom 267

Abb. 52: Kommunikations-Mix der Schweizer Ökostrom-Anbieter 268

Abb. 53: Varianten zur Kostensenkung bei Ökostromprodukten 272

Abb. 54: Kundennutzen kommunikativ kreieren – Ökostrom-Werbung von unit[e] 279

Abb. 55: Ökostrom-Marketing ersetzt nicht die Energiepolitik 285

Abb. 56: Ökostrom-Marktführer erkennen die Notwendigkeit energiepolitischer Flankierung 286

Abb. 57: Moderate Aufpreise sind einer der wichtigen Erfolgsfaktoren im Marketing-Mix
          jenseits der Nische 308

Abb. 58: Technology Push und Market Pull im Zusammenspiel 319

Abb. 59: Wettbewerbskräfte des Electronic Commerce 321

Abb. 60: Nischenmarketing am Beispiel von Mousepads 325

Abb. 61: M-Bio-/M-Sano-Online-Shopping-Angebote von Migros 326

Abb. 62: Eventmarketing zur Neukundengewinnung am Beispiel Bruno Bananis

«Eco-Challenge» 330

Abb. 63: One-to-One-Marekting von Firefly 332

Abb. 64: Ein Beispiel für Massanfertigung im Internet: Sui Generis 333

Abb. 65: Mögliche Handlungsoptionen im Branchenvergleich 338

Abb. 66: Informationspolitik bei Coop NATURA Plan 340

Abb. 67: Der Austrian Country Market 344

Abb. 68: Drei Bereiche der Internet-Präsenz des ACM 345

Abb. 69: Das ökologische Informations- und Kommunikationsnetzwerk TexWeb 349

Abb. 70: Internet-Angebot der Firma Utility.com 351

Abb. 71: Aktuelle Preise für Ökostrom in der Online-Öko-Strombörse 353

Tabellenverzeichnis

Tab. 1: Zusammenfassender Überblick 36

Tab. 2: Ökonischenmarketing und «Massen-»Marketing 54

Tab. 3: Übersicht Ökologischer Branchenlebenszyklus 108

Tab. 4: Kostenseitig kalkulierte Beschaffungspreise 153

Tab. 5: Ökologische Klassifizierung von Bekleidungsprodukten 161

Tab. 6: Ökologische Klassifizierung von Stromprodukten 237

Tab. 7: Der Branchenlebenszyklus für Ökostrom im Überblick 261

Tab. 8: Charakteristika neuer und alter erneuerbarer Energien 274

Vorwort

Der Weg von der Öko-Nische zum ökologischen Massenmarkt ist nicht nur für die Hersteller bestimmter ökologischer Produkte wie z.B. Solarzellen oder biologischen Lebensmitteln von Interesse, sondern auch für alle, die an einer Ökologisierung ganzer Branchen oder Wirtschaftszweige wie der Landwirtschaft, der Energiewirtschaft oder des Verkehrs interessiert sind.

Das vorliegende Werk entwickelt ein verallgemeinerbares Modell für die Analyse und Gestaltung des Wegs von der Öko-Nische zum ökologischen Massenmarkt und verwendet es für die detaillierte Analyse von drei verschiedenen Branchen: die Lebensmittelbranche, die Bekleidungsbranche und die Elektrizitätswirtschaft. Es entwickelt Grundlagen für eine Gestaltung der Branchenentwicklung im Spannungsfeld von ökonomischer und ökologischer Effizienz und leitet daraus Konsequenzen ab für die Ausrichtung eines Marketings jenseits der Öko-Nische.

Das entwickelte Modell vermittelt ein grundlegendes, systematisches Verständnis der Entwicklung von der Öko-Nische zum ökologischen Massenmarkt und ermöglicht deren pragmatische Gestaltung. Es überwindet allzu enge und behindernde Vorstellungen im Hinblick auf eine Ökologisierung von Märkten, die z.B. auf einem grundlegenden Wertewandel in der Gesellschaft basieren oder auf rigiden politischen Eingriffen.

Das vorliegende Werk basiert auf den Ergebnissen eines mehrjährigen Forschungsprojekts im Rahmen des vom Schweizerischen Nationalfonds durchgeführten Schwerpunktprogramm Umwelt.

Prof. Dr. Thomas Dyllick

Institut für Wirtschaft und Ökologie an der Universität St. Gallen (IWÖ-HSG)

1 Einführung

Ökologische Produkte haben in den 80er und 90er Jahren erfolgreich Marktnischen besetzt. Um den Erfordernissen einer Nachhaltigen Entwicklung gerecht zu werden, ist dies aber nicht ausreichend – erforderlich ist ein Übergang von der Nische zum Massenmarkt, mit anderen Worten die erfolgreiche Vermarktung ökologischer Produkte **jenseits der Öko-Nische**. Diese Erkenntnis ist der Ausgangspunkt des vorliegenden Buches. Es wird somit Fragen nachgegangen wie: Wo ist eine solche Entwicklung heute bereits erkennbar? Wie lässt sich die Erschliessung von Marktanteilen jenseits der Öko-Nische konzeptionell fassen? Welche Faktoren beeinflussen ihren Erfolg? Was können Akteure[1] in verschiedenen Branchen zur Gestaltung dieser Entwicklung tun? Wo stehen drei ökologisch relevante Branchen (Lebensmittel, Bekleidung, Elektriziät) auf dem Weg von der Öko-Nische zum ökologischen Massenmarkt heute?

Ein Blick auf verschiedene Märkte zeigt, dass bei den **Konsumenten** heute ein hohes Mass an Aufgeschlossenheit gegenüber ökologischen Produkten besteht. Zwar ist nicht überall bereits der Schritt von der Aufgeschlossenheit zum konsistenten Kaufverhalten vollzogen, doch liegt dies mindestens zum Teil auch an fehlenden **Angeboten der Unternehmen** und ungünstigen **Rahmenbedingungen**. Im vorliegenden Buch stehen diese beiden Betrachtungsebenen im Vordergrund.[2] Ausgehend von der ausführlich hergeleiteten Annahme, dass heute und in Zukunft sowohl eine ökologische Notwendigkeit als auch ein erhebliches Marktpotential für umweltverträgliche Produkte besteht, wird dargelegt, wie Unternehmen einerseits durch ihr Marketing, andererseits durch eine Mitgestaltung der Rahmenbedingungen zu einer Entwicklung von der Öko-Nische zum ökologischen Massenmarkt beitragen können. Damit werden Ansatzpunkte aufgezeigt, mit denen die heutige verkürzte Wahrnehmung von Ökologie als Nischenphänomen über-

---

[1] Wenn in diesem Buch von Akteuren, Anbietern, Kunden etc. die Rede ist, sind immer auch Akteurinnen, Anbieterinnen, Kundinnen etc. gemeint. Wir beschränken uns lediglich zugunsten einer besseren Lesbarkeit auf die männliche Form.

[2] Die Fokussierung auf die Angebotsseite ist auch auf den Umstand zurückzuführen, dass das zugrundeliegende Forschungsprojekt im Bereich der Managementlehre angesiedelt ist. Vertiefte Analysen des in diesem Buch eher knapp behandelten ökologischen Konsumentenverhaltens finden sich beispielsweise für Lebensmittelprodukte in den Arbeiten von Tanner et al. 1998 und Wölfing et al. 1998, sowie (mit weiteren Nachweisen) in den Dissertationsschriften der drei Autoren.

wunden werden kann. Umgekehrt wird auch nicht verkannt, dass unternehmerische Bemühungen Grenzen unterliegen, und so bietet das Buch auch Akteuren aus dem politischen System Ansatzpunkte für aufgeklärte Strategien zur Unterstützung einer Entwicklung von der Öko-Nische zum Massenmarkt.

Zum besseren Verständnis sei angemerkt, dass die im vorliegenden Buch diskutierte Entwicklung in vielen Bereichen erst am Anfang steht. Zwar wird durch den Vergleich verschiedener Branchen und auch durch Quervergleiche zwischen der Schweiz und anderen Ländern ein hohes Mass an Plausibilität angestrebt, doch liegt es in der Natur der Sache, dass die **Zukunft** mit Unsicherheiten behaftet ist. An einigen Stellen in diesem Buch wird dies durch das Skizzieren alternativer Szenarien berücksichtigt. Insgesamt wird die Leserschaft ermuntert, die vorliegenden Analysen als Beschreibung denkbarer Entwicklungslinien aufzufassen, und für Abweichungen und Unerwartetes offen zu sein: «begründete Hypothesen» statt «Patentrezepte» zu formulieren ist denn auch die Absicht der Autoren.

Abb. 1 gibt einen Überblick über den **Aufbau** des vorliegenden Buches. Nach der Einleitung werden in Kapitel 2 zunächst die theoretisch-konzeptionellen Grundlagen für die Analyse der Entwicklung von der Öko-Nische zum ökologischen Massenmarkt gelegt. In den anschliessenden Kapiteln 3 bis 5 wird das so entwickelte konzeptionelle Raster auf drei Branchen angewandt, welche in dieser Entwicklung unterschiedlich weit vorangeschritten sind: Die Lebensmittel- (Kap. 3), Bekleidungs- (Kap. 4) und Elektrizitätsbranche (Kap. 5). Der Schwerpunkt dieser Untersuchung liegt auf der Schweiz, es werden allerdings auch Fallbeispiele aus anderen Ländern aufgegriffen. In Kapitel 6 wird auf Basis dieser Branchenuntersuchungen ein vergleichendes Fazit gezogen. Hierfür werden die konzeptionellen Bausteine aus Kapitel 2 nochmals aufgegriffen und wesentliche Erkenntnisse in Thesenform zusammengefasst. Das abschliessende Kapitel 7 wirft einen «Cyber-Ausblick» in die Zukunft. Hier steht die Frage im Vordergrund, welchen Einfluss neue Medien auf die Entwicklung von der Öko-Nische zum ökologischen Massenmarkt in den untersuchten Branchen haben werden (vgl. Abb. 1).[3]

---

[3]   Eine ausführlichere Analyse der Entwicklung von der Öko-Nische zum ökologischen Massenmarkt in den drei Branchen ist Gegenstand der laufenden Dissertationsprojekte der drei Hauptautoren. Die Potentiale des Internet für die Erschliessung des ökologischen Massenmarktes werden in der Dissertation von Mischa Kolibius untersucht. Die vier Dissertationen wie auch die hier vorgestellte Arbeit wurden ermöglicht durch die Förderung des Schweizerischen Nationalfonds im Rahmen des Schwerpunktprogramms Umwelt, der EAWAG (Swiss Federal Institute for Environmental Science and Technology) im

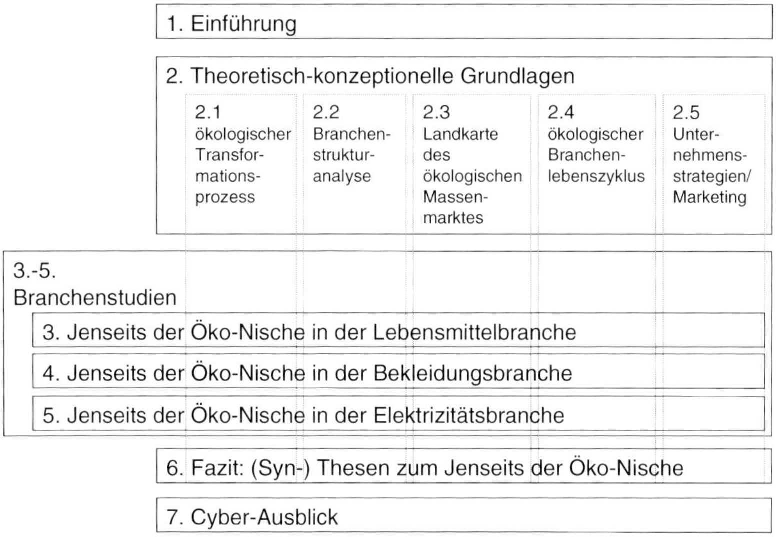

1. Einführung

2. Theoretisch-konzeptionelle Grundlagen

2.1 ökologischer Transformationsprozess	2.2 Branchenstrukturanalyse	2.3 Landkarte des ökologischen Massenmarktes	2.4 ökologischer Branchenlebenszyklus	2.5 Unternehmensstrategien/ Marketing

3.-5. Branchenstudien

3. Jenseits der Öko-Nische in der Lebensmittelbranche

4. Jenseits der Öko-Nische in der Bekleidungsbranche

5. Jenseits der Öko-Nische in der Elektrizitätsbranche

6. Fazit: (Syn-) Thesen zum Jenseits der Öko-Nische

7. Cyber-Ausblick

Abb. 1: Aufbau des vorliegenden Buches

Rahmen des Projekts «Ökostrom» und des Grundlagenforschungsfonds der HSG. Neben diesen Institutionen danken wir Thomas Dyllick, Frank Belz und Uwe Schneidewind für die Zusammenarbeit im Projekt «Von der Öko-Nische zum ökologischen Massenmarkt», insbesondere für ihre Kommentare zu früheren Versionen des Textes. Dank gebührt ferner den zahlreichen Unternehmensvertretern und Branchenexperten für die aktive Unterstützung unseres praxisorientierten Forschungsprozesses.

2   Theoretisch-konzeptionelle Grundlagen

In Kapitel 2 wird der konzeptionelle Rahmen dieses Buches entwickelt. Dieser Rahmen baut zum einen auf bestehenden Untersuchungen und Konzepten auf, entwickelt diesen zum anderen aber mit neuen konzeptionellen Elementen zu einem geschlossenen und auf die vorliegende Fragestellung zugeschnittenen Rahmen weiter.

In Kap. 2.1 wird hierfür anhand des um die «ökologischen Dominoketten» erweiterten **Konzepts des ökologischen Transformationsprozesses** vorerst beschrieben, wie ökologische Probleme von Anspruchsgruppen des Lenkungssystems Öffentlichkeit aufgegriffen und in Forderungen transformiert werden, bevor diese – mit Unterstützung politischer Regelungen – Marktwirksamkeit erlangen. Das **Konzept der ökologischen Dominoketten** beschreibt im Anschluss daran, wie sich die nun marktwirksamen ökologischen Forderungen und politischen Regelungen im Markt fortpflanzen und für die Marktakteure Handlungsrelevanz erlangen können. Offen bleiben bei diesem Konzept jedoch die Fragen, wie diese Fortpflanzung in Gang kommt, welche Kräfte die Ausbreitung vorantreiben und wie diese Treiber von den Marktakteuren aktiv unterstützt werden können.

Porters Konzept der Branchenstrukturanalyse bietet einen Rahmen, der die Wettbewerbskräfte zu eruieren hilft, welche die Wettbewerbsdynamik in Gang halten (Kap. 2.2). Porters Branchenstrukturanalyse ist jedoch als ein überwiegend statisch-ökonomisches Raster zu verstehen. Für die im vorliegenden Buch verfolgte Fragestellung ist somit in doppelter Hinsicht eine Erweiterung vorzunehmen: Erweiterung um die **ökologische Dimension** (Kap. 2.3) sowie Übergang zur **dynamischen Betrachtungsweise** (Kap. 2.4).

Kap. 2.5 schliesslich zeigt auf, wie Unternehmen mit der Ausgestaltung ihres **Öko-Marketing** den Ausbreitungsprozess ökologischer Produkte entscheidend vorantreiben können. Dabei zeigt sich, dass sich ein für Zielgruppen jenseits einer Öko-Nische konzipiertes Marketing vom heute noch vorherrschenden Öko-Marketing in der und für die Nische grundsätzlich unterscheidet und eine Erweiterung in mehrfacher Hinsicht erfordert.

2.1 Erweitertes Modell des ökologischen Transformationsprozesses

Im folgenden werden diejenigen **Akteure und Prozesse** herausgearbeitet, welche für den Ausbreitungsprozess ökologischer Produkte einen massgebenden Beitrag leisten (können). Die Veränderungen der Rahmenbedingungen werden dabei anhand des um das **«Konzept der ökologischen Dominoketten»** erweiterten ökologischen **Transformationsprozesses**[4], d.h. als Wechselspiel der drei Lenkungssysteme **Öffentlichkeit, Politik und Markt** nachgezeichnet. Zur Analyse der Entwicklungsvorgänge innerhalb der marktlichen Dimension wird das **Konzept der Branchenstrukturanalyse** von Porter sowie der **«ökologische Branchenlebenszyklus»** herangezogen.

Der Ausgangspunkt des **ökologischen Transformationsprozesses** im Kontext des ökologischen Wandels ist die These, dass Umweltbelastungen **indirekt** an die Marktakteure herangetragen werden. Marktliche Akteure werden demnach in den seltensten Fällen direkt mit Umweltproblemen konfrontiert. In der Regel sind es die **ökologischen Anspruchsgruppen**, die Umweltprobleme aufgreifen und in ökologische Ansprüche umwandeln. Erst die in ökologische Ansprüche transformierten Umweltbelastungen erzeugen bei den Marktakteuren ökologische Betroffenheit.[5] Doch wie werden diese Belastungen in wettbewerbsrelevante Forderungen transformiert?

Die Umwandlung ökologischer Belastungen in für die Marktakteure wettbewerbsrelevante Forderungen scheint dem ökologischen Transformationsprozess zufolge einem allgemeinen Muster zu folgen (vgl. Abb. 2).

- Auf einer ersten Entwicklungsstufe werden Umweltprobleme von den Anspruchsgruppen des **Lenkungssystems Öffentlichkeit** wahrgenommen (z.B. von Wissenschaftlern), aufgegriffen (z.B. von Umweltschutzorganisationen) und thematisiert (z.B. von den Medien).

- Auf einer zweiten Entwicklungsstufe nimmt sich – infolge des in der Öffentlichkeit erzeugten Druckes – das **Lenkungssystem Politik** der Umweltprobleme an und versucht, geeignete Lösungswege zu finden (z.B. in Form von Gesetzen).

---

[4]   Das Konzept der ökologischen Transformation ist ein Ergebnis des Forschungsprojektes «Ökologie und Wettbewerbsfähigkeit von Unternehmen und Branchen in der Schweiz», das am IWÖ-HSG von 1993-1995 durchgeführt worden ist. Vgl. Dyllick/Belz/Schneidewind 1997, S. 240 ff.

[5]   Vgl. Dyllick 1992, S. 402.

- Auf der dritten Entwicklungsstufe wirken sich die ökologischen Probleme – aufgrund des öffentlichen Druckes und der politischen Regelungen – auf das **Lenkungssystem Markt** aus. Erreichen ökologische Belastungen als ökologische Ansprüche den Markt, kann dies für die Marktakteure relevante Veränderungen der Wettbewerbsstrukturen zur Folge haben. Auf diese Weise werden ökologische Belastungen in **ökologische Wettbewerbsfelder** transformiert.[6]

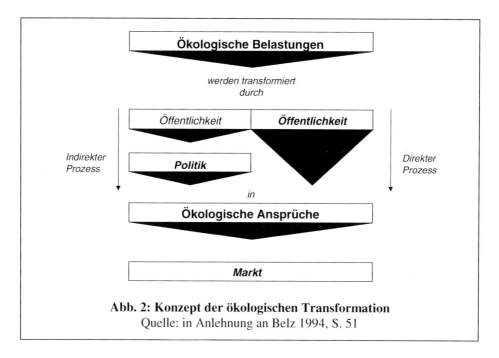

Abb. 2: Konzept der ökologischen Transformation
Quelle: in Anlehnung an Belz 1994, S. 51

Von dem hier als idealtypisch vorgestellten **indirekten** ist der **direkte** ökologischen Transformationsprozess zu unterscheiden. Im **direkten ökologischen Transformationsprozess** verlaufen ökologische Prozesse unmittelbar von der Öffentlichkeit in den Markt hinein – unter Umgehung der offiziellen Politik.[7]

---

[6] «Ökologische Wettbewerbsfelder bezeichnen die ökologischen Probleme einer Branche, deren Lösung die Erlangung von Wettbewerbsvorteilen ermöglicht bzw. deren Nichteinhaltung mit beträchtlichen Wettbewerbsnachteilen einhergeht.» Dyllick/Belz/Schneidewind 1997, S. 57.

[7] Ein Beispiel für einen direkten ökologischen Transformationsprozess ist die «Auseinandersetzung um die Ölplattform Brent Spar». In diesem Konflikt hat Greenpeace mit symbolträchtigen Aktionen einen

Das Konzept des ökologischen Transformationsprozesses bietet keine Antwort auf die Frage, wie sich die Ansprüche – in einer vierten Entwicklungsstufe – im Markt fortsetzen. Hierzu äussert sich das **Konzept der ökologischen Dominoketten**, welches beim ökologischen Transformationsprozess anschliesst.[8]

Oft wirken öffentliche oder politische Impulse nicht direkt auf die betrachteten Marktakteure, sondern stossen Veränderungen auf vor- bzw. nachgelagerten Stufen an und pflanzen sich von dort aus durch die Wertschöpfungskette hinweg fort. Bildlich kann diese Fortpflanzung von ökologischen Ansprüchen als Dominokette dargestellt werden. Wie bei einem Dominospiel wird ein bestimmter Stein angestossen, worauf weitere umfallen. Auf diese Weise kann ein ökologischer Impuls über mehrere Glieder von einem Ort zu einem anderen getragen werden. Im Idealfall werden sämtliche Steine in der Branchenkette umgestossen, was zu einer weitreichenden Ökologisierung einer Branche führen würde.[9]

Ökologische Dominoketten bestehen aus den marktlichen Akteuren entlang des **ökologischen Produktlebenszyklus** (Produktion - Verarbeitung - Verteilung - Konsum - Entsorgung). So kann z.B. der **Handel** mit seiner Nachfragemacht zu einer Ökologisierung der Kette beitragen, indem er vermehrt ökologische Produkte in seinem Sortiment führt. Dadurch sendet er gegenüber den vorgelagerten Branchenstufen entsprechende Signale zur Produktion ökologischer Produkte aus (sog. «Ökologie-Pull»). Durch das verstärkte Angebot ökologischer Produkte bewirkt er zudem gegenüber der Konsumentenseite einen «Ökologie-Push» (vgl. Abb. 3).[10]

---

[8]   grossen Anklang in der Öffentlichkeit gefunden und einen wirksamen Boykott von Shell-Tankstellen bewirkt, ohne dass politische Sanktionen ergriffen werden mussten. Vgl. Dyllick/Belz/Schneidewind 1997, S. 42. Vgl. zum Beispiel «Brent Spar and Greenpeace» auch Mohr/Schneidewind 1995.

[9]   Vgl. hierzu und zum folgenden Dyllick/Belz/Schneidewind 1997, S. 45-55.

Das Konzept der ökologischen Dominoketten dient der Illustration, wie sich ökologische Ansprüche in der Branchenkette fortpflanzen. Das Konzept hat zwei Defizite. Zum einen erfasst es die zentralen Triebkräfte nicht, welche die Kette anstossen und in Gang halten und zum anderen impliziert es eine den Akteuren immanente Passivität («angestossen werden und umfallen»). Dies entspricht nicht dem Verständnis der Autoren. Diese gehen vielmehr von einem hohen Beeinflussungspotential aller Marktakteure und zudem von einer Eigendynamik aller Branchenstufen aus. Vgl. zu diesem Verständnis von «Unternehmen als strukturpolitischer Akteur» Schneidewind 1998.

[10]   Vgl. auch Hansen 1988: 336 f.

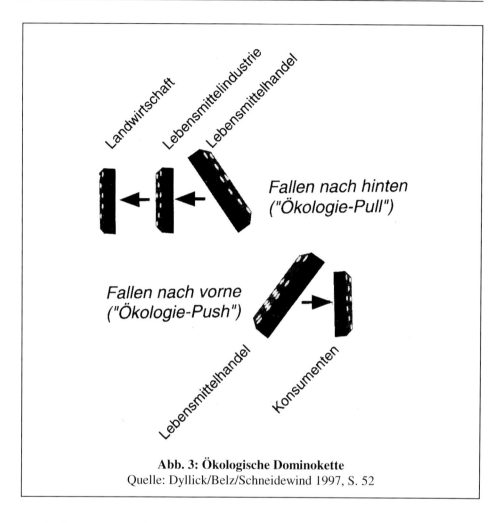

Abb. 3: Ökologische Dominokette
Quelle: Dyllick/Belz/Schneidewind 1997, S. 52

Der ökologische Transformationsprozess beschreibt also, wie ökologische Probleme, von Anspruchsgruppen aufgegriffen, in ökologische Forderungen transformiert werden und als solche Marktwirksamkeit erlangen, worauf sie für das unternehmerische Handeln relevant werden.[11] Das Konzept der ökologischen Dominoketten illustriert weiter, wie sich die Forderungen nun im Markt – in Analogie an umkippende Dominosteine – von Akteur zu Akteur ausbreiten. Das Konzept liefert jedoch keine Erklärungen, wie ökolo-

---

[11] Vgl. Dyllick/Belz/Schneidewind 1997, S. 57.

gisch orientierte Marktakteure die Dominokette beschleunigen oder als Wettbewerbsvorteil nutzen können und welches die treibenden Kräfte sind, welche die Entwicklung
der Wettbewerbsfelder und Branchen vorantreiben. Auf diese, die Entwicklung des
Wettbewerbs vorantreibenden Kräfte, geht Porter mit dem Konzept der Branchenstrukturanalyse ein.

Wettbewerbsstrategie und «Dualität der Struktur»

Eine **Wettbewerbsstrategie** ist das Streben, sich gegenüber den wettbewerbsbestimmenden
Kräften einer Branche zu positionieren und zu behaupten. Durch die Wahl einer bestimmten
Wettbewerbsstrategie verändert ein Unternehmen seine Position innerhalb der Branche («relative
Wettbewerbsposition»). Dies hat wiederum Rückwirkungen auf den Wettbewerb und die Branchenstruktur, denn mit der Umsetzung einer Wettbewerbsstrategie nimmt ein Unternehmen Einfluss auf die Wettbewerbskräfte: Wenn sich eine Strategie als erfolgreich erweist, berücksichtigen
bspw. die Konsumenten ein Produkt vermehrt in ihrer Kaufentscheidung, die Lieferanten sehen
sich mit veränderten Ansprüchen konfrontiert, die Eintrittsbarrieren werden erhöht und Konkurrenten versuchen, erfolgreiche Schachzüge zu imitieren. Dadurch wird das Kräfteverhältnis in der
Branche verschoben und die **Branchenstruktur verändert.** Diese Zusammenhänge weisen daraufhin, dass die Branchentriebkräfte für die Unternehmen nicht extern vorgegeben sind, sondern
durch deren Handeln selbst (re-) produziert werden.[12] Eine veränderte Branchenstruktur bedingt
von den Akteuren wiederum, sich unter neuen Bedingungen zurechtzufinden. Strategische Entscheidungen wirken somit durch veränderte Wettbewerbsbedingungen wieder auf die Unternehmen zurück («**Dualität der Struktur**»).[13] «Die Wettbewerbsstrategie ist folglich keine blosse Reaktion auf die Umwelt, sondern auch der Versuch, diese Umwelt zugunsten des Unternehmens zu
gestalten.»[14]

2.2 Porters Konzept der Branchenstrukturanalyse

Die Frage, wie Wettbewerb entsteht, sich verändert und welche Konsequenzen sich daraus für die Entwicklung unternehmerischer Strategien ergeben, beschäftigt die Manage-
mentforschung seit Beginn der 1960er Jahre. Ziel war es vor allem zu erklären, wie es
bestimmten Unternehmen gelingen kann, über einen langen Zeitraum einen überdurch-

---

[12]   Vgl. Schneidewind 1998, S. 176.
[13]   Vgl. Giddens 1992.
[14]   Porter 1992, S. 20.

schnittlichen Erfolg zu generieren. Anfang der 1980er Jahre wurde von Porter[15] eine erste „theoretisch fundierte und geschlossenen Darstellung"[16] entwickelt, mit Hilfe derer Unternehmen Wettbewerbschancen identifizieren und Wettbewerbsstrategien ableiten können. Die Theorie Porters fusst im wesentlichen auf dem sogenannten Structure-Conduct-Performance-Paradigma. Demnach erklärt sich eine dauerhaft überdurchschnittliche Rente (Performance) durch die Struktur der Branche (Structure) sowie durch das strategische Verhalten des Unternehmens und seiner Wettbewerber (Conduct).[17] Sie besagt, dass diejenigen Unternehmen am erfolgreichsten sind, die im Vergleich zu den Mitanbietern den besseren „Market-Fit" erzielen.[18] Voraussetzung zur Ableitung langfristig erfolgreicher Wettbewerbsstrategien ist zunächst die Analyse der Strukturbedingungen derjenigen Branche (Branchenstrukturanalyse), in welcher das jeweilige Unternehmen tätig ist.

Porters Konzept der Branchenstrukturanalyse bietet einen Überblick zur Identifikation der strukturellen Merkmale einer Branche und der darin wirkenden Wettbewerbskräfte. Sie spiegelt gewissermassen die Dynamik des Wettbewerbs in einer bestehenden Branche wider. Demnach sind die Spielregeln und die Intensität des Wettbewerbs ein Resultat der ihnen zugrundeliegenden Branchenstruktur. Theoretische Überlegungen und empirische Überprüfungen[19] ergaben, dass die Branchenstruktur im wesentlichen von fünf grundlegenden Wettbewerbs- oder Triebkräften bestimmt wird: von potentiellen neuen Konkurrenten, Lieferanten, Ersatzprodukten, Abnehmern sowie von der Rivalität unter den bestehenden Unternehmen (vgl. Abb. 4). Das Zusammenspiel und die Gesamtstärke dieser fünf Kräfte determiniert die **Branchenstruktur** und entscheidet darüber, wie die Wertschöpfung in der Branche verteilt wird und ob die Unternehmen die für die Abnehmer geschaffenen Werte realisieren können.[20]

---

[15]   Vgl. Porter 1980, 1985

[16]   Rühli 1994, S. 35

[17]   Vgl. Rühli 1994, S. 34

[18]   Zur Gegenposition des Resource-based View-Ansatzes vgl. bspw. Hamel/Prahalad 1993, S. 75 f., Collis/Montgomery 1995, S. 118 ff. oder auch Porter 1991. Zu einer Gegenüberstellung der beiden Ansätze vgl. bspw. Conner 1991 oder Rühli 1994.

[19]   Vgl. Porter 1991, S. 100

[20]   Die fünf Kräfte sind in jeder Branche unterschiedlich ausgeprägt und können sich in jeder Branche anders entwickeln.

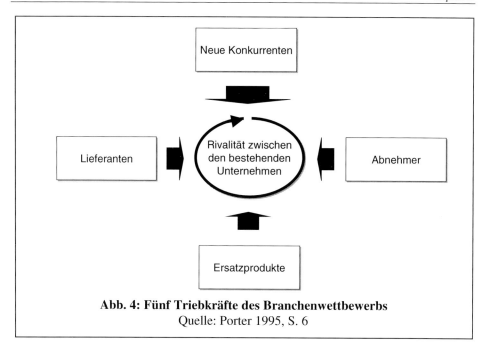

Abb. 4: Fünf Triebkräfte des Branchenwettbewerbs
Quelle: Porter 1995, S. 6

I.   Die Gefahr des **Markteintritts neuer Konkurrenten** bestimmt, mit welcher
     Wahrscheinlichkeit neue Unternehmen in eine Branche eintreten. Dieser Umstand
     ist in der Schweiz angesichts der voranschreitenden Liberalisierung von hoher Be-
     deutung. Neue Marktteilnehmer bringen z.T. erhebliche Mittel und neue Kapazi-
     täten in die Branche ein. Je fester die Marktgrenzen bereits sind (z.B. bestehende
     Marktsättigung) desto stärker wirkt sich ein Markteintritt neuer Konkurrenten auf
     die Wettbewerbsintensität aus. Bestehende Marktanteile werden neu aufgeteilt. Die
     Preise können gedrückt und die Branchenrentabilität gesenkt werden. Die Gefahr
     des Markteintritts neuer Konkurrenten hängt von den existierenden Eintritts-
     barrieren sowie von den absehbaren Reaktionen der etablierten Wettbewerber ab.
     Gemäss Porter gibt es fünf wesentliche Ursprünge von Eintrittsbarrieren: Betriebs-

grössenersparnisse (Economies of Scale), Produktdifferenzierung, Kapitalbedarf, Umstellungskosten, Zugang zu Vetriebskanälen. [21]

II.   Die **Rivalität in der Branche** schliesslich entscheidet darüber, inwieweit sich die etablierten Unternehmen den Wert, den sie für die Abnehmer schaffen, gegenseitig «wegkonkurrenzieren». Dies geschieht, indem sie bspw. einen Mehrwert durch niedrige Preise an die Abnehmer weitergeben oder durch höhere Wettbewerbsko-sten zerrinnen lassen. Die Rivalität entsteht, weil sich Massnahmen eines Unter-nehmens auf die Konkurrenten auswirken und diese darauf reagieren: «Die Unter-nehmen in einer Branche sind wechselseitig abhängig.»[22] Die Rivalität innerhalb einer Branche ist umso grösser, je grösser die Anzahl der Wettbewerber ist, je ähnlicher sich die Wettbewerber sind, je geringer das Branchenwachstum ist, je höher die Fixkosten sind, je geringer die Differenzierungsmöglichkeiten sind oder je grösser die Marktaustrittsbarrieren sind.[23]

III. Konkurrenz für die Wettbewerber kann nicht nur innerhalb der bestehenden Bran-che, sondern auch durch Unternehmen und Produkte anderer Branchen entstehen. Die **Substitutionsgefahr** bestimmt, inwieweit **Ersatzprodukte** dieselben Abneh-merbedürfnisse befriedigen und dieselbe Funktion erfüllen können. Ersatzprodukte begrenzen das Gewinnpotential einer Branche, indem sie Preisobergrenzen set-zen.[24]

IV.   Die **Verhandlungsstärke der Abnehmer** entscheidet darüber, inwieweit sie den grössten Teil der Wertschöpfung für sich behalten – zulasten der Unternehmen, welche dadurch geringere Gewinne erzielen. Die Abnehmer konkurrieren mit der Branche, indem sie Preise drücken, höhere Qualität oder bessere Leistung verlan-

---

[21]   «Sind die Eintrittsbarrieren hoch und/oder muss der Neue scharfe Gegenmassnahmen seitens der ein-gesessenen Anbieter erwarten, so ist die Gefahr des Eintritts gering.» Porter 1995, S. 29. Vgl. hierzu Porter 1995, S. 29-34. Zu weiteren Eintrittsbarrieren vgl. Porter 1995, S. 34-42.

[22]   Porter 1995, S. 42. Mögliche Formen von Rivalität sind der Preiswettbewerb, Werbeschlachten, Ein-führung neuer Produkte und verbesserte Service- und Dienstleistungen. Ein intensiver Wettbewerb ist das Ergebnis einer Reihe zusammenwirkender struktureller Faktoren. Vgl. hierzu Porter 1995, S. 42-49.

[23]   Vgl. hierzu Porter 1998, S. 18 ff.

[24]   Vgl. Porter 1995, S. 49 f.

gen und Wettbewerber gegeneinander ausspielen – alles auf Kosten der Branchenrentabilität.[25]

V. Die **Verhandlungsstärke der Lieferanten** entscheidet darüber, inwieweit der für
    die Abnehmer geschöpfte Wert von den Lieferanten einer Branche in Besitz ge-
    nommen wird. Lieferanten können ihre Verhandlungsstärke ausspielen, indem sie
    damit drohen, Preise zu erhöhen.[26] Die Verhandlungsstärke ist bspw. umso grösser,
    je stärker die Konzentration der Branchenstufe der Lieferanten im Vergleich zur
    Abnehmerbranche ist, je einzigartiger die Produkte der Lieferanten sind (keine
    Substitute) und je stärker die Vorstufe der Funktion der Abnehmer übernehmen
    kann (Vorwärtsintegration).

Die fünf Wettbewerbskräfte bestimmen in ihrem Zusammenspiel die Attraktivität, d.h.
das Gewinnpotential einer Branche. Die Kenntnis der fünf Wettbewerbskräfte sowie das
Verständnis ihres Zusammenspiels hilft Unternehmen, innerhalb «ihrer» Branche eine
Standortbestimmung vorzunehmen – und hierauf aufbauend – eine geeignete Strategie
zu formulieren (vgl. Abb. 5).

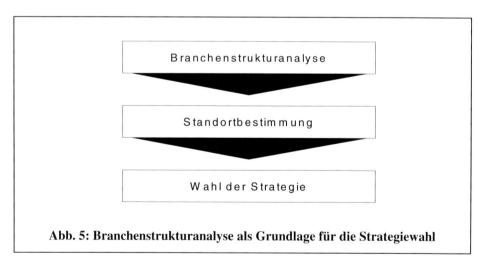

Abb. 5: Branchenstrukturanalyse als Grundlage für die Strategiewahl

---

[25] Zu den verschiedenen Bedingungen, welche die Stärke der Abnehmergruppen definiert, vgl. Porter
      1995, S. 51-53.

[26] Mächtige Lieferanten können die Branchenrentabilität drücken, wenn die Unternehmen nicht in der
      Lage sind, Kostensteigerungen in ihren Preisen weiterzugeben. Die Stärke der Lieferantengruppen
      hängt von verschiedenen Bedingungen ab. Vgl. hierzu Porter 1995, S. 54 f.

Der Staat als sechster Wettbewerbsfaktor[27]

Der Staat muss gemäss Porter als Faktor angesehen werden, der nicht nur Eintrittsbarrieren, sondern zahlreiche weitere Aspekte der Branchenstruktur massgeblich beeinflusst. So tritt der Staat in zahlreichen Branchen als Lieferant oder Abnehmer auf. Zudem kann der Staat das Verhalten der Marktakteure durch Vorschriften, Subventionen und andere Instrumente (Steueranreize, Forschungszuschüsse, Sicherheits- und Umweltvorschriften etc.) beeinflussen. Daher sind in einer Branchenstrukturanalyse gegenwärtige und zukünftige staatliche Massnahmen zu berücksichtigen.

Kritische Würdigung

Im vorliegenden Buch steht die Frage im Zentrum, wie der **Übergang** von der **Öko-Nische** zum **ökologischen Massenmarkt** abläuft und wie er **von den Marktakteuren mitgestaltet** werden kann. In den bisherigen Betrachtungen wurde beschrieben, wie ökologische Forderungen den Weg hin zum Markt finden und sich darin ausbreiten. Hierbei steht das um die ökologischen Dominoketten erweiterte Konzept des ökologischen Transformationsprozesses im Zentrum der Analyse (Kap. 2.1). Dieses Konzept beschreibt das Zusammenspiel der drei Lenkungssysteme Öffentlichkeit, Markt und Politik; es geht jedoch nicht tiefer auf die Frage ein, welche Kräfte die Ausbreitung ökologischer Ansprüche oder Produkte in Gang setzen und vorantreiben. Porters Konzept der Branchenstrukturanalyse nähert sich diesem Anspruch an, indem es die für die Entwicklung einer Branche verantwortlichen Triebkräfte systematisch zu erfassen und analysieren hilft. Diese Analyse ermöglicht es den Unternehmen, sich ein Bild «ihrer» Branche zu verschaffen, ihre Position in einer Branche zu definieren, um hieraus wiederum strategische Implikationen abzuleiten. Porters Branchenstrukturanalyse ist als ökonomisch-statisches Konzeptraster zu verstehen.[28] Der **Übergang** von der Öko-Nische zum ökologischen Massenmarkt ist jedoch **dynamisch** und bezieht sich auf die **Schnittmenge** des **ökonomischen** und des **ökologischen Zielsystems**. Für die Zwecke

---

[27] Vgl. zum Staat als Faktor im Branchenwettbewerb Porter 1995, S. 56. Vgl. hierzu auch Porter 1995, S. 37.

[28] Hieran entzündet sich auch häufiger Kritik, z.B. von Verdin/Williamson 1994, S. 10, Collis/Montgomery 1995, S. 118ff. oder Hamel/Prahalad 1996, S. 33ff. Auch Porter selbst hat die fehlende Dynamik zu beheben versucht. Vgl. Porter 1991.

dieses Buches ist somit in dreifacher Hinsicht eine Erweiterung des konzeptionellen Rahmens vorzunehmen:

a) **Ergänzung um die ökologische Dimension** (vgl. Kap. 2.3: Landkarte des ökologischen Massenmarktes)

b) **Von der statischen zur dynamischen Betrachtungsweise** (Kap. 2.4: Ökologischer Branchenlebenszyklus)

c) **Mitgestaltung der Branchenstrukturen** durch das unternehmerische **Öko-Marketing** (Kap. 2.5)

Mit der Erweiterung des Analyserahmens um diese drei Aspekte wird dem Umstand Rechnung getragen, dass die Entwicklung ökologischer Produktinnovationen in den Massenmarkt hinein das Resultat eines dynamischen Wechselspiels zwischen den Marktakteuren und -prozessen sowie deren Rahmenbedingungen ist.

Fragen, die im Rahmen der nachfolgenden Branchenkapitel geklärt werden:

- Welches sind die ökonomischen Branchenstrukturen in den drei betrachteten Branchen?
- Welche Kräfteverhältnisse bestehen zwischen dem (Detail-)Handel und den anderen Branchenstufen?
- Welche Branchentrends sind erkennbar, und welche Rolle spielt die Ökologie dabei?
- Können in der jeweiligen Branche Muster für einen ökologischen Transformationsprozess identifiziert werden?
- Wie können Branchenakteure auf die Phasen des ökologischen Transformationsprozesses Einfluss nehmen?

2.3 Die «Landkarte des ökologischen Massenmarktes»

Porter bietet mit dem Konzept der Branchenstrukturanalyse einen Rahmen zur Analyse marktlicher, d.h. **ökonomischer** Zusammenhänge und Kräfteverhältnisse in einer Branche. Ein zentraler Aspekt, welchem sich das vorliegende Buch widmet, ist jedoch, welche Bedeutung der **Ökologie** in dieser Branche zukommt. Diese Lücke soll mit der

Landkarte des ökologischen Massenmarktes geschlossen werden.[29] Die Landkarte des ökologischen Massenmarktes ermöglicht eine kombinierte Betrachtung, indem sie zwei wesentliche Bestandteile unserer Fragestellung in Bezug setzt: die **ökologische Qualität** sowie die **Marktanteile** von Produkten. Präziser ausgedrückt: Das Konzept der ökologischen Landkarte erlaubt es, die von Produkten einer Branche induzierten Umweltbelastungen sowie den Ist-Zustand der Diffusion unterschiedlicher ökologischer Produktstandards einer Branche zu illustrieren.

Dem Konzept liegt die Annahme zugrunde, dass es prinzipiell möglich sei, die ökologische Qualität von bestimmten Produkten bzw. Marktsegmenten eindeutig zu bestimmen. Die praktische Operationalisierung dieser Annahme wirft zahlreiche Fragen auf, die in den einzelnen Branchenkapiteln (vgl. Kap. 3 bis 5) thematisiert werden. An dieser Stelle sei lediglich darauf hingewiesen, dass eine derartige Operationalisierung ggf. nur exemplarisch anhand bestimmter Umweltdimensionen (beispielsweise spez. CO_2-Emissionen der Produkte, Anbauweise bei Lebensmitteln) möglich ist,[30] während die umfassende Integration zu einer ökologischen Gesamtbewertung (beispielsweise in Form von Umweltbelastungspunkten) die Ökobilanzforschung vermutlich noch einige Jahre beschäftigen wird.[31] Wie bei einer «richtigen» Landkarte handelt es sich bei unserem Konzept also nur um ein mehr oder weniger grob vereinfachendes, aber dennoch für einen bestimmten Anwendungsfall nützliches Modell der Wirklichkeit.

---

[29]   Das Konzept der Landkarte des ökologischen Massenmarktes wurde erstmals veröffentlicht in der Zeitschrift «Ökologisches Wirtschaften», siehe Wüstenhagen/Meyer/Villiger 1999. Dieser Aufsatz ist weitgehend identisch mit dem vorliegenden Kapitel 2.3.

[30]   Dyllick/Belz/Schneidewind 1997, S. 57 ff., weisen dabei zu recht implizit darauf hin, dass unter dem Blickwinkel der wettbewerbsstrategischen Relevanz nicht nur die aggregierte Umweltbe- oder -entlastung von unternehmerischen Leistungssystemen bedeutend ist, sondern dass eine Profilierung im Wettbewerb gerade auch über einzelne Aspekte der ökologischen Qualität vonstatten geht. Sie sprechen in diesem Zusammenhang von «ökologischen Wettbewerbsfeldern», wobei in ihrer Konzeption einzelne Wettbewerbsfelder im Zeitablauf unterschiedliche Relevanz besitzen können.

[31]   Der Vollständigkeit halber sei angemerkt, dass einige Autoren den Optimismus derjenigen Wissenschaftler, die sich mit der Weiterentwicklung der Ökobilanzmethodik beschäftigen, nicht teilen, und den Anspruch einer eindeutigen Bestimmung von produktspezifischen Umweltbelastungen für nicht einlösbar halten (vgl. Spiller 1996, S. 413). Dieser durchaus mit wissenschaftlicher Eleganz hergeleitete Pessimismus ist für unsere Betrachtung jedoch wenig relevant, da es uns nicht um eine im naturwissenschaftlichen Sinne «wahre» Zuordnung, sondern um eine für den gegebenen Einsatzzweck sinnvolle Konvention geht.

Abb. 6 zeigt eine solche «Landkarte des ökologischen Massenmarktes», auf der die angebotenen Produkte (bzw. Produktprogramme) einer Branche jeweils den beiden Eigenschaften «ökologische Qualität» und «Marktanteil» zugeordnet sind.

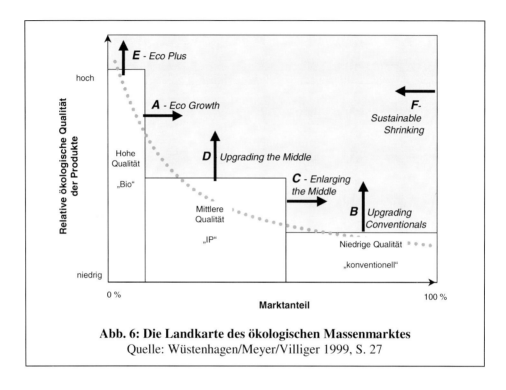

Abb. 6: Die Landkarte des ökologischen Massenmarktes
Quelle: Wüstenhagen/Meyer/Villiger 1999, S. 27

Der linke Balken stellt Produkte mit hoher ökologischer Qualität (niedriger spezifischer
Umweltbelastung) dar, die erfahrungsgemäss keinen sehr hohen Marktanteil haben
(«Öko-Nische»). Beispiele hierfür sind Lebensmittel aus biologischem Anbau, Textilien
aus Bio-Baumwolle oder photovoltaisch erzeugter Strom. Der rechte Balken stellt Angebote dar, die eine niedrige ökologische Qualität (hohe spezifische Umweltbelastung),
dafür aber einen relativ hohen Marktanteil aufweisen («Massenmarkt»). Beispiele sind
Lebensmittel aus konventionellem Anbau, Textilien aus konventionell angebauter
Baumwolle oder Strom aus fossilen Grosskraftwerken. Im Prinzip lassen sich zwischen
diesen beiden Extremen beliebig viele Zwischenstufen identifizieren, so dass sich eine
hyperbelförmige Kurve ergäbe, welche in der Abbildung punktiert dargestellt ist. Der

Einfachheit halber seien Produkte mit mittlerer ökologischer Qualität und einem von Branche zu Branche schwankenden Marktanteil in einer dritten Gruppe zusammengefasst (mittlerer Balken). Als Beispiele sind denkbar: Lebensmittel aus Integrierter Produktion (IP), Textilien mit Öko-Tex 100 oder Strom aus alpinen Wasserkraftwerken.

2.3.1 Indikatoren für die Operationalisierung des Zielerreichungsgrades

An Abb. 6 lassen sich nun sowohl die **Zielsetzung** eines «ökologischen Massenmarktes» als auch alternative **Wege** dorthin veranschaulichen. Das Ziel, eine «Ökologisierung des Massenmarktes», besteht demnach in einer Verkleinerung der grau schraffierten Fläche. Diese Fläche ist das Produkt aus dem Abstand zu einer maximalen ökologischen Qualität (oder anders ausgedrückt: der spezifischen Umweltbelastung) des jeweiligen Produktes mal dem jeweiligen Marktanteil. Im Idealfall, wenn Produkte mit maximaler ökologischer Qualität (minimaler spezifischer Umweltbelastung) einen Marktanteil von 100% hätten, würde die Grösse dieser Fläche gegen null sinken. Da es sich bei dieser Vorstellung allenfalls um eine regulative Idee, nicht jedoch um eine realistische Operationalisierung handelt, müssen andere Indikatoren für eine Operationalisierung herangezogen werden. Hierfür bieten sich folgende Möglichkeiten, die sich zum Teil nicht inhaltlich unterscheiden, sondern lediglich unterschiedliche Messgrössen für den gleichen Sachverhalt heranziehen. Ein «**ökologischer Massenmarkt**» ist erreicht, wenn...

a) ...die grau schraffierte Fläche einen als ökologisch vertretbar anzusehenden Grenz- (oder Schwellen-) wert x nicht übersteigt. (A ≤ x, wobei x beispielsweise für den CO_2-Ausstoss in Tonnen steht)

b) ...die durchschnittliche ökologische Qualität der angebotenen Produkte einen als vertretbar anzusehenden Mindeststandard y erreicht hat (wobei y beispielsweise der durchschnittliche Flottenverbrauch in der Automobilbranche sein kann).

$$y \geq \frac{1}{n} * \sum_{i=1}^{n} öQ_i * MA_i$$

Legende:
y: Mindeststandard der ökologischen Qualität
n: Anzahl angebotener Produkte
$öQ_i$: ökologische Qualität von Produkt i
MA_i: Marktanteil von Produkt i

c) ...der Marktanteil von «Premium-Öko-Produkten» einen als zufriedenstellend angesehenen Wert (beispielsweise 50 %) erreicht hat.

Die unterschiedlichen Varianten einer Operationalisierung haben spezifische Vor- und Nachteile. So ist Variante a gut kompatibel mit der Umweltpolitik, mit ihr kann z. B. der Grad der Erreichung von Klimaschutzzielen gemessen werden. Der Vorteil von Variante b ist der Produktbezug, der dafür sensibilisiert, dass ein diversifiziertes Sortiment aus Produkten mit unterschiedlicher ökologischer Qualität vermutlich die realitätsnächste Vorstellung eines ökologischen Massenmarktes ist, und dass die Existenz eines einzelnen Öko-Segmentes noch nicht hinreichend für die Beurteilung der ökologischen Belastung im Gesamtmarkt ist. Ihr Nachteil liegt in der vergleichsweise aufwendigen Operationalisierung. Variante c ist gewissermassen komplementär zu Variante b. Ihr Charme liegt in einer vergleichsweise einfachen Operationalisierung. Zudem bedingt sie im Unterschied zu den beiden anderen Varianten keine vollständige Information über Marktanteilsverteilung und ökologische Belastung im Gesamtmarkt. Der Nachteil liegt in einer Ignoranz gegenüber Belastungen und Entlastungspotentialen in anderen Marktsegmenten.

Greening Goliaths vs. Multiplying Davids – Pfade einer Coevolution ökologischer Massenmärkte und nachhaltiger Nischen

Für die Beantwortung der Frage, welche **Akteure** zu einem Übergang von der Öko-Nische zum ökologischen Massenmarkt beitragen, schlägt *Wüstenhagen 1998* eine Unterscheidung in zwei Gruppen vor, die jeweils spezifische Aufgaben erfüllen und die sich zudem in coevolutiver Weise ergänzen können.

Wirft man einen Blick auf die Entwicklung von Bio-Märkten, etwa in der Schweizer Lebensmittelbranche, so stellte sich die Ausgangslage vor einigen Jahren wie folgt dar. Einerseits gab es kleine Anbieter wie Bioläden und Reformhäuser («Davids»), die ihr Hochqualitäts- und Hochpreissortiment einem begrenzten Publikum erfolgreich anbieten. Andererseits spielten Bio-Produkte bei Grossverteilern («Goliaths») lange Zeit kaum eine Rolle: Ökologie war ein Thema für eine Marktnische.

Mindestens zwei Auswege aus der Nische sind vorstellbar und in der Praxis auch beobachtbar: Einerseits eine Ökologisierung des Sortiments der grossen Akteure («Greening Goliaths»), wie sie im Schweizer Lebensmittelmarkt in beachtlichem Umfang stattgefunden hat, andererseits eine Vergrösserung oder «Vermehrung» der bestehenden Nischenanbieter («Multiplying Davids»). Die folgende Abb. 7 verdeutlicht diese beiden denkbaren Pfade.

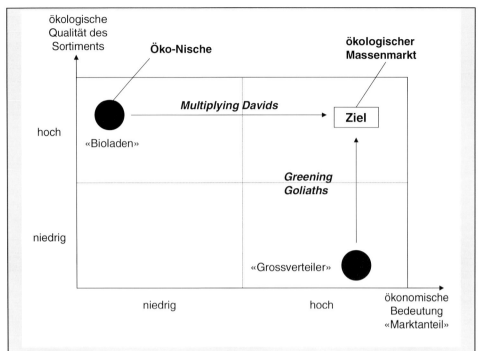

Abb. 7: Multiplying Davids und Greening Goliaths als alternative Pfade von der Öko-Nische zum ökologischen Massenmarkt.

Quelle: Wüstenhagen 1998c, S. 2

Beide Pfade weisen spezifische Möglichkeiten und Grenzen auf.[32] So haben Goliaths das grössere Potential zur Realisierung von Skaleneffekten und können dank ausgebauter Distributionsstrukturen ein grosses Kundensegment effizient bedienen. Bei ihnen sind jedoch häufig interne Widerstände zu überwinden, wenn innerhalb des bestehenden ökonomischen Zielsystems verstärkt ökologische Ziele verfolgt werden sollen. Davids hingegen – seien es nun ökologisch orientierte Newcomer oder die etablierten Nischenanbieter – sind tendenziell experimentierfreudiger und besser auf dezentrale Strukturen ausgerichtet, sie stehen jedoch oft deutlichen Wachstumsschwellen gegenüber. Diese kurze Grobcharakterisierung deutet bereits an, dass möglicherweise in der Interaktion der beiden Akteursgruppen, respektive in einer Coevolution[33] von «Greening

---

[32] Für eine ausführlichere Darstellung vgl. Wüstenhagen 1998.

[33] Der Begriff der Coevolution bezeichnet ursprünglich die Entwicklung biologischer Arten in wechselseitiger Abhängigkeit. Vgl. Ehrlich/Raven 1964. Für eine Übertragung auf die Interaktion von natürlichen und sozialen Systemen vgl. Norgaard 1994 sowie Dyllick 1982, S. 272.

Goliaths» und «Multiplying Davids» ein besonderes Potential dafür liegt, mit ökologischen Produkten ein «jenseits der Nische» zu erreichen. Eine mögliche Form, wie diese Coevolution spielen kann, wird im folgenden Abschnitt in Form des ökologischen Branchenlebenszyklus dargestellt.

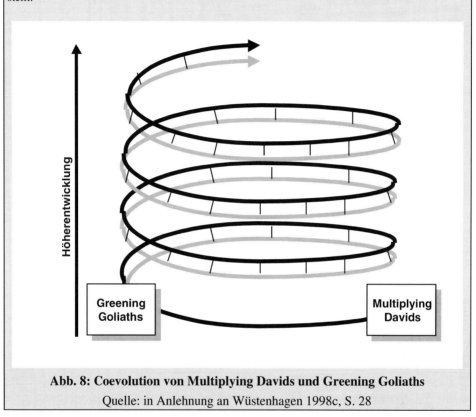

Abb. 8: Coevolution von Multiplying Davids und Greening Goliaths
Quelle: in Anlehnung an Wüstenhagen 1998c, S. 28

2.3.2 Wege zum Ziel

Die «Landkarte des ökologischen Massenmarktes» ist zunächst eine statische Beschreibung der Ist-Situation in einer Branche, sie kann jedoch auch als Ausgangspunkt für eine dynamische Betrachtung dienen, indem verschiedene Veränderungsprozesse aufgezeigt werden. Es lassen sich analytisch verschiedene Entwicklungspfade unterscheiden, die eine Annäherung an das Ziel ermöglichen. Diese sind in Abb. 6 mit den Buchstaben A bis F gekennzeichnet und werden im folgenden kurz beschrieben. Vorerst lediglich punktuell thematisiert bleibt die Frage, welche Faktoren oder Treiber identifiziert werden können, welche die Eintretenswahrscheinlichkeit für den einen oder anderen Pfad erhöhen.

A) ECO-GROWTH – Ausweitung des Marktanteils von «Premium-Öko-Produkten»

Bei ECO-GROWTH handelt es sich um die «klassische» Vorstellung einer Entwicklung von der Öko-Nische zum ökologischen Massenmarkt: Die Ausweitung des Marktanteils derjenigen Produkte, welche die höchste ökologische Qualität ihrer Branche aufweisen («Premium-Öko-Produkte»). Je nachdem, ob sich diese Marktanteilsausweitung bei spezialisierten Anbietern («Davids») oder innerhalb des Sortiments von Grossunternehmen mit einem gemischten Angebot («Goliaths») abspielt, können weitere Sub-Entwicklungspfade unterschieden werden.

A1) «**Upscaling Davids**»: Umsatzsteigerung bestehender Spezialanbieter von Premium-Öko-Produkten.

A2) «**Multiplying Davids**»: Aufkommen neuer Spezialanbieter

A3) «**Greening Goliaths**»: Umsatzsteigerung des Premium-Öko-Segments bei grossen Unternehmen der Branche (Grossverteilern) durch Marktanteilszuwachs oder Ausdifferenzierung des Sortiments.

B) UPGRADING CONVENTIONALS – Anheben des ökologischen Mindeststandards im konventionellen Massenmarkt

Der komplementäre Entwicklungspfad zu «ECO-GROWTH» setzt am anderen Ende des Marktes an, bei jenem Segment, welches sich durch vergleichsweise niedrige ökologische Qualität auszeichnet, jedoch einen hohen Marktanteil aufweist. Hier können bereits kleinere relative Verbesserungen durch Anheben des ökologischen Mindeststandards zu spürbaren ökologischen Entlastungen führen. Die Ursache für höhere Standards kann beispielsweise in technologischem Fortschritt, in freiwilligen Selbstverpflichtungen der Unternehmen zur Verbesserung ihrer Umweltleistung (z.B. im Rahmen von ISO 14001) oder in veränderten Konsumentenpräferenzen (gesteigertes Umweltbewusstsein) liegen. Neben diesen marktlichen Einflussfaktoren ist das Festsetzen von Standards die klassische Domäne der Umweltpolitik, so dass dieser Entwicklungspfad seinen Ursprung in verschiedenen Politik-Arenen[34] haben kann.

C) ENLARGING THE MIDDLE – Ausdehnung des Mittelsegments zulasten konventioneller Produkte

Dieser Entwicklungspfad besteht in einer Ausweitung des Marktanteils des Segments mit mittlerer ökologischer Qualität («IP-Segment»)[35]. Sofern diese Ausweitung zulasten des Niedrig-Qualitätssegments erfolgt, kann hier ebenfalls eine beachtliche Umweltentlastung realisiert werden. Richtet man den Blick von der Marktebene nun jedoch auf die Ebene der einzelnen Unternehmung – ein Perspektivenwechsel, der in Kap. 2.5 im Vordergrund steht – so ist eine Übersetzung dieses Entwicklungspfades in Strategieempfehlungen jedoch mit Schwierigkeiten behaftet. Dadurch dass im hier beschriebenen Mittelsegment weder eine ausgeprägte Qualitäts- noch Kostenführerschaft realisierbar ist, riskieren Unternehmen, falls es Ihnen nicht gelingt, sich in anderer Weise einen Alleinstellungsvorteil zu verschaffen, am Ende möglicherweise zwischen allen Stühlen zu sitzen.[36]

Praxisbeispiele wie die Schwerpunktverlagerung von Migros von M Sano zu M Bio, die Schwierigkeiten der Schweizer Wasserkraft am Vorabend der Marktliberalisierung oder die relativ schwache Positionierung der Migros Eco-Textilien lassen das zukünftige strategische Potential dieses Weges aus Unternehmenssicht nur bedingt attraktiv erscheinen – auch wenn dieses mittlere Segment gerade in der Schweiz in den 90er Jahren das dominante ist.[37] Offenbar ist dem «hybriden» Konsumenten ein Mix aus Hochquali-

---

[34] Zum Begriff der Politik-Arena vgl. Windhoff-Héritier 1987.

[35] IP steht in der Landwirtschaft für »Integrierte Produktion», eine Anbauweise, die mit gemässigtem Chemieeinsatz arbeitet. Vgl. hierzu auch Kap. 3.

[36] Porter umschrieb die mangelnde Attraktivität einer Position zwischen Kosten- und Qualitätsführerschaft seinerzeit mit «stuck in the middle». Seither haben verschiedene Autoren und in jüngerer Zeit auch Porter selbst (vgl. Porter 1996) darauf hingewiesen, dass in dynamischer Perspektive möglicherweise eine Mittelposition an Attraktivität gewinnt, wenn beispielsweise gegenüber den Konkurrenten Geschwindigkeitsvorteile realisiert werden können («outpacing strategies»).

[37] Vgl. ausführlicher zu den genannten Beispielen die entsprechenden Branchenkapitel.

täts- und Billigprodukten («**hybride Produkte**»[38]) leichter zu vermitteln als eine «vernünftige» Zwischenlösung.

D) UPGRADING THE MIDDLE – Anheben der ökologischen Qualität im Mittelsegment

Ein weiterer Entwicklungspfad besteht in einer Anhebung der ökologischen Standards im Mittelsegment. Ein Beispiel ist die ökologische Optimierung von Wasserkraftwerken in der Schweiz.[39] Auch diese Entwicklung ist aus Unternehmenssicht mit kommunikativen Schwierigkeiten behaftet, da die Produkte dieses Segments in der Regel nicht ausgesprochene Qualitätskäufer ansprechen, sondern sich eher durch ein «vernünftiges» Preis-Leistungs-Verhältnis auszeichnen. Somit ist eine – womöglich mit höheren Preisen erkaufte – ökologische Qualitätssteigerung schwer zu vermitteln. Die Überwindung dieser Hürde erfordert besondere Anreize, etwa ein differenziertes Öko-Label, politischen Handlungsdruck oder die Einführung eines Umweltmanagementsystems nach ISO 14001 mit dem damit verbundenen Zwang zur kontinuierlichen Verbesserung.

E) ECO PLUS – Anheben der ökologischen Qualität im «Premium-Öko-Segment»

Der Vollständigkeit halber sei aufgeführt, dass eine weitere Option in der Steigerung der ökologischen Qualität im heutigen Top-Segment liegt. Dies kann entweder durch die Verschärfung bestehender Kriterien (z.B. Senkung von Grenzwerten) oder durch die Berücksichtigung neuer Kriterien (z.B. Regionalität von Produkten) bei der ökologischen Beurteilung von Produkten geschehen. Auf den ersten Blick ist allerdings anzunehmen, dass sich derartige ökologische Verbesserungen durch ein nicht allzu günstiges Aufwands-Ertrags-Verhältnis auszeichnen, da die Grenzkosten für eine weitere Verbesserung auf bereits hohem Niveau hoch sein dürften. Denkbar ist jedoch, dass sich bei einer Ausweitung des Marktanteils des Bio-Segments neue Positionierungsmöglichkeiten im «dunkelgrünen» Bereich ergeben.

---

[38] Vgl. Villiger 1998, S. 49 f.

[39] Vgl. Truffer/Bloesch/Bratrich/Wehrli 1998.

F) SUSTAINABLE SHRINKING – Verringerung des Gesamtkonsums

Aus Abb. 6 und den Ausführungen zur Operationalisierungsvariante a wird deutlich,
dass ein Weg zum Erreichen eines ökologischen Massenmarktes auch in der absoluten
Verringerung des Konsumniveaus (respektive Marktvolumens) liegt. Anschaulich ge-
sagt: Die Hälfte der in der Schweiz eingesetzten Autos zu verschrotten bringt wahrscheinlich mehr ökologische Entlastung als den Flottenverbrauch um 1 Liter/100 km zu
verringern. Etwas realitätsnähere Varianten dieses «Suffizienz-Szenarios»[40] liegen in
Bereichen wie Lebensdauerverlängerung, verändertes Konsumverhalten, Substitution
von Produkten durch Dienstleistungen usw.

Die in diesem Abschnitt eingeführte Darstellung von Öko-Nische und ökologischem
Massenmarkt in Form einer Landkarte ist – wie eine «richtige» Landkarte auch – überwiegend statischer Natur. Sie bietet eine hilfreiche Visualisierung der Ausgangslage und
des Terrains, auf welchem sich eine Entwicklung «jenseits der Öko-Nische» abspielen
kann. Die dynamischen Aspekte dieser Entwicklung konnten mit dem Skizzieren einiger
Entwicklungspfade jedoch lediglich angedeutet werden und sollen daher im folgenden
Abschnitt 3.4 einer vertieften Analyse mit einem Lebenszyklusmodell unterzogen werden.

**Fragen, die im Rahmen der nachfolgenden Branchenkapitel geklärt wer-
den:**

- Wie kann das Konstrukt «ökologische Qualität» in den einzelnen Branchen sinnvoll
  operationalisiert werden?
- Welche (und wieviele) Segmente ökologischer Qualität können identifiziert werden?
- Wie gross sind die Marktanteile dieser Segmente in den einzelnen Branchen?

---

[40]   Suffizient bedeutet «hinlänglich, genügend, ausreichend» (Duden). Mit einem «Suffizienz»-Szenario
      ist also die Vorstellung eines auf Genügsamkeit fussenden Wohlstandsmodells gemeint (vgl. Sachs
      1993, S. 69, sowie energiespezifisch Lehmann/Reetz 1995, S. 188, Infras 1995), im Unterschied zu ei-
      nem Effizienz-Szenario, welches eine nachhaltige Entwicklung durch (technisch) verbesserte Befriedi-
      gung nicht weiter in Frage gestellter Bedürfnisse zu erreichen hofft.

- Welche Faktoren (Treiber) können identifiziert werden, welche das Eintreten der skizzierten Entwicklungspfade beeinflussen? Welches ist ihr jeweiliger Stellenwert in den einzelnen Branchen?
- Wie können Unternehmen diese Entwicklungspfade beeinflussen?
- Können Aussagen zu den Interdependenzen der Entwicklungspfade getroffen werden?[41]

2.4 Dynamische Betrachtungsweise: «Ökologischer Branchenlebenszyklus»

In diesem Abschnitt und in den folgenden Branchenkapiteln stehen Fragen im Zentrum der Untersuchungen wie: In welcher Lebenszyklusphase befinden sich ökologische Produkte heute (in den verschiedenen Branchen)? Was ist charakteristisch für den erreichten Stand? Welche Bedingungen müssen erfüllt sein, damit sich der Ausbreitungsprozess beschleunigt? Wie könnte ein Lebenszyklus für ökologische Produktvarianten idealtypisch aussehen? Was können Marktakteure dazu beitragen?

Als Basiskonzepte für die Heuristik des «ökologischen Branchenlebenszyklus» dienen der Produktlebenszyklus sowie die Diffusionstheorie. Mit dem «Modell des ökologischen Lebenszyklus» soll den Marktakteuren die Einbettung der für sie relevanten Branchenentwicklung in einen dynamischen Zyklus erleichtert werden. Damit können Aktionen oder Trends auf ihre (Folge-) Wirkungen hin abgeschätzt und in einer nächsten Stufe strategische Implikationen abgeleitet werden.[42] Denn je früher massgebende Veränderungen erkannt werden, desto geringer ist die Gefahr, von diesen überrascht zu werden, desto sanfter fallen einzuleitende Massnahmen aus und desto grösser ist das Mitgestaltungspotential an der Entwicklung.[43] Der in diesem Abschnitt entwickelten Heuristik des «Ökologischen Branchenlebenszyklus» liegen drei grundlegende Aspekte zugrunde.

---

[41] Hier wäre beispielsweise an die Frage zu denken, welche Faktoren darauf Einfluss haben, ob eine Ausweitung des Mittelsegmentes sich eher zulasten des Niedrig- oder des Hochqualitäts-Segmentes auswirkt.

[42] Das Verständnis für den Prozess der Branchenentwicklung und die Fähigkeit, Veränderungen zu prognostizieren, sind auch deshalb wichtig, weil die Kosten strategischer Reaktionen parallel zum Bedarf an Veränderungen wachsen. Vgl. Porter 1995, S. 208.

[43] Vgl. zum Lebenszyklus gesellschaftlicher Anliegen Dyllick 1990.

Diese werden zunächst erläutert, bevor die Heuristik des «Ökologischen Branchenlebenszyklus» schrittweise entwickelt wird.

1. **Dynamik:** In diesem Abschnitt wird von der Annahme ausgegangen, dass der
   Wettbewerb nicht statisch ist, wie dies Porters Konzept der Branchenstrukturanalyse implizieren könnte. Porters Branchenstrukturanalyse ermöglicht den Marktakteuren zwar, in Form einer «Ist-Erhebung» einen **Überblick** über die bestehenden
   Macht- und Kräfteverhältnisse in «ihrer» Branche zu erlangen – dynamische
   Aspekte bleiben jedoch weitgehend ausgeklammert. Zur Beschreibung und Gestaltung des **Übergangs** von der Öko-Nische zum ökologischen Massenmarkt ist man
   jedoch auf Konzepte angewiesen, welche die dynamische Komponente erfassen.[44]
   Denn je nachdem, in welcher Lebenszyklusphase sich eine Branche befindet, impliziert das für die in dieser Branche tätigen Unternehmen ein entsprechendes strategisches Verhalten, da sich während dieses Zyklusses der Charakter des Wettbewerbs
   verändert – und mit ihm die fünf Wettbewerbskräfte und die Wettbewerbsposition
   der Unternehmen.[45]

2. **Branche und Umfeld:** Der in diesem Abschnitt entwickelten Heuristik des «Ökologischen Branchenlebenszyklus» liegt die Annahme zugrunde, dass nicht nur Produkte, sondern auch Produktgruppen oder ganze Branchen einen Lebenszyklus
   durchlaufen. Für die Analyse ist somit nicht nur der Produktlebenszyklus i.e.S. von
   Interesse, sondern auch das Zusammenspiel und der Entwicklungsprozess von Angebot und Nachfrage sowie die sie umgebenden Rahmenbedingungen.

3. **Ökologische Dimension:** Da bei der Analyse zudem der Ausbreitungsprozess
   ökologischer Produkte im Zentrum steht, sind einige Spezifika ökologischer Produktvarianten in die Überlegungen einzubeziehen. Denn «während bei der herkömmlichen Positionierung ausschliesslich Kunden als Zielgruppe in Betracht
   kommen, sind bei der ökologischen Positionierung auch andere, nicht-marktliche
   Gruppen aus den Bereichen Politik und Öffentlichkeit einzubeziehen.»[46] Zudem

---

[44]   In Kap. 2.5 wird aufgezeigt, wie die Branchenstrukturen und der -wettbewerb von Unternehmen mitge-
        staltet werden (können).

[45]   Porter betont, dass obwohl die Initialstruktur, das Potential und das Unternehmensverhalten branchen-
        spezifisch sind, es dennoch dynamische Prozesse gibt, die sich in jeder Branche vollziehen. Porter fasst
        diese unter dem Titel «evolutionäre Prozesse» zusammen. Vgl. hierzu Porter 1995, S. 216 - 241.

[46]   Vgl. Belz/Dyllick 1996, S. 170 sowie im konventionellen Bereich Kotler 1986.

unterliegen ökologische Märkte dem Anreiz- und dem Informationsdilemma nach Kaas, welche es zu überwinden gilt.[47]

Das **Konzept des Produktlebenszyklus** zeichnet ein Bild des **Absatzmengenverlaufs** von Produkten. Demnach durchläuft ein Produkt unterschiedliche «Lebensphasen». Die geläufigste Darstellung des Produkt-Lebenszyklusses zeigt die Umsatzentwicklung eines Produktes als **S-förmige Kurve**. Die S-Kurve wird üblicherweise in die **vier Abschnitte** Entstehung - Wachstum - Reife - Rückgang unterteilt.[48] Die flache Einführungsphase spiegelt die Schwierigkeit wider, die Trägheit des Konsumentenverhaltens zu überwinden und diese zu bewegen, eine Produktinnovation auszuprobieren. Wenn sich ein Produkt als erfolgreich erweist und sich auf dem Markt durchsetzt, setzt schnelles Wachstum ein. Nachdem das Käuferpotential des Produktes ausgeschöpft ist, flacht das Wachstum wieder ab. Treten Ersatzprodukte auf den Markt, sinken die Umsätze.[49] Während dieser Produktlebensdauer verändert sich der Charakter des Wettbewerbs: die wirtschaftlichen Rahmenbedingungen ändern, technologischer Fortschritt findet statt und Kundenbedürfnisse entwickeln sich weiter. Hieraus ergeben sich unterschiedliche Chancen und Probleme hinsichtlich der Strategieformulierung und der Gewinnrealisierung der Unternehmen (vgl. Abb. 9).

---

[47] Vgl. Kaas 1992, S. 473 ff. sowie Kaas 1994, S. 99 ff.

[48] Die vier Phasen werden durch die Wendepunkte der Wachstumsrate gemäss einer S-förmigen Kurve definiert. Nicht bei jedem Produkt verläuft die Zykluskurve S-förmig. So kann ein Produkt bspw. ein Kerbschnittmuster aufweisen, wenn immer wieder neue Produkteigenschaften entdeckt und hervorgehoben werden (z.B. zuerst Umweltaspekt bei Bio-Lebensmitteln, dann Gesundheitsaspekt, dann Geschmacksaspekt und nun Trendaspekt).

[49] Vgl. Porter 1995, S. 210.

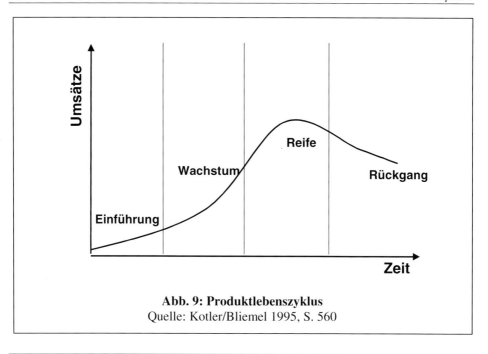

Abb. 9: Produktlebenszyklus
Quelle: Kotler/Bliemel 1995, S. 560

Diffusionstheorie

Die **Diffusionstheorie** bildet den theoretischen Unterbau für das Konzept des Produktlebenszyklus.[50] Die Diffusionstheorie beschreibt, wie sich Produktinnovationen in einem sozialen System idealtypisch ausbreiten. Während sich die Diffusionsforschung für das Abnehmerverhalten interessiert, verfolgt das Konzept des Produktlebenszyklus den Weg eines Produktes durch dessen Lebenszyklusphasen. Der Diffusionstheorie zufolge treten die individuellen Übernahmen eines Produktes durch die Nachfrager, die sog. «Adoptionen», zeitlich verteilt auf und konstituieren in ihrer Summe den Diffusionsprozess.[51] Die Diffusionskurve nach Rogers beruht auf der Idee, dass sich die Menschen bzgl. ihrer Bereitschaft, Innovationen zu übernehmen, unterscheiden. Haedrich/Tomczak sprechen in diesem Zusammenhang vom Grad der «Innovationsfreude», nach welchem die Adoptoren in verschiedene Gruppen unterteilt werden.

In der Einführungsphase probieren nur wenige Konsumenten, die sog. «Innovatoren», das neue Produkt aus. Sind die Innovatoren mit dem Produkt zufrieden, sorgen deren Informationen für die Ausbreitung der Innovation, worauf eine breitere Zahl von Käufern erreicht wird («Frühadoptoren»). Sinken infolge von Mengeneffekten die Preise, folgt zuerst die «frühe Mehrheit» und dann

---

[50]   Vgl. Kotler/Bliemel 1995, S. 550 - 555.
[51]   Vgl. Schmalen 1993, Sp. 776.

die «späte Mehrheit» nach. Die Kaufentscheide der Mehrheit führen zu einem starken Absatzwachstum des Produktes (Wachstumsphase). Mit sinkenden Absatzzuwächsen wird die Reifephase erreicht. Sinken die Absatzvolumina, bspw. weil neue Innovationen erfolgreich um das Käuferinteresse buhlen, wird die Rückgangsphase erreicht.[52]

Nordmann übertrug die Typologie der Diffusionstheorie auf die Anbieterseite und fügte diese mit der Abnehmerseite zu einem Flaschenbild zusammen.[53] Unter dem Titel «from Bottleneck to the mainstream business» versucht er am Beispiel der Photovoltaik aufzuzeigen, dass eine Ausbreitung ökologischer Produktvarianten das Resultat eines parallelen, gegenseitig abhängigen Verlaufs der Nachfrage- und der Angebotsseite ist. Anhand dieses «Flaschenmodells» bringt Nordmann die zentrale Frage auf den Punkt: «How to pull the cork?» Mit dieser Metapher soll die Schwierigkeit angedeutet werden, mit ökologischen Produkten breitere Konsumentenschichten und weitere Anbieter jenseits der Öko-Nische anzusprechen, um den Ausbreitungsprozess in Richtung ökologischer Massenmarkt voranzutreiben.

In unserem Kontext werden in Anlehnung an Nordmann die etablierten Konzepte des Produktlebenszyklus mit der Diffusionskurve zu einem «ökologischen Branchenlebenszyklus» (mit den vier Phasen Einführung, frühes Wachstum, Take-off, Reife) weiter entwickelt (vgl. Abb. 10).

---

[52] Vgl. zur Diffusionstheorie bspw. Rogers 1983, Schmalen 1993 oder Gierl 1995.
[53] Vgl. Nordmann 1997, S. 6.

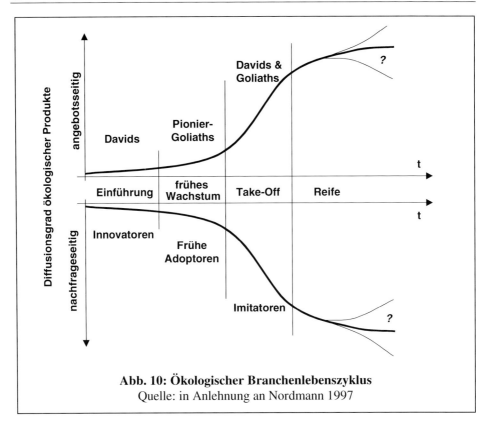

Abb. 10: Ökologischer Branchenlebenszyklus
Quelle: in Anlehnung an Nordmann 1997

Im folgenden wird skizziert, wie ein solcher Entwicklungsprozess eines «ökologischen Branchenlebenszyklus» in vier Phasen aussehen könnte.

1. Einführungsphase

Ein Unternehmen lanciert eine ökologische Innovation auf dem Markt. Das ökologische Produkt verursacht über den gesamten Lebenszyklus hinweg betrachtet weniger Umweltbelastungen als konventionelle Substitutionsprodukte. Sobald das ökologische Produkt auf dem Markt erhältlich ist, setzt die **Einführungsphase** ein. Sehr oft werden ökologische Innovationen von kleinen, idealistisch-motivierten Davids lanciert, die jedoch nicht über die notwendigen Distributionsstrukturen oder Marketingbudgets verfügen, die Innovation breiteren Nachfragesegmenten bekannt zu machen. Infolgedessen verharrt die ökologische Innovation vorerst in einer Marktnische, der sog. «Öko-Nische». Der Produktpreis des ökologischen Produktes ist in dieser Phase hoch, da die Ökologie als Zusatznutzen oft höhere Herstellkosten verursacht und die Herstellung kleiner Losgrössen das Erzielen von Skaleneffekten verhindert. Erste Konsumenten-innovatoren mit einem hohen Umweltbewusstsein werden allmählich auf die ökologische Innovation aufmerksam. Für diese sensibilisierte Käuferschicht ist der ökologische Zusatznutzen hoch, so dass es bereit ist, den Mehrpreis zu bezahlen (tiefe Preissensibilität). Sind die Konsumenteninnovatoren von den Eigenschaften des ökologischen Produkts überzeugt, geben sie ihre Erfahrungen weiter. Sehr oft übernehmen die frühen Adoptoren in der Folge die Funktion der Opinion Leaders. Von diesen weiter vermittelte positive Erfahrungen und Informationen sorgen für eine Steigerung der Nachfrage nach dem ökologischen Produkt. Die steigende Nachfrage erlaubt es den Davids, ihre Preise hoch zu halten, Nachfragerenten abzuschöpfen und Gewinne zu realisieren. Die erzielbaren Gewinne rufen bald erste Anbieterimitatoren auf den Markt.

2. frühe Wachstumsphase

Erweist sich das Konsumentenbedürfnis als stabil, wird bald der erste Goliath auf den Markt treten («Pioniergoliath»). Der «Pioniergoliath» bemüht sich, das ökologische Produkt in ausreichender Quantität und Qualität anbieten zu können. Dies zwingt ihn, neben Absatz- auch Beschaffungsmarketing zu betreiben (sog. «Balanced Marketing»[54]). Für die zunächst träge Absatzentwicklung im Lebenszyklus sind verschiedene Gründe verantwortlich: Verzögerungen beim Ausbau von Produktionskapazitäten, technische und qualitative Probleme («Kinderkrankheiten»), ungenügende Verfügbarkeit des Produktes für die Kunden, Abneigungen der Kunden, ihr Kaufverhalten zu ändern oder hohe Preise zu Beginn des Lebenszyklusses. Beim «Pioniergoliath» fallen im Gegensatz zu den «Davids» hohe Markt-Einführungskosten an (Handel- und Konsumentenmarketing), so dass er noch keine Gewinne realisiert. Das Produkt ist erst in seiner Grundausführung erhältlich, der Differenzierungsgrad daher noch gering. Da das ökologische Produkt nun auch im Detailhandelskanal erhältlich ist, finden – angesprochen von den Marketingmassnahmen des Pioniergoliaths – die ersten Frühadaptoren Gefallen am Produkt. Der

---

[54] Zum «Balanced Marketing» vgl. Raffée 1979. Vgl. hierzu auch Exkurs in Kap. 2.5.

Goliath erhöht daraufhin sein Marketingbudget und beginnt, sein Produktsortiment auszuweiten. Der Pioniergoliath erzielt neben Image- und Umsatzeffekten auch «first-
mover-advantages».[55] Die steigenden Marktanteile gehen zulasten von Substitutionsprodukten, wodurch andere Goliaths Marktanteils- und Gewinneinbussen erleiden und
beginnen, sich nach alternativen Märkten umzusehen. Steigen die Absatzzahlen des
ökologischen Produktes weiter an, werden damit verbundene Gewinnaussichten weitere
Goliaths anlocken.

3. Take-off Phase

Die «neuen Goliaths» führen neue Produktvarianten ein und erhöhen mit ihren Vertriebskanälen die Erhältlichkeit des Produktes. Infolge des (Marketing-) Engagements
der Goliaths steigt der Bekanntheitsgrad und die Akzeptanz des ökologischen Produktes.
Die Preise fallen zunächst nur geringfügig, da die weiter wachsende Nachfrage hohe
Preise immer noch zulässt. Da sich die Marketingkosten infolge des Absatzwachstums
auf ein grösseres Produktvolumen verteilen, können Skaleneffekte erzielt werden. Die
Mengeneffekte werden durch Erfahrungskurveneffekte verstärkt, was zu sinkenden Produktionskosten führt. Mit einem «moderneren» Design werden mit der Zeit grössere,
trägere Marktsegmente angesprochen («Konsumentenimitatoren»). Produktions-
erweiterungen schliessen bestehende Nachfrageüberhänge auf dem Markt. Amortisierte
Entwicklungs- und Einführungskosten, Mengen- und Erfahrungskurveneffekten sowie
eine steigende Wettbewerbsintensität lassen die Produktpreise nun allmählich sinken,
wodurch zunehmend auch preissensiblere Käuferschichten angesprochen werden (sog.
«Spätadaptoren»). In der Take-off-Phase profitieren infolge einer absoluten Marktausweitung auch die Davids – trotz eines abnehmenden relativen Marktanteils.

4. Reife-Phase

Die **Reife-Phase** wird von abnehmenden Zuwachsraten gekennzeichnet. Das Käuferpotential und die grösseren Marktsegmente sind abgedeckt. Die Vertriebskanäle sind gefüllt. Der Markt ist gesättigt, der Pro-Kopf-Absatz bleibt konstant. Goliaths beginnen, in

---

[55]   Zu «first-mover-advantages» vgl. Kotler/Bliemel 1995, S. 572 ff. oder auch Nehrt 1998

die Segmente der Konkurrenz einzudringen. Zur Verteidigung der Marktposition gegenüber der Konkurrenz werden höhere Marketingaufwendungen notwendig. Neue Differenzierungen sprechen neue Marktsegmente an. Der Markt wird in immer kleinere Segmente geteilt, bis es zu einer ausgeprägten Fragmentierung kommt. Auf dem Markt werden Überkapazitäten aufgebaut, was den Wettbewerb verschärft: Die Preise sinken und die Gewinne schrumpfen. Die Anbieter greifen zu Aktionen und Sonderrabatten (Kostenführerstrategie) – die Preisspirale nach unten beginnt zu drehen. Andere Wettbewerber versuchen, die Produkte weiter zu optimieren (Differenzierungsstrategie) oder neue Marktnischen zu bearbeiten (Konzentration auf Schwerpunkte). Unrentable Produkte werden ausgelistet. Infolge der abnehmenden Gewinne verlassen erste Wettbewerber den Markt. Die Goliaths betreiben in zunehmendem Masse vertikale Rückwärtsintegration.

Offen bleibt die Frage nach dem weiteren Verlauf des ökologischen Branchenlebenszyklus. Zur Verdeutlichung der Unsicherheit bzgl. des weiteren Verlaufs des Zyklusses (insbesondere in der Reifephase) wird in den Branchenkapiteln mit einem pessimistischen und einem optimistischen Szenario eine Bandbreite möglicher Entwicklungsmuster aufgespannt.

Im **pessimistischen Szenario** wird die Branche durch ein schrumpfendes Verkaufsvolumen und abnehmende Gewinne charakterisiert. Gemäss diesem Rückgangsszenario nimmt die Anzahl der angebotenen ökologischen Produkte ab. Parallel dazu sinkt die Nachfrage. Neue Technologien oder Substitute ersetzen die alten. Neue Lebenszyklen beginnen. Die Gründe für diese Ablösung können bspw. im technologischen Fortschritt oder im veränderten Verbrauchergeschmack zu finden sein.

Als alternatives, **optimistisches Szenario** ist vorstellbar, dass veränderte politische Rahmenbedingungen die Marktstimmung für das Angebot ökologischer Produkte begünstigen und schliesslich für einen zweiten Wachstumsschub sorgen. So kann bspw. eine verstärkte Internalisierung externer Kosten die Produktion ökologischer Produkte verbilligen, was die Kosten-/Nutzen-Relation zugunsten ökologischer Produkte verbessert. Parallel zur Anpassung der Rahmenbedingungen kann eine Kommunikationsoffensive von öffentlichen oder politischen Anspruchsgruppen für eine Renaissance der Nachfrage nach ökologischen Produkten sorgen, indem bspw. das Bewusstsein der Konsumenten geschärft wird. Die Angebotsseite erhält in Form von erzielbaren Umsatz- und

Imageeffekten neue Anreize zur Entwicklung und Vermarktung ökologischer Produkte und Leistungen.[56]

Der Ausgang des ökologischen Branchenlebenszyklus wird an dieser Stelle bewusst offen gelassen, da Märkte mit ökologischen Produkten derzeit weit von der Phase vier im Branchenlebenszyklus entfernt sind und in aller Regel noch in der ersten Phase, der Einführungsphase, verharren. Wie die (Branchen-) Kapitel in diesem Buch noch zeigen werden, macht sich Ende der neunziger Jahre zumindest die Lebensmittelbranche in der Schweiz daran, das Jenseits dieser Einführungsnische zu erkunden. Der weitere Entwicklungsverlauf ökologischer Produkte ist abhängig

    a) vom Verhalten der Marktakteure sowie

    b) von den Impulsen des politischen und öffentlichen Lenkungssystems.

	Produkt	Anbieter	Nachfrage	Markt	Ökologie
Einführung	Grundausstattung Hoher Preis	Innovative Davids	Innovatoren	Öko-Nische	hohe ökologische Qualität bei tiefem Marktanteil
Frühes Wachstum	Differenzierung Hohe Preise	Pionier-Goliath	Frühe Adoptoren	Jenseits der Öko-Nische	Sinkende ökologische Qualität bei steigendem Marktanteil
Take-off	Fragmentierung Sinkende Preise	Nachfolge-Goliaths und wieder auferstehende Davids	Mehrheit Wiederholungskäufe	Massenmarkt	Ausdifferenzierter Öko-Markt
Reife	Substitute oder Relaunch?	Marktaustritte oder erneuter Aufschwung?	abnehmend oder Renaissance?	Fragmentierter Massenmarkt; neue Nischen	Öko-Markt 2. Generation?

Tab. 1: Zusammenfassender Überblick
Quelle: eigene Darstellung

Mögliche Wege für Unternehmen, den Ausbreitungsprozess ökologischer Produkte zu unterstützen sowie die Rahmenbedingungen mitzugestalten, werden im nächsten Ab-

---

[56]   Zu den Umsatz- und Imageeffekten im Zusammenhang mit dem Angebot von ökologischen Produkten vgl. Belz/Villiger 1997, S. 29.

schnitt angedeutet. Die wichtigsten Entwicklungsmerkmale sind in der zusammenfassenden Überblickstabelle (als ein mögliches Entwicklungsmuster) noch einmal festgehalten (vgl. Tab. 1).

Fragen, die im Rahmen der nachfolgenden Branchenkapitel geklärt werden:

- Lassen sich in den drei untersuchten Branchen Muster im Sinne des vorgestellten ökologischen Branchenlebenszyklus finden?
- In welcher Zyklusphase befinden sich die einzelnen Branchen?
- Welchen Stellenwert hat das Thema Ökologie in den Branchen?
- Welche Einflussfaktoren können identifiziert werden, die (z.B. an den Phasenübergängen) entscheidenden Einfluss auf den Diffusionsverlauf haben?
- Wie sieht der Übergang von Innovatoren (Nische) zu Adoptoren (jenseits) aus?

2.5 Unternehmensstrategien: Vom Öko-Nischenmarketing zum Marketing jenseits der Nische

Die bisherigen Überlegungen zur Entwicklung von der Öko-Nische zu einem ökologischen Massenmarkt stellten das Geschehen auf **Marktebene** in den Vordergrund. Diese Vogelperspektive abstrahierte weitgehend von der Frage, welche Strategien und Massnahmen für **Unternehmen** zielführend sind. Da das vorliegende Buch jedoch nicht lediglich eine Analyse des Marktgeschehens, sondern auch die Ableitung von Handlungsempfehlungen für konkrete Akteure anstrebt, wenden wir uns im folgenden Abschnitt der Frage zu, wie umweltorientierte unternehmerische Wettbewerbsstrategien und Marketingmassnahmen jenseits der Öko-Nische aussehen.

Als Analyseraster für die Betrachtung eines Öko-Marketing jenseits der Nische dient uns dabei grundlegend der bekannte Marketing-Mix mit seinen Dimensionen Produkt, Preis, Kommunikation und Distribution, im englischen Sprachgebrauch auch als «4 P» bekannt. Dieses Raster ergänzen wir in zweierlei Hinsicht. Zum einen ist der Entscheidung über den eher operativen Marketing-Mix eine strategische Ebene vorgelagert, die sowohl in bezug auf die Positionierung der Produkte als auch auf die vom Unternehmen zu wählende ökologische Wettbewerbsstrategie gefällt werden muss. Zum anderen folgen wir der von *Kotler* eingeführten Begrifflichkeit eines Mega-Marketing-Mix, der neben den genannten 4 P zusätzlich die Dimensionen **Public Opinion** sowie **Politics** enthält («6 P»).[57] Damit tragen wir der Tatsache Rechnung, dass gerade im ökologischen Kontext ein Schlüsselfaktor für den Erfolg von Unternehmen über das reine Marktgeschehen hinaus in einer aktiven Einflussnahme auf die Rahmenbedingungen liegt.

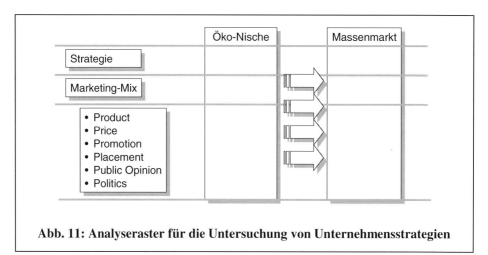

Abb. 11: Analyseraster für die Untersuchung von Unternehmensstrategien

Unsere Hypothese ist es, dass ein in der Öko-Nische erfolgreiches Marketing sich von einem (Mega-)Marketing jenseits der Nische grundlegend unterscheidet. Daher untersuchen wir nach einigen Überlegungen zur **strategischen Grundsatzentscheidung** bezüglich Nische oder Massenmarkt zum einen den typischen **Öko-Marketing-Mix in der Nische**, zum anderen stellen wir erste Überlegungen bezüglich eines **jenseits der Nische erfolgreichen Öko-Marketing-Mixes** an.[58] Schliesslich wird der **Übergang** von der Nische zum Massenmarkt als spezifische Herausforderung für Unternehmen thematisiert und der Frage nachgegangen, wer eigentlich die Akteure sind, die beim Verlassen der Öko-Nische eine tragende Rolle spielen.

---

[57]   Vgl. Kotler 1986, S. 117 ff. sowie Kotler 1991, S. 407. In seiner 1986er Fassung spricht Kotler noch von «Power» und «Public Relations». Obwohl diese Begriffe wegen ihres instrumentellen Charakters mit den klassischen 4 P konsistenter sind, verwenden wir die neuere Bezeichnung, welche sich im Laufe der Zeit in der allgemeinen Marketingliteratur durchgesetzt hat.

[58]   Vgl. hierzu exemplarisch auch die Forschungsergebnisse von Wong/Turner und Stoneman (1996) sowie die Überlegungen von Crane/Peattie (1999).

2.5.1 Strategische Grundsatzentscheidungen im Öko-Marketing

Noch vor der operativen Ausgestaltung des Marketing-Mix fällen Unternehmen strategische Grundsatzentscheide, die über den erreichbaren Marktanteil ökologischer Produkte mit entscheiden. Hier sind insbesondere Fragen der **Positionierung** der Produkte und Leistungsangebote, der damit angepeilten **Zielgruppen,** sowie der gewählten **ökologischen Wettbewerbsstrategie** angesprochen.

In aller Regel wird heute unter **ökologischer Positionierung** die geeignete Gestaltung von Produkt und Kommunikation zur Ansprache des Segmentes umweltbewusster Konsumenten verstanden. Dieses Segment wiederum ist in der Wahrnehmung der Anbieter in der Regel klein bis sehr klein, so dass Ziele, Strategien und Marketing-Mix für ökologische Leistungsangebote für diese **Nische** konzipiert werden. Interessiert man sich nun jedoch für die Frage, wie umweltverträgliche Produkte und Leistungsangebote jenseits dieser Öko-Nische erfolgreich angeboten werden können, so stellt sich die Frage nach der Positionierung und den Zielgruppen neu.

Vorab gilt es festzuhalten, dass sich ökologische Produkte oft dadurch auszeichnen, dass sie aus Sicht des Konsumenten wohl einen **hohen Sozialnutzen**, dafür jedoch einen vergleichsweise **geringen Individualnutzen** aufweisen.[59] Während der typische Öko-Nischen-Konsument («Umweltaktive») sich in der Regel durch ein hohes Umweltbewusstsein und somit durch eine hohe Gewichtung des Sozialnutzens auszeichnet, verschiebt sich diese Gewichtung bei Konsumenten jenseits der Nische («Umweltaktivierbare») zugunsten des Individualnutzens.[60] Solche Kunden sind unter Umständen gegen die Umweltverträglichkeit als Produkteigenschaft nicht grundsätzlich abgeneigt, sie wägen diese Qualitätsdimension jedoch bei der Kaufentscheidung gegen andere Faktoren ab und suchen nach Leistungsangeboten, die ihnen eine umfassende Bedürfnisbefriedigung ermöglichen. Sollten sie sich dennoch für ökologisch vorteilhafte Produkte ent-

---

[59]   Vgl. Kaas (1992, S. 475), der diesen Sachverhalt in einer Kosten-Nutzen-Matrix zusammenfasst. Die Tatsache, dass ökologische Produkte häufig teurer sind als konventionelle Produkte, lässt sich jedoch unseres Erachtens unter einem geringen Individualnutzen subsumieren, so dass wir uns auf die Nutzen-Dimension beschränken.

[60]   Hopfenbeck/Roth (1994, S. 83 f.) unterscheiden in Umweltengagierte als dem klassischen Öko-Nischen-Segment und zwei weiteren Segmenten mit abnehmendem, aber doch latent vorhandenem Umweltinteresse, nämlich den «Umweltbewussten», denen sie 25% Marktanteil zuordnen, und den Umweltinteressierten, die bis zu 70% des Marktes ausmachen.

scheiden, müssen diese möglicherweise primär über andere Dimensionen als die Ökologie positioniert werden.

Das **Ausmass der Betonung ökologischer Produkteigenschaften** in der Positionierungsentscheidung ist dabei grundsätzlich variabel. Meffert/Kirchgeorg unterscheiden analytisch vier verschiedene Stufen:[61]

- Umweltverträglichkeit wird als dominante Nutzendimension gewählt,
- Umweltverträglichkeit wird als Zusatznutzen gleichberechtigt neben anderen Eigenschaften einbezogen,
- Umweltverträglichkeit wird als Bestandteil der bestehenden Eigenschaften flankiert,
- Umweltverträglichkeit wird nicht als Profilierungsdimension berücksichtigt.

Während Stufe 1 also die klassische Nischen-Positionierung darstellt, sind die Varianten 2 bis 4 möglicherweise besser geeignet, verschiedene Segmente eines Massenmarktes zu bedienen, ohne dass dabei wesentliche Abstriche in der Umweltverträglichkeit der entsprechenden Produkte zu machen sind.[62]

Verlässt man nun die Betrachtungsebene der reinen Produktpositionierung hin zu einer Betrachtung der gesamten Unternehmung, so stellt sich die umfassendere Frage der einzuschlagenden ökologischen Wettbewerbsstrategie.[63] Den Fokus von der Positionierung eines Produktes auf die Strategie des gesamten Unternehmens auszuweiten, mag nicht unmittelbar einleuchtend erscheinen, ist es doch zumindest bei grösseren Unternehmen

---

[61] Meffert/Kirchgeorg 1998, S. 277.

[62] In der Literatur zur Positionierung wird üblicherweise unterschieden zwischen einer psychologischen und einer physischen Komponente der Positionierung (so Trommsdorff 1992, ähnlich Kotler/Bliemel 1995, Meffert/Kirchgeorg 1992, S. 225). Wir gehen hier nicht näher auf die in der Literatur kontrovers diskutierte Frage der Gewichtung dieser Komponenten ein (vgl. etwa Belz/Dyllick 1996, S. 171), da diese Frage, unabhängig von konkreten Einzelfällen, kaum sinnvoll zu beantworten ist (vgl. hierzu etwa Gierl 1995, S. 759, der wettbewerbliche Faktoren und das Ausmass des Involvements des Konsumenten als wesentliche Einflussfaktoren identifiziert), gehen jedoch davon aus, dass ohne wesentliche Abstriche an der (physischen) Umweltverträglichkeit eine Reihe verschiedener (psychologische) Positionierungsmöglichkeiten offensteht.

[63] Die Begrifflichkeiten zu diesem Thema sind in der Umweltmanagement-Literatur uneinheitlich. So sprechen Hopfenbeck/Roth (1994, S. 113) sowie Meffert/Kirchgeorg (1992, S. 225) in diesem Zusammenhang von «unternehmensbezogener Positionierung», während Belz/Dyllick (1996) den Begriff «ökologische Positionierungsstrategien» gebrauchen und dieselben Autoren in Dyllick/Belz/Schneidewind (1997) für den weitgehend gleichen Sachverhalt zum Begriff «ökologische Wettbewerbsstrategien» übergehen. Vgl. zu ökologischen Wettbewerbsstrategien auch Roome 1994, Welford/Starkey 1995, Shrivastava 1995, Steger 1997 oder Fichter 1998.

durchaus die Regel, neben einem oder mehreren ökologischen Produkten noch konventionelle Angebote im Sortiment zu führen. Die entscheidende Frage ist hier, wie den Kunden ein solchermassen gemischtes Sortiment zu vermitteln ist. Da die Umweltverträglichkeit von Produkten jedoch vom Konsumenten kaum nachprüfbar ist (**Vertrauenseigenschaft**), kommt anderen Faktoren wie der Stärke der Marke, dem Einsatz unabhängiger Labels oder dem Image des Unternehmens (Glaubwürdigkeit) bei ökologischen Produkten besondere Bedeutung zu, was die isolierte Positionierung einzelner Öko-Produkte im Rahmen eines allzu breit streuenden Sortiments schwierig erscheinen lässt. Insbesondere wenn es also um den Übergang von der Öko-Nische zu einer ökologischen Transformation des Massenmarktes geht, stellt sich unmittelbar die Frage nach erfolgversprechenden ökologischen Wettbewerbsstrategien auf Unternehmensebene.

Mit Dyllick/Belz/Schneidewind können vier verschiedene Arten von **ökologischen Wettbewerbsstrategien** unterschieden werden: Marktabsicherungs-, Kosten-, Differenzierungs- und Marktentwicklungsstrategie (vgl. Abb. 12).[64] Während die ökologische Marktabsicherungsstrategie und die ökologische Kostenstrategie eher defensiv auf die ökologischen Ansprüche reagieren, die aus der Gesellschaft und auf dem Markt an die Unternehmung herangetragen werden, zeichnen sich ökologische Differenzierungs- und Marktentwicklungsstrategie durch einen offensiven Umgang mit der Ökologiethematik aus. Im Rahmen einer ökologischen Differenzierungsstrategie versucht die Unternehmung, sich auf dem Markt als ökologisch innovativ zu positionieren und ihren Produkten so eine Unique Selling Proposition (USP)[65] zu verschaffen. Bei der Marktentwicklungsstrategie geht die Unternehmung noch einen Schritt weiter und versucht, durch gezielte Beeinflussung der Lenkungssysteme Politik und Öffentlichkeit (strukturpolitisches Handeln) die Rahmenbedingungen zugunsten der Ökologie zu verändern, um so die erreichten Wettbewerbsvorteile flankierend abzusichern.

---

[64]   Vgl. Dyllick/Belz/Schneidewind 1997, S. 75 ff.

[65]   Vgl. Meffert/Kirchgeorg 1998, S. 25

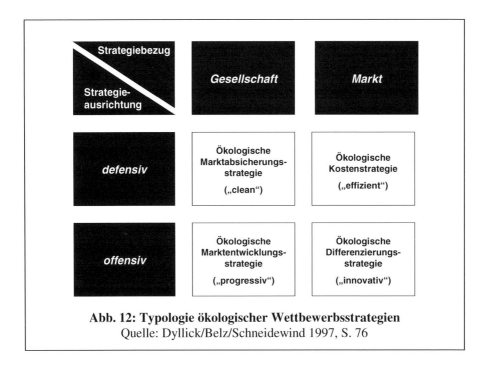

Abb. 12: Typologie ökologischer Wettbewerbsstrategien
Quelle: Dyllick/Belz/Schneidewind 1997, S. 76

2.5.2   Ökomarketing in der Nische

Nachdem im vorhergehenden Abschnitt einige der strategischen Grundsatzentscheidungen skizziert wurden, welche für das unternehmerische Handeln in Richtung Öko-Nische oder Massenmarkt richtungsweisend sind, soll im folgenden anhand der 6 P des Marketing-Mix illustriert werden, wie sich die strategische Grundsatzentscheidung in der operativen Ausgestaltung konkretisiert. Ziel dieser Ausführungen ist eine kurze, möglicherweise auch holzschnitzartige Gegenüberstellung von Öko-Marketing in der Nische und Öko-Marketing jenseits der Nische. Die solchermassen postulierte Hypothese wird dann in den einzelnen Branchenkapiteln mit empirischem Gehalt gefüllt, bevor in Kapitel 6 eine Schlussfolgerung folgt, ob sich ein Nischenmarketing in der Praxis tatsächlich so darstellt wie hier skizziert wurde und ob ggf. erfolgreiche Ansätze eines Mega-Marketing für ökologische Produkte im Massenmarkt identifizierbar sind.

Betrachtet man nun ein Öko-Marketing, welches auf die Erschliessung der Nische umweltengagierter Konsumenten abzielt, so zeichnet es sich in der **Produktpolitik** durch die Gestaltung ökologisch weitgehend optimierter Produkte aus. Dies ist im betrachteten Segment für die Unternehmen auch durchaus rational, sichert eine hohe ökologische Qualität doch einerseits erst die Glaubwürdigkeit des Anbieters und ermöglicht ihm andererseits auch die Umsetzung des entsprechenden Kundennutzens in einen Alleinstellungsvorteil im Wettbewerb. Eine kompromisslose Optimierung der Qualitätsdimension Ökologie führt möglicherweise jedoch zu einer Vernachlässigung anderer, für die weniger umweltengagierten Kundensegmente wichtigen Qualitätsdimensionen.[66] Hinzu kommt, dass eine ökologische Optimierung im Kontext nicht-internalisierter externer Kosten oft zu höheren Produktionskosten führt, so dass mit dieser Form der ökologischen Produktpolitik auch eine Barriere für die Erschliessung preissensibler Kundensegmente aufgebaut wird. Ein weiterer Kostentreiber liegt in den oft manufakturähnlichen Produktionsstrukturen, die den ökologischen Nischenmarkt – wie auch andere junge Märkte – kennzeichnen.

Hiermit sind die Auswirkungen auf das zweite P des Marketing-Mix bereits angesprochen, die **Preispolitik**. Einflussfaktoren der Preisgestaltung auf Wettbewerbsmärkten sind Kosten, Kundennutzen und Wettbewerb. Dass die Preise für ökologische Produkte im Nischen-Marketing-Mix relativ hoch gewählt werden, liegt demnach nicht nur in den oft höheren **Produktionskosten** begründet. Zugleich schöpfen die Unternehmen hiermit die höhere **Zahlungsbereitschaft** des umweltengagierten Kundensegmentes für das Bündel aus Sozial- und ggf. vorhandenem Individualnutzen ökologischer Produkte ab.[67] Da die ökologische Qualität eines Produktes zudem oft eine Vertrauenseigenschaft darstellt, wäre ein im Vergleich zu vergleichbaren Produkten niedrigerer Preis für die besonders sensibilisierten Nischenkunden gar kontraproduktiv, dient doch der Preis dem Kunden auch als Qualitätssignal. Und schliesslich verstärkt auch der dritte Einflussfaktor der Preispolitik, der **Wettbewerb**, die Entscheidung der Unternehmen zugunsten höherer Preise: Da die Wahrnehmung, dass ökologische Produkte mehr kosten (müssen), mittlerweile zur weithin geteilten Konvention bei den Anbietern in verschiedensten

---

[66] Zu denken ist hier etwa an den Verzicht auf umweltschädliche Textilfarbstoffe, als dessen Konsequenz den Kunden eine Beschränkung auf wenige, möglicherweise unattraktive Farben abverlangt wird.

[67] Vgl. exemplarisch Cranc/Peattie 1999, S. 24

Branchen geworden ist, gibt es auch von dieser Seite kaum einen Anreiz zur Preissenkung.

Die **Kommunikationspolitik** stellt im Kontext ökologischer Produkte das gleichsam ambivalente Herzstück des Marketing-Mix dar: einerseits können die nicht unmittelbar erfahrbaren ökologischen Produkteigenschaften nur durch Kommunikation vermittelt werden, andererseits ist die Kommunikation für Öko-Produkte mit erheblichen Umsetzungsschwierigkeiten und ideologische Barrieren[68] behaftet.

Kommunikationsbarrieren bei ökologischen Produkten[69]

Komplexität und exogene Unsicherheit: Die Ursache-Wirkungsketten in natürlichen Systemen sind bis dato nur in Anfängen erforscht. Die Komplexität ermöglicht prinzipiell nur tendenzielle Aussagen darüber, welche Produkte hinsichtlich ihrer Umweltbelastung weniger belastend sind. Diese Unsicherheit erschwert eine glaubwürdige Kommunikation.

Informationsasymmetrie: Bei ökologischen Produkten sind die Informationen über die Umweltqualität zwischen Anbietern und Nachfragern asymmetrisch verteilt. Ökologische Produkte werden zumeist als Vertrauensgüter klassifiziert.[70] Erschwerend kommt hinzu, dass der Zusatznutzen für Konsumenten nicht direkt ersichtlich ist und folglich ein relevanter Kaufanreiz fehlt.

«Labelsalat»: In ökologisch wenig entwickelten Märkten ist zumeist eine verwirrende Vielfalt an Öko-Labels vorzufinden. Nur ein Teil dieser Labels hält auch die ökologischen Versprechungen, die es macht.[71] Opportunistisch handelnde Anbieter, denen es um kurzfristige Gewinne geht und die Umweltfreundlichkeit ihrer Produkte lediglich behaupten, haben in solchen Situationen leichtes Spiel. Differenzierungsvorteile tatsächlich ökologisch motivierter Unternehmen werden reduziert und die Konsumenten verunsichert.

---

[68]   So stecken vor allem idealistisch geprägte Anbieter in einem Kommunikationsdilemma: einerseits wissen sie um die Bedeutung der Kommunikation, ohne die ihre Produktinnovationen kaum in den Markt diffundieren. Andererseits gilt Marketing und speziell die Werbung als Verhaltensmanipulation der Konsumenten, so dass unter dem Gesichtspunkt der political correctness so wenig wie möglich zu kommunizieren wäre.

[69]   Vgl. exemplarisch Kaas 1992, 1993, Hüser/Mühlenkamp 1992, Hüser 1996, Spiller 1996, S. 218 ff. oder Villiger/Choffat 1998.

[70]   Vgl. zur Unterscheidung zwischen Such-, Erfahrungs- und Vertrauensgütern Darby/Karni 1973 sowie Nelson 1974. Der Konsument muss den Angaben des Anbieters Glauben schenken, weil eine direkte Kontrolle der ökologischen Qualität beim Kaufakt nicht möglich ist. Der Konsument kann die ökologische Qualität nur unter prohibitiv hohen Kosten und unter Berücksichtigung von Komplexität und Unsicherheit überprüfen.

[71]   Vgl. für die schweizerische Textilwirtshaft die aufsehenerregende Berichterstattung des «Kassensturzes» 1993, in welchem als ökologisch angebotene Textilien durch diverse Schadstoffprüfungen durchfielen. Vgl. Ktip 1993, S. 1.

Das Patentrezept der Öko-Marketing-Literatur und -Praxis besteht angesichts dieser Schwierigkeiten in einer starken Informationslastigkeit der Marketingkommunikation: Informationen über die ökologische Qualität der Produkte sind demnach möglichst **eindeutig**, **umfangreich** und **sachlich** bereitzustellen.[72] Ein unabhängig kontrolliertes Öko-Label kann in diesem Fall ein nützliches Hilfsmittel sein, zumal es von einer glaubwürdigen Institution vergeben wird und sich als allgemein anerkannter Branchenstandard durchgesetzt hat.[73] Eine solche stark auf «objektiven» Informationen aufgebaute Kommunikation stösst in einem von information overload[74] gekennzeichneten Umfeld jedoch naturgemäss auf geringe Beachtung. Sie erreicht ein Kernsegment von umweltengagierten Konsumenten und kommt möglicherweise sogar deren ideologischen Vorbehalten gegen eine stärker emotionale, erlebnis- und lifestyle-orientierte Kommunikation entgegen. Zugleich wird hier jedoch wiederum eine Barriere für das Ansprechen von umweltinteressierten Segmenten jenseits der Nische errichtet, zumal ein Erfolgsfaktor ökologischer Positionierung in der Individualisierung des Sozialnutzens ökologischer Produkte besteht,[75] was eine besondere Herausforderung an die Marketing-Kommunikation darstellt.

In bezug auf die Distribution (**Placement**) zeichnet sich der Öko-Marketing-Mix in der Nische durch separate Distributionskanäle und kleinmassstäbliche, daher tendenziell ineffiziente Strukturen aus. Gemäss der weiter oben eingeführten Unterscheidung sind ökologische Produkte in zwei unterschiedlichen Distributionskanälen zu finden: Einerseits bei den «Davids» des Handels, spezialisierten Kleinanbietern mit oft genossenschaftlicher Struktur und ohne professionelles Logistikmanagement, andererseits in separaten Schienen bei den «Goliaths» mit einer eigenen «Bio-Ecke». Diese separaten Distributionsstrukturen erleichtern den klassischen Nischenkonsumenten die Identifikation («Nestwärme»), sie bauen aber Zugangsbarrieren für Gelegenheits- oder Neukunden auf. Die in einem Mega-Marketing-Mix zusätzlich zu berücksichtigenden, gesellschaftsbezogenen Instrumente **Politics** und **Public Opinion** sind im heutigen Öko-Marketing in der Nische eher unterbelichtet. So setzen kleine, ökologisch motivierte Unternehmen

---

[72] Vgl. Meffert/Kirchgeorg 1998, S. 318.

[73] Es sei an dieser Stelle vorweggenommen, dass bei weitem nicht in allen Branchen ein nach diesen Anforderungen «gutes» Öko-Label existiert, vgl. die entsprechenden Ausführungen in Kapitel 3 bis 5.

[74] Vgl. Kroeber-Riel 1993, S. 64 f. sowie S. 134.

[75] Vgl. Hüser/Mühlenkamp 1992, Kaas 1992.

«strukturpolitisches Handeln» eher mit dem Lobbyismus von Grossunternehmen gleich, so dass neben dem Ressourcenmangel auch eine ideologische Barriere vor dem offensiven Einsatz eines solchen Mega-Marketing entgegenstehen. Wo von den Akteuren der Öko-Nische dennoch politisiert wird, handelt es sich vielfach eher um moralisch fundierte Oppositionspolitik als um den Versuch, aktiv und pragmatisch eine Verbesserung der Rahmenbedingungen ökologischen Unternehmenshandelns mitzugestalten. Bei den «Goliaths» mit kleinem ökologischen Sortimentsanteil wiederum ist das Interesse an Veränderungen der Rahmenbedinungen, die womöglich zulasten der etablierten Cash Cows desselben Unternehmens wirken könnten, naturgemäss gering.

Zusammenfassend kann festgestellt werden, dass Unternehmen heute mit beachtlichem Erfolg ein Marketing zur Bedienung eines kleinen Segmentes umweltengagierter Konsumenten entwickelt haben. Zugleich ist aber auch zu konstatieren, dass es möglicherweise gerade dieser Erfolg ist, der den Weg zur Erschliessung wesentlich grösserer Segmente jenseits der Öko-Nische verbaut, die mit umweltverträglichen Leistungsangeboten anzusprechen wären. Zumindest zum Teil scheint also die sehr begrenzte Verbreitung ökologischer Produkte im Markt kein «Naturgesetz» zu sein, sondern eher Ausdruck einer «sich selbst erfüllenden Prophezeiung». Die heutige Öko-Nische wäre somit das Resultat selbstkonstruierter Barrieren, die durch eine gezielt auf Segmente jenseits der Nische ausgerichtete Ausgestaltung des Marketing-Mix zu überwinden sind. Wenn diese Hypothese zutrifft, stellt sich die Frage, wie ein hierfür geeigneter, «massenmarktfähiger» Marketing-Mix für ökologische Produkte aussehen könnte. Diese Frage wird im folgenden Abschnitt beleuchtet.

2.5.3   Ansatzpunkte eines Öko-Marketings jenseits der Nische

Aus den vorhergehenden Ausführungen in bezug auf das heutige Öko-Marketing in der Nische lassen sich einige Hypothesen ableiten, worin sich Zielgruppen jenseits der Nische von den klassischen Öko-Nischen-Konsumenten unterscheiden könnten. Massenmarktkunden («Umweltaktivierbare») lassen sich demnach wie folgt beschreiben:

- Sie haben eine höhere Preissensibilität.
- Sie gewichten den Individualnutzen ökologischer Produkteigenschaften bei ihrer Kaufentscheidung höher, den Sozialnutzen hingegen geringer als umweltengagierte Nischenkunden.

- Sie gewichten andere Qualitätseigenschaften gleich hoch oder höher als die Umweltverträglichkeit eines Produktes und sind daher für stark ökologisch positionierte Produkte weniger empfänglich.

- Sie empfinden möglicherweise (subjektive oder objektive) Zugangsbarrieren zu den klassischen Distributionskanälen ökologischer Produkte.

Zieht man zudem in Betracht, dass Hindernisse für den Markterfolg ökologischer Produkte auch in den Lenkungssystemen Politik und Öffentlichkeit begründet liegen, so ergeben sich folgende erste Anhaltspunkte für die Gestaltung des Mega-Marketing-Mix.

Für die **Produktpolitik** liegt die Herausforderung in der Schaffung eines ausgewogenen Qualitätsprofils, welches die Kosten ökologischer Produkteigenschaften mit dem wahrgenommenen Kundennutzen ausbalanciert. Das Ziel muss sein, auf den von der Zielgruppe hoch gewichteten Qualitätsdimensionen gut abzuschneiden – dabei kann es sich etwa um Aspekte wie Convenience, Prestige, Ästhetik handeln – und zugleich bei vertretbarem Aufwand ein Plus an Umweltverträglichkeit auf wichtigen Ökologiedimensionen zu erreichen. Ein weiteres Kennzeichen erfolgreicher ökologischer Produktpolitik im Massenmarkt ist vermutlich ein pragmatischer Umgang mit «heiligen Kühen» der Öko-Nische: Sortimentsbereiche wie Strom aus Grosswasserkraftwerken, Fertiggerichte im Lebensmittelbereich oder Synthetik-Bekleidung sind bei den klassischen Nischen-Konsumenten tabu, sind aber auf dem Massenmarkt zentrale Umsatzträger und können in ihrer Umweltverträglichkeit ebenfalls verbessert werden oder schneiden in einigen Ökologiedimensionen sogar heute schon besser ab als ihre vermeintlich ökologischeren Substitute.[76] Ein unvoreingenommenes Eindringen in diese Sortimentsbereiche ist für Unternehmen, die ökologisch aufgeschlossene Segmente jenseits der Nische erschliessen wollen, Notwendigkeit und Herausforderung zugleich.

In der **Preispolitik** ist die naheliegendste Vermutung, dass für das Erschliessen von Segmenten jenseits der Nische Preissenkungen für ökologische Produkte erforderlich sind. Es bleibt allerdings anhand konkreter Beispiele aus den Branchen zu prüfen, ob

---

[76] So können unter manchen Umständen Fertigmahlzeiten ernergetisch effizienter sein als die politisch korrekte Zubereitung frischer Bio-Zutaten am heimischen Herd (vgl. Jungbluth 1998, S. 64), und die von vielen Umweltorganisationen bekämpften alpinen Grosswasserkraftwerke schneiden nach Ansicht von Naturwissenschaftlern in bezug auf die Beeinträchtigung lokaler Ökosysteme summa summarum eher besser ab als eine Vielzahl von Kleinwasserkraftwerken zur Erzeugung der gleichen Energiemenge. Damit soll freilich noch kein abschliessendes Urteil impliziert werden, welchen Varianten nun in einer ökologischen Gesamtbewertung oder in bezug auf die Nachhaltigkeit der Vorzug zu geben wäre.

darunter ein Anbieten ökologischer Produkte zu gleichen oder gar niedrigeren Preisen als konventionellen Produkten zu verstehen ist, oder ob aufgrund der Funktion des Preises als Qualitätssignal die Beibehaltung eines (geringen) Mehrpreises die erfolgversprechendere Strategie ist.[77] Entscheidend ist dabei, wie hoch der vom Kunden jenseits der Nische wahrgenommene (Individiual-) Nutzenzuwachs im Vergleich zu konkurrierenden Angeboten ist.[78]

In dynamischer Perspektive stellt sich die Frage, welche Folgerungen sich aus den aufgrund von wenig entwickelten Produktionsstrukturen und Distributionskanälen vorderhand noch höheren Produktionskosten ökologischer Produkte für die Preisstrategie ergeben. Neben der für die Nische typischen Skimmingpreisstrategie scheint hier eine ökologische Variante[79] der Penetrationspreispolitik denkbar, bei der das Unternehmen anfängliche Mindererträge zugunsten schnell wachsender Marktanteile und damit zu realisierender Skaleneffekte bewusst in Kauf nimmt.[80] Ebenfalls in Frage kommt eine Quersubventionierung ökologischer Produkte durch konventionelle Produkte des gleichen Sortiments, was quasi einer Internalisierung externer Kosten auf Unternehmensbasis gleichkommt, aber schwer dauerhaft durchhaltbar ist.

Schwieriger als in bezug auf Produkt- und Preispolitik sind Empfehlungen für eine erfolgreiche **Kommunikation** im Rahmen eines massenmarkttauglichen ökologischen Marketing-Mixes zu formulieren. Angesichts der oben konstatierten Informationslastigkeit der Öko-Kommunikation bei heutigen Nischenanbietern steht zu vermuten, dass Zielgruppen jenseits der Nische eher über emotionale Signale (Animationsnutzen) anzu-

---

[77]   Vgl. zur Funktion des Preises als Qualitätssignal den legendären Biertest von McConnell 1968, S. 441, zit. n. Kroeber-Riel 1991, S. 305, sowie im Kontext des Themas jenseits der Öko-Nische Wüstenhagen 1998b.

[78]   Dieser wahrgenommene Nutzen kann durch geeignete Kommunikationsmassnahmen der Unternehmung positiv beeinflusst werden, indem etwa ökologische Leistungsangebote dem Kunden als umfassende (und zudem noch ökologisch vorteilhafte) Problemlösungen offeriert werden, oder indem Massnahmen zur Steigerung der Wahrnehmbarkeit des Umweltvorteils ergriffen werden (vgl. die Beispiele in Kap. 3 bis 5, etwa den live übertragenen Bauernhof im Internet von Coop, oder das Event-Marketing für Solarstrom).

[79]   Mit der Einschränkung «ökologische Variante» soll auf den im ökologischen Kontext wichtigen Zusammenhang zwischen Preis und wahrgenommener Qualität hingewiesen werden, welcher es gerade vor dem Hintergrund der Vertrauenseigenschaft «Umweltverträglichkeit» unrealistisch erscheinen lässt, Öko-Produkte glaubwürdig auf einer Hard-Discount-Schiene zu vermarkten.

[80]   Vgl. Meffert/Kirchgeorg 1998, S. 341

sprechen sind.[81] Eine solche Annäherung an Konzepte des Trend-, Lifestyle- und Event-Marketing[82] ist allerdings bei ökologischen Produkten eine Gratwanderung, spielt hier doch stets auch die Glaubwürdigkeit des Anbieters eine wesentliche Rolle. Der Schlüssel zum Erfolg mag in einer sachbetonten Informationspolitik liegen, welche die emotionale Positionierung flankiert. Dies kann durch Massnahmen wie eine offensive Umweltberichterstattung des Unternehmens, durch weitergehende Informationen on demand am Point of Sale oder via Internet, oder durch die Kombination aus einer starken eigenen Marke mit einem unabhängig kontrollierten Öko-Label erreicht werden. Allgemein ist zu erwarten, dass die Kommunikationsintensität und somit die dafür aufzuwendenden Ressourcen bei einem Übergang von der Öko-Nische zu einer Bearbeitung des Massenmarktes zunehmen werden. Eine Ausdehnung der Zielsegmente zieht zudem eine Segmentierung der Kommunikationsaktivitäten nach sich.[83]

In der **Distributionspolitik** stellt sich die Herausforderung, die heutigen schmalen Absatzkanäle für ökologische Produkte zu erweitern und zu professionalisieren. Ziel der Distributionspolitik jenseits der Nische muss ein möglichst flächendeckendes Angebot ökologischer Produkte sein. Hier sind wiederum verschiedene Ansatzpunkte denkbar: Einerseits nach wie vor separate Absatzkanäle, etwa ökologisch orientierte Detailhandelsfirmen als Tochterunternehmen oder Franchisenehmer etablierter Unternehmungen, andererseits die Integration ökologischer Produkte in das konventionelle Sortiment, wobei letzteres in einigen Fällen bis zu einer Komplettumstellung des gesamten Sortimentes führen kann.[84]

---

[81]   So empfehlen Kroeber-Riel & Weinberg (1996, S. 673 ff.), sachlich moralische Appelle stärker auf gesellschaftspolitische Aktivitäten zu richten und in der produktbezogenen Kommunikation zu reduzieren, dort hingegen emotionale Signale zu verstärken.

[82]   Vgl. Meffert/Kirchgeorg 1998, S. 319. Man könnte diesen gesamten Bereich auch dem brand marketing und damit der Produktpolitik zuordnen. Vgl. Kotler 1991, S. 441 ff.

[83]   Vgl. Kotler 1991, S. 570 f.

[84]   Vgl. das Beispiel der Schweizer Fluggesellschaft Swissair, die ihr Catering komplett auf naturgerechte Lebensmittel umgestellt hat (vgl. Wüstenhagen 1997, S. 28 f.).

Balanced Marketing[85]

Insbesondere die Ausführungen zur Produkt- und Preispolitik weisen auf die besondere Bedeutung des Managements der Wertschöpfungskette hin. Da einige wesentliche Diffusionsbarrieren ökologischer Produkte im Beschaffungsbereich zu finden sind (z.B. kostenintensive Produktionsstrukturen, hohe Transaktionskosten, fehlendes Angebot), ist das herkömmliche, absatzmarktbezogene Marketingverständnis um die Beschaffungsdimension zu erweitern. Dieses wird von Raffee mit «**Balanced Marketing**» bezeichnet und skizziert eine Orientierung der unternehmerischen Aktivitäten an den relevanten Engpässen.

Über die bis anhin beleuchteten klassischen 4 P eines jenseits der Nische erfolgreichen Öko-Marketing-Mix kommt für eine Transformation breiterer Marktsegmente den beiden nach Kotler mit «Politics» und «Public Opinion» benannten Dimensionen eine besondere Bedeutung zu. In bezug auf **Politics** sind Massnahmen zur Beeinflussung der politischen Rahmenbedingungen, beispielsweise zugunsten einer verstärkten Internalisierung externer Kosten, prioritär. Nur so kann gewährleistet werden, dass die heute für breite Kundensegmente noch kaufentscheidende ökonomische Bevorteilung weniger umweltverträglicher Produkte korrigiert wird. Massnahmen hierzu können in der Einflussnahme auf die klassischen politischen Institutionen liegen, beispielsweise im Eintreten für eine ökologische Steuerreform.[86] In einem polyzentrischen Politikverständnis[87] sind auch Massnahmen auf der Ebene dessen zu erwähnen, was Beck «Subpolitik» nennt.[88] Beispiel erfolgreicher Subpolitik von Unternehmen ist die Gründung verschiedener umweltorientierter **Unternehmensverbände** (öbu, BAUM, INEM, E⁵)[89], die ein Gegengewicht gegen das aus ökologischer Perspektive oft wenig progressive Lobbying der klassischen Verbände bilden. Auch die Etablierung von erfolgreichen **Öko-Labels** auf dem Markt, wie beispielsweise die «Knospe» der Vereinigung schweizerischer biologischer Landbauorganisationen (ehemals VSBLO; heute Bio Suisse), der durch Coop

---

[85]   Vgl. ausführlich Raffee 1979, S. 3 ff.

[86]   Vgl. Politische Ökologie 1998, S. 56 ff.

[87]   Vgl. Minsch et al. 1998.

[88]   Vgl. Beck 1996.

[89]   Zu den Abkürzungen: Schweizerische Vereinigung für ökologisch bewusste Unternehmungsführung (öbu), Bundesdeutscher Arbeitskreis für umweltbewusstes Management (BAUM e.V), International Network for Environmental Management (INEM), European Business Council for a Sustainable Energy Future (E⁵).

zur breiten Durchsetzung verholfen wurde, ist ein solches Beispiel. Da ein erfolgreiches strukturpolitisches Engagement von Unternehmungen auch eine Machtfrage ist, ist anzunehmen, dass in der Fähigkeit zum Schmieden von tragfähigen **Kooperationen** und **Netzwerken** ein wichtiger Erfolgsfaktor liegt.[90]

Neben dem strukturpolitischen Handeln gehört auch eine aktive Beeinflussung der öffentlichen Meinung (**Public Opinion**) zu einem jenseits der Öko-Nische erfolgreichen Mega-Marketing-Mix.[91] Ziel kann zum einen die Schaffung von Akzeptanz für Veränderungen der politischen Rahmenbedingungen, zum anderen die Steigerung des Bekanntheitsgrades neuartiger ökologischer Produkte sein. Ein besonderer Fall der aktiven Öffentlichkeitsarbeit liegt im Schmieden strategischer Innovationskooperationen.[92] Dies kann durch Massnahmen wie die Zusammenarbeit mit **Forschungsinstitutionen** oder NGOs erreicht werden.[93] Das Ziel lautet hierbei, langfristig tragfähige ökologische Lösungen zu entwickeln, die zugleich eine hohe ökonomische Effizienz aufweisen und durch die Glaubwürdigkeit der Kooperationspartner auch den Anforderungen kritischer Anspruchsgruppen genügen.[94]

2.5.4 Übergangsprobleme und Zwischenfazit

Die vorangegangenen Abschnitte haben verdeutlicht, dass sich das heute in der Öko-Nische erfolgreiche Marketing zum Teil erheblich von einem (Mega-) Marketing-Mix unterscheidet, der geeignet ist, Marktsegmente jenseits dieser Nische zu erschliessen. Nun könnte man annehmen, dass es ja im ureigensten Interesse jeder Unternehmung liegt, brachliegende Potentiale auf dem Massenmarkt für sich zu erschliessen. Andererseits deutet aber schon die verwendete Metapher einer ökologischen Nische darauf hin,

---

[90] Vgl. im vorliegenden Kontext Schneidewind 1995. In der allgemeinen Strategiediskussion vgl. Hamel/Prahalad 1996: 205 ff.

[91] Wir übernehmen hier Kotlers Einteilung, stellen jedoch fest, dass sich Überschneidungen mit den Bereichen Kommunikation (Öffentlichkeitsarbeit ist eine nicht unmittelbar produktbezogene Form der Kommunikation) und Politik (Einflussnahme auf die öffentliche Meinung ist auch eine Form politischen Handelns) ergeben.

[92] Vgl. Minsch et al. 1996, S. 235 ff.

[93] Diese Massnahmen werden in einem weiteren Sinne auch unter dem Begriff Umweltsponsoring gefasst. Vgl. Bruhn 1990

[94] Ein Beispiel ist die Zusammenarbeit von Hoechst AG und Öko-Institut unter dem Titel «Hoechst nachhaltig».

dass das Verlassen dieser Marktposition keine angenehme, ja unter Umständen eine le-
bensgefährliche Strategie für Unternehmen sein kann, ist doch eine Öko-Nische der optimal auf die Überlebensbedingungen einer Art angepasste Lebensraum. Abb. 13 verdeutlicht diesen Sachverhalt bildlich: Zwischen dem Verlassen der Öko-Nische und einem Erfolg auf dem Massenmarkt besteht kein linearer Zusammenhang, sondern es besteht die **Gefahr eines Absturzes**.

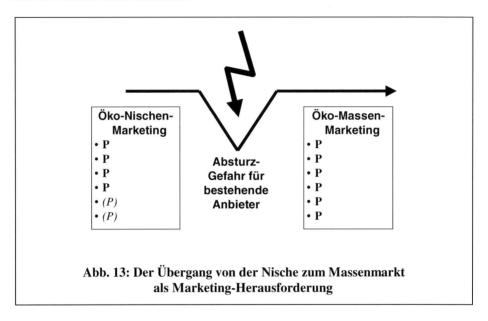

**Abb. 13: Der Übergang von der Nische zum Massenmarkt
als Marketing-Herausforderung**

Worin besteht diese Gefahr? Eine Erklärung hierfür kann zum einen aus den in diesem
Abschnitt analysierten **Unterschieden im Marketing-Mix**, zum anderen aus möglichen
strategischen Reaktionen der Wettbewerber und zum dritten aus einer **diffusionstheoretischen Analyse der Nachfrageseite** des Marktes abgeleitet werden. Die Gegenüberstellung des Öko-Marketing-Mix in der Nische und jenseits der Nische zeigte, dass ein
Erfolg auf dem Massenmarkt ein in vielerlei Hinsicht ein anderes Marketing erfordert
als es heute in der Nische betrieben wird. Will ein Unternehmen diesen Übergang bewältigen, so muss es zunächst möglicherweise schmerzvolle Lernprozesse durchma-

chen.[95] Zudem stellen sich beachtliche kommunikative Herausforderungen, wenn statt der umfassend ökologisch optimierten Nischenprodukte nunmehr pragmatische Lösungen entwickelt werden müssen, die möglicherweise in einigen Bereichen eine Korrektur der Standards nach unten beinhalten. Zu vermuten steht weiter, dass typische Nischenanbieter nur zum kleinen Teil in der Lage sind, einen solchen Wandel im Alleingang zu bewältigen, so dass zumindest die Kooperation mit anderen Akteuren, wenn nicht der Einstieg ganz anderer Akteure in den Öko-Markt erforderlich ist.[96] Strategische Reaktionen der Wettbewerber stellen eine weitere Absturzgefahr beim Verlassen der Öko-Nische dar. So kann im Prinzip auch in ökologischen Märkten ein ruinöser Preiswettbewerb einsetzen, der die Rentabilität der entsprechenden Anbieter zunichte macht, oder die ökologischen Massenmarkt-Anbieter werden von Nischenanbietern wegen ihrer geringeren Qualität und von konventionellen Wettbewerbern wegen ihres relativ höheren Preises angegriffen. Der diffusionstheoretisch inspirierte Blick auf die Nachfrageseite schliesslich wirft die Frage auf, ob die umweltengagierte Käuferschicht, die in der Öko-Nische als Pionier auftritt, auch für weitere Marktsegmente als Meinungsführer wirkt, oder ob für die Erschliessung des Massenmarktes zunächst eine neue Schicht von Innovatoren erschlossen werden muss. Womöglich unterscheidet sich diese Schicht von den klassischen Umweltengagierten so grundlegend, dass eine auf sie zugeschnittene veränderte Positionierung und der Wandel des Marketing-Mixes zum Verlust des zahlungskräftigen Segmentes der Umweltengagierten führt. Dem Eingehen dieses Risikos mögen viele Anbieter den Status Quo einer kleinen, aber bequemen Nische vorziehen.

Die nachfolgende Tab. 2 gibt einen Überblick über wesentliche Merkmale des Öko-Marketing-Mix in der Nische und jenseits der Nische mit einigen illustrativen Hinweisen auf die auftretenden Übergangsprobleme.

---

[95] Dass der Wandel von Unternehmen dabei nicht nur im Ökologie-Bereich, sondern auch bei anderen strategischen Transformationsprozessen ein nicht immer erfolgreiches Unterfangen ist, mag ein schwacher Trost sein, kann jedoch in der diesbezüglichen Literatur extensiv nachgelesen werden. Vgl. exemplarisch Rüegg-Stürm 1998a und 1998b.

[96] Vgl. Wüstenhagen 1998c.

	Marketing in der Nische	Marketing jenseits der Nische	Übergangs- probleme
Product	• Hohe ökologische Qualität • Vernachlässigung weiterer Qualitätsdimensionen • Hohe Produktionskosten • Aufwendige Beschaffungsstrukturen	• Ausgewogenere Optimierung ökologischer und weiterer Produktqualitäten • Ablegen ideologischer Barrieren	• Glaubwürdigkeit bewahren • Ideologisch problematische Entscheidungen meistern
Price	• Skimmingpreis-Strategie • Überbetonung der Glaubwürdigkeitsfunktion des Preises • Vernachlässigung des Preisvorbehalts	• Penetrationspreis-Strategie • Kostensenkung durch Skalenvorteile • Kostensenkung durch Kettenkooperation	• Erfolgreich penetrieren • Erträge/Marktvolumen erreichen
Promotion	• Sachliche und eindeutige Informationsbereitstellung • Verwendung von Ökolabels • Reduzierung der ökologischen Folgen der Kommunikationspolitik (z.B. Verzicht auf Umverpackungen) • Niedrige Kommunikationsetats	• Verstärkung des Animationsnutzens • Schaffung positiver Images • Erhöhung des Kommunikationsetats • Segmentierung der Kommunikationsaktivitäten nach Zielgruppen in inhaltlicher, emotionaler und medienspezifischer Hinsicht	• Überwindung ideologischer Barrieren • Glaubwürdigkeitsverlust durch zu professionelle Kommunikation • Markenaufbau
Placement	• Separate Distributionsstruktur und geringe Sortimentstiefe bei Pionieren • Ungünstige Standortwahl von Pionieren • „Bio-Ecke" bei Goliaths	• Integration ökologischer Produkte in das konventionelle Sortiment • Unterstützung durch unabhängig zertifizierte • Beachtung der Standortwahl	• Distributionsstruktur aufbauen • Suchkosten für ökologisch motivierte Konsumenten nicht zu stark steigern
Politics	• Selten • Fundamental-oppositionelle Forderungen	• Aktive Strukturpolitik • Eintreten für ökologische Strukturreformvorschläge • Bündeln von Machtpotentialen	• Know-how- und Netzwerkaufbau • Eigene Handlungsspielräume erkennen und nutzen
Public Opinion	• Regional begrenzt • moralisch	• Stakeholdermanagement • Sponsoring • Kooperationen	• Glaubwürdigkeit bewahren • Übereinstimmung von Reden und Handeln

Tab. 2: Ökonischenmarketing und «Massen-»Marketing
Quelle: Eigene Darstellung

Fragen, die im Rahmen der nachfolgenden Branchenkapitel geklärt werden:

- Wie sieht ein typischer Öko-Nischen-Marketing-Mix in den einzelnen Branchen aus?

- Können empirische Ansätze eines Öko-Marketings jenseits der Nische identifiziert werden?

- Wer sind typische Anbieter von Öko-Produkten im Massenmarkt?

- Welche Rolle spielt das strukturpolitische Handeln (P5 und P6) der Anbieter für den Erfolg ihrer Marketing-Strategie?

3 Jenseits der Öko-Nische in der Lebensmittelbranche

Im Zuge des fortschreitenden Globalisierungsprozesses und dessen negativen Folgeerscheinungen (wie bspw. erodierende Märkte mit sinkenden Preisen und Einkommen in der Landwirtschaft, Umweltbelastungen durch das steigende Transportaufkommen, erhöhter Verarbeitungsgrad der Produkte in der Lebensmittelindustrie) sind Ende der 90er Jahre Gegentendenzen zu beobachten, welche in Richtung einer zunehmenden **Ökologisierung des Schweizer Lebensmittelmarktes** wirken: Regionale Produktorganisationen gewinnen an Bedeutung[97], Schweizer Landwirte stellen grossflächig auf umweltfreundliche Bewirtschaftungsformen um, Konsumentenschutzorganisationen setzen sich gegen gentechnisch veränderte Produkte ein und die Grossverteiler werben mit Bio-Produkten erfolgreich um die Gunst der Konsumenten. Insbesondere Lebensmittel, welche aus biologischem Landbau stammen, scheinen derzeit gute Marktchancen zu besitzen.[98]

Doch obwohl biologische Produktprogramme eine hohe Medien- und Werbepräsenz verzeichnen, haben sie Ende der 90er Jahre den Status eines Nischenproduktes (noch) nicht überwunden. Gemessen an den Gesamtausgaben für Lebensmittel in der Schweiz von 32-33 Mrd. Sfr.[99] entsprechen die von Bio Suisse für 1998 errechneten «Bio-Umsätze» von 580 Mio. Sfr. einem Marktanteil von knapp 2%. Trotz hoher Wachstumsraten gehen die Prognosen über das Marktpotential von Bio-Lebensmitteln weit auseinander. Nach vorsichtigen Schätzungen beträgt das langfristige Marktpotential biologischer Lebensmittel 5%. Diesem **pessimistischen Szenario** zufolge werden Bio-Lebensmittel weiterhin in einer **Öko-Nische** verharren. Andere Prognosen gehen von einem langfristigen «Bio-Marktanteil» von 30% aus.[100] Schenkt man diesem **optimistischen Szenario** Glauben, werden sich Bio-Lebensmittel im nächsten Jahrzehnt von der Öko-Nische in Richtung **ökologischer Massenmarkt** ausbreiten.

---

[97]   Zu einem Überblick und einer Typisierung Regionaler Produktorganisationen in der Schweiz vgl. Hofer/Stalder 1998.

[98]   Vgl. Villiger 1998, S. 1.

[99]   Vgl. Dietler 1999, S. 4. Inkl. Tabakwaren betragen die Umsatzzahlen für Lebensmittel in der Schweiz 1997 36 Mrd. Sfr. Vgl. IHA-GfM 1999, S. 50.

[100]   Ein Anteil des biologischen Landbaus von 30% entspricht bspw. dem Ziel des Bundesamtes für Gesundheit & Bundesamt für Umwelt, Wald und Landschaft 1997, S. 10.

Begriff «Ökologische Lebensmittel»

Als «ökologische Lebensmittel» werden im folgenden Lebensmittel verstanden, die – über den gesamten Lebenszyklus hinweg betrachtet – weniger Umweltbelastungen ver- ursachen als konventionelle Substitute.[101] In diesem Buch werden in Anlehnung an die Bio-Verordnung «biologische» mit «ökologischen Lebensmitteln» gleichgesetzt. Dies aus folgenden Gründen:

- **Ökonomische Relevanz:** Bio-Lebensmittel weisen hohe Wachstumsraten und stei- gende Marktanteile auf und können aufgrund des Stellenwertes in der politischen Diskussion, der hohen Medienpräsenz und der Gewichtung im strategischen Kalkül des Handels als das **«aktuellste ökologische Wettbewerbsfeld»** in der Lebensmit- telbranche bezeichnet werden.[102]

- **Ökologische Relevanz:** Die Anbauweise ist diejenige Lebenszyklusstufe, auf wel- cher die höchsten Umweltbelastungen anfallen. Die Umstellung auf die biologische Anbauweise ist daher mit massgeblichen Umweltentlastungseffekten verbunden. Des weiteren ist die Vergabe des Bio-Labels «Knospe» von Bio Suisse an die Ein- haltung von ökologischen Anforderungen gebunden, welche über die Anbauweise hinaus reichende Produktlebenszyklusstufen umfasst. So regeln die Richtlinien bspw. Transport- (z.B. Verzicht auf Flugware), Verarbeitungs- (z.B. Verbot von Gentechnologie oder Bestrahlung der Lebensmittel) oder auch Verpackungsaspek- te.[103]

- **Gesundheitliche Relevanz:** gesundheitliche Aspekte gewinnen bei der Wahl von Lebensmitteln an Bedeutung. Bio-Lebensmittel weisen gegenüber konventionellen Lebensmitteln einen höheren Anteil an Nährstoffen sowie nachweislich weniger

---

[101]   Vgl. zur Definition «ökologischer Produkte» bspw. Töpfer 1985, S. 242. Wichtig ist die Betonung auf die **relative Umweltfreundlichkeit** ökologischer Produkte im Vergleich zu konventionellen Substitu- ten, da grundsätzlich jedes Produkt mit Belastungen verschiedener Umweltmedien verbunden ist und ein «ökologisches Produkt» i.e.S. daher ein theoretisches Konstrukt bleiben muss.

[102]   Vgl. hierzu Abschnitt 3.2.2.

[103]   In der Bio-Verordnung wird die Erzeugung und Vermarktung **pflanzlicher Produkte** geregelt. In An- lehnung an die EU wird auf die Regelung tierischer Erzeugnisse noch zugewartet. Mangels gesetzlicher Regelung besteht auch in der Schweiz eine unübersichtliche Situation und eine Vielzahl verschiedener Labels und Begriffe im Bereich der ökologischen oder biologischen Produktion tierischer Erzeugnisse. Aus diesem Grund wird der Fokus der Untersuchungen in diesem Buch auf pflanzliche Produkte ge- legt.

Schadstoffrückstände auf, wodurch sie sich in derzeit zu beobachtende Konsumtrends wie Wellness, Individualisierung oder hybrides Kaufverhalten hervorragend einpassen lassen.[104]

Vorgehen

Kapitel 3.1 gibt einen Überblick über den Wettbewerb und die Kräfteverhältnisse in der Schweizer Lebensmittelbranche. Porters Konzept der **Branchenstrukturanalyse** erlaubt, sich aus Sicht des Schweizer **Lebensmittelhandels** ein Bild über die bestehende **Wettbewerbssituation** in der Lebensmittelbranche zu verschaffen sowie erste **Wettbewerbstrends** auf ihren Einfluss für den im Zentrum der Untersuchungen stehenden Ökologisierungsprozess im Lebensmittelmarkt hin abzuschätzen. Hierzu werden **aktuelle** wie **potentielle Konkurrenten** des Handels, das **Endverbraucherverhalten,** die Macht der **Lieferanten** (Landwirtschaft, Lebensmittelindustrie) sowie mögliche **Substitutionsprodukte** untersucht.

In Kapitel 3.2 wird die ökonomische Sichtweise vermehrt zugunsten des ökologischen Fokus aufgegeben. Mit den von der Schweizer Lebensmittelkette verursachten **ökologischen Belastungen** wird zunächst der Ausgangspunkt des in den 90er Jahren zu beobachtenden Ökologisierungsprozesses dargelegt, bevor die **ökologischen Wettbewerbsfelder** als Endpunkt der **ökologischen Transformation** in der Lebensmittelbranche erläutert werden.

In Kapitel 3.3 wird die ökonomische Dimension mit dem ökologischen Fokus kombiniert, indem in der «**Landkarte des ökologischen Massenmarktes**» Marktanteile von Produkten unterschiedlicher ökologischer Produktstandards mit den von ihnen verursachten Umweltbelastungen in Bezug gesetzt werden. Hierzu werden die Lebensmittel in drei ökologische Qualitätssegmente unterteilt, bevor sechs Entwicklungspfade zum ökologischen Massenmarkt in der Lebensmittelbranche erläutert werden.

In Kapitel 3.4 wird dem **dynamischen Aspekt** der Entwicklung von der Öko-Nische zum ökologischen Massenmarkt verstärkt Rechnung getragen. Hierzu wird der **ökologische Branchenlebenszyklus** für die Schweizer Lebensmittelbranche nachvollzogen.

---

[104] Vgl. zur den qualitativen Merkmalen von Bio-Produkten bspw. Velimirov/Plochberger 1995, S. 4 ff. oder Vulic 1998, S. 36.

Dies soll helfen, den Entwicklungsverlauf von der Öko-Nische zum ökologischen Massenmarkt in einen Zyklus einzuordnen sowie Trendmuster zu antizipieren, welche den Marktakteuren schliesslich erlauben, Implikationen für die Gestaltung ihrer Wettbewerbsstrategien abzuleiten.

In Kapitel 3.5 wird der Fokus von der Markt- und Branchenentwicklung auf die Akteursebene verlagert. Hier steht die Frage im Zentrum, wie die **Unternehmen** des Schweizer Lebensmittelmarktes mit der Ausgestaltung ihres **(Öko-) Marketings** (im Sinne von strukturpolitischen Akteuren) den weiteren Verlauf des Branchenverlaufs aktiv mitgestalten und somit zu einer Entwicklung Jenseits der Öko-Nische beitragen können.

Das Kapitel endet mit einem Fazit.

3.1 Branchenstrukturanalyse

Aufgrund der zentralen (Vermittler-) Stellung zwischen der Produktions- und der Nachfrageseite sowie des sich daraus ergebenden Einflusspotentials wird der **Lebensmittelhandel** als Bezugspunkt für die Branchenstrukturanalyse gewählt. Hierzu wird der Frage nachgegangen, welches in der Schweizer Lebensmittelbranche die **zentralen Triebkräfte des Wettbewerbs** sind. Zur Beantwortung dieser Frage wird im folgenden die Rivalität unter den bestehenden Wettbewerbern im Schweizer Lebensmittelhandel, die Bedrohung durch neue Konkurrenten, die Verhandlungsstärke der Abnehmer, die Verhandlungsstärke der Lieferanten auf der Stufe Landwirtschaft und Lebensmittelindustrie sowie die Gefahr durch Substitutionsprodukte analysiert.

Da der Handel in der Regel die Produkte nicht selber herstellt, tritt er als unmittelbarer Verursacher von Umweltproblemen kaum in Erscheinung. Das Gestaltungs- und Einflusspotential der Handelsstufe liegt im Bereich des produktbezogenen Umweltschutzes vielmehr in der Ausübung der **Vermittlerrolle** von Leistungsströmen zwischen den Produzenten und den Konsumenten: Als **ökologischer Gatekeeper** beeinflusst er durch seine Sortiments- und Kommunikationspolitik das Verbraucherverhalten («Ökologie-Push») und durch seine Nachfragemacht kann der Handel eine Ökologisierung der vorgelagerten Stufen (Landwirtschaft und Lebensmittelindustrie) bewirken («Ökologie-

Pull»).[105] Der Handel unterliegt selber wiederum Ökologie-Pull- wie -Push-Wirkungen. Das Kaufverhalten der Konsumenten gibt dem Handel Hinweise für die ökologische Sortimentspolitik («Ökologie-Pull»). Sanktionen der Konkurrenten, des Gesetzgebers oder der vorgelagerten Branchenstufen schliesslich können die Handlungsmöglichkeiten von Handelsunternehmen einschränken oder die Attraktivität einzelner Handlungsalternativen verändern («Ökologie-Push»)

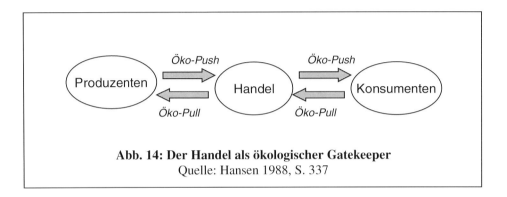

Abb. 14: Der Handel als ökologischer Gatekeeper
Quelle: Hansen 1988, S. 337

3.1.1 Rivalität unter den bestehenden Wettbewerbern im Schweizer Lebensmittelhandel

Relevant für die Umsätze des Schweizer Lebensmittelhandels sind die Konsumausgaben der privaten Haushalte für Nahrungsmittel, welche in den 90er Jahren bei 32-33 Milliarden Sfr. stagnieren.[106] Da der Schweizer Lebensmittelmarkt durch Massnahmen an der Grenze gegenüber der ausländischen Konkurrenz lange Zeit abgesichert wurde, kann von einer inlandorientierten Branche gesprochen werden. Die stagnierende Bevölkerungszahl hatte bei einer weitreichenden «Abschottung» der Lebensmittelbranche einen

---

[105] Das Konzept «Handel als ökologischer Gatekeeper» geht auf Hansen 1988 zurück. Zum Handel als ökologischer Gatekeeper vgl. auch Sieler 1994, S. 5 ff.; in der Schweizer Lebensmittelbranche vgl. Belz/Villiger 1997.

[106] Vgl. Dietler 1999, S. 4 oder IHA-GfM 1999, S. 51 (hier inkl. Tabakwaren: 36 Mrd. Sfr.). Davon entfallen knapp 70% auf den Heimkonsum und etwa 30% auf den Ausser-Haus-Konsum. Vgl. Wüstenhagen 1997, S. 4 f.

gesättigten Inlandmarkt zur Folge.[107] In räumlich begrenzten und gesättigten Märkten führt das Streben nach Marktanteilsgewinnen zu einem horizontalen Verdrängungs-wettbewerb. Die Folgen des intensiven Wettbewerbs sind ein sinkendes Preisniveau bei Lebensmitteln sowie ein andauernder Konzentrationsprozess auf der Handelsstufe, wel-cher eine abnehmende Ladendichte nach sich zieht. Im Zusammenhang mit diesem in-landorientierten Konzentrationsprozess der Schweizer Lebensmittelbranche kann von einem «**internen Strukturwandel**» gesprochen werden, dessen Ende noch nicht abzu-sehen ist.[108]

Nach Massgabe der Entscheidungsautonomie im Absatz- und Beschaffungsbereich kön-nen im schweizerischen Lebensmittelhandel zwei Gruppen von etablierten Wettbewer-bern unterschieden werden: Der Detailhandel und der Fachhandel.[109] Der **Detailhandel** kann weiter in **Filialunternehmen** (beruhen auf einem leistungswirtschaftlichen Ver-bundverhältnis mehrerer Filialen, welche rechtlich und wirtschaftlich mehr oder weniger unselbständig sind. Bsp.: **Migros, Coop, Denner, Waro** oder **Pick Pay**) sowie die **un-abhängig kooperierenden Lebensmitteldetaillisten** (agieren als rechtlich selbständige Unternehmen, weisen aber eine beschaffungs- oder absatzwirtschaftliche Anbindung an eine Verbundgruppe auf. Bsp.: **primo/visavis, Volg, Denner-Satelliten,** oder **Pick-Pay-Partner**) unterteilt werden. Der **Fachhandel** besteht aus **unabhängigen, nichtkoope-rierenden Lebensmittelanbietern,** welche rechtlich selbständig sind und keinerlei Bin-dung an eine Verbundgruppe aufweisen. Hierunter fallen Bäckereien, Gemüse/Früchte-Läden, Metzgereien, Milchläden usw.

Abb. 15 gibt einen Überblick über die Umsatzanteile der strategischen Gruppen. Es zeigt sich, dass die **Filialunternehmen** die weitaus grösste Bedeutung im schweizeri-schen Lebensmittelhandel einnehmen und auf Kosten der anderen Gruppen an Bedeu-tung gewinnen. Ende der 90er Jahre besitzen die zehn grössten Unternehmen im schwei-zerischen Lebensmittelhandel einen Marktanteil von 60%, wobei allein die zwei führen-den Anbieter Migros und Coop 45% auf sich vereinen (Migros: 24%, Coop: 21%). Da-

---

[107]   Die Ausgaben der privaten Haushalte und Organisationen ohne Erwerbscharakter im Dienste der Haushalte stiegen von 1992 (35.4 Mrd. CHF) bis 1996 (36.2 Mrd. CHF) kaum mehr. Bei der letzten Erhebung des Bundesamtes für Statistik in der Schweiz von 1992 betrug der Anteil des Ausgabenpo-stens «Nahrungsmittel, Getränke, Tabakwaren» noch 11.5% an den Gesamtausgaben der privaten Haushalte. Vgl. IHA-GfM 1998, S. 49 f.

[108]   Vgl. Belz/Villiger 1997, S. 17.

[109]   Vgl. zum folgenden Belz/Villiger 1998, S. 297 ff.

mit zählt die Schweiz in Europa zu den Ländern mit dem höchsten Konzentrationsgrad im Lebensmittelhandel.[110]

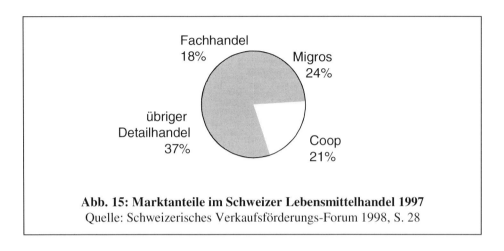

Abb. 15: Marktanteile im Schweizer Lebensmittelhandel 1997
Quelle: Schweizerisches Verkaufsförderungs-Forum 1998, S. 28

Dieser Konzentrationsprozess ist seit über drei Jahrzehnten im Gang und ist noch lange nicht abgeschlossen. Während die Schweiz 1970 noch über 15'000 Verkaufsstellen zählte, waren es 1995 bereits weniger als 7'000. Das heisst, dass sich die Anzahl der Verkaufsstellen im Laufe der letzten 25 Jahre halbiert hat. Es wird geschätzt, dass bis zum Jahr 2000 weniger als 6'000 Verkaufsstätten überleben werden. In diesem Zusammenhang wird in der Schweiz vom sog. «Lädelisterben» gesprochen.[111] Die Schliessung von Kleinläden, Erweiterungen von bestehenden oder die Neueröffnung von grösseren Läden («interner Strukturwandel») kann als Vorbereitung auf die erwartete neue Konkurrenz interpretiert werden («externer Strukturwandel»).[112]

---

[110]   Vgl. Bodenstein 1996, S. 42 f.
[111]   Vgl. Hochreutener 1993, S. 30.
[112]   Zur Wirkung der ökologisch-induzierten Veränderungen auf die Rivalität im Schweizer Lebensmittelhandel vgl. insbesondere Abschnitt 3.2.

3.1.2   Bedrohung durch neue Konkurrenten

Neue Konkurrenz droht den etablierten Handelsunternehmen auf dem Schweizer Lebensmittelmarkt aus zweierlei Richtung: aus dem Ausland sowie aus dem Internet.[113]

Konkurrenz aus dem Ausland

Angesichts der zu beobachtenden Entwicklung ist zu erwarten, dass der beschriebene interne Strukturwandel bald von einem **«externen Strukturwandel»** überlagert wird.[114] Im Zuge des WTO-Beitritts der Schweiz von 1994 (und der damit verbundenen Übernahme der GATT-Bestimmungen) sowie der Integrationspolitik des Bundes (EU) zeichnet sich eine Öffnung der schweizerischen Agrar- und Lebensmittelmärkte ab, welche sich auf die gesamte Lebensmittelkette auswirken wird.

Die Handelsunternehmen profitierten lange Zeit von Eintrittsbarrieren, die weniger auf ökonomischen Wettbewerbsvorteilen als vielmehr auf staatlich institutionalisierten Marktzutrittsschranken an der Grenze sowie einer restriktiven Lebensmittelgesetzgebung gründeten.[115] Bei einem Abbau dieser «künstlichen» Markteintrittsbarrieren dürften insbesondere grosse Filialunternehmen aus dem grenznahen Ausland (z.B. Aldi aus Deutschland oder Carrefour aus Frankreich) gute Voraussetzungen für einen Eintritt in den Schweizer Lebensmittelmarkt besitzen.[116] Die zunehmende Konkurrenz wird einen verstärkten Kostendruck, eine Erosion der Preise und Margen sowie einen weiteren Konzentrationsschub mit sich bringen. Vor diesem Hintergrund sind derzeit bei den

---

[113]   Vgl. zum folgenden ausführlicher Belz/Villiger 1998.

[114]   Vgl. Belz/Villiger 1997, S. 17.

[115]   Vgl. Weinhold/Belz/Rudolph 1991, S. 78 f. sowie Ledermann 1996, S. 96 ff.

[116]   Vgl. Ledermann 1996, S. 198 f. Grosse Filialunternehmen aus dem benachbarten Ausland weisen folgende Voraussetzungen hierfür auf: 1. absolute Kostenvorteile als Folge von grössenbedingten Produktivitätsvorteilen in der Beschaffung und im Absatz; 2. im Ausland bereits erprobte, innovative und wettbewerbsfähige Absatzkonzepte; 3. ausreichende finanzielle und personelle Ressourcen. Vgl. Ledermann 1996, S. 186 f. Die geografische Nähe sowie das hohe Margen- und Gewinnpotential der Schweizer Märkte dürften weitere Faktoren sein, die ausländische Konkurrenz aus dem benachbarten Ausland anlocken. Vgl. Belz/Villiger 1997, S. 9.

Grossverteilern Coop und Migros zu beobachtende Rationalisierungsmassnahmen[117] dahingehend zu deuten, dass sie sich auf den «Wettbewerb von aussen» vorbereiten.

Konkurrenz aus dem Internet

Neben den potentiellen Konkurrenten aus dem Ausland sind es die neuen Informations-
und Kommunikationstechnologien (NIKT), welche zum Auftauchen neuer Wettbewerber und Wettbewerbsformen führen werden. NIKT werden bereits seit längerem am
Point of Sale eingesetzt (z.B. Scanning an der Kasse). In Zukunft dürften NIKT in Form
von Electronic Commerce oder Online-Shopping vermehrt Einzug in den Wettbewerb
im Schweizer Lebensmittelhandel halten. NIKT bieten sowohl Rationalisierungs- (bspw.
niedrigere Lagerkosten) wie auch Profilierungspotentiale (bspw. Heimlieferdienst), so
dass der stationäre Wettbewerb im schweizerischen Lebensmittelhandel künftig zumindest teilweise in Frage gestellt werden dürfte.[118] Es gilt jedoch zu relativieren, dass das
Internet-Shopping gerade im Lebensmittelbereich Grenzen unterliegt. So fehlt bspw. die
Möglichkeit, die Produkte anzufassen oder zu riechen, um sich von deren Frische und
Qualität überzeugen zu können.[119]

3.1.3 Endverbraucher

Der Endverbraucher hat als einzelner Konsument wenig Einfluss auf das Wettbewerbs-
geschehen im Lebensmittelmarkt. Ein verändertes Konsumentenverhalten wird für Handelsunternehmen dann relevant, wenn sich dieses über einen gewissen Zeitraum hinweg
als stabiler Trend erweist und eine Mindestzahl von Nachfrageeinheiten überschreitet.
Die möglichst präzise Kenntnis der Konsumentenbedürfnisse und -trends liefert dem
Handel wichtige Hinweise für die Ausgestaltung des Sortiments. Ein Trend, der sich

---

[117] Zu den Massnahmen zählen die Straffung der Strukturen, die Vereinfachung von bestehenden Unter-
nehmensabläufen sowie die Neuausrichtung des Kerngeschäfts. Vgl. Kircher 1998, S. 39.

[118] Vgl. Rudolph 1996, S. 19 f. sowie Belz/Villiger 1998, S. 304 ff.

[119] Zu weiteren Grenzen des Electronic Shopping in der Lebensmittelbranche vgl. Schmuck 1996, S. 37.
Zum Electronic Commerce vgl. auch Kap. 7.

Ende der 90er Jahre auf dem Schweizer Lebensmittelmarkt abzeichnet, ist eine zunehmende **Polarisierung**, welche auf ein verändertes Konsumentenverhalten hindeutet.[120]

Die vermehrte Zuwendung hin zum **Tiefpreis- oder Discountsegment** kann in der Schweiz durch die anhaltende wirtschaftliche Stagnation der 90er Jahren begründet werden, welche eine gedrückte Konsumentenstimmung zur Folge hat. Andere Studien und Umfragen verweisen auf ein sich von diesem «Diktat des Preises» grundlegend unterscheidendes Bild des Konsumentenverhalten. Nicht der Preis, sondern **Qualitätsüberlegungen** dominieren das Kaufverhalten bei Lebensmitteln in zunehmendem Masse.[121] Schweizer Lebensmittelkonsumenten kaufen demnach – trotz wirtschaftlicher Stagnation und damit verbundenen Zukunftsängsten – zunehmend **qualitätsbewusst** ein und verhalten sich in ihren Kaufentscheidungen kritischer und anspruchsvoller. **Lebensmittelskandale** wie BSE, chemische Rückstände im Gemüse, Hormonskandale in der Tierzucht oder die Gentechnologie führen zum Wertewandel, welcher in einem von steigendem Umwelt- und Gesundheitsbewusstsein geprägten Konsumverhalten seinen Ausdruck findet.

Der «hybride Konsument»

Die Polarisierung findet jedoch nicht nur in der Segmentierung von Produktprogrammen und Märkten statt, sondern ist ebenso Ausdruck einer Entwicklung auf der **individuellen Konsumentenebene**. Dieser Wandel ist für die Unternehmen mit erhöhten Anforderungen verbunden, gilt es für diese doch die gegensätzlichen, sich zum Teil widersprechenden Bedürfnistrends des **«hybriden Konsumenten»** zu erfassen. Ein **«hybrider Konsument»** denkt, fühlt und handelt **polyvalent**.[122] Er lässt sich nicht mehr in Schemen einordnen, sondern orientiert sich an unterschiedlichen Trends und Wertvorstellungen zugleich. Für den Lebensmittelmarkt kann dies z.B. bedeuten, dass ein Konsument Kunde eines Feinkostladens ist, sich aber auch nichts daraus macht, im Discounter um die Ecke einzukaufen. Der hybride Konsument lebt also nicht mehr in einer Welt des «Entweder-Oder», sondern des «Sowohl-als-auch». Der Konsument weist folglich kein lineares, einschätzbares Einkaufsverhalten auf, sondern zeigt eine flexible, mitunter paradox anmutenden Identität – auch im Bereich der Ökologie. So steigen mit dem Umweltbewusstsein die Absatzzahlen ökologischer Produkte. Dieselben Konsumenten, die von einer Schonung der Ressour-

---

[120]   Vgl. bspw. Villiger/Belz 1998, S. 79 f. oder auch Blickhäuser/Gries 1989, S. 6.

[121]   Vgl. bspw. Domeyer/Pfister 1997, S. 44.

[122]   Vgl. Doebeli 1992, S. 12 f. Vgl. zum hybriden Konsumenten auch Blickhäuser/Gries 1989 oder Schmalen 1994.

cen und der Umwelt sprechen, wollen jedoch auch auf Bequemlichkeit nicht verzichten. So wird man im Einkaufskorb hybrider Konsumenten Bio-Lebensmittel ebenso vorfinden, wie Convenience-Produkte.[123]

Welche Konsequenzen lassen sich hieraus für die Anbieter ableiten? Zum einen bedeutet der Trend zum hybriden, ambivalenten Wesen, dass die Konsumenten nicht mehr eindeutigen Käufersegmenten zugeordnet werden können, wie bspw. in ökologisch aktive oder passive Verbraucher. Konsistente Typologien verlieren ihre Aussagekraft – der moderne, hybride Konsument mit seiner polyvalenten Identität wird für die Unternehmen zunehmend unberechenbar. Zum anderen eröffnet diese Entwicklung flexiblen, innovativen Unternehmen Profilierungschancen. So versucht die Handelsstufe in jüngerer Zeit vermehrt, die verschiedenen Bedürfnisse des hybriden Konsumenten auf der Produktebene einzufangen. Vor diesem Hintergrund können Convenience-Produkten aus biologischem Anbau gute Marktchancen eingeräumt werden.[124] Solche «Bio-Convenience-Erzeugnisse» kommen einem **«hybriden Produkt»** gleich: Umweltentlastungseffekte, welche durch eine naturnahe Anbauweise erzielt werden, werden durch den höheren Verarbeitungsgrad wieder kompensiert.

3.1.4   Verhandlungsstärke der Lieferanten

Die Anbieter des Schweizer Lebensmittelhandels beziehen ihre Produkte entweder von der Landwirtschafts- oder von der Verarbeitungsstufe.

Schweizer Landwirtschaft

Die Schweizer Landwirtschaft befindet sich seit Jahrzehnten in einem tiefgreifenden Strukturwandel, welcher sich infolge der Liberalisierungs- und Globalisierungstendenzen weiter fortsetzen wird. So ist die Anzahl der Landwirtschaftsbetriebe im Zeitraum von 1985 bis 1995 von knapp 100'000 auf 80'000 zurückgegangen (-20%). 1997 wurden in der Schweiz noch 78'000 Landwirtschaftsbetriebe gezählt.[125]

Die Schweizer Landwirtschaft hat 1997 eine Endproduktion im Wert von 8 Mrd. Sfr. erzielt. Gut drei Viertel davon stammen aus dem Verkauf tierischer (5.5 Mrd. Sfr.) und

---

[123]   Vgl. Belz/Villiger 1997, S. 14. Convenience-Produkte sind industriell oder gewerblich vorgefertigte Lebensmittel wie Tiefkühlkost, Fertiggerichte oder Mahlzeiten, die im Mikrowellenherd zubereitet werden können. Vgl. Meier-Ploeger et al. 1996, S. 24.

[124]   Vgl. Meier-Ploeger et al. 1996.

[125]   Vgl. http://www.lid.ch/homepage/framezahlen.htm vom 08.03.99.

knapp ein Viertel aus dem Verkauf pflanzlicher Produkte (2.5 Mrd. Sfr.). 1997 wurden für knapp 1.5 Mrd. Sfr. landwirtschaftliche Erzeugnisse exportiert und für 6.5 Mrd. Sfr. importiert. Während sich die Exporte bei tierischen und pflanzlichen Produkten in etwa die Waage halten (je ca. 700 Mio. Sfr.), übersteigen die pflanzlichen Erzeugnisse beim Import die tierischen deutlich (4.7 und 1.7 Mrd. Sfr.).[126]

Obwohl die Anzahl der Landwirtschaftsbetriebe stetig sinkt und die durchschnittliche Betriebsgrösse steigt, kann nicht von einem Einflussgewinn der Produktionsseite auf die nachfolgenden Stufen in der Lebensmittelbranche gesprochen werden. Im Gegenteil: Mit der zunehmenden Öffnung der Grenzen wird die Industrie- und die Handelsstufe noch unabhängiger von der Schweizer Inlandproduktion, da sie ihre Produkte in zunehmenden Masse auch aus dem Ausland beschaffen kann.

Lebensmittelindustrie

Die Verarbeitung von Lebensmitteln findet auf der Stufe der Lebensmittelindustrie statt. Die Schweizer Lebensmittelindustrie erwirtschaftet – unter Einbezug der Getränkeindustrie – jährlich 7.7 Mrd. Sfr.[127] Die Schweizer Lebensmittelindustrie besteht aus einer mehrheitlich klein- bis mittelbetrieblicher Struktur.[128] Die 130 Unternehmen auf der Verarbeitungsstufe beschäftigen in der Schweiz 22'000 Mitarbeiter.[129]

Auch auf der Verarbeitungsstufe führt der Kampf um Marktanteile zu einem verschärften horizontalen Wettbewerb. Unterstützt von der weitgehenden Marktsättigung im Inland hat diese Entwicklung zu einem verstärkten Konzentrationsprozess geführt. Diese Marktkonstellation nutzt der Handel zu seinen Gunsten, indem er glaubhaft drohen kann, weitere Rückwärtsintegration zu betreiben (bspw. durch das Lancieren weiterer Handelsmarken). Insbesondere bei Migros (und z.T. auch Coop) erfolgt die Verarbeitung von Lebensmitteln zu einem hohen Prozentsatz in eigenen Verarbeitungsbetrie-

---

[126]   Vgl. http://www.lid.ch/zahlenlw/ausundein.htm vom 19.04.99.

[127]   Die Exportquote der Lebensmittelindustrie beträgt 10%, weist aber je nach Subbranche erhebliche Unterschiede auf. Vgl. Gutmann 1999, S. 8 f.

[128]   Nur 10% der Firmen haben mehr als 500 Personen angestellt. Vgl. Gutmann 1999, S. 18.

[129]   Diese Zahlen beziehen sich auf die Nahrungsmittelbranche i.e.S. Die Getränkeindustrie wurde hierbei nicht berücksichtigt.

ben.[130] Die kleinbetriebliche Struktur der Lebensmittelindustrie begünstigt die Verschiebung der Marktmacht von den Produzenten zu den Grossverteilern, wodurch der Einfluss der zweiten Branchenstufe weiter geschmälert wird und folglich ebenfalls als gering einzustufen ist.[131]

X-Struktur in der Schweizer Lebensmittelbranche

Die Machtverschiebung von den vor- zu den nachgelagerten Branchenstufen äussert sich in der Vergrösserung der Handelsspanne. Die Handelsspanne stieg bei den Lebensmitteln innert zehn Jahren von 60% (1985) auf gegen 70% (1994).[132] Dies bedeutet, dass insbesondere die Landwirtschaft (bei sinkenden Produktpreisen) für ihre Erzeugnisse immer weniger Gegenwert erhält. Stehen wenige Anbieter auf der Handelsstufe zwischen vielen Produzenten auf der einen und zahlreichen Konsumenten auf der anderen (Markt-) Seite, entsteht das Bild einer «X-Struktur». Eine X-Struktur fördert einseitige Marktkonstellationen und visualisiert die Machtverhältnisse in der Schweizer Lebensmittelbranche treffend.[133] In jüngerer Zeit auflebende Kooperationen in der Landwirtschaft sowie die steigende Bedeutung des Direktverkaufs ab Bauernhof deuten an, dass die Schweizer Landwirte gewillt sind, wieder ein Stück unternehmerische Freiheit zurück zu erlangen. Die Ende der 90er Jahre bei verschiedenen Bio-Produkten existierenden Nachfrageüberhänge könnten dafür sorgen, dass die Verhandlungsmacht der Bio-Landwirte wieder leicht ansteigt. So sind im biologischen Qualitätssegment vermehrt Lieferverhältnisse zu beobachten, die den Bio-Landwirten Abnahmegarantien seitens der Grossverteiler zusichern.[134]

---

[130] Vgl. Belz/Schneidewind/Villiger/Wüstenhagen 1997, S. 34.

[131] Vgl. Belz/Villiger 1997, S. 15. Als Reaktion auf diesen Machtzugewinn der Handelsstufe versucht die Lebensmittelindustrie unter Anwendung neuer Verabeitungsmethoden und – damit verbunden – eine Erhöhung des Verarbeitungsgrades von Lebensmitteln eine zusätzliche Wertschöpfung zu erzielen. Damit trägt die Verarbeitungsstufe dazu bei, die Wertschöpfung zunehmend von der Produktionsstufe weg in Richtung nachgelagerte Stufen um zu verteilen. Damit verbunden sind stets weitere Umweltbelastungseffekte (z.B. Energie-, Wasserverbrauch oder Abfallaufkommen).

[132] Vgl. bspw. Zuber et al. 1996, S. 1.

[133] Vgl. Zuber et al. 1996, S. 39.

[134] Anbauverträge dienen sowohl den Produzenten (z. B. Umstellung auf biologischen Landbau) als auch den Abnehmern (z. B. Aufbau eines Bio-Labels) zur Risikoreduktion.

3.1.5   Substitutionsprodukte

Weil «Ernähren» ein menschliches Grundbedürfnis ist, gibt es zu Lebensmitteln grundsätzlich keine Substitutionsmöglichkeit. Es stellt sich vielmehr die Frage, welche Produkte die bestehenden Kräfteverhältnisse innerhalb der Lebensmittelbranche verschieben könnten. In diesem Zusammenhang sind zum einen naturnah angebaute, gesunde
Produkte zu nennen, deren Ausbreitungsbedingungen dieses Kapitel zum Inhalt hat.
Zum anderen gewinnen in der Lebensmittelbranche infolge der zunehmenden Technisie-
rung und Globalisierung hochverarbeitete Produkte wie Convenience-, Health-, Gen-
techfood oder radioaktiv bestrahlte Lebensmittel an Bedeutung.[135] So soll bspw. «Health
-» oder «Functional Food», eine Mischung aus Lebens- und Arzneimittel, dem Menschen diejenige Gesundheit wieder herzustellen helfen, welche er u.a. durch eine falsche
Ernährungsweise geschwächt hat. Mit Vitaminen angereicherte Drinks oder mit Bakteri-
en versetzte Joghurts sind Ende der 90er Jahren daran, den Weltmarkt zu erobern.[136] Mit
diesem zunehmenden Verarbeitungsgrad der Lebensmittel sind in der Regel weitere
Umweltbelastungen verbunden (hoher Energie- und Wasserverbrauch, anfallende Abfälle usw.).[137]

3.1.6   Fazit

Als die zentralen Triebkräfte im Wettbewerb des Schweizer Lebensmittelhandels ist Ende der 90er Jahre die Rivalität unter den bestehenden Wettbewerbern sowie die Bedrohung durch neue Konkurrenten aus dem Ausland zu bezeichnen. Die Verhandlungsstärke der Abnehmer sowie der Lieferanten ist als schwach einzustufen. Aufgrund neuer
Tendenzen zeichnet sich auf Kosten des mittleren Segmentes eine zunehmende Polarisierung in Richtung Tiefpreis- sowie Qualitätsprogramme ab. Damit verbunden ist das
Bestreben der Lieferanten, Macht in der Kette zurückzuerobern.

---

[135]   So stammt heute ein Grossteil der konsumierten Nahrungsmittel aus der maschinierten Massenferti-
       gung. Vgl. Rigendinger 1997, S. 34 f. Zu den Gentechprodukten vgl. Kap. 3.2.2.

[136]   In Japan ernährt sich bereits jeder zweite Verbraucher regelmässig mit Functional Food. Vgl. Rei-
       cherzer 1997, S. 25.

[137]   Zur Verschiebung von einer tierischen hin zu einer vermehrt pflanzlich basierten Ernährung in der
       Schweiz vgl. Kap. 3.3.2. Vgl. hierzu auch der Überblick von Jungbluth 1998.

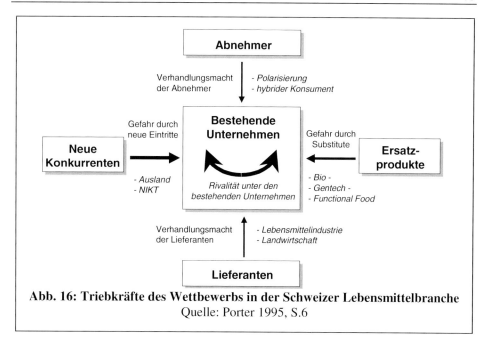

Abb. 16: Triebkräfte des Wettbewerbs in der Schweizer Lebensmittelbranche
Quelle: Porter 1995, S.6

3.2 Ökologische Transformation in der Schweizer Lebensmittelbranche

Ökologische Probleme können die Branchen- und Wettbewerbsverhältnisse grundlegend verändern und damit bestehende Wettbewerbsvorteile gefährden oder neue schaffen. In manchen Fällen sind solche Veränderungsprozesse bereits weit fortgeschritten. In anderen Fällen laufen diese Prozesse erst an.[138] Wie laufen die ökologischen Veränderungsprozesse in der Lebensmittelbranche ab?

Ausgangspunkt dieses Kapitels sind dem ökologischen Transformationsprozess zufolge die von der Schweizer Lebensmittelbranche verursachten **ökologischen Probleme**. Nachdem diese skizziert sind, wird mit den **ökologischen Wettbewerbsfeldern** der Endpunkt der ökologischen Transformation umschrieben. Wettbewerbsrelevanz entfalten in der zweiten Hälfte der 90er Jahre insbesondere aus dem Biologischen Landbau stammende Lebensmittel. Dieser Entwicklungsprozess der Bio-Lebensmittel hin zu einem aktuellen ökologischen Wettbewerbsfeld wird anhand des Konzeptes des **ökologi-**

---

[138]   Vgl. Dyllick/Belz/Schneidewind 1997, S. 3.

schen Transformationsprozesses exemplarisch nachgezeichnet, bevor schliesslich die
Ausbreitung im Markt beschrieben wird.

3.2.1   Am Anfang der Transformation stehen ökologische Probleme

Mit der **ökologischen Belastungsmatrix** können die zentralen ökologischen Probleme
einer Branche erfasst und visualisiert werden. Für die Lebensmittelbranche lassen sich
auf der horizontalen Achse der ökologischen Belastungsmatrix die Branchenstufen
Landwirtschaft, Lebensmittelindustrie, Lebensmittelhandel sowie Konsumenten
abtragen. Für die Wirkungen dieser Branchenstufen auf die Umweltdimensionen
Energie, Luft, Wasser, Boden, Abfall, Ökosysteme sowie Gesundheit (horizontale
Achse) hat Belz nach dem Muster der ABC-Analyse eine grobe Einschätzung
vorgenommen (vgl. Abb. 17).[139] Die ökologische Belastungsmatrix macht deutlich, dass
von der Lebensmittelbranche eine Vielzahl von Umweltbelastungen ausgehen, die in Art
und Umfang sehr unterschiedlich sind. Es zeigt sich, dass von der Landwirtschafts-
(hohe Auswirkungen auf Ökosysteme, Gewässer sowie Bodenflächen) und der
Konsumentenstufe (Wasser, Luft und Abfälle) die höchsten Umweltbelastungen
ausgehen.[140] Diese ökologischen Kernprobleme bilden den Ausgangspunkt für die später
marktrelevant werdenden ökologischen Wettbewerbsfelder in der Schweizer
Lebensmittelbranche.

---

[139]   Vgl. Belz 1995, S. 37.

[140]   Die direkten Umweltbelastungen, die von der Stufe des Lebensmittelhandels ausgehen, können
dagegen als gering eingeschätzt werden. Dessen ökologisches Potential liegt aufgrund seiner zentralen
Stellung vielmehr in der Beeinflussung der Produktions-/Verarbeitungs- sowie der Konsumentenstufe.
Faist/Kytzia betonen, dass die Grossverteiler ihren Einfluss insbesondere beim Energieverbrauch
positiv geltend machen können. Vgl. Faist/Kytzia 1999, S. 26.

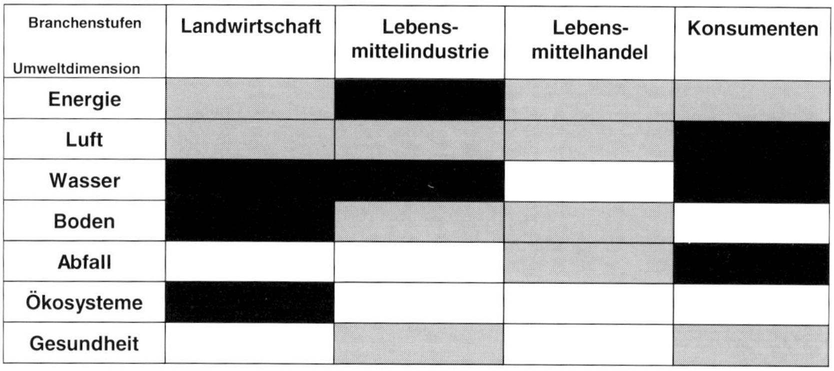

Branchenstufen / Umweltdimension	Landwirtschaft	Lebens- mittelindustrie	Lebens- mittelhandel	Konsumenten
Energie	grau	schwarz	grau	grau
Luft	grau	grau	grau	schwarz
Wasser	schwarz	grau	weiss	schwarz
Boden	schwarz	grau	grau	weiss
Abfall	weiss	weiss	grau	schwarz
Ökosysteme	schwarz	weiss	weiss	weiss
Gesundheit	weiss	grau	weiss	grau

weiss: niedrige Umweltbelastung – grau: mittlere Umweltbelastung – schwarz: hohe Umweltbelastung

Abb. 17: Ökologische Belastungsmatrix der Lebensmittelbranche
Quelle: Belz 1995, S. 37

3.2.2 Die Transformation mündet in ökologischen Wettbewerbsfeldern

Ökologische Wettbewerbsfelder kennzeichnen die ökologischen Probleme einer Branche, deren Lösung das Erlangen von Wettbewerbsvorteilen ermöglicht bzw. deren Nichteinhaltung Wettbewerbsnachteile mit sich bringt.[141] Ökologische Probleme werden in der Regel erst dann wahrgenommen und von den Unternehmen aufgegriffen, wenn sie am Markt virulent werden («aktuelle ökologische Wettbewerbsfelder»).[142] Abb. 18 gibt einen Überblick über die ökologischen Wettbewerbsfelder, welche Ende der 90er Jahren eine Bedeutung für den Wettbewerb in der Schweizer Lebensmittelbranche im allgemeinen und den Lebensmittelhandel im besonderen haben. Das Angebot von ökologischen Verpackungen, gentechnikfreien, regionalen sowie biologischen Produkten eröffnet den

---

[141]   Vgl. Dyllick/Belz/Schneidewind 1997, S. 57. Zu den ökologischen Wettbewerbsfeldern in der Lebensmittelbranche vgl. Belz 1995, S. 231 ff. sowie Belz/Villiger 1997, S. 21 ff.

[142]   Dies birgt für Unternehmen und Branchen die Gefahr, von ökologisch induzierten Wettbewerbsveränderungen überrascht zu werden. Mit der Heuristik der ökologischen Wettbewerbsfelder können latente oder potentielle ökologische Probleme frühzeitig identifiziert werden. Vgl. Belz 1995, S. 230.

Anbietern des schweizerischen Lebensmittelmarktes verschiedene Differenzierungsmöglichkeiten.[143]

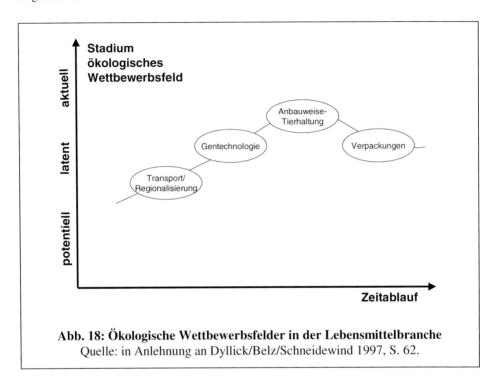

Abb. 18: Ökologische Wettbewerbsfelder in der Lebensmittelbranche
Quelle: in Anlehnung an Dyllick/Belz/Schneidewind 1997, S. 62.

Ökologisches Wettbewerbsfeld Verpackung

Ausgangspunkt für das ökologische Wettbewerbsfeld Verpackung sind die ökologischen
Belastungen, die mit Lebensmittelverpackungen einhergehen – angefangen mit der Roh-
stoffgewinnung bis hin zur Entsorgungsproblematik.[144] Die Entwicklung des ökologischen Wettbewerbsfeldes Verpackung geht auf den Anfang der 80er Jahre zurück. Mit
dem Joghurt-Zirkulationsglas löste Toni 1982 die Diskussion um Einweg vs. Mehrweg

---

[143]   Vgl. hierzu und zum folgenden Belz/Villiger 1997, S. 21 ff.

[144]   So fallen in der Schweiz jährlich rund 1 Million Tonnen häusliche Siedlungsabfälle an, die auf den
         Ernährungsbereich zurückzuführen sind, was etwa 25% der gesamten häuslichen Siedlungsabfällen
         oder 145 kg ernährungsbedingten Siedlungsabfällen pro Kopf und Jahr entspricht. Vgl. Belz 1995, S.
         50 f. sowie Belz/Villiger 1997, S. 22.

sowie um Glas vs. Kunststoff aus. Aufschwung erhielt die Verpackungsdiskussion mit der Einführung der Kehrichtsackgebühr in zahlreichen Gemeinden und Städten Anfang der 90er Jahre. Infolge dieser verursachergerechten Lösung lassen Konsumenten unnötige Umverpackungen nun vermehrt im Laden zurück oder wählen Produkte mit reduzierter Verpackung. Durch diese Verhaltensänderung vermitteln die Konsumenten den vorgelagerten Branchenstufen ihre veränderten Konsumbedürfnisse („Öko-Pull"). Damit wird die Umweltverträglichkeit der Verpackung Anfang der 90er Jahre für die Lebensmittelkonsumenten zu einem relevanten Kauf- und für Produktions- wie Handelsunternehmen zu einem ökologischen Differenzierungskriterium.[145] Durch die offensichtlichen ökologischen wie auch ökonomischen Vorteile wird die Verpackungsminimierung und deren Umweltverträglichkeit in den 90er Jahren zum Standard in der Lebensmittelbranche. Die Minimierung der Verpackung sowie die Einhaltung von ökologischen Mindeststandards dient Handelsunternehmen heute nicht mehr dazu, sich im Wettbewerb zu profilieren, sondern hilft inzwischen vielmehr, Wettbewerbsnachteile zu vermeiden und Kosten einzusparen.[146]

Ökologisches Wettbewerbsfeld Anbauweise/Tierhaltung

Ausgangspunkt für das aktuellste ökologische Wettbewerbsfeld Anbauweise/Tierhaltung sind die durch die Landwirtschaft verursachten ökologischen Probleme. Die Umweltbelastungen, kombiniert mit einem hohen Subventionsanspruch, brachten der konventionellen Landwirtschaft in der Öffentlichkeit einen schlechten Ruf ein. Das Zusammenspiel dieses öffentlichen Drucks mit in der Folge veränderten politischen Rahmenbedingungen sorgte dafür, dass die Schweizer Landwirtschaft in den 90er Jahren grossflächig auf ökologischere Anbauweisen umstellt. Ende der 90er Jahre werden in der Schweizer Landwirtschaft 80% der Anbaufläche nach den Kriterien der Integrierten Produktion sowie 8% nach denen des Biologischen Landbaus bewirtschaftet. Auch im Schweizer

---

[145] Ein interessantes Beispiel im Zusammenhang mit dem ökologischen Wettbewerbsfeld Verpackung ist die rasante Ausbreitung des Milchschlauchbeutels auf Kosten des Tetra Paks. Trotz seiner Unhandlichkeit ist der Marktanteil des Milchschlauchbeutels aufgrund seiner besseren Umweltverträglichkeit zwischen 1990 bis 1991 von 1 auf 30% gestiegen. Vgl. zu diesem Beispiel Dyllick/Belz/Schneidewind 1997, S. 3.

[146] Vgl. Belz/Villiger 1997, S. 22-25. Zur ökologischen Herausforderung der Getränkekartonindustrie vgl. Volle 1997.

Lebensmittelhandel gewinnt das ökologische Wettbewerbsfeld Anbauweise/Tierhaltung an Bedeutung. Heute kann von einem wahren «Bio-Wettbewerb» auf der Handelsstufe gesprochen werden, was den aktuellen Status des ökologischen Wettbewerbsfeldes «Bio-Lebensmittel» verdeutlicht.[147]

Ökologisches Wettbewerbsfeld Gentechnologie

Die ökologischen Wettbewerbsfelder Verpackung, Bio-Lebensmittel sowie regionale Produkte eröffnen den Marktakteuren der Lebensmittelbranche ökologische Differenzierungsmöglichkeiten. Dies ist bei gentechnologisch veränderten Produkten aufgrund einer fehlenden Akzeptanz der Konsumenten derzeit nicht der Fall. Im Gegenteil: Gentech-Produkte müssen deklariert werden, was einem Negativsignal gleichkommt. Im ökologischen Wettbewerbsfeld Gentechnologie wirkt der Ökologisierungsprozess in Form einer Verhinderung eines breiten, unkontrollierten Einzugs der Gentechnologie im Ernährungsbereichs.[148]

Ausgangspunkt des ökologischen Wettbewerbsfeldes Gentechnologie sind die schwer abschätzbaren Risikopotentiale, welche sich durch die Eingriffe in das Erbgut von Lebewesen für die menschliche Gesundheit und die Umwelt ergeben. So wird etwa befürchtet, dass sich transgene Organismen unkontrolliert ausbreiten und nicht transgene Pflanzen aufgrund eines Selektionsvorteils verdrängen könnten oder dass durch diese neuartige Viren und Allergien hervorgerufen werden.[149]

Der Schweizer Lebensmittelhandel begegnet der entstandenen Verunsicherung bei den Konsumenten, indem er versucht, sein Sortiment gentechfrei zu halten oder andernfalls Gentechprodukte als solche zu deklarieren. Durch eine klare Abgrenzung und das Ergreifen von entsprechenden Massnahmen gegenüber gentechnologisch veränderten Lebensmitteln (Verzicht, Auslistung, Deklaration) entstehen für den Handel durchaus Pro-

---

[147]   Vgl. hierzu näher Villiger 1999.

[148]   Vgl. Belz/Schneidewind/Villiger/Wüstenhagen 1997, S. 3.

[149]   1999 führte eine Einsprache von Bio-Bauern im Kanton Aargau dazu, dass der erste Freisetzungsversuch von gentechnisch verändertem, herbizidresistentem T-25-Mais vom Buwal abgelehnt wurde. Die Bio-Bauern verlangten in ihrer Einsprache, dass ihre Felder geschützt werden und drohten erfolgreich mit einer allfälligen Schadenersatzklage im Falle von Auskreuzungen und Vermischungen der Gentech- mit den Biopollen. Vgl. Greenpeace 1999, S. 6.

filierungsmöglichkeiten.[150] 1999 sind die Sortimente von Coop und Migros immer noch gentechfrei. Aufgrund skeptischer Konsumenten sowie dem Boykott von Migros und Coop scheinen sich genveränderte Lebensmittel auf dem Schweizer Lebensmittelmarkt (noch) nicht durchsetzen zu können.

Ökologisches Wettbewerbsfeld Transport/Regionalisierung

Ausgangspunkt für das ökologische Wettbewerbsfeld Transport/Regionalisierung sind einerseits die von Transporten verursachten ökologischen Probleme sowie andererseits die als Gegentrend zur Globalisierung zu verstehende Re-Orientierung an traditionellen, regionalen Werten der Konsumenten. Die Öffnung der Grenzen ist mit einem erhöhten Transportaufkommen verbunden.[151] Demgegenüber sorgen Bemühungen, die Transportströme umweltverträglicher zu gestalten (Verlagerung auf die Schiene) sowie die steigenden Absatzzahlen regionaler Produkte seit Anfang der 90er Jahre auch für Umweltentlastungseffekte – allerdings im Vergleich zu den steigenden Belastungen in geringem Umfang.

Regionale Produkte sind durch die explizite Bezugnahme zum Ort der Produktion gekennzeichnet, die mittels Herkunftsbezeichnung gegenüber den Kunden kommuniziert wird.[152] Seit Anfang der 90er Jahre steigen die Verkaufszahlen regionaler Produkte. Regionale Produkte eröffnen auch kleineren, unabhängigen Lebensmitteldetaillisten Differenzierungsmöglichkeiten, insbesondere wenn dieser Aspekt mit «Qualität», «Frische» oder «Umweltfreundlichkeit» verbunden wird. Dennoch kann heute noch nicht von einer hohen Wettbewerbsbedeutung regionaler Produkte ausgegangen werden. Die im Vergleich zu konventionellen Massengütern hohen Kosten in der Beschaffung, Verteilung und Vermarktung sowie Probleme in der Logistik führen dazu, dass sich die Handelsstufe beim Angebot von regionalen Produkten zumeist noch passiv verhält.[153]

---

[150] Vgl. Belz/Villiger 1997, S. 37.

[151] Eine Untersuchung in Deutschland zeigt auf, dass auch die Transportströme im Lebensmittelbereich markant ansteigen. So ist das Transportvolumen von 1970-90 bei einer stagnierenden Bevölkerungszahl um 70% gewachsen. Vgl. Mildner/Böge 1996, S. 4.

[152] Vgl. zur Definition, Kennzeichnung und zu einer Einteilung regionaler Produkte Hofer/Stalder 1998.

[153] Vgl. Belz/Villiger 1997, S. 33. Eine Ausnahme bildet die Migros-Genossenschaft Waadt, welche unter dem Namen «Mon Pays» ein regionales Sortiment erfolgreich eingeführt hat. Vgl. hierzu auch Wüstenhagen 1998, S. 29.

3.2.3   Von ökologischen Problemen zum ökologischen Wettbewerbsfeld

Nachdem der Ausgangspunkt, die von der Lebensmittelbranche verursachten ökologischen Kernprobleme, und der Endpunkt des Transformationsprozesses, die in ökologische Wettbewerbsfelder transformierten Umweltbelastungen, konkretisiert sind, wird in
diesem Abschnitt anhand des Beispiels des aktuellsten ökologischen Wettbewerbsfeldes
«Bio-Lebensmittel» der Frage nachgegangen, wie der ökologische Transformationsprozess konkret abläuft. D.h.: Wie wurden die von der Landwirtschaft verursachten
ökologischen Probleme von öffentlichen Anspruchsgruppen aufgegriffen? Welche politischen Regelungen wurden daraufhin eingeführt? Wie werden diese marktwirksam?
Und wie reagieren die Lebensmittelproduzenten auf die veränderten Anreize?[154]

Entstehung von Druck aus dem Lenkungssystem Öffentlichkeit

Im folgenden wird untersucht, welche Schlüsselakteure und -prozesse den ökologischen
Transformationsprozess in der Schweizer Lebensmittelkette angestossen haben. Hierbei
spielen veränderte Wahrnehmungsmuster der Schweizer Bevölkerung (**interner Druck**)
wie auch aussenpolitische Veränderungen eine Rolle (**externer Druck**).
Der **interne Druck** entwickelte sich aufgrund einer breiten Unzufriedenheit der Schweizer Bevölkerung mit der Agrarpolitik, da die Lebensmittelkonsumenten durch die konventionelle Landwirtschaft lange Zeit **negative Konsequenzen** zu tragen hatten:

-    Die an einer Maximierung der Erträge orientierten Bewirtschaftungsmethoden der
     konventionellen Landwirtschaft führten zu hohen **Umweltbelastungen** (z.B. Eutro-
     phierung der Gewässer, Luftemissionen, Bodenerosion).

-    Aus der konventionelle Landwirtschaft stammende Produkte weisen z.T. hohe che-
     mische Rückstände auf, die für den menschlichen Organismus nicht unbedenklich
     sind (**Gesundheitsbeeinträchtigungen**).

-    Damit die Landwirtschaftseinkommen sichergestellt werden konnten, stützte der
     Bund die **Lebensmittelpreise** auf einem künstlich hoch gehaltenen Niveau.

-    Anhaltende Produktivitätssteigerungen hatten eine **Überproduktion** zur Folge,
     welche der Markt mit der Zeit nicht mehr aufnehmen konnte. Instrumente zur Über-

---

[154]   Der folgende Abschnitt beruht auf Villiger 1998 sowie Villiger/Belz 1998.

schussverwertung (und des für die Administration notwendigen Verwaltungsapparates) kosteten den Steuerzahler jährlich Millionen von Franken.

- Zum Schutz der nicht mehr konkurrenzfähigen Schweizer Landwirtschaft wurde der Inlandmarkt mit Hilfe verschiedener Massnahmen an der Grenze abgeschottet, wodurch sich der Konsument in seiner **Produktauswahl eingeschränkt** sah.

In Anbetracht dieser Negativkonsequenzen erstaunt es nicht, dass sich das Image der konventionellen Landwirtschaft zusehends verschlechterte. Die kritische Haltung der Öffentlichkeit gegenüber der praktizierten Landwirtschaftspolitik äusserte sich in Meinungsumfragen[155], in Abstimmungsergebnissen[156] sowie in zunehmenden Kaufkraftabflüssen ins benachbarte Ausland[157].

Nebst diesem internen öffentlichen Druck sind es Entwicklungen in der **internationalen Agrarpolitik**, die sich auf die Ausgestaltung der schweizerischen Marktordnung nach und nach auswirken: 1994 trat die Schweiz der WTO (vormals GATT) bei. Im Rahmen des WTO-Agrarabkommens und der fortschreitenden europäischen Integration wird die schweizerische Landwirtschaft der **internationalen Konkurrenz** verstärkt ausgesetzt. Die schrittweise Öffnung der Grenzen und Senkung der Zollansätze lässt einen wachsenden Importdruck und damit verbunden eine erhöhte Wettbewerbsintensität (mit sinkenden Margen und Lebensmittelpreisen) erwarten. Die Schweizer Agrarpolitik reagierte auf den beschriebenen (doppelten) Druck mit einer Agrarreform.

---

[155] Eine vom GfS-Forschungsinstitut erhobene UNIVOX-Studie zeigt auf, dass die Schweizer Bevölkerung von der Landwirtschaft wohl erwartet, dass sie Lebensmittel produziert und die Ernährung in Krisenzeiten sichert. Wichtiger ist für die Befragten mittlerweile jedoch nicht mehr dass, sondern wie sie dies tut: Die Bewertung der verschiedenen Aufgaben der Landwirtschaft hat ergeben, dass eine Mehrheit der Befragten der tierfreundlichen Haltung und einer umweltgerechten Bewirtschaftung einen deutlich höheren Stellenwert einräumt als den übrigen landwirtschaftlichen Funktionen. Vgl. GfS 1996, S. 7.

[156] Am 12. März 1995 lehnte das Schweizer Stimmvolk drei Landwirtschaftsvorlagen ab, da unter anderem die Forderung nach einer Bindung der Direktzahlungen an ökologische Vorschriften nicht erfüllt war. Bei den drei Vorlagen handelte es sich um eine Änderung des Verfassungsartikels zur Landwirtschaft, um die Revision des Milchwirtschaftsbeschlusses sowie um die Einführung von Solidaritätsbeiträgen.

[157] Im Jahr 1994 erreichten die Kaufkraftabflüsse einen Wert von 1.5 Mrd. Sfr., was in etwa 6% der Umsätze des schweizerischen Lebensmittelhandels entspricht. Vgl. Ledermann 1996, S. 121.

Regelungen des Lenkungssystems Agrarpolitik

Mit der Verabschiedung des **7. Landwirtschaftsberichtes** leitete der Bundesrat 1992 die **erste Etappe** der **Agrarreform** ein. Mit einem neu formulierten Zielsystem soll die Pflege der natürlichen Lebensgrundlagen und der Landschaft gegenüber der Versorgungssicherheit ein grösseres Gewicht erhalten.[158] Die neuen Artikel 31a und 31b des Landwirtschaftsgesetzes (LwG) bilden die Rechtsgrundlage für **produktunabhängige Direktzahlungen**. Im Zuge dieser Neuorientierung wurden 1993 erstmals Öko-Beiträge entrichtet; ab 1995 werden weitere Preissenkungen ausschliesslich mit einer Erhöhung der ökologischen Direktzahlungen kompensiert. Ab 1999 bildet der ökologische Leistungsausweis die Grundlage für den Bezug jeder Art von Direktzahlungen. Mit dieser ersten Etappe der Agrarreform erfolgte eine Kurskorrektur in Richtung **«mehr Ökologie»**.

Im Zentrum der **zweiten Etappe** der Agrarreform, welche 1995 mit der **«Agrarpolitik 2002»** eingeleitet wurde, steht eine marktwirtschaftliche Erneuerung zur Verbesserung der Wettbewerbfähigkeit des gesamten Ernährungssektors (**«mehr Markt»**). Das Erscheinen der Vernehmlassungsunterlage für die «Agrarpolitik 2002» fiel in den Zeitraum des Beitritts der Schweiz zur WTO, in dessen Zuge eine partielle Marktöffnung mit einem erhöhten Wettbewerbsdruck auf die gesamte inländische Lebensmittelkette zu erwarten ist.

Die Zielsetzung, den Konsumenten umweltfreundlicher hergestellte Produkte zu tieferen Preisen anbieten zu können, beinhaltet einen **Widerspruch**. Denn solange die konventionelle Landwirtschaft die von ihr verursachten externen Kosten nicht zu tragen hat, führen umweltschonende Bewirtschaftungsformen zu höheren Produktionskosten und die extensive Bewirtschaftung der Felder zu Produktivitätsverlusten. Höhere Kosten und Produktivitätsverluste münden in höheren Produktpreisen, welche wiederum das Ziel einer verbesserten Wettbewerbsfähigkeit im internationalen Kontext konkurrenzieren. Die seit 1993 entrichteten **ökologischen Direktzahlungen** nach Art. 31b Landwirtschaftsgesetz (LwG) heben den beschriebenen Zielkonflikt auf und wirken in Richtung

---

[158]   Vgl. Schweizerischer Bundesrat 1992, S. 2 f.

«mehr Ökologie» wie auch «mehr Markt»:[159] Die eingeleitete Agrarreform soll die Lebensmittelpreise senken helfen («mehr Markt»), die Einkommen der Landwirte sichern und einen Beitrag zum Umweltschutz leisten («mehr Ökologie»).

Im Oktober 1997 schliesslich verabschiedete der schweizerische Bundesrat die «Verordnung über die biologische Landwirtschaft und die entsprechende Kennzeichnung der pflanzlichen Erzeugnisse und Lebensmittel» (kurz: **Bio-Verordnung**»), die 1998 rechtskräftig wurde. Die Bio-Verordnung begegnet der Gefahr irreführender Bezeichnungen und legt fest, welche Voraussetzungen erfüllt sein müssen, damit ein Produkt als **Bioprodukt**» gekennzeichnet werden darf. Die Verordnung bezweckt einen doppelten Schutz: a) **der Konsumenten** vor Täuschungsversuchen und b) **der Anbieter** von biologischen Erzeugnissen vor unlauterem Wettbewerb. Dies ist für die Schweizer Landwirtschaft mit weiteren Umstellungsanreizen auf den Biologischen Landbau verbunden, da Bio-Produkte auf dem Markt nun klarer positioniert und abgegrenzt werden können. Wie reagiert die Produktionsstufe auf diese veränderten Anreize der Agrarpolitik?[160]

Ökologisierung der Schweizer Landwirtschaft

Die Schweizer Landwirte reagierten schnell auf dieses veränderte Anreizsystem: 1998 wurden in der Schweiz bereits 73% der landwirtschaftlichen Nutzfläche nach den Richtlinien der Integrierten Produktion und 7% nach denjenigen des Biologischen Landbaus

---

[159] Die ökologischen Direktzahlungen ergänzen das auf ökonomischen Anreizen aufbauende Instrumentarium des Bundes (Forschung, Bildung und Beratung sowie Ge- und Verbote). Vier Programme werden vom Bund mit ökologischen Direktzahlungen nach Art. 31b LwG unterstützt: der ökologische Ausgleich, die Integrierte Produktion, der Biologische Ausgleich sowie die Kontrollierte Freilandhaltung. Vgl. Bundesamt für Landwirtschaft 1995, S. 10.

[160] Ein «Bio-Land Schweiz» mag ökologisch sinnvoll erscheinen, ist aus Sicht einer ökonomischen Nachhaltigkeit aufgrund der hohen ökologischen Direktzahlungen jedoch (noch) nicht finanzierbar. Vgl. zu einer umweltökonomischen Kritik zum Einsatz von Subventionslösungen bei positiven und negativen Externalitäten Minsch 1998, S. 77 ff.

(Bio Suisse) angebaut.[161] Der konventionelle Ackerbau ist stark abnehmend und wird
nach dem Jahr 2000 nur noch in Auslaufbetrieben vorkommen.[162]

Abb. 19 zeigt, wie die Integrierte Produktion die konventionelle Landwirtschaft im Zeitraum von 1993-1998 als vorherrschende Anbauweise in der Schweiz abgelöst hat. Der
Biologische Landbau entwickelt sich langsam aber stetig:

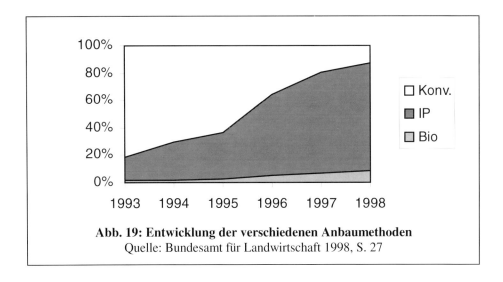

Abb. 19: Entwicklung der verschiedenen Anbaumethoden
Quelle: Bundesamt für Landwirtschaft 1998, S. 27

Die Integrationspolitik des Bundes und die damit verbundene schrittweise Öffnung der
Grenzen wird die **Qualitätssegmentierung** weiter vorantreiben, da die EU-Richtlinien
für Lebensmittel die Begriffe «ökologisch» und «biologisch» ebenfalls gleichsetzen und
die Vermarktung der aus der Integrierten Produktion stammenden Erzeugnisse als
«ökologische Produkte» verbieten. Das in der «Agrarpolitik 2002» formulierte Ziel, eine

---

[161] Im Gegensatz zur konventionellen Landwirtschaft verzichtet der Biologische Landbau konsequent auf
       chemisch-synthetische Dünge- und Pflanzenschutzmittel. Davon abzugrenzen ist die Integrierte Pro-
       duktion (IP), die zwischen diesen beiden Extremen liegt. Die Integrierte Produktion ist durch einen
       eingeschränkten Gebrauch von chemisch-synthetischen Dünge- und Pflanzenschutzmittel gekenn-
       zeichnet.
[162] Seit der Lancierung der ökologischen Direktzahlungen nach Art. 31b LwG im Jahr 1993 nimmt die
       Integrierte Produktion stets zehnmal mehr Nutzfläche in Anspruch als der Biologische Landbau. Infol-
       ge längerer Umstellungszeiten und höheren Umstellungsbarrieren verzögert sich der Ausbreitungspro-
       zess beim Biologischen Landbau.

qualitativ hochstehende Öko-Nische im europäischen Lebensmittelmarkt zu besetzen, lässt darauf schliessen, dass die biologische Anbauweise langfristig (auch gegenüber der Integrierten Produktion) stärker gefördert wird. Eine Profilierung im Qualitätssegment ist daher nur noch mit Bio-Produkten möglich. Zudem könnte die Schweizer Landwirtschaft mit Bio-Produkten in einer europäischen Qualitätsnische durchaus Marktchancen besitzen («Schweiz als Feinkostladen Europas»).

3.2.4   Fazit: Ökologisierungsprozess in der Schweizer Lebensmittelbranche

Der sich Ende der 90er Jahre vollziehende ökologische Wandel ist ein Zusammenspiel der Marktakteure und der Rahmenbedingungen des schweizerischen Lebensmittelmarktes, welches insbesondere die Ausbreitung biologischer Lebensmittel in Richtung ökologischer Massenmarkt vorantreibt. Der ökologische Transformationsprozess wurde in den 80er Jahren von den von der **konventionellen Landwirtschaft** ausgehenden finanziellen, ökologischen und gesundheitlichen Problemen angestossen. Daraus erwuchs ein **Unmut in der Schweizer Bevölkerung**, der – gemeinsam mit Veränderungen in der internationalen Agrarpolitik – für **Druck auf das politische Lenkungssystem** sorgte. Heute wirken sich die veränderten agrarpolitischen Rahmenbedingungen auf den **Lebensmittelmarkt** aus. Auf der **Landwirtschaftsstufe** dominiert zwar die Anbauweise der Integrierten Produktion – ein Trendbruch zugunsten des Biologischen Landbaus ist angesichts der Wachstumsverläufe langfristig jedoch vorstellbar. Auf der **Handelsstufe** haben die biologischen Lebensmittel inzwischen den Status eines **aktuellen ökologischen Wettbewerbsfeldes** erreicht (vgl. Abb. 20).[163]

---

[163]   Vgl. hierzu weiter unten Kap. 3.4 ff.

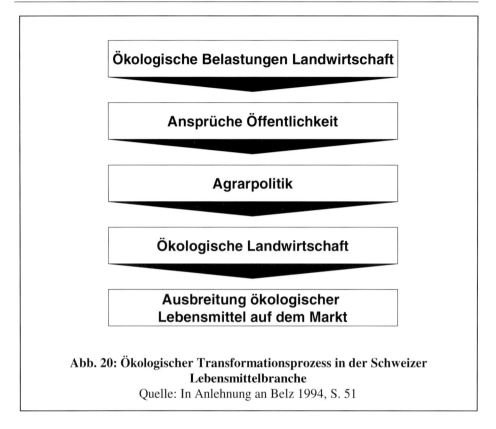

**Abb. 20: Ökologischer Transformationsprozess in der Schweizer
Lebensmittelbranche**
Quelle: In Anlehnung an Belz 1994, S. 51

3.3 Landkarte des ökologischen Massenmarktes in der Lebensmittelbranche

In diesem Kapitel werden ökonomische und ökologische Perspektiven kombiniert. Die «Landkarte des ökologischen Massenmarktes» ermöglicht es, **Marktanteile** von verschiedenen Produktgruppen gemeinsam mit den von ihnen verursachten **Umweltbelastungen** zu betrachten. Mit der ökologischen Landkarte kann der **Ist**-Stand (wo steht die Branche heute?) oder auch eine **Ziel**-Grösse (wohin soll sich die Branche entwickeln?) der Ausbreitung unterschiedlicher Produktstandards veranschaulicht werden. Darüber hinaus erlaubt sie es, verschiedene **Entwicklungspfade** in Richtung eines ökologischen Massenmarktes zu illustrieren.

Welche **Segmente** ökologischer Qualität lassen sich für Lebensmittel identifizieren? Wie gross sind die Marktanteile dieser Segmente? Welche Entwicklungspfade zum ökologischen Massenmarkt lassen sich für die Lebensmittelbranche anhand dieser Qualitätssegmente beschreiben? Welches sind die Schlüsselakteure und -prozesse, die diese Pfade vorantreiben?

3.3.1 Drei ökologische Qualitätsstandards – ökologische Landkarte in der Schweizer Lebensmittelbranche

Während in der tierischen Nahrungsmittelproduktion in der Schweiz noch eine Vielzahl von verschiedenen Standards und Labels existiert, haben sich in der Schweizer Lebensmittelbranche bei pflanzlichen Produkten in den 90er Jahren drei ökologische Qualitätsstandards herausgeschält: konventionelle Lebensmittel, Erzeugnisse aus Integrierter Produktion sowie Lebensmittel aus Biologischem Landbau.

Ist der Biologische Landbau ökologischer als die Integrierte Produktion?

Die biologische Anbauweise wird unter ökologischen Gesichtspunkten in der Regel mit einer ökologischen Anbauweise gleichgesetzt. Bisher gibt es jedoch nur wenige Untersuchungen, in denen versucht wird, diese These mit Hilfe von Energie- bzw. Ökobilanzen zu verifizieren.

Die bestehenden Untersuchungen weisen in der Regel leichte Vorteile biologisch hergestellter Lebensmittel aus, auch im Vergleich zur Integrierten Produktion. Die konventionelle Produktion schneidet bei den meisten Vergleichen schlecht ab. **Energiebilanzen** zeigen auf, dass das durch den Verzicht auf Kunstdünger entstehende Einsparungspotential (bspw. bessere Bilanz in MJ/ha) durch geringere Ernteerträge (bspw. schlechtere Bilanz in t/ha) beim Biologischen Landbau wieder ausgeglichen wird. Dennoch spricht der Energieeinsatz pro Ertrag im direkten Vergleich für die biologische Landwirtschaft. Zudem führt der Verzicht auf organische Pflanzenbehandlungsmittel zu Vorteilen in der Kategorie Toxizität, auch wenn Alternativpräparate ebenfalls toxische Effekte zur Folge haben können. Ökologische Nachteile des Bio-Landbaus entstehen bspw. durch den geringeren Ernteertrag, einen höheren Landverbrauch sowie Versauerungsproblemen.[164]

Dass der Biologische Landbau nicht als eindeutig als ökologisch vorteilhafter beurteilt werden kann, liegt auch am Entwicklungsstand der Bewertungsmethodik. So können mit der **Ökobilanz** zahlreiche Vorteile, welche der Biologische Landbau auch gegenüber der Integrierten Produktion aufweist (z.B. in den Bereichen Biodiversität, Bodenbelastung, Pestizideinsatz), noch nicht genügend abgebildet werden. Ausserdem entziehen sich **qualitative Unterschiede** einer Bewertung

---

[164]   Zu einem Überblick vgl. Jungbluth 1998, S. 25 f.

(z.B. höherer Nährwert, «besserer Geschmack»). Jungbluth kommt dennoch zum Schluss, dass die Biologische Produktion gegenüber der Integrierten Produktion «leichte Vorteile» aufweist.[165]

Konventionelle Lebensmittel

Konventionelle Lebensmittel werden unter dem Primat quantitativer Leistungsziele angebaut. Die an einer Maximierung der Erträge orientierten Bewirtschaftungsmethoden der konventionellen Landwirtschaft führten durch die stetigen Produktivitätssteigerungen einerseits zu Überproduktionen, die der Markt mit der Zeit nicht mehr aufnehmen konnte, andererseits aber auch zu hohen Umweltbelastungen.[166] Konventionell hergestellte Lebensmittel werden daher mit einer **«niedrigen ökologischen Qualität»** gleichgesetzt.

Obwohl die Anbauweise der konventionellen Landwirtschaft in der Schweiz Ende der 90er Jahre nur noch in Auslaufbetrieben vorkommt, weisen Produkte aus der konventionellen Landwirtschaft im Lebensmittelhandel einen Marktanteil von 50% auf. Dieser hohe Anteil ist auf die Importquote zurückzuführen, welche bei landwirtschaftlichen Produkten mittlerweile über 40% beträgt und in Zukunft, als Folge der ratifizierten GATT-Verträge, weiter ansteigen dürfte. Denn mit der steigenden Importquote wächst auch der Anteil der konventionellen Lebensmittel am Gesamtmarkt, da diese Anbaumethode im Ausland die Vorherrschende ist.

Erzeugnisse aus Integrierter Produktion

Die Anbaumethode der Integrierten Produktion wurde in den 70er Jahren entwickelt, als erste Stimmen vor der «Chemie-Euphorie» in der Landwirtschaft sowie deren absehbaren Folgen für die Umwelt und die Gesundheit der Menschen warnten. Heute ist die Integrierte Produktion ein genau definiertes und auf die Schonung der Umwelt ausgerichtetes Pflanzenbaukonzept. Kunstdünger darf bei der Integrierten Produktion angewendet werden, organischer Dünger hat jedoch Vorrang. Weil der Einsatz von chemischen Pflanzenbehandlungsmitteln erlaubt ist (sofern dies ein an den Kulturen ermittelter Un-

---

[165]   Jungbluth 1998, S. 53.
[166]   Zu den von der Landwirtschaft verursachten Umweltbelastungen vgl. Kap. 3.3.1.

kraut-, Schädlings- oder Krankheitsbefall rechtfertigt), wird die Integrierte Produktion oft als «Kompromisslösung» bezeichnet. Erzeugnisse aus der Integrierte Produktion werden deswegen im folgenden als **mittlere ökologische Qualität** bezeichnet.

Die Integrierte Produktion nimmt in der Schweiz Ende der 90er Jahre gegen 80% der Nutzfläche in Anspruch. Bei einem Autarkiegrad von 60% kann von einem Marktanteil Integrierter Produkte von ca. 48% ausgegangen werden.

Biologischer Landbau

Ein geschlossener Nährstoffkreislauf sowie eine sorgfältige Pflege der Bodenfruchtbarkeit gelten als Oberziele des Biologischen Landbaus. Die Regeln des Biologischen Landbaus verbieten bspw. den Einsatz von chemisch-synthetischen Spritzmitteln, Kunstdünger und gentechnisch veränderten Organismen. Massnahmen wie Vielfalt der Kulturen, naturnah belassene Ausgleichsflächen, Fruchtwechsel oder speziell widerstandsfähige Sortenwahl sollen die Erträge sichern. Bio-Erzeugnisse werden vermehrt natürlichen Einflüssen wie Saisonalität, Witterung oder Schädlingen überlassen. Dadurch weisen Bio-Produkte tiefere Chemierückstände und einen höheren Nährstoffgehalt auf. Bio-Lebensmittel werden daher im folgenden unter der Kategorie **hohe ökologische Qualität** subsumiert.[167]

1998 wurden auf dem Schweizer Lebensmittelmarkt mit Bio-Produkten 500 Mio. Sfr. umgesetzt. Dies entspricht einem Marktanteil von knapp 2%.

Die «Landkarte des ökologischen Massenmarktes» gibt einen Überblick über die Zusammensetzung des schweizerischen Lebensmittelmarktes und die Marktanteile der drei ökologischen Qualitätsstandards (vgl. Abb. 21).

---

[167] 1998 wurden in der Schweiz 7% der landwirtschaftlichen Nutzfläche nach den Richtlinien von Bio Suisse angebaut. Dies kommt einer Anbaufläche von 82'000 ha gleich. Damit nimmt die Schweiz nach Schweden und Österreich den dritten Rang in der europäischen Rangliste der Bioländer ein. Vgl. Bio Suisse 1998.

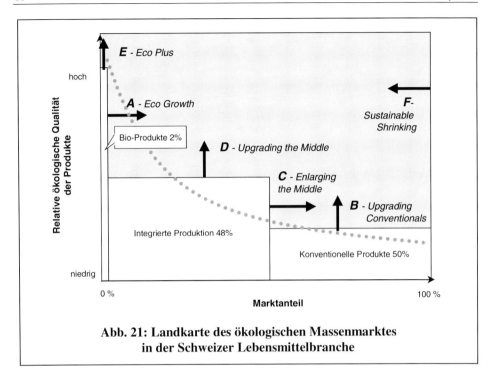

**Abb. 21: Landkarte des ökologischen Massenmarktes
in der Schweizer Lebensmittelbranche**

3.3.2   Sechs mögliche Entwicklungspfade zum ökologischen Massenmarkt

Im folgenden werden – aufbauend auf der beschriebenen Dreiteilung des Lebensmittelmarktes – sechs Entwicklungspfade zum ökologischen Massenmarkt für die Lebensmittelbranche beschrieben. Es wird analysiert, welche Schlüsselakteure, -aktivitäten und
Trends für einen Aufschwung dieser Entwicklungspfade verantwortlich sind.

Eco-Growth – Ausweitung des Marktanteils von Premium-Öko-Produkten (Bio)

Bio-Lebensmittel decken auf dem Schweizer Lebensmittelmarkt das Segment der «Premium-Öko-Produkte» ab (Marktanteil 1998: knapp 2%). Eine Ausweitung des Marktanteils dieses Segmentes entspricht somit der Strategie, die Ausbreitung von Bio-

Produkten zu fördern. Diese Strategie wird von folgenden Prozessen und Akteuren getragen:

a) **Synergien zwischen Coop und Bio Suisse:** Während Migros traditionsgemäss auf den Aufbau eigener Handelsmarken (M-Bio, M-Sano) setzt,[168] ergänzt Coop seine «Kompetenz-Marke» Coop-Naturaplan mit dem Knospenlabel, welches von Bio Suisse vergeben wird.[169] Hieraus entstehen Synergien, wovon beide Partner profitieren: Coop gewinnt durch Bio Suisse als neutrale Stelle an externer Glaubwürdigkeit, während die Knospe durch die Coop-Produkte ihren Bekanntheitsgrad steigern kann (vgl. Abb. 22).

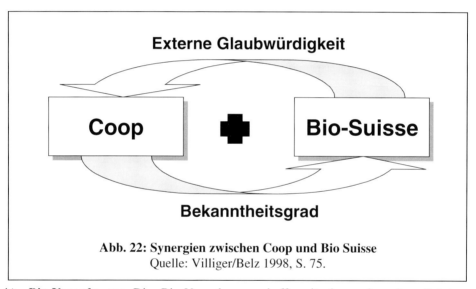

Externe Glaubwürdigkeit

Coop ✚ **Bio-Suisse**

Bekanntheitsgrad

Abb. 22: Synergien zwischen Coop und Bio Suisse
Quelle: Villiger/Belz 1998, S. 75.

b) **Bio-Verordnung:** Die Bio-Verordnung schafft mit dem «doppelten Schutz» (**Schutz der Konsumenten** vor Täuschungsversuchen sowie **Schutz der Anbieter** von biologischen Erzeugnissen vor unlauterem Wettbewerb) die Rahmenbedingun-

---

[168] Die Bio-Suisse- und die M-Bio-Richtlinien sind als gleichwertig einzustufen und entsprechen sich in etwa. Dies hat den Vorteil, dass in der Schweiz ein einheitlicher Bio-Standard vorzufinden ist.

[169] Bei den Bio-Programmen lässt sich zwischen ökologischen Handelsmarken und Öko-Labels unterscheiden: Während **Öko-Labels** von unabhängigen Institutionen vergeben werden (z.B. Knospe der Bio Suisse), welche für eine «externe Glaubwürdigkeit» sorgen, werden **ökologische Handelsmarken** vom Lebensmittelhandel selbständig aufgebaut. Vgl. Villiger/Belz 1998, S. 74 und 80.

gen für einen Bio-Markt, während die **ökologischen Direktzahlungen** die produktionsseitigen Anreize stiften. Zudem steht die Schweizer Bio-Verordnung in Übereinstimmung mit den EU-Richtlinien, was die Vermarktung von Schweizer Bio-Produkten auch im Ausland ermöglicht.

c) **Liberalisierung/Globalisierung:** Für die Handelsstufe bieten Bio-Lebensmittel – angesichts der zu erwartenden Öffnung und der drohenden ausländischen Konkurrenz insbesondere im Tiefpreissegment – Positionierungs- und Differenzierungschancen im Wettbewerb («Flucht nach oben»).

d) **Nachfragetrends:** Bei verschiedenen Bio-Produkten besteht Ende der 90er Jahre immer noch ein Nachfrageüberhang (steigendes Gesundheits- und Qualitätsbewusstsein).

e) **Sinkende Produktionskosten** sowie die **Intensivierung des Bio-Wettbewerbs** werden in den nächsten Jahren dafür sorgen, dass sich die Preise biologischer Lebensmittel denjenigen der Integrierten Produktion schrittweise annähern. Mit tieferen Preisen können weitere Konsumentenschichten erschlossen werden.

Es deutet somit einiges darauf hin, dass der Entwicklungspfad «Ausweitung des Marktanteils von Premium-Öko-Produkten» weiter an Bedeutung gewinnen wird – auch auf Kosten des mittleren ökologischen Qualitätssegmentes.[170]

Upgrading Conventionals – Anheben des ökologischen Mindeststandards im konventionellen Massenmarkt

Während der erste Entwicklungspfad auf eine Marktausweitung des Bio-Segmentes abzielt, werden die angestrebten Umweltentlastungseffekte im zweiten Entwicklungspfad durch das Anheben des ökologischen Mindeststandards im konventionellen Massenmarkt erreicht.

Im Bereich der konventionellen Produkte sind auf dem Schweizer Lebensmittelmarkt **gegenläufige Tendenzen** abzusehen:

---

[170] Diese Vision ist im Kanton Graubünden Realität geworden. Bereits 1996 ist die Beteiligung am IP-Programm leicht zurückgegangen, da zahlreiche IP-Landwirte auf den Biologischen Landbau umgestiegen sind. 1998 wurden in Graubünden 35% der Nutzfläche biologisch bewirtschaftet.

- In der Schweizer Inlandproduktion wird die konventionelle Landwirtschaft bis Ende des nächsten Jahrzehnts voraussichtlich verschwunden sein. Damit wird der ökologische Mindeststandard in der Schweizer Landwirtschaft auf IP-Niveau angehoben.

- Durch die zunehmende Öffnung der Grenzen (EU/WTO) wird die Importquote von heute 40% auf 50% und mehr steigen. Mit einer steigenden Importquote sind Umweltbelastungen verbunden durch a) eine Zunahme konventioneller Produkte am Gesamtsortiment, b) ein steigendes Transportaufkommen, c) einen höheren Verarbeitungsgrad und d) einer dadurch notwendig werdenden Zunahme an Verpackungsstoffen.

Es muss damit gerechnet werden, dass die Liberalisierungstendenzen die durch die Schweizer Inlandproduktion erzielten ökologischen Entlastungseffekte überkompensieren. Nach einem anfänglichen «upgrading» (IP als Qualitätsmindesstandard) in einem weitgehend abgeschotteten Markt, ist in einer nächsten Phase folglich mit einem «downgrading conventionals» in einem offenen Markt zu rechnen. Neben diesen **direkten**, ist darüber hinaus mit **indirekten** Umweltbelastungseffekten zu rechnen: Der Markteintritt ausländischer Anbieter wird die Wettbewerbsintensität steigern und die Handlungsspielräume der etablierten Wettbewerber einschränken. Dies zwingt die Anbieter der Schweizer Lebensmittelbranche möglicherweise dazu, die Aufmerksamkeit (zulasten ökologischer Qualitätskriterien) wieder verstärkt ökonomischen Gesichtspunkten zuzuwenden. In die Richtung eines «upgrading conventionals» wiederum wirken gesetzliche Bestimmungen der EU (bspw. Lebensmittelgesetze), welche zum Teil hohe Anforderungen an die Hygiene und an die Produktion/Verarbeitung der Lebensmittel stellen.

Enlarging the Middle – Ausdehnung des Mittelsegmentes zulasten konventioneller Produkte (Integrierte Produktion)

In der Schweiz ist der ökologische Leistungsnachweis im Zuge der Agrarpolitik 2002 Grundvoraussetzung für den Bezug aller Arten von Direktzahlungen. Nur wer den gesamten Landwirtschaftsbetrieb zumindest nach den Kriterien der Integrierten Produktion bewirtschaftet, hat Anspruch auf staatliche Unterstützung. Diese Regelung bewirkte die beschriebene Umstellung der Schweizer Landwirtschaft auf die Integrierte Produktion (80% der Nutzfläche 1999). Im Zuge dieser grossflächigen Umstellung hat sich die Integrierte Produktion zum Mindeststandard schweizerischer Agrarerzeugnisse entwickelt.

Dieses «Enlarging the middle», das heute bei knapp 50% Marktanteil angelangt ist, ging zulasten des bis anhin vorherrschenden Segmentes der konventionell angebauten Lebensmittel. Von welchen Akteuren wird der Entwicklungspfad «Ausdehnung des Mittelsegmentes zulasten konventioneller Produkte» getragen?

- **Migros:** Migros war an der Entwicklung der Integrierten Produktion während der 70er Jahren massgeblich beteiligt. Basierend auf einer Genossenschaftsabstimmung, an welcher sich die Genossenschaftler gesündere Produkte wünschten, hat Migros in den 70er Jahren in enger Zusammenarbeit mit der Landwirtschaft und dem Bund die Richtlinien für die Integrierte Produktion erarbeitet.

- **Bauernlobby:** Heute wird die Schweizer «Bauernlobby», welche einen hohen Einfluss auf die Schweizer Agrarpolitik ausübt, massgeblich von IP-Landwirten vertreten. Damit konnte u.a. bewirkt werden, dass auch für die Integrierte Produktion (als «Kompromisslösung» zwischen der konventionellen und der biologischen Landwirtschaft) ökologische Direktzahlungen entrichtet werden.

Einer weiteren Ausdehnung dieses dritten Entwicklungspfades sind trotz eines vernünftigen Preis-/Leistungsverhältnisses insofern Grenzen gesetzt, als Produkte des mittleren Segments auf dem Markt schwer zu positionieren sind. Aus ökologischer Perspektive ist kritisch anzumerken, dass eine weitere Ausdehnung des IP-Segmentes auch zulasten des Premium-Öko-Segmentes gehen könnte, was wiederum einer Entökologisierung des Lebensmittelmarktes gleichkäme.

Upgrading the Middle – Anheben der ökologischen Qualität im Mittelsegment

Das M-Sano-Programm von Migros wird oft als «IP+» bezeichnet. Damit wird zum Ausdruck gebracht, dass die Erlangung der M-Sano-Qualität anspruchsvoller ist als diejenige der Integrierten Produktion. Migros betreibt mit der Vermarktung von M-Sano somit ein «Upgrading the middle». Da die Entstehungsgeschichte der Integrierten Produktion eng an die Geschichte von Migros geknüpft ist und Migros das IP-Programm mitentwickelt hat, sind die Unterschiede zur «offiziellen Integrierten Produktion» jedoch gering.[171]

---

[171] So ist bspw. die Liste zugelassener Spritzmittel bei M-Sano kürzer als diejenige der IP Suisse. Telefonisches Kurzinterview mit Walter Staub, MGB Zürich vom 25. Februar 1999.

Das «Anheben der ökologischen Qualität im Mittelsegment» erscheint ansonsten als ein wenig praktikabler Entwicklungspfad, da man damit zum einen Gefahr läuft, sich (strategisch) den auf dem Markt bereits positionierten Bio-Produkten anzunähern. Zum anderen besteht das Risiko, die breite Mittelschicht der ein «vernünftiges» Preis-Leistungsverhältnis suchenden Konsumenten zu verlieren. Angesichts der Tatsache, dass auf dem Schweizer Lebensmittelmarkt verschiedene IP-Standards existieren, ist vorstellbar, dass dieser Entwicklungspfad langfristig dennoch in beschränktem Ausmass eine Umsetzung erfährt, indem bspw. ein IP-Segment entsteht, das die Bestrahlung von Lebensmittel oder gentechnologische Eingriffe verbietet («upgrading the middle») und ein weiteres IP-Programm im Gegenzug dazu diese Massnahmen zulässt («downgrading the middle»). Auf diese Weise sorgen in der Zukunft neue Verarbeitungsmassnahmen möglicherweise für eine weitere Ausdifferenzierung des mittleren Qualitätssegmentes.

Eco Plus – Anheben der ökologischen Qualität im «Premium-Öko-Segment»

Treffen die in diesem Kapitel beschriebenen Szenarien ein, d.h. findet die erwartete Polarisierung des Lebensmittelmarktes in Richtung Qualitätssegment («eco growth») sowie – als Folge der Liberalisierung und Öffnung der Grenzen – in Richtung Tiefpreissegment («enlarging conventionals») statt, wird das Bio-Segment irgendwann eine Marktgrösse erreicht haben, welche weitere Differenzierungsmassnahmen zulässt. Es ist vorstellbar, dass sich das Bio-Segment als Folge davon in unterschiedliche Qualitätsstandards unterteilt. Die untere Grenze würde dann möglicherweise von Bio-Produkten oder Bio-Programmen gebildet, welche gerade noch die von der Bio-Verordnung vorgeschriebenen Mindestanforderungen einhalten («eco minimum»), wohingegen sich am oberen Ende der Spannbreite Qualitätslabels herausbilden, zu deren Erlangung die Einhaltung weiterer und strengerer Kriterien vorgeschrieben sind («Knospe+»).[172] Während «Bio-Massenartikel» (teilweise Import-Produkte) für die weitere Verarbeitung vorgesehen sind und vermehrt Convenience-Aspekte berücksichtigen («hybride Produkte»), fragen die anspruchsvollen Öko-Pioniere gemäss diesem Szenario Bio-Produkte nach, die unverarbeitet, frisch, saisonal und unverpackt sind sowie aus der Region stammen

---

[172] Die Voraussetzungen für diesen Entwicklungspfad sind mit der Bio-Verordnung und der Zulassung verschiedener Öko-Labels gegeben.

(«Premium-Bio-Produkte»). Der Bio-Wettbewerb weitet sich demzufolge zu einem differenzierten **Öko-Wettbewerb** aus, in dem nicht nur die Anbauweise, sondern auch weitere ökologische Wettbewerbsfelder eine Rolle spielen.[173]

Bio Suisse ist bereits heute daran, sich als hochstehendes Label in der Qualitätsnische zu positionieren, indem zur Erlangung der Knospe über das Ziel «Einhaltung der gesetzlichen Mindestanforderungen» hinausführende, strengere Richtlinien vorgeschrieben werden. Dies geschieht weniger in Erwartung einer ausländischen Konkurrenz auf dem Schweizer Bio-Markt, sondern ist vielmehr Ausdruck einer proaktiven Wettbewerbsstrategie, mit welcher die Absicht verfolgt wird, langfristig auch im EU-Raum Märkte gesundheits- und umweltbewusster Konsumenten zu erschliessen.[174] Dieser Absicht kann langfristig durchaus realistische Chancen eingeräumt werden. Denn biologische Produkte passen hervorragend zum bestehenden «Made-in»-Image Schweizer Produkte im Ausland (exklusiv, umweltfreundlich, Spitzenqualität).[175]

Sustainable Shrinking – Verringerung des Gesamtkonsums

Der sechste Weg unterscheidet sich analytisch von den bisher diskutierten. Der Entwicklungspfad des «Sustainable Shrinking» wendet sich an das Ernährungsverhalten der Schweizer Lebensmittelkonsumenten. Während durch das Verfolgen der ersten fünf Entwicklungspfade der ökologische Massenmarkt durch eine Ausbreitungs- oder Optimierungsstrategie angestrebt wird, lässt sich die Strategie eines «Sustainable Shrinking» durch ein «weniger» (quantitativer Aspekt) und ein «anders» (qualitativer Aspekt) umschreiben:

-   **«weniger»:** Eine Verringerung des Gesamtkonsums ist nicht nur aus ökologischer, sondern auch aus gesundheitlicher Perspektive sinnvoll. Ein Sustainable Shrinking entspräche durchaus einer Anpassung an veränderte Lebensformen. Die steigende Motorisierung sowie die weitgehende Mechanisierung vieler Arbeitsprozesse führte

---

[173]   Vgl. zu dieser Vision Belz 1995b sowie Villiger 1998, S. 66.

[174]   Telefonisches Kurzinterview mit Karin Knauer von Bi•ᴼ Suisse vom 24. Februar 1999.

[175]   Das «Made-in»-Image ist die mit einem Land als Herkunftsort wirtschaftlicher Leistungen verbundene Vorstellung. Diese Imagedimensionen können Unternehmen gezielt für einen Imagetransfer nutzen. Das Attribut «Made in Switzerland» ist ein Markenzeichen, welches helfen kann, biologische Lebensmittel auf dem europäischen Markt erfolgreich zu positionieren. Vgl. zur Studie des «Made-in»-Images der Schweiz Kühn/Weiss 1998.

zu einem verringerten Kalorienbedarf des Menschen – gegessen wird aber immer noch so viel wie früher. Eine Verringerung des Gesamtkonsums wäre somit als logische Folge für einen verringerten Kalorienbedarf zu verstehen.[176]

- **«anders»:** In der Schweiz ist der Fleischkonsum lange Zeit gestiegen; seit Mitte der 80er Jahren ist er jedoch wieder rückläufig.[177] Während der jährliche pro-Kopf-Verbrauch 1985 noch 59 kg betrug, ist er innert zehn Jahren auf 50 kg zurück gegangen (-15%).[178] Die Substitution von tierischen durch pflanzliche Produkte ist – sowohl unter gesundheitlichen wie auch unter ökologischen Gesichtspunkten – ein positives Beispiel für ein verändertes Ernährungsverhalten.[179] Es wird geschätzt, dass 85% der Klimabelastung aus der Nahrungsmittelbereitstellung auf das Konto tierischer Nahrungsmittel gehen. «Mit einer Senkung des Fleischkonsums auf ein auch der Gesundheit förderliches Mass könnte ein Viertel oder mehr der klimarelevanten Emissionen vermieden werden.»[180]

Voraussetzungen für eine nachhaltige Wirkung eines veränderten Ernährungsverhaltens sind:

a) Das Wissen der Schweizer Bevölkerung um die Zusammenhänge und Wirkungen einer entsprechenden Ernährungsweise. Dem Staat kommt in Kooperation mit nichtstaatlichen Organisationen die Aufgabe zu, eine breite Informations-, Erziehungs- und Bildungskampagne zu lancieren, welche bereits auf der Schulstufe ansetzt.

b) Die Bereitschaft des Konsumenten, sich mit dem Thema Ernährung bewusst auseinander zu setzen sowie sein habitualisiertes Ernährungs- und Konsumverhalten zu ändern, was den Menschen bekanntermassen Mühe bereitet.[181] Voraussetzung hier-

---

[176] Über- und Fehlernährung wirken sich auf die biologische Reproduktion des Körpers negativ aus, was Zivilisationskrankheiten wie Herz-/Kreislaufstörungen zur Folge haben kann. Vgl. auch zum folgenden Rigendinger 1997, S. 29.

[177] Parallel zum Rückgang fleischlicher Produkte sind die Verkaufszahlen von Fleischersatzprodukten gestiegen. Vgl. IHA-GfM 1997, S. 29.

[178] Vgl. Belz 1998b, S. 5. Für 1999 wird damit gerechnet, dass sich die Kaufzurückhaltung gegenüber fleischlichen Produkten legt und die Fleischumsätze zum ersten Mal wieder leicht ansteigen. Vgl. Gutmann 1999, S. 8 f.

[179] Vgl. Belz/Schneidewind/Villiger/Wüstenhagen 1997, S. 18.

[180] Enquete-Kommission «Schutz der Erdatmosphäre» des Deutschen Bundestages 1995, S. 1323.

[181] So ist unverständlich, wie schnell Herzinfarktpatienten nach ihrer «Genesung» wieder in die alten, den Herzinfarkt mit-verursachenden Essgewohnheiten zurückfallen.

für ist wiederum ein entsprechendes Wissen um die Zusammenhänge eines veränderten Verhaltens.

c) Die Bereitschaft der vorgelagerten Branchenstufen, gesündere Produkte herzustellen und anzubieten sowie Rahmenbedingungen, welche hierfür die Anreize stiften.

3.4 Ökologischer Branchenlebenszyklus

Die Heuristik der ökologischen Landkarte zeigte verschiedene Wege oder Strategien
zum ökologischen Massenmarkt auf. Die «ökologische Landkarte» ist jedoch nur begrenzt ein Modell zur Antizipation von Trends oder zur Abschätzung der weiteren Entwicklung der Branche. Solche dynamischen Aspekte stehen bei der Heuristik des **ökologischen Branchenzyklus** im Zentrum der Überlegungen. Die Grundthese für dieses Kapitel lautet, dass nicht nur Produkte, sondern auch Branchen und Märkte einen Lebenszyklus durchlaufen. Während dieses Zyklusses verändern sich die Rahmenbedingungen,
das Verhalten der Konkurrenz wie auch die Nachfragepräferenzen. Die Unterteilung in
verschiedene Lebenszyklusphasen soll helfen, die Entstehungsgeschichte des Lebensmittelmarktes Schweiz in ökologischer Perspektive nachzuvollziehen sowie – darauf
aufbauend – mögliche, plausible Zukunftsszenarien zu entwerfen.

Auch wenn das Thema Ökologie in der Lebensmittelbranche an Bedeutung gewinnt,
darf dies nicht darüber hinweg täuschen, dass die Öko-Nische auf dem Lebensmittelmarkt die Realität ist. Dies bedeutet, dass sich die Lebensmittelbranche Ende der 90er
Jahre in einem frühen Stadium des ökologischen Lebenszyklusses befindet. Während
zumindest die Einführungs- und die frühe Wachstumsphase empirisch nachvollzogen
werden können, bleibt das, was auf diese ersten beiden Phasen im Zyklus folgt, Gegenstand von Szenariomodellen. Dies gilt es zu beachten, wenn im folgenden die vier Phasen des ökologischen Branchenlebenszyklus Einführung (1980-1991), frühes Wachstum
(1992-1997), Take-off (1998-2005) sowie Reife (ab 2005) beschrieben werden.

3.4.1   Einführungsphase (1980-1991): Ein historischer Rückblick

Die biologische Anbauweise hat in der Schweiz eine lange Tradition.[182] Die Ursprünge des Biologischen Landbaus reichen bis ins Jahr 1924 zurück, als Rudolf Steiner den ersten «Landwirtschaftlichen Kurs» anbot. Dies war der Impuls, aus welchem die biologisch-dynamische Anbauweise hervorging.[183] Während der folgenden Jahrzehnte wurden die Landwirte, die sich dieser naturgerechten Wirtschaftsweise verschrieben haben, belächelt und in eine Aussenseiterrolle gedrängt. Dies wird vor dem geschichtlichen Hintergrund verständlich: In der Nachkriegszeit kam der Landwirtschaft die vordringliche Aufgabe zu, den Nahrungsmittelbedarf der Bevölkerung zu decken. Der hierauf zurückzuführende technische Fortschritt initialisierte auch in der Landwirtschaft eine Aufbruchstimmung, welche kritische Stimmen zurückwies.

In der Zeitspanne von 1940 bis 1970 entwickelten Hans Müller und Hans Peter Rusch die organisch-biologische Landbaumethode, welche sich verstärkt naturwissenschaftlichen Zusammenhängen zuwendet. 1946 gründete Hans Müller die Biogemüse AVG (Anbau- und Verwertungsgenossenschaft) mit dem Ziel, den Biolandbau sowie die Vermarktung der Bio-Produkte zu fördern. Dennoch wurden die Bio-Bauern und ihre Erzeugnisse kaum wahrgenommen. Dies hing auch mit der Vertriebsform zusammen. Denn biologische Lebensmittel, welche nicht für den **Eigenverbrauch** bestimmt waren, wurden entweder «**direkt ab Bauernhof**» oder mit konventionellen Lebensmitteln **vermischt** vertrieben. Dies deutet bereits darauf hin, dass in den 50er und 60er Jahren – trotz eines ökologischen und gesundheitlichen Zusatznutzens von Bio-Produkten – **keine Differenzierungsstrategie** verfolgt wurde. Biologisch hergestellte Produkte wurden lange Zeit zu denselben Preisen wie konventionelle Lebensmittel verkauft. Die Erkenntnisse und Spielregeln des Biologischen Landbaus wurden mündlich weitergegeben, Richtlinien und Kontrollen existierten kaum.

Ab den 60er Jahren erhielten die Bio-Bauern vermehrt Gelegenheit, sich in der Öffentlichkeit zu präsentieren. Die USA schickte mit Insektiziden verseuchten Schweizer Käse

---

[182]   Vgl. zu dieser und zu den folgenden Angaben Zentrum für biologischen Landbau Möschberg 1993 sowie Telefonisches Kurzinterview mit Karin Knauer, Bio Suisse vom 24. Februar 1999.

[183]   Die biologisch-dynamische Wirtschaftsweise schliesst im Gegensatz zur organisch-biologischen Anbauweise, welche sich ausschliesslich auf naturwissenschaftliche Erkenntnisse abstützt, auch geisteswissenschaftliche Gesichtspunkte mit ein.

kurzerhand in die Schweiz zurück. Dieses Ereignis lenkte die Aufmerksamkeit auf die Rückstandsproblematik von Lebensmitteln. Fungizide und Nitrate im Salat, Hormone im Kalbfleisch, Atrazin im Grundwasser oder Anabolika im Rindfleisch sorgten im folgenden dafür, dass die Medien regelmässig über Lebensmittelskandale zu berichten wussten.[184] Die Lebensmittelskandale sensibilisierten breitere Konsumentenkreise für eine umwelt- und gesundheitsbewusstere Ernährung. So entstanden in den 70er Jahren im Zuge dieser Entwicklung die ersten **Bio-Läden**. Die Gründung der Bio-Läden ist teilweise das Resultat von **produktionsseitigen** Selbsthilfegruppen (Bio-Bauern erkennen das Nachfragepotential der produzierten Lebensmittel und schliessen sich zusammen, um ihre Produkte koordiniert und konzentriert zu vertreiben), zum Teil jedoch auch von **konsumentenseitigen** Zusammenschlüssen (verunsicherte Konsumenten suchen Möglichkeiten, gesunde, umweltfreundliche Lebensmittel in ausreichender Quantität zu erhalten).[185] So entwickelte sich der **«Alternativkanal»**, welcher in den 70er und 80er Jahren mit der Eröffnung zahlreicher Läden in verschiedenen Schweizer Ortschaften Auftrieb erhielt.[186] In der Folge wurden Bio-Produkte vermehrt zu höheren Preisen angeboten (Qualitätsdifferenzierung). Ein Grossteil der Bio-Produktion wurde jedoch Migros für das M-Sano-Programm geliefert (Vermischung mit IP-Produkten).

1974 wurde das zuweilen als «Denkfabrik des ökologischen Landbaus» bezeichnete Forschungsinstitut für biologischen Landbau (**FIBL**) gegründet. Das FIBL treibt den Austausch von Wissenschaft, Politik und Praxis voran und war massgeblich dafür besorgt, dass das eidgenössische Parlament dem Bio-Landbau 1989 zum ersten Mal Unterstützungsgelder zukommen liess. 1980 wurde die Vereinigung schweizerischer biologischer Landbau-Organisationen (**VSBLO**; heute «**Bio Suisse**») aus der Taufe gehoben und mit ihr die **Knospe** als Bio-Label, dessen Erlangung an «einheitliche Richtlinien für Verkaufsprodukte aus biologischem Anbau» geknüpft sind. Ende der 90er Jahre erfasst die Knospen-Produktion alle Bio-Inlandrohstoffe; d.h., dass sämtliche Gruppierungen von Bio-Bauern in der Schweiz (sowie alle Schweizer Bio-Produkte) unter Einhaltung der Bio Suisse-Richtlinien produzieren (resp. produziert werden).

---

[184]   Vgl. Zentrum für biologischen Landbau Möschberg 1993, S. 37.

[185]   Als Beispiel ist hier die Produzenten-/Konsumentengenossenschaft von Bern anzufügen.

[186]   Ebenfalls zum Alternativkanal werden die Reformhäuser gezählt. Die Reformbewegung geht auf die 60er Jahre zurück und stellt gesunde Vollwertkost ins Zentrum ihrer Ideologie. Die biologische Herkunft von Lebensmitteln passt ins Konzept der Reformhäuser, ist aber keine zwingende Voraussetzung.

Diese «Davids» des Alternativkanals bildeten in den 80er Jahren die Grundlage für einen gemässigten Bio-Aufschwung in einer Marktnische. Die Bio-Bauern und -Läden hatten weder die Distributionsstrukturen noch die Marketingbudgets, ihre Produkte breiter zu vermarkten. Neben dem Direktverkauf ab Hof und dem Alternativkanal entwickelten die Bio-Bauern weitere innovative Vertriebssysteme, um ihre Produkte unter die Konsumenten zu bringen. So betrieb bspw. die AVG einen «**Päckliversand**» (Bio-Pakete). Die Produktpreise waren infolge der kleinen Mengen hoch. Dies war nicht weiter problematisch, da das umweltaktive Segment der Bio-Käufer dem ökologischen und gesundheitlichen Zusatznutzen biologischer Lebensmittel einen hohen Wert beimisst, für welchen es auch bereit ist, einen Mehrpreis von teilweise bis 200% zu bezahlen.[187] Mit dieser Strategie wurden weniger umweltbewusste Konsumentenschichten (welche nicht gewillt sind, grössere Einkaufswege auf sich zu nehmen und eine höhere Preissensibilität sowie erhöhte Ansprüche an die Produktpräsentation aufweisen) nicht angesprochen.

1978 tappte Migros in die ökologische Zeitfalle

1978 lancierte Migros eine erste «Bio-Offensive». In einem Migros-Markt in Neuenburg wurde eine Ecke mit Bio-Gemüse eingerichtet. Die steigenden Absatzzahlen von Bio-Produkten im Alternativkanal, die hohen Margen («Bio-Prämie») sowie das grundsätzliche Engagement von Migros im Dienste der Umwelt und der Volksgesundheit sind als Gründe für diesen frühen Einstieg in den Bio-Markt zu verstehen. Die Bio-Ecke stiess bei den Konsumenten jedoch auf wenig Beachtung.[188] Dies mag auf zwei Gründe zurückzuführen sein: Öko-Pioniere, welche zu dieser Zeit das Bio-Segment nachfrageseitig besetzten, waren aus Prinzip keine Kunden der Grossverteiler und zogen den Alternativkanal vor.[189] Und die in der Rezession der 70er Jahre eher preisorientierten Konsumentenschichten wiesen für den Kauf der bis zu doppelt so teuren Bio-Produkten nicht das notwendige Gesundheits- und Umweltbewusstsein auf. Weiter mag die gewählte Distributionsform dazu beigetragen haben, dass sich der Migros-Kunde durch das Aufsuchen der «Bio-Ecke» nicht als «Öko-Käufer» exponieren wollte. Die Zeit für Bio-Produkte im Grossverteiler war

---

[187] Vgl. hierzu auch Belz 1998, S. 14.
[188] Telefonisches Kurzinterview mit Karin Knauer von Bio Suisse vom 24. Februar 1999.
[189] Zum Zusammenhang zwischen Einkaufsort und eingekauften Lebensmitteln vgl. Wölfing et al. 1998, S. 45 ff.

anscheinend noch nicht reif – Migros tappte in die «ökologische Zeitfalle» und legte das Bio-
Ecken-Konzept als Misserfolgsbeispiel ad acta.[190]

Anfang der 80er Jahre lancierte Coop in den Genossenschaften Bern und Basel erste
Bio-Gemüseecken. Im Gegensatz zum Vorstoss von Migros war dieser Versuch erfolgreich. Dennoch sollte es noch Jahre dauern, bis andere Coop-Läden nachzogen und
weitere Bio-Ecken einführten. So fristeten biologische Lebensmittel bei den Grossverteilern bis 1992 ein «Nischendasein» oder wurden undifferenziert, d.h. mit konventionellen oder IP-Produkten vermischt vertrieben. Dies widerspiegelt den Stellenwert, welcher biologischen Lebensmitteln bis 1992 zukam. Der Marktanteil biologischer Lebensmittel bewegte sich bis Anfang der 90er Jahre folglich im Promillebereich (0-1% Marktanteil).[191]

3.4.2 Frühe Wachstumsphase (1992-1997): Neuausrichtung der Rahmenbedingungen und Bio-Wettbewerb im Handel

Mit der Verabschiedung des **7. Landwirtschaftsberichtes** leitete der Bundesrat 1992
die **erste Etappe** der **Agrarreform** ein. Die Versorgung der Bevölkerung mit qualitativ
hochwertigen, gesunden Nahrungsmitteln sowie die Nutzung und Erhaltung der natürlichen Lebensgrundlagen und der Kulturlandschaften wurden neu als prioritäre Ziele fest-
gelegt.[192] Zur Erreichung dieser Zielsetzung wurden 1993 erstmals Öko-Beiträge entrichtet. Heute ist der Bezug von Direktzahlungen aller Art an einen ökologischen Leistungsausweis geknüpft. Mit dieser Kurskorrektur in Richtung **«mehr Ökologie»** wurden die Rahmenbedingungen auf eine verstärkte Ausbreitung der ökologischen Anbaumethoden ausgerichtet. Parallel dazu stieg Anfang der 90er Jahre die Nachfrage nach
biologischen Lebensmitteln kontinuierlich an. Neben den politischen Anreizen war es
somit auch das Resultat eines spürbar werdenden **Ökologie-Pulls**, dass Coop 1993 mit
einer innovativen, offensiven Strategie auf den Markt trat.

---

[190]   Zur «ökologischen Zeitfalle» vgl. Dyllick/Belz/Schneidewind 1997, S. 146 f.

[191]   Belz schätzt, dass Mitte der 80er Jahre 200-300 Bio-Bauern einen Umsatz von max. 20-30 Mio. Sfr.
         erzielten, was weniger als 0.1% des Schweizerischen Lebensmittelmarktes entspricht. Vgl. Belz 1998,
         S. 16.

[192]   Vgl. Schweizerischer Bundesrat 1992, S. 2 f.

1993 lancierte Coop mit dem Coop Naturaplan das erste **Bio-Programm**. Die zeitliche Übereinstimmung mit der Agrarreform ist kein Zufall, denn Coop unterstützte den politischen Kurswechsel in Richtung einer ökologischen Schweizer Landwirtschaft aktiv. Mit dem **Coop Naturaplan**-Programm wurde nun nicht mehr ein Öko-Nischensegment, sondern von Anfang an der Massenmarkt anvisiert. So war es mehr als ein symbolischer Akt, als die Bio-Produkte aus der «Ecke heraus geholt» und in die Hauptsortimente integriert wurden. Migros bewahrte die skeptische Haltung gegenüber dem Bio-Programm vorerst und glaubte Anfang der 90er Jahre noch nicht daran, dass es der Schweizer Landwirtschaft möglich sei, für die Grossverteiler Bio-Produkte in ausreichender Quantität und Qualität bereit zu stellen.[193] Mit einer offensiven Marketingstrategie entfachte Coop in der Folge einen Nachfragesog, der das Angebot bei verschiedenen Bio-Produkten bald überstieg. Der Erfolg dieser Strategie zwang Coop, ein aktives **Beschaffungsmarketing** zu betreiben und Schweizer Landwirte vermehrt zur Umstellung auf den Biologischen Landbau zu bewegen («Balanced Marketing»).[194] Damit wurde versucht, zwischen dem verfügbaren Angebot und der stetig wachsenden Nachfrage einen Ausgleich herzustellen. Coop gelang es in der zweiten Hälfte der 90er Jahre, trotz eines weiterhin stagnierenden Lebensmittelmarktes, Marktanteile hinzu zu gewinnen. Dies ist zum einen auf direkte **Umsatzgewinne** zurück zu führen, welche mit dem Coop Naturaplan erzielt werden.[195] Zum anderen haben die ökologischen Kompetenzmarken positive Ausstrahlungs- und **Imageeffekte** zur Folge, womit wiederum indirekte Umsatzeffekte verbunden sind.[196]

Mit dem Markterfolg des Coop-Naturaplans erzeugte Coop Druck auf die Mitbewerber. 1995 positionierte die «Dritte Kraft» im Schweizer Lebensmittelhandel mit «**Bio-Domaine**» ein zweites Bio-Programm, welches inzwischen von primo/visavis, Waro, Manor, Pick Pay und Volg angeboten wird. Ebenfalls 1995 zog Migros mit der ökologi-

---

[193]   Was auf die negativen Erfahrungen von 1978 sowie den Erfolg des M-Sano-Programmes zurück zu führen ist.

[194]   Zum Balanced-Marketing vgl. Kap. 2.5.3.

[195]   Der Umsatz von Coop Naturaplan stieg von 21 Mio. Sfr. (1993) auf 51 Mio. (1994), 95 Mio. (1995), 156 Mio. (1996), 232 Mio. (1997) auf 350 Mio. Sfr. (1998). Vgl. Coop 1998, S. 9 sowie Coop 1999, S. 8.

[196]   Vgl. Belz/Villiger 1997, S. 29. 1998 bestätigen 72% der befragten Konsumenten, das Naturaplan-Label von Coop zu kennen. 9% der Befragten gaben an, wegen des Naturaplans häufiger in Coop-Verkaufsstellen einzukaufen. Vgl. Coop 1999, S. 10.

schen Handelsmarke «**M-Bio**» nach. Im Sommer 1997 lancierte Spar mit «**Natur Pur**»
das nächste Bio-Programm. Spätestens ab diesem Zeitpunkt kann von einem regelrech-
ten «**Bio-Wettbewerb**» gesprochen werden.[197] Hinzu kommen die **alternativen Kanä-
le**. Da der Vertrieb von biologischen Produkten lange Zeit ausschliesslich über den Direktverkauf oder den Alternativkanal (Bio-Läden, Reformhäuser) gefördert wurde, sind
diese Vertriebswege im Bio-Wettbewerb immer noch überproportional erfolgreich. Gemäss Schätzungen von Bio Suisse betrug der «Bio-Marktanteil» der Reform- und Bioläden 1997 noch 30% (Direktvermarktung 10%).

Coop sorgte mit einer offensiven Marktentwicklungsstrategie für einen hohen Bekanntheitsgrad und eine steigende Akzeptanz biologischer Lebensmittel, was in dieser Lebenszyklusphase zu einer Ausdehnung des gesamten Bio-Marktes führte, wovon auch
der alternative Kanal profitierte. Coop sprach mit seiner Strategie andere Konsumentensegmente an, als die «Davids» des Alternativkanals. Während letztere v.a. das Segment
der bereits Umweltaktiven abdecken, hat der Grossverteiler neue, trägere Konsumentenschichten zum Kauf von Bio-Produkten bewogen, wodurch der Bio-Markt erweitert
werden konnte. Es kann Coop damit attestiert werden, als «ökologischer Diffusionsagent» den Übergang von den Konsumenteninnovatoren zu den Massenmarktkunden
(«frühe Mehrheit») entscheidend vorangetrieben zu haben.[198] Für einen solchen Übergang sind die höhere Erhältlichkeit im Grossverteiler (Sortiment und Feinverteilung)
sowie tiefere Produktpreise Voraussetzung. In der frühen Wachstumsphase stieg der
Marktanteil biologischer Lebensmittel über die Einprozent-Marke.

3.4.3 Take-off-Phase (1998-2005): Bio-Verordnung und Erreichen der 5%-Schwelle

Im Oktober 1997 verabschiedete der Schweizer Bundesrat die «Bio-Verordnung». Damit wurden die politischen Weichen und die marktlichen Voraussetzungen für einen
weiteren Ausbreitungsschub biologischer Lebensmittel gestellt. Denn die Bio-
Verordnung reserviert Bio-Produkten das Prädikat «ökologisch» und verhilft den Bio-

---

[197]   Vgl. Belz/Villiger 1997, S. 27.

[198]   Der Gatekeeper-Ansatz weist auf die strukturelle Regulierungsposition des Handels hin, während der
Diffusionsansatz seinen Fokus auf die Beeinflussungsprozesse und das Aktionspotential des Handels
legt. Vgl. zum Handel als ökologischer Diffusionsagent Hansen/Kull 1996, S. 92 f.

Anbietern damit zu einem Vermarktungsvorteil. Coop hat diese Entwicklung durch eine aktive Strukturpolitik im eigenen Interesse mitgetragen.[199]

In der Take-off-Phase verzeichnen das Coop Naturaplan- und das M-Bio-Programm jährliche Wachstumszahlen von bis zu 50%. Damit nehmen die Marktanteilsgewinne der beiden Grossverteiler Migros und Coop Dimensionen an, die zunehmend auch den Alternativkanal bedrängen. Während Coop den Marktanteil des Naturaplan im Bio-Markt 1998 von 35% auf 38% ausweiten konnte, stieg derjenige von M-Bio von 17% auf 21%. Der gemeinsame Bio-Marktanteil der beiden Grossverteiler beläuft sich 1998 auf knapp 60%. Die gesamte Marktausdehnung der Bio-Lebensmittel von 490 (1997) auf 580 Mio. Sfr. (1998) geht somit vollumfänglich auf das Konto der beiden Grossverteiler. Die Umsätze des Alternativkanals (150 Mio. Sfr.) sowie des Direktverkaufs (50 Mio. Sfr.) stagnierten 1998. Der Anteil des Alternativkanals sank damit auf 26% (Direktvermarktung: 9%). Der Marktanteil von Bio Domaine stagniert bei einem Umsatzwachstum von 15 auf 18 Mio. Sfr. bei 3%. Importe und andere Programme verharren ebenfalls bei 3%. (vgl. Abb. 23).

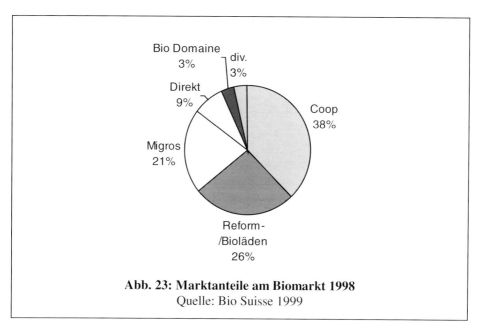

Abb. 23: Marktanteile am Biomarkt 1998
Quelle: Bio Suisse 1999

---

[199]   Vgl. hierzu Kap. 2.5.3.

Als Folge dieser Entwicklung bleibt zahlreichen Bio-Läden nur noch die «Flucht nach
weiter oben», indem neben der biologischen Anbauweise vermehrt auch Zusatzaspekten
wie Regionalität, unverpackt, frisch, saisonal sowie auch Vollwertkost Beachtung ge-
schenkt wird. Dies sind möglicherweise Vorboten einer weiteren Ausdifferenzierung des
Bio-Marktes in Richtung eines differenzierten Öko-Marktes. Diese ökologische **Qualitätsdifferenzierung** wird von einer **Konzentration auf Nischenprodukte** begleitet,
indem Bio-Läden vermehrt «Randprodukte» anbieten, die nicht zum Standardsegment
eines Grossverteilers zählen, wie bspw. Bio-Sojasauce (Nischenstrategie). Auf diese
Weise weichen die kleinen Anbieter des Alternativkanals dem direkten Wettbewerb mit
den Goliaths aus.

Der Marktanteil biologischer Lebensmittel steigt in dieser Take-off-Phase kontinuierlich
an und beträgt 1999 2%. Es kann vermutet werden, dass der Bio-Markt die Öko-Nische
im Jahr 2005 bei gleichbleibenden Wachstumsraten in Richtung eines ökologischen
Massenmarktes verlassen wird (jenseits der 5%-Nische).

Wie verteilt sich der Bio-Markt Ende der 90er Jahre auf die einzelnen Produktgruppen?
Die grössten Anteile des Bio-Marktes nehmen Lizenznehmer von Milchprodukten ein
(30%), gefolgt vom Obst- und Gemüsehandel (24%), Getreideprodukten (23%), Futter-
mittel (9%) sowie Getränken (8%). Bio-Fleisch fristet noch ein Nischendasein im Bio-
Markt (6%) (vgl. Abb. 24).

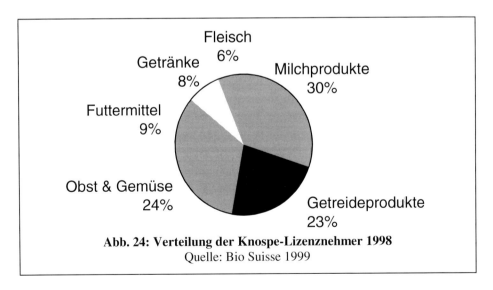

Abb. 24: Verteilung der Knospe-Lizenznehmer 1998
Quelle: Bio Suisse 1999

3.4.4 Reifephase (ab 2005): «Bio-Land Schweiz» oder «Diktat der Öko-nomie»?

Für die Zeit nach 2005 ist die Entwicklung als offen zu betrachten. Wächst der Bio-Markt im selben Stil weiter? Oder entpuppen sich Bio-Produkte bloss als Modewelle der 90er Jahre? Anhand zweier Szenarien wird im folgenden die Bandbreite möglicher Entwicklungslinien aufgezeigt. Die optimistische Vision **«Bio-Land Schweiz 2010»** ist gekennzeichnet durch ein habitualisiertes Bio-Kaufverhalten sowie im Vergleich zu konventionellen Produkten gleich hohen Preisen für biologische Produkte. Der Marktanteil biologischer Lebensmittel steigt kontinuierlich von 5% auf 20% an. Das pessimistische Szenario **«Diktat der Ökonomie»** zeigt dahingegen einen ökonomisch dominierten Lebensmittelmarkt Schweiz (Bio-Marktanteil wieder kleiner als 1%). Dieses Szenario ist geprägt von einer steigenden Wettbewerbsintensität, welche sich als Folge der Öffnung des Lebensmittelmarktes zunehmend einstellt. Mit diesen Szenarien wird zum Ausdruck gebracht, dass die Vorhersage der Marktentwicklung stets mit Unsicherheiten behaftet bleibt, da der Ausbreitungsprozess von Produkten das Resultat zahlreicher Einflussfaktoren sowie zu einem beträchtlichen Teil eigendynamischen Gesetzen unterliegt. Dies bedeutet, dass sich auch die Diffusion ökologischer Produkte der Steuerungskontrolle seitens der Produzenten und Anbieter mindestens zu einem gewissen Teil entzieht und daher nur bedingt beeinfluss- und prognostizierbar ist.[200]

«Bio-Land Schweiz 2010»: Ein Bild der Zukunft

Dass man heute, am 1.1. 2010 resümieren kann, dass die «Knorr-Bio-Convenience-Suppe» im Schweizer Lebensmittelmarkt schliesslich nicht so heiss gegessen werden musste, wie sie gekocht wurde, liegt auch daran, dass sich starke EU-Mitgliedstaaten wie Deutschland dann doch auf nationalstaatliche Interessen besannen und den europäischen Agrarreformprozess erfolgreich verzögerten. Zudem war es ein geschickter Schachzug der Schweiz, zwei charmante Bundesrätinnen an die männlich dominierten WTO-Verhandlungen von 2001 zu senden. Der WTO konnten Zolltarifsätze und weitere Übergangsfristen abgerungen werden, welche der Schweizer Lebensmittel-

---

[200] Weil die Prognose aufgrund der Komplexität der Wirklichkeit nicht nur schwierig, sondern etwas grundsätzlich unmögliches ist, empfiehlt Lutz, die Prognose als Methode der Auseinandersetzung mit der Zukunft durch die Szenariotechnik abzulösen. Vgl. Lutz 1997, S. 35.

branche die notwendige Schonzeit einräumte, sich sanft weiter zu restrukturieren und für den internationalen Wettbewerb zu rüsten.

Auf diese Weise konnten sich die Öko-Programme auf dem Schweizer Lebensmittelmarkt mehr
oder weniger ungestört ausbreiten. Bei jährlichen Wachstumsraten von 25% haben es die Bio-
Produzenten und -Anbieter geschafft, den Bio-Marktanteil im ersten Jahrzehnt des neuen Jahrtausends von 2 auf 20% auszuweiten. Hierfür waren verschiedene Gründe verantwortlich. Zum einen
sorgten weitere Lebensmittelskandale (von der Gentechnologie hervorgerufene Allergien bei
Kleinkindern, zu hohe Strahlendosen bei Rentnern infolge bestrahlter Lebensmittel sowie das
Wiederaufflammen der Hühnerpest), die unermüdlichen Öffentlichkeitskampagnen und Bildungsoffensiven des Bundesamtes für Gesundheit (BAG) sowie sinkende Bio-Rohstoffpreise
auch bei breiteren Konsumentenschichten zu einem Umdenken. Zum anderen bewirkten die zahlreichen Lawinenniedergänge und Überschwemmungen Ende der 90er/Anfang der 00er Jahre dafür, dass die Klimadiskussion wieder aufflammte. Im Soge dieser Diskussionen wurden auch
energieintensive Dünge- und Spritzmittel mit hohen Lenkungsabgaben belastet. Dies erhöhte die
Produktionskosten für konventionelle und IP-Produkte. Im Gegensatz dazu blieb der Biologische
Landbau von Auflagen verschont. Zudem sorgten Forschungsfortschritte für eine höhere Produktivität sowie Mengen- und Lernkurveneffekte für stark sinkende Bio-Produktpreise. Dadurch verbesserte sich die relative Wettbewerbsposition von Bio-Produkten, was es der Agrarpolitik wiederum ermöglichte, die ökologischen Direktzahlungen beim Biologischen Landbau schrittweise
zu senken und die Öko-Programme schliesslich gänzlich dem freien Markt zu überlassen (für IP-
Produkte wurden auf Druck der EU seit 2002 keine Direktzahlungen mehr entrichtet).

Die IP-Produzenten haben die Zeichen der Zeit nicht erkannt und die Chance verpasst, sich von
der «geschützten Planwirtschaft» zu verabschieden und sich an den rauhen Wind einer «offenen
Marktwirtschaft» zu gewöhnen. Zu lange versuchten sie, sich gegen den Reformprozess zu stemmen. Für den Biologischen Landbau kam begünstigend hinzu, dass sich Bio-Lebensmittel auch
im Ausland verkaufen liessen. Denn Bio-Produkte passten ins Bild des Schweizer Qualitätsimages und erwiesen sich als erfolgreiches Exportprodukt. Heute ist die Schweiz nicht mehr nur
für ihre Bio-Schokoladen bekannt. Die bilateralen Verträge mit der EU stellten sich für den Biologischen Landbau weniger als eine Gefahr, sondern aufgrund der EU-Marktgrösse vielmehr als
Chance heraus.

Zur Verdeutlichung der Bandbreite möglicher Entwicklungslinien sowie der Unsicherheit, mit welcher Prognosen über die Entwicklungsrichtung des Schweizer Lebensmittelmarktes behaftet sind, wird im folgenden ein pessimistisches Szenario beschrieben.
Dieses hat die Öffnung der Schweizer Grenzen zum Inhalt. Das hiermit einsetzende
«Diktat der Ökonomie» verbannt das Thema Ökologie aus dem Wortschatz und dem
Handlungskalkül der Marktakteure.

«Diktat der Ökonomie»: Ein anderes Bild der Zukunft

Nachträglich müssen die Akteure der Schweizer Lebensmittelbranche einräumen, dass es wohl falsch war, sich darauf zu verlassen, dass das EU-Beitrittsgezänk in der Schweiz ewig andauern und die Gesetzesmühlen der EU weiterhin so langsam mahlen würden. Als Nationalrat Christoph Blocher auch noch die letzte Produktionsstätte der EMS-Chemie nach Südamerika verlagert hatte, verloren dessen Parolen an Glaubwürdigkeit und die EU-Gegenwehr an Kraft. Dann ging alles sehr schnell. 2005 trat die Schweiz der EU bei, zur selben Zeit, als die EU-Minister die Bonner-Erklärung (früher «Agenda 2000») ratifizierten. In der Bonner-Erklärung verpflichteten sich die EU-Staaten, künftig auf sämtliche Unterstützungsleistungen im Agrarsektor zu verzichten. Dies kam einer vollständigen Liberalisierung der europäischen Agrarmärkte gleich. Mit dieser Öffnung drangen Lebensmittelgiganten aus dem benachbarten Ausland in den Schweizer Markt ein. Gleichzeitig gelang es der weltweit grössten Handelskette Wal Mart, mit dem Kauf der Denner-kette in der Schweiz Fuss zu fassen.

Vielleicht hätte die Schweizer Regierung dem Druck der im Bauernverband zusammen geschlossenen Landwirte doch standhalten und ab dem Jahr 2000 nicht wieder Konzessionen eingehen sollen. Die Vereinheitlichung der ökologischen Direktzahlungen sicherte den Schweizer IP-Landwirten ein gesichertes und geschütztes Einkommen, obwohl die Preise im angrenzenden Ausland weiter sanken und die Kaufkraftabflüsse für Lebensmittel im Jahr 2005 eine Quote von gegen 25% erreichten. Mit jedem ausländischen Anbieter wurde der Wettbewerb intensiver und mit jedem Neueintritt sank das Preisniveau im Lebensmittelmarkt weiter ab. Heute beträgt der Preis für ein Kilogramm Rindfleisch noch 8 Euro (entspricht etwa einem Drittel des Preises, den man in der Schweiz vor 1990 zu bezahlen hatte).

Unter diesem Preiszerfall wurde auch die für kurze Zeit aufflammende Bio-Bewegung im Keime erstickt. Während sich Coop rechtzeitig in eine kleine europäische Marktnische flüchten konnte (es war rückblickend ein kluger strategischer Entscheid, den Schweizer Markt aufzugeben und in den Grossstädten Paris, Rom, London, Moskau und Berlin an bester Lage einen **«Swiss organic food corner»** zu eröffnen), wurden die anderen Schweizer Detailhändler von der Liberalisierungswelle weggefegt. Zu lange glaubte Denner, auf dem Harddiscount-Markt mit den internationalen Handelsriesen mithalten zu können, zu lange setzte Migros auf emotionale Werte wie Kundentreue, Nostalgie sowie ein ausgewogenes Preis-Leistungs-Verhältnis. Denn die mit der Öffnung der Grenzen verbundene Nivellierung des Lohnniveaus verunsicherte die Schweizer Bevölkerung dermassen, dass sich die Konsumenten nicht mehr für ökologische Inhalte, sondern in erster Linie für den Preis der Lebensmittel zu interessieren begannen. Zudem erwiesen sich die Gentechnologie und die Bestrahlung von Lebensmitteln als gesundheitlich wie auch ökologisch unbedenklich, so dass sich die weiterentwickelten Methoden heute zur Produktion und Verarbeitung von günstigen Massenlebensmitteln mit grossem Erfolg einsetzen lassen. Die Mega-Fusion von Novartis und Nestlé (N.N.AG) zur weltweit grössten Food & Chemicals-Unternehmung hatte diesbezüglich nicht nur eine symbolische Bedeutung, sondern brachte auch die Forschung im Bereich «Bio-Functionals» entscheidend voran.

3.4.5　Überblick

Im folgenden werden die wichtigsten Stichworte zu den einzelnen Lebenszyklusphasen noch einmal tabellarisch festgehalten.

	Produkt	Vertrieb	Nachfrage	Öko-Markt	Rahmen-bedingungen
Einführung (1924-1992)	Grundausstattung Hoher Preis	Direktverkauf Alternativkanal Bio-Ecken	Innovatoren Opinion Leaders	Öko-Nische (0-1%) Ideologie	Fortschritts- und Technikglaube
Frühes Wachstum (1993-1997)	Differenzierung Hohe Preise	Sortiments-integration im Handel	Frühe Mehrheit	Bio-Wettbewerb (1-5%) Trend	Agrarpolitik 2002
Take-off (1998-2005)	Fragmentierung Sinkende Preise	Grossverteiler	Späte Mehrheit	Bio-Markt (5-15%) Differenzierung	Bio-Verordnung
Reife (ab 2005)	Ökologische Lebensmittel oder: konventionelle Substitute und Functional Food	Überall oder: "Swiss-Organic-Food-Corner"	Alle oder: Reiche Europäer	Öko-Markt oder: Nischenmarkt (30% / 1%) Kostenfaktor oder: Prestige	Energie- und Lenkungsabgabe oder: Liberalisierung und Dominanz des Wettbewerbs

Tab. 3: Übersicht Ökologischer Branchenlebenszyklus
(Die Angaben für die Zeit nach 2000 sind spekulativer Natur)

3.5 Öko-Marketing in und jenseits der Öko-Nische

Nach einem Hinweis auf besondere Eigenschaften biologischer Lebensmittel werden in diesem Abschnitt vorherrschende Einstellungen und Verhaltensmuster der Marktakteure sowie deren Folgen für den Ausbreitungsprozess biologischer Lebensmittel kritisch hinterfragt. Diese Analyse hilft, das Öko-Nischen-Marketing zu charakterisieren, in einen Kontext einzuordnen sowie dessen Folgewirkungen («Zementierung der Öko-Nische») zu verstehen. Im Hauptteil dieses Abschnittes soll dann verdeutlicht werden, worin sich der Ansatz eines «Marketing jenseits der Öko-Nische» vom skizzierten Öko-Nischen-Marketing unterscheidet, worauf es bei der Ausgestaltung eines solchen erweiterten Ansatzes zu achten gilt sowie welchen Beitrag ein auf ein jenseits dieser Öko-Nische ausgerichtetes Marketing zur Überwindung dieser Nischengrenzen leisten kann. Damit erfolgt nun eine Verlagerung des Betrachtungswinkels von der Markt-, bzw. Branchen- zur Akteursebene.

3.5.1   Besondere Eigenschaften biologischer Produkte

Grundsätzlich unterscheiden sich Märkte mit ökologischen Produkten in ihrer Struktur nicht von anderen Märkten. Der Markterfolg ökologischer Produkte hängt somit weitgehend davon ab, wie die Konsumenten Kosten und Nutzen im Vergleich zu konventionellen Substitutionsprodukten gewichten. Ein Konsument wird sich dann für ein biologisches Produkt entscheiden, wenn er dessen Nutzen/Kosten-Relation höher einschätzt, als diejenige konventioneller Lebensmittel. Es bieten sich somit zwei Ansatzpunkte zur Erhöhung des Quotienten «Nutzen/Kosten» an: Entweder Steigerung des (wahrgenommenen) Nutzens für die Konsumenten oder Senkung der Kosten.[201] Eine naheliegende Massnahme liegt darin, die Preise biologischer Lebensmittel zu senken. Die tiefere Produktivität des Biologischen Landbaus, Amortisationskosten, Risikoprämien oder kleinere Mengen schränken bei biologischen Produkten jedoch das Preissenkungspotential

---

[201]   Die Kosten für den Konsumenten im Zusammenhang mit dem Kauf eines Produktes setzen sich aus dem Produktpreis und den Transaktionskosten zusammen.

ein.[202] Der Markterfolg biologischer Programme ist somit in erster Linie davon abhängig, inwieweit es den Anbietern gelingt, bestehende **Zusatznutzen** zu vermitteln und bei den Konsumenten zu verankern. Denn biologische Lebensmittel weisen im Vergleich zu zahlreichen anderen ökologischen Produkten den Vorteil auf, dass sie in Form des positiven Beitrags zur **Gesundheit** des Konsumenten einen individuellen Zusatznutzen stiften.[203] Umfragen bestätigen, dass es in erster Linie gesundheitliche und nicht ökologische Motive sind, die den Ausschlag für die Wahl biologischer Lebensmittel geben.[204]

Ein weiterer Knackpunkt für das Marketing liegt darin, dass biologische Lebensmittel mit **Vertrauenseigenschaften** verbunden sind. Weil die Konsumenten den Produkten nicht ansehen, ob sie tatsächlich aus dem Biologischen Landbau stammen, haben sie den Angaben der Anbieter «blind» zu vertrauen. Eine Überprüfung der tatsächlichen Herstellweise ist nur unter Inkaufnahme prohibitiv hoher (Transaktions-) Kosten möglich. Aufgrund dieser **Informationsasymmetrie** zwischen der Produktions-/Angebots- sowie der Konsumentenseite muss mit opportunistischem Verhalten einzelner Marktakteure gerechnet werden. Bereits die Gefahr, auf ein «Pseudo-Bio-Produkt» hereinzufallen, d.h. ein als Bio-Produkt deklariertes konventionell hergestelltes Lebensmittel zu einem höheren Preis zu kaufen, macht die Konsumenten misstrauisch. Aus dieser Gefahr resultieren auf Märkten biologischer Produkte kaufhemmende **Unsicherheits- und Glaubwürdigkeitsprobleme**. Diese Probleme zu überwinden ist ein zentrales Anliegen des Öko-Marketings.[205]

3.5.2   Marketing in der Öko-Nische

Im folgenden wird von der These ausgegangen, dass die Öko-Nische das Resultat einer «sich selbst erfüllenden Prophezeiung» ist.[206] «Eine sich selbst erfüllende Prophezeiung ist eine Annahme oder Voraussage, die rein aus der Tatsache heraus, dass sie gemacht

---

202 Zum preispolitischen Spielraum bei Bio-Produkten vgl. Kap. 3.5.3.

203 Vgl. zum Anreizdilemma Kaas 1992, S. 475 ff.

204 Vgl. bspw. Meier-Ploeger 1996, S. 25.

205 Als wichtigste Gründe für den Nichtkauf von Bio-Lebensmitteln geben «Nichtkäufer» in einer Umfrage in Deutschland neben der schlechten Erhältlichkeit den Mangel an Informationen über die Produkte und deren Herstellung an. Erst an dritter Stelle wird der hohe Preis genannt. Vgl. Jung 1998, S. 114 f.

206 Diese Idee geht auf einen mündlichen Beitrag von Thomas Dyllick 1998 anlässlich einer ÖMAS-Sitzung zurück.

wurde, das angenommene, erwartete oder vorhergesagte Ereignis zur Wirklichkeit werden lässt und so ihre eigene 'Richtigkeit' bestätigt.»[207] Im folgenden wird aufgezeigt, wie Erwartungen und Einschätzungen zum Ausbreitungspotential biologischer Produkte die Wahl der Marketingstrategie von Handelsunternehmen beeinflussen. Die Marketingstrategie wiederum bestimmt die Ausgestaltung des Marketing-Mixes. In Abhängigkeit von der Optik und Vorannahmen der Anbieter («Öko-Nische oder Massenmarkt?») hat das unternehmerische Marketing positive oder negative Auswirkungen auf den Ausbreitungsprozess biologischer Produkte. Via veränderte Wettbewerbsstrukturen wirken die den Instrumenten zugrunde liegenden Strategien und Prophezeiungen über die Entwicklung bestimmter Wettbewerbsparameter schliesslich wieder auf die Marktakteure zurück – in Form von sich selbst erfüllenden Prophezeiungen. Die Annahmen der Marktakteure können folglich konkrete Wirkungen auf den **tatsächlichen** Ausbreitungsprozess der Produkte haben (vgl. Abb. 25).

Abb. 25: Kreislauf einer «sich selbst erfüllenden Prophezeiung» auf dem Öko-Markt

Im folgenden Beispiel wird beschrieben, wie negative Erfahrungen mit der Vermarktung ökologischer Lebensmittel die Wahrnehmung von Akteuren beeinflussen können. Daraus gebildete pessimistische Annahmen zum Ausbreitungspotential biologischer Pro-

---

[207]   Oder: «Häufig ist die Prophezeiung die Hauptursache für das prophezeite Ereignis.» Watzlawick 1981, S. 91.

dukte steuern die Wahl der Marketingstrategie und die Ausgestaltung des Mixes. Das pessimistische Beispiel steht stellvertretend für eine Grundvorstellung, welche sich bis Mitte der 90er Jahre hartnäckig gehalten hat und zuweilen auch heute noch vorherrscht, nämlich die Ansicht, dass mit biologischen Produkten nur ein beschränktes Nischensegment angesprochen werden kann. Wie sich zeigt, werden durch die an diese Vorstellung anschliessenden Handlungen die Bedingungen geschaffen, dass die «Öko-Nische» Realität bleibt (was die Akteure wiederum in ihrer Einschätzung der stabilen Öko-Nische bestärkt usw.). Ein Gegenbeispiel im darauf folgenden Abschnitt soll dann aufzeigen, wie die Grenzen der Öko-Nische – von einer optimistischen Bio-Markt-Einschätzung geleitet – überwunden werden können.

Beispiel 1: wie eine pessimistische (Bio-Markt-) Einschätzung Wirkung zeigt

Weiter oben wurde beschrieben, wie Migros 1978 in die ökologische Zeitfalle tappte. Dieses Negativbeispiel, verbunden mit dem Erfolg, der mit dem Aufbau und Vertrieb von Erzeugnissen der Integrierten Produktion erzielt wurde, hat die Einschätzung des Marktpotentials biologischer Lebensmittel bei der Migros beeinflusst. Durch die Mitentwicklung der Richtlinien der Integrierten Produktion, die enge Zusammenarbeit mit den IP-Landwirten, die Investitionen in die IP-Forschung, die Einrichtung von Labors oder das politische Engagement zugunsten der Integrierten Produktion hat Migros Strukturen mitgeschaffen, die für das M-Sano-Programm wohl fördernd, für den Aufbau und die Durchsetzung eines Bio-Programms (intern wie extern) jedoch hinderlich sind. Auf diesen Aktivitäten und der sich daraus entwickelnden «M-Sano-Kultur» fusst auch die Prognose von Migros, dass Bio-Lebensmittel die Öko-Nische nicht verlassen und den Öko-Massenmarkt auch langfristig IP-Produkten überlassen werden.[208] Die Einführung des M-Bio-Programmes ist unter der Zielsetzung, ein Vollsortiment anzubieten – begleitet vom «unteren Flankenschutz» M-Budget – lediglich als «oberes Flankenprogramm» für M-Sano zu verstehen. Migros Erwartungen darüber, wohin sich der Schweizer Lebensmittelmarkt entwickeln wird, hat für die Ausbreitung biologischer Produkte konkrete und symbolische Wirkungen:

---

[208] Vgl. stellvertretend Loeb im Brückenbauer 1997, S. 35.

-   Durch die verfolgte Doppelstrategie (Führen der beiden Öko-Programme M-Sano und M-Bio) entsteht bei den Konsumenten Verwirrung. Eine explorative Untersuchung zeigt auf, dass selbst das Migros-Personal nicht fähig ist, die Unterschiede zwischen M-Sano und M-Bio darzulegen.[209] Durch diese Doppelstrategie wird ein Teil der Konsumentenaufmerksamkeit vom M-Bio-Programm weggelenkt (hin zu M-Sano), indem Konsumenten in der Absicht Bio-Produkte zu erstehen, M-Sano-Artikel kaufen. Dies wirkt sich auf die Ausbreitung biologischer Lebensmittel negativ aus (Verhinderung eines «Bio-Pulls»).

-   Aufgrund des hohen Einflusses der Handelsstufe im allgemeinen und Migros im besonderen warten die vorgelagerten Glieder in der Lebensmittelkette bei Veränderungen im Umfeld auf Zeichen der Grossverteiler, bevor sie ihr Verhalten anpassen (bspw. Umstellung auf den Biologischen Landbau). Keine oder negative Signale des Branchenleaders Migros verhindern (auch bei positiven politischen Anreizen, wie bspw. der Bio-Verordnung) das Entstehen eines «Bio-Pushs» seitens der Produktionsseite.

Migros Einschätzung, dass Bio-Lebensmittel nicht über einen Nischenstatus hinaus kommen werden, hat somit konkrete Auswirkungen auf die Ausbreitung biologischer Lebensmittel. Mit der hohen strategischen Bedeutung, welche Migros den IP-Produkten beimisst, wird zum einen die Erschliessung eines grösseren Nachfragesegmentes für Bio-Produkte verhindert (kein «Bio-Pull»). Zum anderen sendet dies negative Signale in Richtung Produktionsseite (kein marktlicher «Bio-Push»). Zudem kann die Macht von Migros den politischen Prozess bremsen sowie die öffentliche Meinungsbildung beeinflussen (kein politisch-öffentlicher «Bio-Push»). Migros pessimistische Einschätzung bzgl. der Ausbreitung biologischer Lebensmittel zieht somit in der gesamten Lebensmittelkette Erwartungen, Einstellungen und Handlungen nach sich, welche die Voraussetzungen für das erwartete Ereignis «Bio-Nische» schaffen. Aufgrund dieser pessimistischen Annahme wird für das Bio-Programm eine Nischenstrategie definiert. Wie sieht nun ein solcher typischer **«Nischen-Marketing-Mix»** aus?

---

[209]   Vgl. Belz 1997, S. 20.

Produktpolitik in der Nische

Im Zentrum eines glaubwürdigen Öko-Marketings steht das Produkt. Das erhältliche Angebot bestand bei den Bio-Programmen lange Zeit aus den wenigen erhältlichen Obst- und Gemüsesorten. Diese Bio-Produkte wurden i.d.R. unverpackt und unverarbeitet, d.h. frisch angeboten. Mängel in der Anmutungsqualität waren die Folgen eines tiefen Forschungsstandes im Biologischen Landbau sowie des Verzichts auf chemische Hilfsmittel. Die «braunen Flecken auf der Apfelhaut» symbolisierten die Anbauweise (und somit die Nutzenkomponenten Ökologie und Gesundheit) glaubwürdig. Insofern bestand das Produktemarketing in der **Naturbelassenheit** der Bio-Produkte. Das Dilemma bei der **Produktpolitik** eröffnet sich darin, dass mit Naturnähe wohl Eigenschaften wie Schlichtheit, dezente Farben, wenig Verpackung u.ä. assoziiert werden, so gestaltete Produkte jedoch mit verkaufsunterstützenden Faktoren wie Farbe, Design, Ästhetik oder Animation negativ korrelieren. Das Angebot frischer, naturbelassener Produkte gewährleistete somit die für die kritischen Öko-Käufer wichtige Glaubwürdigkeit der biologischen Anbauweise. Durch das schmale, unverpackte Angebot frischer Produkte wurden in der Nische jedoch wichtige Kaufkriterien trägerer Konsumentensegmente wie Design, Informationsbedarf auf der Verpackung, Ästhetik der Produkte, zuverlässige Erhältlichkeit, Lagerungsmöglichkeiten oder Vorverarbeitungsgrad (Convenience, Bequemlichkeit) nicht berücksichtigt, was zur Folge hatte, dass diese breiteren Käuferschichten vom Konsum biologischer Lebensmittel ferngehalten wurden.

Preispolitik in der Nische

Aufgrund einer tieferen Produktivität, kleiner Losgrössen, mangelnden Lernkurveneffekten usf. liegen die Herstellkosten biologischer Produkte noch deutlich über denjenigen konventioneller Lebensmittel, was das preisstrategische Handlungsfeld der Anbieter einschränkt. Zu den höheren Preisen kommen für den Konsumenten biologischer Lebensmittel aufgrund des lange Zeit tiefen Distributionsgrades hohe Transaktionskosten (in Form von Such- und Informationskosten) hinzu. Weiter preissteigernd wirkt die in der Nische vorherrschende Skimmingpreisstrategie, mit welcher die geringe Preissensibilität, resp. die hohe Zahlungsbereitschaft der umweltaktiven und gesundheitsbewussten

Konsumentenschichten abgeschöpft wird («Bio-Rente»).

Unter Beachtung von Glaubwürdigkeitsaspekten ist eine Preissenkung biologischer Produkte auf das Preisniveau konventioneller Lebensmittel nicht anzustreben. Denn eine gewisse Preisdifferenz signalisiert den Zusatznutzen sowie die höhere Qualität biologischer Lebensmittel und verhilft den Anbietern, den Markt in verschiedene Qualitätssegmente aufzuteilen und für die Bio-Programme eine Differenzierungsstrategie umzusetzen. Allerdings ist zu vermuten, dass Preisdifferenzen von bis zu 200% über der Schwelle liegen, welche einen höheren Ausbreitungsgrad biologischer Produkte fördern würde.[210]

Kommunikationspolitik in der Nische

Aufgrund der knappen Marketingbudges sowie aus ideologischen Gründen (Davids) oder aber schlicht mangels Interesse (Migros) wurden die Bio-Programme lange Zeit kaum beworben. Die beste und beinahe einzige Werbung für biologische Produkte entstand als Folge der zahlreichen Medienberichte über Lebensmittelskandale seit den 70er Jahren.[211] Ansonsten waren die Bio-Anbieter auf direkte Kundenbeziehungen sowie Mund-zu-Mund-Propaganda in der «Öko-», bzw. «Bio-Szene» angewiesen. Analog zur Produktpolitik kann von einer passiven Kommunikationspolitik in der Öko-Nische gesprochen werden («Non-Marketing»).

Distributionspolitik in der Nische

Der Handel beschafft (Beschaffungsmarketing) und vertreibt Produkte (Absatzmarketing). Somit kann die Distributionspolitik aus Sicht des Handels in eine Beschaffungs- sowie eine Absatzpolitik unterteilt werden.[212]

Beschaffungspolitik: Das Angebot eines Bio-Programmes verlangt die Bewirtschaftung getrennter Verteillogistiken, da biologische von konventionellen Produkten getrennt ge-

---

[210] Diese «optimale Bio-Aufpreisschwelle» dürfte vielmehr im Bereich von 10-30% liegen.

[211] Vgl. hierzu Kap. 3.4.1.

[212] Redistributionskanälen kommt bei Lebensmitteln eine geringe Bedeutung zu.

liefert werden müssen. Dies ist bei einer zunehmenden Zentralisierung auf der Verarbeitungsstufe gleichbedeutend mit einem steigenden Transportvolumen. Hieraus resultieren absurde Situationen. So wird bspw. Engadiner Milch frühmorgens nach Zürich gefahren, zu Joghurt verarbeitet und als solches am Abend wieder zurück ins Engadin transportiert. Oder unter Einhaltung der Richtlinien von Bio Suisse produzierte Bio-Milch muss in den Milchtank konventioneller Milch geschüttet werden, da die getrennte Behandlung und Vermarktung als Bio-Milch aufgrund der zu geringen Mengen ökonomisch nicht tragfähig ist. Begrenzend wirkt zudem, dass es den Landwirten im Berggebiet leichter fällt, auf Bio-Landbau umzustellen. Diese Höfe, welche Ende der 90er Jahre noch einen Grossteil des Bio-Bestandes ausmachen, sind in der Regel kleiner, schwerer zu erschliessen und unterliegen klimatischen wie topographischen Restriktionen, was die biologische Produktbreite einschränkt.

Absatzpolitik: Lange Zeit wurden Bio-Produkte nur dezentral, d.h. direkt ab Bauernhof vertrieben. Wer Bio-Produkte kaufen wollte, hatte somit längere Fahrtwege in Kauf zu nehmen, was wiederum mit Transaktionskosten und ökologischen Belastungen verbunden war. Ende der 90er Jahre gewinnt der **Direktverkauf ab Bauernhof** wieder an Bedeutung. Dies hängt damit zusammen, dass sich die verunsicherten Lebensmittelkonsumenten von der Anbauweise und der Tierhaltung selber ein Bild machen wollen. Zudem entspricht der Direktverkauf ab Bauernhof dem Trend des Erlebniseinkaufs, bei welchem zudem frischere Produkte erstanden werden können.

Als Folge des steigenden Gesundheits- und Umweltbewusstsein wurden in den 70er und 80er Jahren in verschiedenen Schweizer Städten **Bio- und Reformläden** eröffnet. Dadurch wurde wohl eine gewisse Kundennähe angestrebt. Aufgrund der hohen Mietpreise in den Stadtzentren mussten diese Läden jedoch oft an schlecht frequentierten Orten eröffnet werden. Auf diese Weise fristeten zahlreiche Bio-Läden weiterhin ein «Nischen-Dasein».

Im **Grossverteiler** wurden Bio-Produkte bis in die 80er Jahre hinein mit konventionellen und IP-Produkten vermischt vertrieben. Auch hier kann nicht von einem aktiven Marketing zugunsten biologischer Lebensmittel gesprochen werden (keine Differenzierungsstrategie).

Als erste wirkliche Marketingmassnahme im Bereich der Distributionspolitik ist das Einrichten von **Bio-Ecken** in den Grossverteilern zu bezeichnen (Anfang der 80er Jahre). Ein **Distributionsdilemma** eröffnet sich für die Handelsunternehmen in der Frage, ob die interessierten Konsumenten mit Bio-Ecken differenziert angesprochen oder die Bio-Produkte in die **Regale integriert** werden sollten. Für das Bio-Ecken-Konzept spricht die Möglichkeit einer segmentspezifischen Ansprache sowie die Möglichkeit, die wenigen erhältlichen Bio-Produkte konzentriert und übersichtlich darzustellen. Gegen Bio-Ecken spricht, dass der Massenkunde sich im Grossverteiler nicht in der Öko-Nische exponieren wollte, was mit dem lange Zeit negativ geladenen Image der Öko-Käufer zusammenhing.

Die beschriebenen Umstände weisen auf die lange Zeit schlechte Erhältlichkeit von Bio-Produkten hin, welche auf den Ausbreitungsprozess biologischer Produkte behindernd wirkte. Aus ökologischer Sicht ist heute fraglich, ob die distributionspolitisch-bedingte Steigerung des Transportaufkommens (Beschaffung wie Einkauf) die ökologischen Entlastungseffekte einer biologischen Anbauweise nicht aufheben oder gar überkompensieren («ökologische Problemverschiebung»).[213]

Fazit: Zementierung der Nische

Das lange Zeit praktizierte (Non-) Marketing in der Öko-Nische zementiert diese Nische. Die schlechte Erhältlichkeit (Distributionspolitik), die hohen Preise (Preispolitik), das schmale Sortiment (Sortimentspolitik), die bescheidene Anmutungsqualität (Produktpolitik) sowie der Verzicht auf Werbung (Kommunikationspolitik) erhöht auf der einen Seite die Glaubwürdigkeit der biologischen Produkteigenschaften. Auf der anderen Seite wird der Marketing-Mix damit ausschliesslich auf die (vermuteten) Eigenschaften des Öko-Nischen-Käufers ausgerichtet («Kundenstamm-Marketing»). Die Bedürfnisse breiterer Konsumentenschichten, welche für die angestrebte Diffusion biologischer Lebensmittel massgebend sind, werden jedoch ausgeschlossen. Um die Öko-Nische in Richtung eines ökologischen Massenmarktes zu sprengen, wird somit eine Anpassung des unternehmerischen Marketings unablässig.

---

[213] Vgl. zur ökologischen Beurteilung des Bedürfnisfeldes Ernährung Jungbluth 1998. Zum Postulat des Verbotes der Problemverschiebung vgl. Minsch et al. 1996, S. 33 f.

3.5.3   Marketing jenseits der Öko-Nische

In diesem Abschnitt steht die Frage im Zentrum, wie die sich selbst erfüllende Prophezeiung «Öko-Nische» durchbrochen werden kann. Eine konstruierte Wirklichkeit wird
dann zur tatsächlichen Wirklichkeit, wenn dieser Erfindung geglaubt wird. Sie bleibt jedoch wirkungslos, wenn das Element des Glaubens fehlt. «Die Prophezeiung, von der
wir wissen, dass sie nur eine Prophezeiung ist, kann sich nicht mehr selbst erfüllen».[214]
Auf den vorliegenden Kontext übertragen bedeutet dies, dass wenn die Marktakteure in
ihrer Annahme von der «stabilen Öko-Nische» entweder durch Aufklärungsarbeit vom
Gegenteil überzeugt oder von der Realität «überholt» werden, dies zu Einstellungs- und
Verhaltensänderungen und letztlich zum Ausbruch aus dem Teufelskreis führen wird.
Diese Zusammenhänge werden anhand des folgenden Beispiels illustriert.

Beispiel 2: Wie eine optimistische Bio-Markteinschätzung Wirkung zeigt

Dieselbe Rolle, welche Migros seit den 70er Jahren bei der Integrierten Produktion ein-
nimmt, übernimmt Coop in den 90er Jahren beim Biologischen Landbau. Im Stile eines
strukturpolitischen Akteurs treibt Coop den «Biologisierungsprozess» in der Schweizer
Lebensmittelbranche voran.[215] Der Erfolg zeigt sich nicht nur in den erzielten Umsätzen,
sondern auch im gesteigerten Image- und Bekanntheitsgrad.

Als der Schweizerische Bundesrat 1992 die agrarpolitische Kehrtwende in Richtung
«mehr Markt» und «mehr Ökologie» ankündigte, wusste Coop die Zeichen der Zeit zu
deuten. «Mehr Markt» bedeutet, dass infolge der Liberalisierungstendenzen insbesondere im Tiefpreissegment mit ausländischer Konkurrenz zu rechnen sein wird. «Mehr
Ökologie» weist daraufhin, dass der Bund die Öko-Programme verstärkt fördern will.
Dies veranlasste Coop, die Strategie «Ausbruch aus der Bio-Nische» zu wagen. Und da
das IP-Segment bereits von Migros besetzt war, lautete die Lösung «Konzentration auf
das Bio-Segment», auch wenn in der Schweiz Anfang der 90er Jahre kaum jemand von
Bio-Produkten sprach.

---

[214]   Watzlawick 1981, S. 108.
[215]   Zum Unternehmen als strukturpolitischer Akteur vgl. Schneidewind 1998.

Die nähere Betrachtung des Ausbreitungsprozesses biologischer Lebensmittel lässt die Interpretation zu, dass es eine sich selbst erfüllende Prophezeiung von Coop zu werden scheint, welche sich hier abzeichnet – doch dieses Mal in Form eines **«Engelskreises»**. Die Coop-Leitung gab 1993 bekannt, dass mit dem Coop Naturaplan die Einführung eines breiten Angebotes in konsumstarken Märkten geplant ist.[216] Nicht die Öko-Nische, sondern der **«Massenmarktkunde»** sollte mit dem Coop Naturaplan-Programm anvisiert werden. Coop begann daraufhin, die Mitarbeiter für die Öko-Programme zu motivieren und zu schulen, Lobbying zugunsten des Biologischen Landbaus zu betreiben, die Kooperation mit Bio Suisse aufzubauen, ein aktives Beschaffungsmarketing einzuleiten, die Öffentlichkeit regelmässig in der hauseigenen Massenzeitschrift «Coop Zeitung» zu informieren und über gesundheitliche und ökologische Zusammenhänge aufzuklären, das Bio-Programm in grossem Stil zu bewerben, die biologische Forschungsarbeit zu unterstützen usw. Damit wurde aktiv dazu beigetragen, dass Bio-Produkte ihr Nischenimage schrittweise ablegen konnten (Signalwirkung, Akzeptanzbildung), dass Landwirte von der Produktion biologischer Lebensmittel überzeugt wurden (Abnahmegarantien, Beschaffungsmarketing), die Nachfrage erzeugt (Signalwirkung, Erhältlichkeit) sowie die politischen Rahmenbedingungen weiterentwickelt werden konnten (Strukturpolitik). Mit all diesen Massnahmen konnten die Voraussetzungen geschaffen werden, dass sich Bio-Lebensmittel allmählich in Richtung Massenmarkt auszubreiten begannen. Dank den erzielten Mengen- sowie Erfahrungskurveneffekten entlang der gesamten Lebensmittelkette, der erzeugten Angebotsausweitung, einer Intensivierung des Bio-Wettbewerbs auf der Handelsstufe oder auch hoher ökologischer Direktzahlungen werden die Preise von Bio-Produkten bei einer steigenden Produktqualität (Forschungsfortschritte) fallen, die Nachfrage dadurch weiter steigen, das Angebot sich wiederum ausweiten, die Preise sinken usw. Es kann vermutet werden, dass bei der Ausbreitung biologischer Lebensmittel der **Mechanismus der positiven Rückkopplung** zu spielen beginnt und die Entwicklung der Bio-Produkte von der Öko-Nische in Richtung ökologischer Massenmarkt vorantreibt (vgl. Abb. 26).

---

[216]   Vgl. Widmer 1993, S. 2.

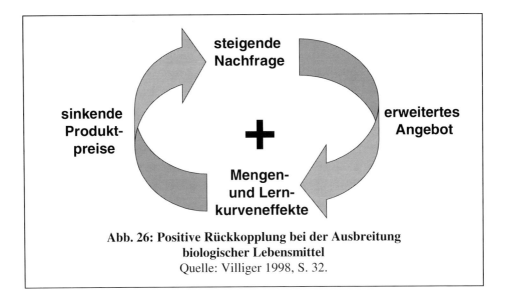

**Abb. 26: Positive Rückkopplung bei der Ausbreitung
biologischer Lebensmittel**
Quelle: Villiger 1998, S. 32.

Auch in diesem Beispiel zeichnet sich somit eine Sich-Selbsterfüllung einer Prophezeiung ab. Coop entwickelt die Vision eines ökologischen Massenmarktes mit Bio-Produkten, wird daraufhin aktiv, nimmt Einfluss auf die Entwicklung der Rahmenbedingungen, betreibt aktives Marketing sowohl auf der Beschaffungs- wie auch auf der Absatzseite usw. Damit wird die ökonomische Spriale in Gang gesetzt, welche Bio-Produkte aus der Öko-Nische heraus führt. Und auch wenn heute im Zusammenhang mit ökologischen Produkten noch nicht von einem Massenmarkt gesprochen werden kann, so klingen Prognosen von einem Bio-Marktanteil von 20% nicht mehr so vermessen wie noch vor wenigen Jahren.

Welche Implikationen haben die unterschiedlichen Einschätzungen des langfristigen Bio-Marktanteils für die Ausgestaltung des Öko-Marketings? In Anlehnung an die in Kap. 3.4 entwickelte Interdependenz der Angebots- und Nachfrageseite wird letztere nun vermehrt in die Betrachtungen mit einbezogen. Denn mit der Entwicklung vom Nischen- zum Massenmarkt verändert sich auch der Charakter des Wettbewerbs von einem **Anbieter**- (welche Produkte sind erhältlich?) zu einem **Nachfragermarkt** (wie können breitere Konsumentenschichten erreicht werden?).

Bei der Verlagerung des Fokus vom Nischen- zum Massenmarketing-Mix gilt es zu beachten,

1. dass ein Übergang vom Nischen- zum Massenmarkt in hohem Masse vom Hinzugewinnen weiterer, weniger umweltbewusster Konsumentenschichten abhängig ist. Hierfür wird eine Anpassung des Marketing-Mix notwendig («vom Öko-Nischen- zum Mega-Marketing»). Die Kunst liegt darin, neue Kundensegmente zu gewinnen, ohne die bereits aktivierten zu verlieren.

2. dass von den Unternehmen eine ökologische **Marktentwicklungsstrategie** verlangt wird. Dabei ist zu berücksichtigen, dass im Bereich der Ökologie neben der Betrachtung des direkten Marktumfeldes (Beschaffungs- und Absatzmarketing) die Orientierung an den externen Lenkungssystemen Politik und Öffentlichkeit notwendig wird. Diesem Umstand wird Rechnung getragen, indem im folgenden das betrachtete Marketinginstrumentarium («von 4 auf 6 P's») erweitert wird.

Produktpolitik jenseits der Nische

Biologische Produkte weisen in Form von internalisierbaren Nutzenkomponenten Vorzüge auf (positive Effekte für die Gesundheit des Konsumenten, besserer Geschmack). Eine Qualitätsdifferenzierung mit biologischen Produkten ist somit grundsätzlich möglich. Die Probleme beim Angebot biologischer Produkte liegen für den Handel vielmehr bei der **Erhältlichkeit** der Produkte in ausreichender Quantität (Beschaffungsmarketing) sowie Qualität (Ästhetik oder Anmutungsqualität; oder: «Hässlichkeit verkauft sich schlecht»).[217]

Der Verzicht auf chemisch-synthetische Pflanzenschutzmittel und Dünger beim Biologischen Landbau hat eine hohe Witterungs-, Schädlings- und Krankheitsanfälligkeit der Produkte zur Folge, was wiederum die **Sortimentsbreite** beim Bioobst- und -Gemüse begrenzt. Damit besteht auch Ende der 90er Jahre noch eine hohe Abhängigkeit der nachfolgenden Stufen vom Entwicklungsstand des Biologischen Landbaus. Kontinuierliche Forschungsfortschritte sowie eine weiter steigende Ausbreitung des Biologischen Landbaus in der Schweiz helfen, qualitative wie auch quantitative Engpässe in der Angebotsstruktur schrittweise zu überwinden. Zudem erlauben es Forschungsfortschritte,

---

[217] Bänsch 1990, S. 373.

auch weniger resistente Obst- und Gemüsesorten zu produzieren, was wiederum eine Steigerung der Produktvielfalt garantiert. Damit steigt zum einen der Differenzierungsgrad im Bio-Sortiment[218], zum anderen kann wichtigen Anforderungen des Massenmarktkunden wie Convenience, Verpackung (Informationsbedarf), Design, zuverlässige Erhältlichkeit, Ästhetik usw. entsprochen werden.[219]

Coop bspw. nimmt sämtliche Bio-Produkte, die von den Schweizer Bio-Landwirten saisongerecht und in ausreichender Qualität produziert werden, in sein Sortiment auf. Die schweizerische Herkunft geniesst gegenüber ausländischen Bio-Produkten Priorität, wobei jedoch bspw. auch ausländische Bio-Orangen angeboten werden. Dies wird mit dem Ziel begründet, ein möglichst grosses (Voll-) Sortiment anbieten zu können. Auf Flugware wird gänzlich verzichtet.

Die Bedeutung der Sortenvielfalt im Grossverteiler

Wichtige Umsatzträger im Bio-Sortiment sind Bio-Karotten, Bio-Tomaten, Bio-Kartoffeln sowie Bio-Salat. Interessant ist jedoch, dass Bio-Karotten, die doppelt so teuer sind wie konventionelle Karotten, bei Coop 1997 bereits einen Sortimentsanteil von 14% erreichten, während bspw. Bio-Kartoffeln, deren relativer Mehrpreis tiefer liegt, bloss 5% zum Kartoffelumsatz beitrugen. Zu erklären ist dies möglicherweise damit, dass Bio-Karotten süsser und besser schmecken als konventionelle oder IP-Karotten. Ein weiterer Erklärungsansatz bietet die Sortenzahl: Da die Kartoffelecke in zahlreiche Sorten und verschiedene Klassen, Grössen usw. unterteilt ist, wird ein zusätzlicher «Bio-Kartoffelsack» von den Konsumenten nicht in demselben Masse wahrgenommen wie Bio-Karotten, von denen es nur wenige Sorten gibt («Karotten sind Karotten»). Hier zeigt sich zum einen, dass die Übersichtlichkeit und Warenpräsentation einen entscheidenden Einfluss auf den Absatzerfolg auf die Programme ausübt und zum anderen, dass Konsumenten bei qualitativen Differenzen bereit sind, einen deutlichen Mehrpreis zu bezahlen.

---

[218] Ende der 90er Jahren zeichnet sich eine von der Anbauweise her vorgegebene Qualitätsdifferenzierung innerhalb der Produktkategorien ab. So unterscheidet sich das Bio-Programm (Topaz, Florina, Resi, Rewena, Retina) vom IP-Programm (Golden Delicious, Idared, Maigold, Jonagold, Gala, Boskoop, Grafensteiner, Glockenapfel und Elstar) aufgrund der mangelnden Resistenz von Bio-Obst noch beträchtlich. Möglicherweise vermischen sich diese Sorten mit den Forschungsfortschritten zunehmend, so dass neben einer Integration in die Grossverteilerregale mit der Zeit auch eine **Integration biologischer Erzeugnisse in die herkömmlichen Produktkategorien** zu erwarten ist.

[219] 1999 umfasst das Coop Naturaplan-Programm bereits über 300 Produkte. Vgl. Coop 1999, S. 8.

Preispolitik jenseits der Nische

Bei der Preispolitik wird von der These ausgegangen, dass weniger umweltbewusste Konsumenten eine höhere Preissensibilität aufweisen als umweltbewusste. Dies ist diffusionstheoretisch begründbar. Aufgrund hoher Umstellungskosten sowie kleiner Mengen sind die Preise zu Beginn des Lebenszyklus hoch. Zudem sind die Produkte schlecht erhältlich, wodurch deren Erwerb mit hohen Transaktionskosten verbunden ist. Somit werden zu Beginn des Zyklusses nur diejenigen Konsumenten das Produkt nachfragen, die dem Gesundheits- und Umweltzusatznutzen einen hohen Wert (oder ein hohes «Involvement») zuweisen. Bei Kenntnis dieser Zusmmenhänge erstaunt es nicht, dass mit den Bio-Produkten lange Zeit ausschliesslich die Öko-Nischen-Konsumenten angesprochen werden konnten. Um breitere Konsumentenschichten zu erschliessen, wird zum einen eine Kommunikation notwendig, welche den Zusatznutzen biologischer Produkte glaubwürdig zu vermitteln und zu verankern vermag (Differenzierungsaspekt).[220] Denn wie eine empirische Untersuchung zeigt, wird die monetäre «Opferbereitschaft» zugunsten ökologischer Produkte entscheidend vom Grad der Überzeugung bestimmt, mit welchem die höheren Preise als gerechtfertigt registriert werden.[221] Zum anderen werden **Preissenkungen** unumgänglich (Rationalisierungsaspekt).[222] Mit Hilfe welcher Massnahmen sind bei den biologischen Produkten Preissenkungen zu erzielen?[223] Die Preisfestlegung biologischer Lebensmittel erfolgt unter Berücksichtigung dreier Komponenten:

a) **Kosten:** Um eine massgebende Preisreduktion zu erzielen, ist bei der Kalkulation von hohen Stückzahlen auszugehen, wodurch die Fixkosten auf eine grössere Anzahl Produkte verteilt und infolgedessen die Stückpreise gesenkt werden können

---

[220] Zur Mehrkostenminimierung, -kommunikation und -differenzierung vgl. auch Bänsch/Seydel 1998, S. 245 ff.

[221] Vgl. Bänsch 1990, S. 364 f.

[222] Verschiedene Studien stimmen in dem Punkt überein, dass der höhere Preis für ökologische Produkte ein wesentlicher Nichtkaufgrund ist. Vgl. hierzu bspw. Bänsch 1990, S. 364. In der Schweiz zeigt sich in den 90er Jahren jedoch, dass der Preis gerade im Konsum von Lebensmittelprodukten seine dominante Stellung zunehmend verliert. Vgl. hierzu bspw. Hochreutener 1997, S. 14 oder GfS 1996, S. 4.

[223] Das Ausschöpfen von Preissenkungspotentialen bei biologischen Produkten gewinnt zudem an Bedeutung, weil die Preise konventioneller Lebensmittel als Folge der Liberalisierungstendenzen in den nächsten zehn Jahren deutlich fallen dürften und sich damit die Preisrelation zuungunsten des Bio-Segmentes verschieben könnte.

(Erzielung von «Economies of scales»). Dies kommt einem Wechsel von der Abschöpfungs- zur Penetrationspreisstrategie gleich. Die **Penetrationspreisstrategie** kann von einer Ablösung der **relativen** (bspw. generell 30% Preisaufschlag pro Produkt) durch die **absolute Kalkulationsmethode** (bspw. 2 Sfr./kg Tomate) unterstützt werden. Denn indem ein Handelsunternehmen bei jedem Produkt, unabhängig von der Anbauweise, dieselbe relative Handelsspanne anwendet, verteuert es die von den Produktionskosten her teureren Bio-Produkte zusätzlich künstlich. Dieser Preiseffekt wird am Beispiel eines Kilogramms Glockenäpfel illustriert.

Relative oder absolute Kalkulationsmethode?

Im folgenden illustrativen Rechenbeispiel wird davon ausgegangen, dass den Schweizer Landwirten bei konventionellen Produkten ein Produzentenpreis von Sfr. 1.20 ausbezahlt wird. Durch das Hinzufügen der branchenüblichen Handelsspanne von 70% (= Sfr. 2.55) kommt der Konsumentenpreis für ein **Kilogramm konventionell angebaute Glockenäpfel** auf Sfr. 3.75 zu stehen. Aufgrund der höheren Arbeitsintensität und der geringeren Produktivität im Biologischen Landbau werden dem Bio-Landwirt für ein Kilogramm **Bio-Glockenäpfel** Sfr. 1.60 ausbezahlt (Bio-Prämie = Sfr. 0.40). Unter Anwendung der **relativen Kalkulationsmethode** (70% Handelsmarge = Sfr. 3.40) resultiert für ein Kilogramm Bio-Glockenäpfel ein Konsumentenpreis von Sfr. 5.00. Die Differenz zu konventionellen Produkten beträgt somit Sfr. 1.25 oder 25%. Zusätzliche Aufwendungen (z.B. in der Logistik, in der Administration oder im Marketing) rechtfertigen einen gewissen Mehrwert. Dennoch ist davon auszugehen, dass sich die Handelsunternehmen ökonomisch rational verhalten und die gegebene Angebots-/Nachfragekonstellation ausloten. Mit anderen Worten: Ist bei einem gegebenen Konkurrenzverhältnis eine Bio-Prämie erzielbar, so wird sie wohl auch abgeschöpft (Skimmingpreisstrategie). Setzt sich nun ein Anbieter zum Ziel, die Bio-Marktnische zu verlassen und mit Hilfe hoher Umsätze und Losgrössen einen Preisvorteil zu erlangen, könnte die **absolute Handelsmarge** den angestrebten Skaleneffekt bringen. Im obigen illustrativen Beispiel würde sich der Preisführer an der absoluten Handelsmarge der konventionellen Glockenäpfel von Sfr. 2.55 orientieren und dieselbe bei den biologischen Produkten verrechnen. Beim gegebenen Produzentenpreis von Sfr. 1.60 resultiert auf diese Weise ein Konsumentenpreis von Sfr. 4.15, welcher wohl Sfr. 0.40 über dem Preis konventioneller Produkte, jedoch Sfr. 0.85 unter dem Preis der Konkurrenz auf dem Bio-Markt läge («Penetrationspreisstrategie») (vgl. Abb. 27).

Kalkulationsschritt	konv.	in %	biolog. relativ	in %	biolog. absolut	in %	Differenz zu relativ
Produzentenpreis	1.20	30	1.60	30	1.60	40	0.00
Handelsspanne	2.55	70	3.40	70	2.55	60	-0.85
Konsumentenpreis	3.75	100	5.00	100	4.15	100	-0.85

Abb. 27: Illustratives Rechenbeispiel: Anwendung der relativen und absoluten Kalkulationsmethode bei einem Kilogramm Glockenäpfel (biologisch und konventionell)
Quelle: Villiger 1998, S. 41

b) **angesprochenes Kundensegment**: Die unter a) beschriebene Anwendung der relativen Kalkulationssätze entspricht einer künstlichen Verteuerung der Bio-Produkte. Dies lässt sich mit der höheren Zahlungsbereitschaft umweltaktiver Konsumenten erklären, welche in Form von Produzentenrenten abgeschöpft wird. Eine empirische Untersuchung zeigt, dass selbst die Preise von Bio-Produkten in Abhängigkeit der einzelnen Produktkategorien stark variieren. So betragen die Mehrpreise bei Bio-Milchprodukten 10-20%, bei Bio-Broten 15-30%, bei Bio-Gemüse 40-170%. Diese Differenzen lassen sich teilweise durch variierende Produktionskosten, teilweise aber auch durch die unterschiedliche Preissensibilität der Endverbraucher bei den verschiedenen Produktkategorien erklären.[224]

c) **Wettbewerbssituation**: Aufgrund des frühen Stadiums im Branchenlebenszyklus ist die Wettbewerbsintensität im Bio-Segment noch gering. Coop profiliert sich als Marktführer und setzt die Preise, an welchen sich die Konkurrenz orientiert.[225] Es ist zu erwarten, dass sich die Wettbewerbsintensität bei einer steigenden Anzahl Bio-Programme erhöht und die Preise infolgedessen sinken werden. Dies wird von ökonomischen Prozessen unterstützt, da amortisierte Umstellungskosten, Forschungsfortschritte, Mengen- und Lernkurveneffekte etc. der Preispolitik in zunehmendem Masse Gestaltungsspielräume eröffnen. Eine Möglichkeit zur Ausschöpfung von Preisgestaltungspotentialen besteht bspw. darin, dass ein «**Bio-**

---

[224] Vgl. Rouhani 1998.
[225] Vgl. Rouhani 1998.

Discounter» bei einem voranschreitendem «Bio-Wettbewerb» die Einführungsprei-
se für Bio-Produkte unter Anwendung einer zeitlichen Preisdifferenzierungsstrate-
gie so tief ansetzt, dass er gerade noch seine Selbstkosten deckt. Nach erfolgreicher
Etablierung der Produkte und eingetretener Kaufhabitualisierung seiner Konsumenten bei den Bio-Erzeugnissen erfolgt eine schrittweise Anhebung der Preise, bis
nahe an das Preisniveau seiner Konkurrenten.[226] Ein solches Vorgehen (anfängli-
ches Quersubventionieren ökologischer durch konventionelle Produkte) ist unter
Berücksichtigung der positiven spillover-Effekte von Bio-Programmen (auch auf
die konventionellen Programme) durchaus vertretbar (Image-Transfer).

Kommunikationspolitik jenseits der Nische

Den Kommunikationsmassnahmen kommt bei der Vermarktung biologischer Produkte
u.a. die Aufgabe zu, über deren gesundheitliche und ökologische Vorzüge aufzuklären.
Denn wie Untersuchungen zeigen, steigt die Kaufintensität biologischer Lebensmittel
mit dem Wissen über gesundheitliche und ökologische Folgen der Lebensmittelproduk-
tion. Das Wissen um diese Zusammenhänge bildet somit die (lerntheoretische) Grundlage für eine positive Entscheidung zugunsten biologischer Lebensmittel vor dem Le-
bensmittelregal.[227] Hierbei gilt es auch zu berücksichtigen, dass sich die sensibilisierten
Käufer der Öko-Nische auch in ihrem Informationsverhalten von den trägeren Konsumentenschichten jenseits dieser Nische unterscheiden. Eine zentrale Frage in diesem Zusammenhang ist, ob und wie geworben werden soll. Während in der Öko-Nische aus
ideologischen und finanziellen Gründen für biologische Programme kaum Werbung betrieben wird, ist dies im Zusammenhang mit einer breiteren Kundenerschliessung unerlässlich. Damit sich die Opinion Leaders im Ausbreitungsprozess eine Meinung über ein
neues Produkt bilden können, kommt in einer frühen Phase des Lebenszyklus dem **In-
formationsnutzen** eine wichtige Funktion zu (Textpassagen, Wissensvermittlung). Im

---

[226]   Vgl. Bänsch 1990, S. 368.

[227]   Jung konnte in seiner Studie eine Beziehung zwischen der Kaufintensität biologischer Lebensmittel
         und dem Wissen über ökologische Zusammenhänge nachweisen. Öko-Käufer weisen über einen be-
         deutend höheren Wissensstand über ökologische Zusammenhänge auf als Nichtkäufer biologischer
         Produkte. Dies verweist auf die Bedeutung der Wissensvermittlung um ökologische Zusammenhänge
         sowie bestehende Wissensdefizite bei den Nichtkäufern. Vgl. Jung 1998, S. 121 f.

Verlaufe der voranschreitenden Diffusion ist in der Werbung dem **Animationsnutzen** verstärkt Achtung zu schenken (Unterhaltungswert, Aufmerksamkeit gewinnen).[228] Das von Hüser/Mühlenkamp beschriebene «Dilemma zwischen Information und Animation» bei der Werbegestaltung ökologischer Produkte löst sich somit in einer dynamisch-zeitlicher Betrachtungsweise auf.

Analog zum Produkt durchläuft auch das übermittelte **Produktversprechen einen Lebenszyklus**. Während zu Beginn des Ausbreitungsprozesses die kritischen, umweltaktiven Konsumenten mit informationslastigen Botschaften und neutralen Medienberichten auf ein Bio-Produkt aufmerksam gemacht werden, gilt es im Verlauf des Ausbreitungsprozesses in zunehmendem Masse den **individuellen Nutzenvorteil** von Bio-Produkten (Gesundheitsaspekt) ins Zentrum der Werbebotschaft zu stellen. Mit der steigenden Erfahrung geben Konsumenten zudem vermehrt die Produktqualität und den Geschmack als Kaufsargument für Bio-Lebensmitteln an.[229] In der Wachstumsphase schliesslich sollte die Werbung positive, lebensfreundliche Assoziationen (Sport, gesunde Kinder, Wellness) vermitteln. Bei einer genügend breiten Diffusion biologischer Produkte wird sich die Gewissheit durchsetzen, dass diese Wahl umweltfreundlich und gesund und daher auch intelligent und schliesslich sogar «trendy» ist. Diese Evolution des Produktversprechens (vom negativen, asketischen «Öko-Fundi-Image» zur trendig-individualistischen Gesundheitswelle: «Weil ich's mir wert bin») gilt es kommunikationspolitisch zu begleiten und zu gestalten. Der Einsatz der Werbung wird «jenseits der Öko-Nische» kaum mit einer Unglaubwürdigkeit der Produktanbieter gleichgesetzt werden. Für breitere Konsumentensegmente dürften Werbemassnahmen vielmehr ein Signal für eine hohe Produktqualität darstellen, was wiederum positive spillover-Effekte auf die ökologische Qualität des Gutes hat. Denn «Werbung ist Ausdruck des 'Zeitgeistes' und kann dementsprechend auch ökologische Trends dokumentieren.»[230]

Der Werbung kommt schliesslich die Aufgabe zu, das habitualisierte Kaufverhalten der Konsumenten mit Reizen so zu stören, dass diese bereit sind, ihre Kaufgewohnheiten zu überprüfen. Zudem ist Werbung ein Instrument, welches es ermöglicht, den Konsumen-

---

[228] Zur Werbung für ökologische Produkte sowie damit verbundenen Glaubwürdigkeitsproblemen vgl. Hüser/Mühlenkamp 1992, S. 149 ff. sowie Hüser 1996, S. 172 ff.

[229] Vgl. Jung 1998, S. 100.

[230] Hüser/Mühlenkamp 1992, S. 155.

ten Änderungsmöglichkeiten, d.h. Kaufalternativen aufzuzeigen und bekannt zu machen.[231]

Auslösen kognitiver Dissonanzen als Aufgabe der Kommunikationspolitik?

In der Literatur ist zuweilen der Hinweis zu finden, wonach im Auslösen von kognitiven Dissonanzen beim Konsumenten gegenüber dem Kauf nicht umweltfreundlicher Produkte ein erfolgversprechender Ansatz zu finden sei. Gelingt es demnach, durch Werbung oder begleitende Aufklärungskampagnen den Konsumenten bewusst zu machen, dass sie durch ihre Wahl der Umwelt indirekt Schaden zufügen, entsteht bei diesen ein unangenehmes Schuldgefühl, welches sie beim nächsten Ladenbesuch dazu veranlassen wird, ökologische Produktalternativen zu wählen.[232]

Ende der 90er Jahre kann resümiert werden, dass trotz einem stetig steigenden Bildungsniveau und einem erhöhten Wissen um ökologische Zusammenhänge der Kauf ökologischer Produkte nicht im erwarteten Masse eingetroffen ist. Dies lässt darauf schliessen, dass der Konsument unter kognitiven Dissonanzen nicht massgeblich leidet und gelernt hat, sich in Zuständen von Spannungsverhältnissen zurecht zu finden. Der Schlüssel zur Auflösung des vermeintlichen Rätsels könnte wiederum im hybriden Wesen des Konsumenten liegen. Wie bereits erwähnt, lebt der hybride Konsument in einer Welt des «sowohl als auch», und immer weniger des «entweder oder». Der daraus entstehenden Hilflosigkeit im Bereich der Kundensegmentierung kann begegnet werden, indem verschiedene Nutzaspekte biologischer Produkte hervor gehoben werden. Auf diese Weise steigt die Wahrscheinlichkeit, die eine oder andere Facette des polyvalenten Wesens des hybriden Konsumenten zu aktivieren und diesen zum Kauf biologischer Lebensmittel zu bewegen.

Eine weitere Möglichkeit, die Generalisierungs- und Assoziationsfähigkeit der Konsumenten zu nutzen, besteht in der **Kommunikation verwandter Produkteigenschaften**. So zeigt eine Studie auf, dass das ökologische Einkaufshandeln begünstigt wird, wenn die Konsumenten die Unterstützung von sozialer Gerechtigkeit (bzw. «fair trade») oder die Förderung regionaler Produkte für wichtig halten. Einen ökologischen Lebensmitteleinkauf gilt es somit nicht alleine mit isolierten Umweltschutzargumenten zu fördern, wichtig ist offensichtlich auch die Kommunikation alternativer (verwandter) Nutzenargumente.[233]

---

[231]   Vgl. Bänsch 1990, S. 370.

[232]   Vgl. stellvertretend Bänsch 1990, S. 370. Zu allfälligen Reaktanzeffekten vgl. Bänsch/Seydel 1998, S. 249.

[233]   Vgl. Tanner et al. 1998, S. 61.

Aufgrund der für den einzelnen Konsumenten kaum nachprüfbaren Vertrauenseigenschaft der «biologischen Anbauweise» kommt neben den direkten auch den **indirekten Kommunikationsmassnahmen** eine wichtige Bedeutung zu. Denn mit Werbebotschaften allein können die Vertrauenseigenschaften nicht glaubwürdig vermittelt werden. Flankierende Massnahmen sind so auszugestalten, dass sie nicht nur die biologische Anbauweise glaubwürdig vermitteln, sondern darüber hinaus Anbieter pseudo-biologischer Produkte von einer Nachahmung ausschliessen. Gelingt dies, wird sich die angestrebte Aufteilung des Lebensmittelmarktes in einen Qualitäts- und in einen konventionellen Markt realisieren lassen. In diese Richtung zielt z.B. die Präsentation von Bio-Bauernhöfen via Videolifekamera auf den Internetseiten von Coop.[234] Mit der Möglichkeit, sich von der biologischen Bewirtschaftung jederzeit und persönlich zu überzeugen, wird versucht, beim Konsumenten das Gefühl der Überprüfbarkeit der Botschaft – und damit Glaubwürdigkeit - zu vermitteln.

Ein weiteres Instrument, welches Rückschlüsse auf nicht direkt erfahrbare Produkteigenschaften (bspw. biologische Herstellweise) erlaubt, ist das **Label**.

«Labelsalat» auf dem Schweizer Lebensmittelmarkt

Labels haben die Aufgabe, dem Verbraucher Informationen oder Eigenschaften indirekt zu vermitteln, die er nicht selber feststellen oder überprüfen kann. Damit werden Vertrauens- (biologische Anbauweise) in «Quasi-Sucheigenschaften» (bspw. Knospe) überführt.[235] Je weniger Standards und Labels in einem Marktbereich existieren, desto übersichtlicher wird dieser und desto besser können die Labels ihre Informationsfunktion wahrnehmen.

Auf dem Schweizer Lebensmittelmarkt existiert eine Vielzahl ökologischer Standards, Labels und Handelsmarken. Der Konsument ist dadurch oft nicht in der Lage zu erkennen, welche positiven Effekte er durch den Kauf der jeweiligen Produktkategorie für die eigene Gesundheit und die Umwelt erzielen kann.[236] Zum weiter oben beschriebenen Glaubwürdigkeitsproblem gesellt sich

---

[234] Vgl. Klement 1998, S. 39 f. sowie http://www.naturaplan.coop.ch.

[235] Vgl. Hüser 1993, S. 277.

[236] Wenn auch bei pflanzlichen Produkten inzwischen zahlreichen Konsumenten die Unterschiede zwischen der biologischen Anbauweise und der Integrierten Produktion bewusst sind, fällt es dennoch vielen bereits schwer, die Handelsprogramme M-Bio und M-Sano von Migros auseinanderzuhalten. Nimmt man die verschiedenen Standards bei tierischen Erzeugnissen hinzu (bspw. «Freilandhaltung», «besonders tierfreundliche Stallhaltungssysteme», «Bio-Box», «Bodenhaltung» etc.), wird die Situation für den Konsumenten unübersichtlich und verwirrend.

auf dem Markt biologischer Lebensmittel somit ein **Transparenzproblem**.[237] Bei einer Vielzahl verschiedener Labels, Standards und Handelsprogramme entsteht ein «Labelsalat» und anstelle der beabsichtigten Transparenz weitere Intransparenz. Beim Versuch, diese Intransparenz aufzulösen, d.h. die vom Label transferierten Produkteigenschaften (bspw. Anbauweise) zu verstehen, erwachsen dem Konsumenten zusätzliche Transaktionskosten, zu deren Reduktion Labels ja gerade eingeführt werden. Diese zusätzlichen Transaktionskosten erhöhen die relativen Preise biologischer Lebensmittel zusätzlich.

Es lässt sich festhalten, dass Öko-Labels um so effektiver und glaubwürdiger sind, je weniger Labels Verwirrung stiften, je bekannter und verbreiteter ein Label ist, je renommierter und glaubwürdiger die das Zeichen vergebene Institution (sowie deren Kontrollmechanismus) ist und je anspruchsvoller und transparenter die Anforderungen an die Labelvergabe sind.[238]

Indirekte Kommunikationsmassnahmen bspw. im Bereich des **Öko-Sponsoring** (z.B. Landdienst für Jugendliche mit dem Ziel, das Engagement im Umweltschutz zu signalisieren), ein **Dachmarkenkonzept** (z.B. die ökologischen Kompetenzmarken von Coop), der Aufbau einer **Unternehmensreputation** oder das Führen eines **Dialoges** mit verschiedenen Anspruchsgruppen sind ebenfalls Signale, welche auf das Produktsortiment ausstrahlen (positive spillover-Effekte).[239] So weist bspw. die Mitentwicklung der Öko-Bilanz-Methodik für Verpackungen durch Migros und Coop darauf hin, dass man es ernst meint mit dem Thema Umweltschutz. Weiter erlaubt die Wahl der **Kooperationspartner** Rückschlüsse auf die Verlässlichkeit der Aussagen, da diese ihren Ruf nicht leichtfertig aufs Spiel setzen werden (z.B. Kooperation von Coop mit Bio Suisse). Das Hinzuziehen von **Expertenurteilen** oder **Tests** hilft ebenfalls, beim Konsumenten Unsicherheit abzubauen. Denn durch die Lektüre «neutraler» Bewertungen entsteht beim Konsumenten das subjektive Gefühl der indirekten Nachprüfbarkeit einer Vertrauenseigenschaft.[240]

---

[237] Das Glaubwürdigkeits- und das Transparenzproblem konstituieren das Informationsdilemma nach Kaas. Vgl. Kaas 1992, S. 473 ff. oder Kaas 1994, S. 99 ff.

[238] Aus diesem Anspruchskatalog eröffnet sich den Labelinhabern eine Optimierungsaufgabe. Denn zum einen ist das Anspruchsniveau der Labelvergabe hoch anzusetzen (Glaubwürdigkeits-, Differenzierungsaspekt). Zum anderen behindert ein zu hohes Anspruchsniveau die Ausbreitung des Labels (ökonomische Interessen, Bekanntheitsgrad).

[239] Vgl. bspw. Bänsch/Seydel 1998, S. 252 ff.

[240] Vgl. Hüser 1996, S. 173.

Tappt Coop in die ökologische Glaubwürdigkeitsfalle?

Im Sinne einer hohen Glaubwürdigkeit ist es wichtig, die ökologische Kompetenz des gesamten Unternehmens herauszustreichen. Denn eine glaubwürdige ökologische Kompetenz führt zu positiven spillover-Effekten bzgl. der Produktprogramme. Weist ein Unternehmen in seinem Umweltmanagement jedoch Schwachstellen auf, können diese in Form von negativen Imagetransfers umgekehrt die Glaubwürdigkeit von Produktprogrammen in Mitleidenschaft ziehen und allfällige Werbebemühungen für biologische Produkte zunichte machen.

Nach einem erfolgreichen Start mit dem Coop Naturaplan wird Ende der 90er Jahre Coops grundsätzliches Öko-Engagement in Frage gestellt. Denn nach der Auflösung der internen Umweltinstitutionen (Arbeitsgruppe sowie Stabsstelle Umweltschutz) wird Coop vorgeworfen, sich auf eine ausschliesslich markt- und PR-bezogene Öko-Produktstrategie zu konzentrieren.[241] Für diese Negativinterpretation spricht zudem der Austritt von Coop aus der öbu, der Schweizerischen Vereinigung für ökologische bewusste Unternehmensführung, in welcher Coop seit deren Gründung vor zehn Jahren eine aktive Rolle gespielt hat.[242] Aus dieser Perspektive kann konstatiert werden, dass sich Coop über informationsökonomische Erkenntnisse hinweg setzt, welche besagen, dass nur wenn die Reputation des Öko-Marketing-betreibenden Unternehmens intakt ist, den angebotenen Öko-Produkten und den kommunizierten Vertrauenseigenschaften dieser ökologischen Produkte langfristig die notwendige Glaubwürdigkeit zuteil werden kann. Coop läuft mit der erwähnten Ausdünnung der Umweltaktivitäten und -struktur somit Gefahr, in eine **ökologische Glaubwürdigkeitsfalle** zu tappen. Denn der Aufbau von Reputation und Image ist ein kostenintensiver Prozess, der Jahre dauert, durch negative Berichterstattungen jedoch sehr schnell wieder zerstört werden kann.[243]

Gegen diese «Erosionsthese» im Umweltschutzbereich spricht, dass Coop schon früh die Absicht kundgetan hat, eine systematische Integration ökologischer Anliegen in die Leistungsprozesse anzustreben. Diese Überführung ökologischer Aspekte in die Linie lässt eine Redimensionierung der Umwelt-Organisationsstruktur plausibel erscheinen. Gelingt es Coop, diese Verantwortungsdelegation als strategische Neuausrichtung von einer «anfänglich dominierenden Betriebsökologie» zu einer nun «stärker in den Vordergrund tretenden Produktökologie» darzulegen,[244] besteht gar die Möglichkeit, dass dies von der Öffentlichkeit als progressive und glaubwürdige Massnahme im Bereich Umweltschutz honoriert wird. Es liegt somit an der Kommunikationspolitik von Coop, die latente ökologische Glaubwürdigkeitsfalle zu umgehen und die Redimensionierung

---

[241] Vgl. Müller 1999, S. 5.

[242] Vgl. Dyllick 1999, S. 8.

[243] Vgl. Dyllick/Belz/Schneidewind 1997, S. 152.

[244] Vgl. hierzu Dyllick 1999, S. 8 f.

des Umweltschutzbereiches im öffentlichen Bewusstsein als Bestandteil eines integrativen Managementsystems zu verankern.

Neben der Ausgestaltung der Werbung sowie der Öffentlichkeitsarbeit wirken Massnahmen am Point of Sale zur Erreichung von Konsumentenschichten jenseits der Nische absatzfördernd («Sales Promotion» oder Verkaufsförderung). Defizite im Bereich der **Verkäuferschulung** mindern die ökologische Glaubwürdigkeit und sind mit einem hohen Qualitätsanspruch negativ korreliert.[245] **Degustationsaktionen** hingegen ermöglichen es, die Kunden von einem besseren Geschmack biologisch angebauter Lebensmittel zu überzeugen und eignen sich weiter, dem interessierten Konsumenten gezielte **Hintergrundinformationen** zu den ökologischen Vorteilen und gesundheitlichen Vorzügen der Bio-Produkte zu liefern; «der Point of Sale kann sich damit zu einem Point of Information wandeln.»[246] **Bio-Menü-Vorschläge** und das Angebot hierauf abgestimmter **«Bio-Pakete»** bieten dem Konsumenten schliesslich die Möglichkeit, sich von der Qualität biologischer Produkte zu überzeugen.

Distributionspolitik jenseits der Nische

Die Ausbreitung biologischer Produkte auf der Handelsstufe lässt sich anhand dreier Entwicklungsschritte nachzeichnen. Schritt 1 entspricht der Aufnahme biologischer Produkte in den Grossverteiler. Schritt 2 kann mit der Integration in die Sortimentsregale der Grossverteiler beschrieben werden («raus aus der Bio-Ecke»). Schritt 3 entspricht einer Vision. Die Zukunftsmusik für Bio-Produkte liegt – ein anhaltendes Wachstum vorausgesetzt – in der Eröffnung eigener Öko- oder Bio-Supermärkte. Erste Beispiele hierfür sind etwa der «logische Supermarkt» in Bern, die «Oekomotive» in Luzern oder «Alnatura» in Deutschland.[247] Möglicherweise ist die Integration biologischer Produkt-

---

[245] Eine explorative Studie zeigte den Handlungsbedarf im Bereich Verkaufspersonalschulung bei Schweizer Anbietern auf. Vgl. Belz 1997.

[246] Klement 1998, S. 43. Zur gezielten Versorgung mit Informationen (Direktmarketing) liessen sich ebenfalls neue Technologien wie das Scanner-Terminal an den Kassen nutzen. Klement schlägt in diesem Zusammenhang ein «Öko-Scanner-Terminal» vor, welcher dem Kunden auf Basis des Produktestrichcodes ausführliche Hintergrundinformationen liefert. Vgl. Klement 1998, S. 43.

[247] Vgl. http://www.alnatura.de oder auch http://www.oneworld.de/ecoshop/nahrung.htm.

programme in die Sortimentsregale der Grossverteiler als entscheidender Schritt aus der
Bio-Nische zu betrachten. Dies aus folgenden Gründen:

- Mit diesem Integrationsschritt steigert sich die **Erhältlichkeit** der Bio-Produkte um
  ein Vielfaches.
- Für weniger umweltbewusste Konsumentenschichten spielt die **Bequemlichkeit**
  beim Einkauf eine grosse Rolle. Daher kauft dieses Segment vorwiegend in **Grossverteilern** ein, welche ein ubiquitäres Angebot führen.
- Die Umsätze im Grossverteiler erlauben es, auf allen Stufen in der Lebensmittelkette **Grössenersparnisse** zu erzielen, Preise zu senken und dadurch wiederum
  breitere Konsumentenschichten zu erschliessen.
- Dem Angebot und der Bewerbung biologischer Programme durch Grossverteiler
  kommt eine **symbolische Bedeutung** zu. Coop und Migros symbolisieren, dass
  Bio-Produkte «mehrheitsfähig» geworden sind. Dadurch helfen sie, Bio-Produkte
  aus der ideologisch gefärbten Imagenische herauszuholen.
- Ein grösseres Angebot im Grossverteiler mit einer zuverlässigen Verfügbarkeit
  führt zu einer erhöhten **Wahrnehmung** der Bio-Produkte. Damit steigt auch die
  Zahl von Zufallsmitnahmen und Probekäufen.

Imageprobleme von Bio- und Öko-Läden

Die Integration biologischer Produkte in die Sortimente der Grossverteiler ist zur Erreichung
breiterer Konsumentenschichten unablässig, da diese den Grossverteiler aufgrund des kompletten
Angebotes als Einkaufsort bevorzugen (Bequemlichkeitsaspekt). Breitere und weniger umweltbewusste Konsumentenschichten sind nicht bereit, zur Erlangung von biologischen Produkten
höhere Transaktions- (z.B. Fahrt zum Bio-Laden) und monetäre Kosten (bedeutend höhere Produktpreise) auf sich zu nehmen. Die Nichterhältlichkeit in den Grossverteilern ist somit als hohe
Barriere im Ausbreitungsprozess von Bio-Produkten zu verstehen.

Hinzu kommt die Imagebelastung von Bio-Läden. In einer Untersuchung bemängelten die befragten Konsumenten wiederholt die wenig einladende, ideologisch gefärbte oder schmuddelige
Atmosphäre von Öko-Läden. Für zahlreiche Konsumenten wurde der Einkauf von Öko-
Produkten zum negativen Einkaufserlebnis, weil die Ladenatmosphäre als unangenehm empfun-
den wurde. Wenn auch die ökologischen Produkte zunächst keine negative Imagebesetzung auf-
wiesen, so erfolgte dennoch ein negativer Imagetransfer vom Einkaufsumfeld her.[248] Die Integra-

---

[248]   Vgl. Bänsch 1990, S. 375.

tion biologischer Produkte in die Sortimente der Grossverteiler hat somit nicht nur symbolischen Charakter, sondern hilft ökologischen Programmen auch, sich von einer nicht-mehrheitsfähigen Einkaufsumgebung und einer damit verbundenen negativen Ausstrahlung zu befreien.

Politische Marktentwicklung

Da mit einem Marketing jenseits der Öko-Nische neue, breitere Konsumentenschichten anvisiert werden, welche unter den gegebenen Rahmenbedingungen nicht «von selbst» Käufer biologischer Lebensmittel werden und oft auch nicht über den Informations- und Wissensstand der Öko-Nischen-Käufer verfügen, wird die Erweiterung des Marketing-Mixes um die beiden Instrumente der Mitentwicklung politischer Rahmenbedingungen sowie der öffentlichen Meinungsbildung notwendig.

Aufgrund der Grösse, der damit verbundenen Machtkonzentration und der zentralen Stellung in der Lebensmittelkette ist es naheliegend, dass insbesondere die beiden Grossverteiler eine wirkungsvolle Strukturpolitik betreiben können.[249] Der Wirkungs-raum von Coop und Migros erstreckt sich denn auch über das marktliche Lenkungssy-stem hinaus. In Form einer gesellschaftsorientierten Marktentwicklungsstrategie setzen Migros und Coop an sämtlichen Stellen des ökologischen Transformationsprozesses an und wirken auf vor- wie nachgelagerte marktliche Strukturen ebenso ein wie auf die Lenkungssysteme Öffentlichkeit und Politik.[250]

Auf den Ausbreitungsprozess von Bio-Lebensmitteln bezogen, nimmt Coop in den 90er Jahren jene Leaderrolle ein, welche Migros in den 70er und 80er Jahren bei der Ent-wicklung und Ausbreitung der Integrierten Produktion hatte. Coop machte seinen Ein-fluss bei der Neurorientierung der «Agrarpolitik 2002» sowie insbesondere bei der Aus-gestaltung der heute rechtswirksamen Bio-Verordnung in der **Meinungsbildungs-** (Lobbying, Aufklärung, Öffentlichkeitsarbeit) wie auch in der **Ausgestaltungsphase** (Einsitz in Expertenkommissionen, Verbandsaktivitäten) geltend. Für die Zukunft ist denkbar, dass Coop die Einführung von Lenkungs- und Energieabgaben ebenso beglei-tet. Denn durch die Besteuerung von indirekten Energieträgern (z.B. Düngemittel, Pflanzenbehandlungsmittel) verteuert sich die Produktion konventioneller Lebensmittel,

---

[249]   Zum Unternehmen als strukturpolitischer Akteur vgl. Schneidewind 1998.

[250]   Vgl. Villiger 1998, S. 45. Zur Marktentwicklungsstrategie vgl. Dyllick/Belz/Schneidewind 1997, S. 155 ff.

was wiederum die relative Wettbewerbsposition der Bio-Produkte (und somit des Coop-Naturaplan-Programmes) verbessern würde. Diese Instrumente wirken in Richtung Internalisierung externer Effekte und vermindern grundsätzlich das Anreizdilemma ökologischer Produkte. Die Unterstützung von umweltorientierten Unternehmensverbänden, die Mitentwicklung der Öko-Bilanz-Methodik sowie die Beiträge zur Forschung im Bereich des ökologischen Landbaus (Migros: IP, Coop: Bio-Landbau) sind als weitere, subpolitische Massnahmen zu verstehen.

Öffentliche Marktentwicklung

Im Aktionsplan «Umwelt und Gesundheit» formulieren die beiden Bundesämter Bundesamt für Gesundheit sowie Bundesamt für Umwelt, Wald und Landschaft das Ziel, dass bis 2002 80% der Bevölkerung wissen, wie sie sich gesund und saisongerecht ernähren.[251] Zur Erreichung dieses Zieles werden öffentliche Aufklärungs- und Sensibilisierungsaktionen notwendig.

In dieselbe Richtung zielt die Öffentlichkeitsarbeit der beiden Grossverteiler Migros und Coop mit ihren hauseigenen Wochenzeitungen (Auflage: jeweils weit über eine Million Exemplare). Mit der steten Ankündigung neu erhältlicher Bio-Produkte sowie der regelmässigen Berichterstattung über positive Aspekte auf Gesundheit, Umwelt und Geschmack/Genuss werden die Verbraucher aufgeklärt, Wahrnehmungen verändert und der Ausbreitungsprozess biologischer Lebensmittel positiv beeinflusst. Massnahmen im Bereich Öko-Sponsoring sowie Kooperationen (z.B. mit Bio Suisse) erzielen ebenfalls Wirkungen im Lenkungssystem Öffentlichkeit (Erhöhung der Glaubwürdigkeit).

---

[251] Vgl. Umweltschutzamt 1998.

Fazit: Überwinden der Öko-Nische durch ein erweitertes Marketingverständnis

Wie die Ausführungen in diesem Abschnitt gezeigt haben, bestehen im Ausbreitungsprozess biologischer Lebensmittel zahlreiche Barrieren, welche sich zum Teil gegenseitig überlagern und verstärken. Am stabilen «Nischenstatus» biologischer Produkte zumindest mitschuldig sind auch die Anbieter, welche mit der Ausgestaltung ihres Marketings die Öko-Nische lange Zeit zementiert haben. Mit einer Wahrnehmungsveränderung
und einer damit verbundenen Neuausrichtung des Öko-Marketings («Vom Bio-Produkt
als Nischen-» zum «Bio-Produkt als Massenmarktgut») können die Anbieter auf dem
Schweizer Lebensmittelmarkt einen bedeutenden Beitrag zum Ausbruch biologischer
Produkte aus der Öko-Nische leisten. Wie das Beispiel Coop zeigt, sind die Anreize
hierfür durch damit verbundene Image-, Umsatz- sowie Differenzierungseffekte durchaus gegeben. Mit einer «massenmarktfähigen» (Penetrations-) Preisstrategie, einem an
einem breiten Kundensegment ausgerichteten Kommunikationsmix, von der Produktpolitik ausgemerzte Quantitäts-, Qualitäts- und Ästhetikdefizite sowie einer verbesserten
Erhältlichkeit (höherer Distributionsgrad) werden über den Nischenkäufer hinausführende Konsumentensegmente angesprochen, welche für die Erreichung eines höheren
Diffusionsgrades biologischer Lebensmittel massgebend sind. Neuere Untersuchungen
verweisen darauf, dass Konsumenten vorrangig in jenen Situationen umweltbewusst
handeln, die keine einschneidenden Verhaltensänderungen erfordern, keine grösseren
Unbequemlichkeiten verursachen und keinen besonderen Zusatzaufwand verlangen (sog.
«Low-Cost-Situationen»).[252] An diesen Attributen gilt es den «Bio-Marketing-Mix» auszurichten.

Positive Signale eines Umweltmanagementsystems

Das Hauptproblem ökologischer Produkte liegt darin, dass deren Eigenschaften von den Konsumenten kaum überprüfbar sind. Anbieter ökologischer Produkte sehen sich dadurch einer kriti-
scheren Öffentlichkeit gegenüber gestellt als Anbieter konventioneller Produkte. Gerade diejenigen Konsumenten, welche für den Ausbreitungsprozess als Meinungsführer die Katalysatoren-
rolle übernehmen, sind als überaus kritisch einzustufen. Daher empfiehlt es sich für Anbieter
ökologischer Produkte, sich gegenüber entsprechenden Anschuldigungen zu wappnen. Denn der

---

[252]   Vgl. zu einem Überblick Jung 1998, S. 18.

Aufbau einer glaubwürdigen Reputation dauert Jahre, für deren Zerstörung jedoch reicht ein öffentlicher Skandal. Somit gilt es den ökologischen Leitgedanken zuerst nach innen zu tragen, bevor die Resultate nach aussen kommuniziert werden (vgl. Abb. 28). Ökologische Schwachstellen «inhouse» sind zu beheben, bevor Öko-Marketing-Massnahmen die Tugenden herausstreichen. Tappt ein Unternehmen in die «Glaubwürdigkeitsfalle», wird der langfristige Schaden ungleich grösser sein, als der kurzfristig erzielbare Nutzen.[253] Ein Instrument, welches in die angesprochene Richtung wirkt, ist bspw. das Umweltmanagementsystem. Ein **Umweltmanagementsystem** eignet sich nicht nur zur systematischen Erfassung und Behebung von Schwachstellen im Umweltbereich, sondern ist nach erfolgter Zertifizierung in Form eines Qualitätslabels auch ein hervorragendes Kommunikations- und Marketinginstrument.[254]

Abb. 28: Öko-Marketing zunächst nach innen und dann nach aussen

3.6 Fazit

Die Ausführungen in diesem Kapitel haben gezeigt, dass der Ausbreitungsprozess von biologischen Produkten («von der Öko-Nische zum ökologischen Massenmarkt») das Resultat des Zusammenwirkens verschiedener Akteure und zahlreicher Prozesse in der Lebensmittelbranche sowie deren Rahmenbedingungen ist. Der Weg zu einem «Jenseits der Öko-Nische» ist somit das Ergebnis eines komplexen Zusammenwirkens, welches sich nicht durch das «Drehen an einer Schraube» steuern lässt.[255] Die Entwicklung von der Öko-Nische zum ökologischen Massenmarkt in der Schweizer Lebensmittelbranche resultiert vielmehr aus Annahmen und daran anschliessenden Handlungen der Akteure, aus der Ausgestaltung der Rahmenbedingungen sowie aus «Megatrends» im In- und

---

[253] Vgl. Dyllick/Belz/Schneidewind 1997, S. 141.

[254] Zur unterschiedlichen ökologischen Betroffenheit von Unternehmen in der Schweizer Lebensmittelbranche vgl. Dyllick/Belz 1994. Zu Auswirkungen von Umweltmanagementsystemen nach EMAS und ISO 14001 in Unternehmen vgl. Hamschmidt 1998.

[255] Diese Metapher geht auf einen mündlichen Beitrag von Wüstenhagen 1998 zurück.

Umfeld der Lebensmittelbranche. Die zahlreichen Verbindungen und Vernetzungen, dadurch entstehende Neben- und Fernwirkungen sowie Time-lags im System (z.B. im politischen Prozess) verhindern nicht nur eine exakte Steuerung, sondern verunmöglichen ebenso eine präzise Prognose über die weitere Entwicklung des beschriebenen Ökologisierungsprozesses in der Schweizer Lebensmittelbranche.[256]

Die Marktakteure stehen dieser Entwicklung als Teil dieses Netzwerkes aufgrund vielfältiger Verbindungen und ebenso vielen Einflussmöglichkeiten dennoch nicht machtlos gegenüber. Die zentrale Stellung und der hohe Konzentrationsgrad in der Lebensmittelbranche weist insbesondere den beiden Grossverteilern Migros und Coop das Potential zu, an sämtlichen Stufen des ökologischen Transformationsprozess anzusetzen und diesen entsprechend mit zu steuern. Diesen Einfluss machen Migros und Coop im Sinne von strukturpolitischen Akteuren denn auch auf unterschiedlichste Weise geltend. Die Analysen zeigen weiter, dass sich der Versuch, dieses Wirkungspotential anhand eines «4-P-Marketing-Mixes» zu erfassen, als verkürzt erwies. Dieser herkömmliche, für die Öko-Nische ausreichende Marketing-Ansatz, ist zur effektiven Bearbeitung eines Marktsegmentes jenseits dieser Nische nicht nur neu auszurichten, sondern auch einer dreifachen Erweiterung zu unterziehen:

1. **Vom 4-P- zum 6-P-Mix**: Im Kontext der Ökologie sind neben den marktlichen die **gesellschaftlichen Anspruchsgruppen** zu berücksichtigen, da ökologisch induzierte Veränderungen ihren Ursprung im öffentlichen und politischen Lenkungssystem nehmen. Für die Mitgestaltung der für eine Ausbreitung ökologischer Produkte relevanten Rahmenbedingungen ist der «4-P-Marketing-Mix» um die beiden gesellschaftsorientierten P's (Politics und Public opinion) – welche die eigentliche Marktentwicklungsstrategie konstituieren – zu ergänzen.

2. **Vom reinen Absatzmarkt- hin zum Balanced Marketing:** aufgrund des Nachfragesogs und bestehender Beschaffungsengpässe auf dem Bio-Markt («Kinderkrankheiten im Biologischen Landbau» sowie geringe Ausbreitung dieser Anbauweise im Ausland) haben Anbieter biologischer Produkte den absatzmarktorientierten Fokus verstärkt auch auf der Beschaffungsseite zu richten. Bestehende Marktungleichgewichte gilt es durch ein **«Balanced Marketing»** zu überwinden.

---

[256] Diesem Umstand wurde in Kap. 3.5 Rechnung getragen, indem mit Hilfe der Szenariotechnik eine Bandbreite möglicher Entwicklungspfade aufgespannt wurde.

3. **Marketing gegen innen, dann gegen aussen:** zur Erhöhung der Glaubwürdigkeit des Angebotes sind die Marketingmassnahmen nach aussen von entsprechenden In-house-Massnahmen zu begleiten (**«Marketing gegen innen»; Umweltmanagementsystem).** Ansonsten besteht die Gefahr, dass gegen den Anbieter der Vorwurf eines «verkürzten Öko-Marketings» erhoben wird. Negative Schlagzeilen drohen die auf dem Markt beschwerlich aufgebaute Reputation in Kürze zu vernichten («ökologische Glaubwürdigkeitsfalle»).

Zudem gilt es zu beachten, dass der Zeitpunkt der Umsetzung verschiedener Öko-Marketing-Massnahmen stimmt («Timing»). Erfolgen diese zu früh, verpufft die Energie an den Widerständen der noch nicht aktivierten Schlüsselstellen im Netzwerk – das Unternehmen kann in die **ökologische Zeitfalle** geraten. Diese Gefahr scheint jedoch Ende der 90er Jahre gebannt. Drohen vielmehr die Nicht-Anbieter biologischer Lebensmittel in eine «Nostalgie-Falle» zu tappen?

4 Jenseits der Öko-Nische im Bekleidungshandel

Nach dem Lebensmittelhandel wird im folgenden eine Branche betrachtet, die aus unterschiedlichen Gründen weniger zugänglich für ökologische Verbesserungsprozesse ist: der schweizerische **Bekleidungseinzelhandel** (in der Schweiz Detailhandel genannt). Er ist in der Wertschöpfungskette zwischen Bekleidungsproduktion respektive -grosshandel und Konsumenten angesiedelt (vgl. Abb. 29) und hat die Präsentation der Ware und die Vermittlung zwischen Produktion und Konsum zur Aufgabe.[257] Die Branche kann in Fachhandel (Fachgeschäfte, Modehäuser, filialisierte Ketten), Kauf- und Warenhäuser, Verbrauchermärkte sowie den Versandhandel differenziert werden.[258] Mit berücksichtigt werden zudem die beiden angrenzenden Stufen der Bekleidungsproduktion und des Endverbrauchers. Der geographische Bezugsrahmen der Untersuchung ist die **Schweiz**.

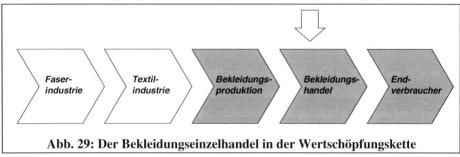

Abb. 29: Der Bekleidungseinzelhandel in der Wertschöpfungskette

Im Gegensatz zum oligopolistischen Lebensmittelhandel handelt es sich beim Bekleidungshandel um einen fragmentierten Markt, der allerdings seit längerem Konzentrationstendenzen aufweist. Die relevante Wertschöpfungskette ist komplexer und internationaler strukturiert. Die ökologische Historie weist zudem weniger weit zurück. So sind ökologische Produktangebote erst seit Beginn der 1990er Jahre festzustellen. Schliesslich unterscheidet sich das Produkt, der Bekleidungsartikel, in psychologischer, sozialer und kultureller Hinsicht erheblich von Lebensmitteln. Die Implikationen dieser Unter-

---

[257] Vgl. Braunschweig 1989, S. 45

[258] Vgl. detailliert Reckfort 1997, S. 18f. Die Untergliederung wird den tatsächlichen Gegebenheiten in der Bekleidungsbranche nicht vollständig gerecht, da beispielsweise Industrieunternehmen in jüngerer Zeit im Rahmen einer vertikalen Vorwärtsintegration auch Handelsfunktionen wahrnehmen (z.B. durch factory outlets).

schiede für die Ausbildung einer ökologischen Dynamik im Bekleidungshandel sind Gegenstand dieses Branchenkapitels.

4.1 Ökologische Transformation im Bekleidungshandel

Wettbewerb um ökologisch relevante Sachverhalte ist kein Prozess, der «einfach so» entsteht. Aus unterschiedlichen Branchenstudien geht hervor, dass Umweltprobleme zumeist von öffentlichen Anspruchsgruppen aufgegriffen werden. Diese wandeln die Problemfelder in Forderungen um, mit denen sie dann einzelne Unternehmen, eine Branche als Ganzes oder auch die Politik als Regelungsinstanz konfrontieren. Nicht immer, aber doch häufig werden diese Forderungen schliesslich am Markt wirksam. Die Ausführungen dieses Kapitels widmen sich diesem Prozess der Transformation ökologischer Probleme in wettbewerbsrelevante Sachverhalte. Es wird dargelegt, welche Akteure sich ökologischer Problemfelder annehmen und diese in Forderungen umwandeln.

Der im Grundlagenkapitel 2.1 dargestellte **ökologische Transformationsprozess** ist aus unterschiedlichen Gründen in der schweizerischen Bekleidungsbranche **weniger intensiv** als in anderen Konsumgüterbranchen. Anders als die Energie- oder Chemiebranche steht die Bekleidungsbranche weniger im Rampenlicht der ökologisch sensibilisierten Öffentlichkeit. Umweltprobleme gibt es zwar, jedoch zumeist weit von Mitteleuropa entfernt in sich entwickelnden Staaten. Auch sind sogenannte «Störfälle» mit umweltverschmutzenden Wirkungen weitaus seltener anzutreffen. Dies reduziert die Wahrscheinlichkeit, dass bei den Bürgern Betroffenheit entsteht. Analysiert man relevante Akteure ausserhalb der Branche etwas genauer, können weitere Erklärungsansätze für den verhältnismässig geringen externen ökologischen Druck identifiziert werden. Gleichzeitig lassen sich aber auch durchaus vorhandene Forderungen feststellen, die – wenngleich sie gering sind – einer bestimmten Logik zu folgen scheinen.

Ökologische Probleme müssen zunächst einmal von irgend jemandem festgestellt werden. In der Bekleidungsbranche weisen zumeist **Wissenschaftler** oder **Umweltschutzgruppen** zuerst auf Probleme hin. Ein Ereignis von bleibender Wirkung war z.B. die Ende der 1980er Jahre aufkommende Kritik an der Gesundheitsverträglichkeit von Textilien (vgl. unten).

Von der «Chemie im Kleiderschrank» zur Azo-Farbstoffverordnung

Ende der 1980er Jahre entzündete sich Kritik an der Gesundheitsverträglichkeit von Textilien. **Wissenschaftliche Forschungen** hatten ergeben, dass bei der chemieintensiven Veredlung von Textilprodukten toxische, kanzerogene und allergene Rückstände in den Bekleidungsprodukten zurückblieben. Nachdem diese Ergebnisse in einigen Fachmonographien mit Titeln wie «Chemie im Kleiderschrank»[259] oder «Textilien im Umwelttest»[260] publik wurden, nahmen sich **Umweltschutz- und Konsumentengruppen** der Thematik an. Insbesondere die **Textil(chemikalien)industrie** wurde mit Forderungen nach gesundheitsverträglicheren Chemikalien konfrontiert. Gleichzeitig musste sich auch der **Handel**, der in der textilen Kette in den zurückliegenden Jahren Macht hinzu gewonnen hatte, die Inverkehrbringung gesundheitsgefährdender Produkte vorwerfen lassen.

Nach Jahren der Diskussion wurde mit Wirkung vom 01.07.1995 die deutsche **Bedarfsgegenständeverordnung** geändert. In der Neufassung sind einige Azo-Farbstoffe verboten worden, die im Verdacht stehen, bei Aufspaltung potentiell krebserregende Amine zu bilden.[261] Aufgrund der hohen Bedeutung Deutschlands für schweizerische Importe wurde die Verordnung bald auch zum Standard in der schweizerischen Bekleidungsbranche. Die – hier vereinfacht dargestellte – Regelung zum Umgang mit Azo-Farbstoffen kann als typischer **indirekter ökologischer Transformationsprozess** (Wissenschaft => öffentliche Anspruchsgruppen => Politik => Markt) bezeichnet werden.

Trotz dieses Einzelbeispiels konfrontieren Umweltschutzgruppen und andere **öffentliche Anspruchsgruppen** Unternehmen jedoch nur selten mit ökologischen Forderungen. Im Brennpunkt externer Anforderungen stehen vielmehr **sozialethische Forderungen** bezüglich der Vermeidung von Kinderarbeit, einer akzeptablen Mindestentlohnung der Angestellten oder adäquaten Sicherheitsstandards.[262] In dieser Hinsicht sind auf nationaler Ebene Hilfswerke wie die Erklärung von Bern, auf internationaler Ebene etwa die Clean Clothes Campaign aktiv.[263] Ökologische Ansprüche zu formulieren, ist in der Bekleidungsbranche offensichtlich schwierig. Es steht zu vermuten, dass die Wertschöp-

---

[259]   Vgl. Ried 1989

[260]   Vgl. Rosenkrantz/Castello 1989

[261]   Vgl. Horstmann 1995

[262]   Vgl. o.V. 1998b, S. 98f. sowie zur jüngsten Kampagne in der Schweiz Walter 1999, S. 9 und o.V. 1999a, S. 14

[263]   Die Erlärung von Bern ist jüngst der Clean Clothes Campaign beigetreten (vgl. Rooijen 1999, S. 35).

fungskette zu komplex und mit zu verschiedenen Problemfeldern belegt ist, als dass die Thematik in die Öffentlichkeit transportiert werden und dort mobilisierend wirken kann – trotz des Beispiels der Gesundheitsverträglichkeit von Textilien. Zudem konzentrieren sich Umwelt- und Konsumentenschutzorganisationen angesichts einer limitierten personellen und finanziellen Ressourcenaussattung zumeist auf andere Branchen oder Themen. In diesen vermuten sie eine direktere Betroffenheit der Bevölkerung und eine leichtere Mobilisierbarkeit für ökologische Probleme.[264] Schliesslich ist es vor dem Hintergrund der ästhetischen, sozialen und psychologischen Faktoren[265] von Bekleidungsartikeln ein Drahtseilakt, ökologische Forderungen zu stellen: Die Umsetzung von Forderungen nach umweltfreundlicher Veredlung reduziert häufig den ästhetischen Nutzen, und die Forderung nach Langlebigkeit konfligiert mit dem «Kundenbedürfnis» nach ständiger Abwechslung (sozialer und psychologischer Nutzen).

Auch seitens der **Politik** zeigt sich nur eine **schwache Einflussnahme**. Dies lässt sich zum einen damit begründen, dass sich viele ökologische Problembereiche der Textilproduktion der nationalstaatlichen Zugriffsautorität entziehen: Die inländische Produktion weist angesichts des zunehmenden Kostendrucks seit längerem starke Schrumpfungs- und Auslagerungstendenzen auf, so dass in der Folge immer mehr textile Vorprodukte aus dem Ausland kommen.[266] Nennenswerte gesetzesinduzierte Umweltentlastungen können in der Schweiz daher eigentlich nur aus Beschränkungen der heimischen **Farben- und Textilhilfsmittelindustrie** sowie der **Handelsunternehmen** resultieren. Politisch-rechtliche Einschränkungen münden zudem nicht in einem einheitlichen Regelwerk, sondern verteilen sich auf viele einzelne Richtlinien und Gesetze.[267] Politische Aktivitäten sind weiterhin gering, weil die Schweiz bereits ein im internationalen Ver-

---

[264] So gibt es seit den 1970er Jahren eine breite Diskussion um die Energieversorgung mittels Atomkraftwerken, und die «Störanfälligkeit» chemischer Industrieanlagen konnte von Anwohnern (und medienvermittelt auch von der gesamten Bevölkerung) deutlich wahrgenommen werden.

[265] Vgl. Wiswede 1991; Nerdinger/Rosenstiel 1991, S. 71ff; Hetzel 1994, 1997 sowie grundlegend Simmel 1905

[266] Vgl. Eidgenössische Oberzolldirektion 1997, S. 391ff.

[267] Vgl. Hummel 1997, S. 158ff. Die wesentlichsten Bestimmungen für die Produktion von Bekleidungsartikeln sind im Umweltschutzgesetz, dem Gewässerschutzgesetz und dem Giftgesetz zu finden. Hinsichtlich des Gebrauches der Produkte gibt das Lebensmittelgesetz sowie die Verordnung über die Einfuhr, Durchfuhr und Ausfuhr von Lebensmitteln und Gebrauchsgegenständen den rechtlichen Rahmen vor. Auf der internationalen Ebene gibt es mit dem Multifaserabkommen von 1974 und dem Agreement on Textiles and Clothing (ATC-Abkommen) zwar textilbezogene Übereinkommen. In diesen sind jedoch nur in geringem Masse ökologische Aspekte integriert.

gleich hohes Gesetzesniveau besitzt – insbesondere im Bereich der produktionsbezogenen Regelungen. Ferner gilt es seit längerem als Geschäftspraxis in der schweizerischen Textilbranche, sich an den noch höheren deutschen Gesetzen zu orientieren.[268]

Diese Aussagen dürfen jedoch nicht darüber hinwegtäuschen, dass ökologische Transformationsprozesse in der Bekleidungsbranche stattfinden und schliesslich auch für den Bekleidungshandel bedeutsam werden. Zumeist handelt es sich hierbei um **direkte** oder **verzögerte indirekte Tranformationsprozesse**. Direkte Transformationsprozesse sind solche, bei denen öffentliche Anspruchsgruppen sich eines ökologischen Problemfeldes annehmen, die betreffenden Unternehmen damit konfrontieren und sie durch direkte Einflussnahme, d.h. ohne Einschaltung von Staat und Politik, zum Handeln bewegen. In der Bekleidungsbranche ist weiterhin zu beobachten, dass politische Massnahmen erst nach Beendigung einer direkten Konfrontation ergriffen werden (verzögerter indirekter Prozess). In Kapitel 4.4 werden diese Prozesse detaillierter behandelt.

4.2 Branchenstrukturanalyse

Haben sich öffentliche Anspruchsgruppen einer ökologischen Thematik angenommen, kann es zu einer Beeinflussung der Wettbewerbsstrukturen kommen. Gelingt es den Anspruchsgruppen, eine der Porter'schen Triebkräfte des Wettbewerbs für ihre Anliegen zu nutzen, verändern sich die Kontexte des Wettbewerbs und die ökologische Branchendynamik. Die Triebkräfte dienen dabei der Vermittlung zwischen ökologischen Forderungen von Anspruchsgruppen und der unternehmerischen Umsetzung in marktrelevante Leistungen. Doch wie sehen die aktuellen Triebkräfte im schweizerischen Bekleidungshandel aus? Was bestimmt derzeit den Wettbewerb? Spielen ökologische Aspekte eine Rolle und wenn ja, welche? Die nachfolgende **Einzelanalyse der fünf Triebkräfte des Wettbewerbs** geht auf diese Fragen näher ein.

---

[268] Deutschland ist eines der wichtigsten Exportländer für schweizerische Textilerzeugnisse und das wichtigste Importland für textile Vorprodukte (vgl. Interview mit Langenegger vom 07.09.1998 sowie Eidgenössische Oberzolldirektion).

Rivalität unter den bestehenden Unternehmen

Obwohl über den schweizerischen Bekleidungshandel nur in geringem Umfang statistisches Material verfügbar ist, können einige grundsätzliche Aussagen zur **Wettbewerbsintensität unter den bestehenden Unternehmen** der Branche getroffen werden. Der
Umsatz der Branche betrug im Jahr 1997 etwa CHF 7,2 Mrd.[269] Dies entspricht einem
leichten Umsatzrückgang von 0,4% im Vergleich zum Vorjahr. Nachdem die Branche
seit Anfang der 1980er Jahre starke relative Umsatzrückgänge zu verzeichnen hatte,
konnte sie in den vergangenen drei Jahren wieder Umsatzzuwächse melden. Der (nomi-
nelle) Index der Detailhandelsumsätze verdeutlicht einen seit Jahren andauernden
Schrumpfungsprozess (vgl. Abb. 30).

Im gesamten Markt ist heute ein Produktüberangebot von etwa 30% zu verzeichnen
(**Marktsättigung**). In der Branche gewinnen im Zuge eines Konzentrationsprozesses
seit Jahren die grossen Unternehmen Marktanteile, während die Umsätze der Fachgeschäfte rückläufig sind. Auf die Fachgeschäfte, die noch Ende der 1980er Jahre einen
Marktanteil von 50% besassen[270], entfallen heute nur noch etwa 30-35% der Branchen-
umsätze. Die schweizerische Bekleidungsbranche folgt damit einem international zu beobachtenden Trend der **Marktbereinigung**.[271] Eine mögliche Ursache liegt in den von
Fachgeschäften nicht zu realisierenden Skaleneffekte. Diese können im globalen Beschaffungsmarkt erzielt werden und drücken sich in einem hohen **Preisdruck im Absatzmarkt** aus.

---

[269]   Es handelt sich hierbei um geschätzte Werte (vgl. Meyer/Dyllick 1999, S. 45). Die Daten beruhen auf
        Umfragen bei Unternehmensvertretern, auf Umrechnungen von Informationen des Bundesamtes für
        Statistik sowie auf Literaturquellen. Ganz (vgl. Ganz 1999, S. 20) schätzt das Marktvolumen des
        schweizerischen Bekleidungseinzelhandels ähnlich hoch ein. Dem gegenüber geht die IHA-GfM (vgl.
        http://www.swisstextiles.ch) von einem tieferen Wert aus, die Erklärung von Bern von einem höheren
        (vgl. Walter 1999, S. 9).

[270]   Vgl. auch Braunschweig 1989, S. 194f.

[271]   Vgl. Fuchslocher 1994, S. 29f.

Abb. 30: Umsatzschwankungen im schweizerischen Bekleidungseinzelhandel
Quelle: nach Informationen des Schweizerischen Textilverbandes

Bei den grösseren Anbietern ist keine einheitliche Marktanteilstendenz feststellbar. Vielmehr schwanken die Veränderungen der Marktanteile der Unternehmen in engem Rahmen. Marktführer in der Schweiz (1997) ist der Migros Genossenschaftsbund mit einem geschätzten Marktanteil von 10%. Die fünf führenden Unternehmen vereinigen etwa 36%, die zehn grössten ca. 64% Marktanteile auf sich (vgl. Abb. 31), wobei der zehntgrösste Anbieter immer noch einen Marktanteil von knapp über 3% besitzt. Dies weist darauf hin, dass kein Unternehmen eine übermächtige Position in der Branche inne hat.

Der Wettbewerb wird bisher fast ausnahmslos von schweizerischen Unternehmen dominiert. Ausnahmen von der schweizerischen Dominanz sind die niederländische Firma C&A und das schwedische Unternehmen Hennes&Mauritz. Auch die Modehäuser Benetton und Esprit konnten sich mit nennenswerten Umsätzen im Markt etablieren. In jüngster Zeit drängen zudem deutscher Versender auf den Markt.

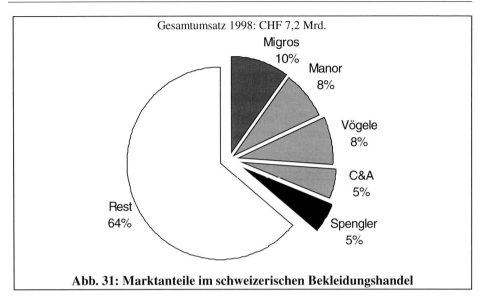

Abb. 31: Marktanteile im schweizerischen Bekleidungshandel

Die Wettbewerbswirkung der Ökologie unterscheidet sich nicht von der anderer Aspekte. Erfährt eine Unternehmung durch die Übernahme ökologischer Themen oder Problemlösungen eine gesellschaftliche (z.B. Image) oder marktliche (z.B. Umsatz) Anerkennung, so kann daraus ein Handlungsdruck für die Konkurrenten erwachsen. Dies gilt bisher für drei Entwicklungen, welche im schweizerischen Bekleidungshandel wirksam geworden sind: Der **Öko-Tex Standard 100**, welcher über die Gesundheitsverträglichkeit von Textilien Auskunft gibt, scheint sich mehr und mehr als Qualitätsstandard durchzusetzen. Die Weiterentwicklung zum **Öko-Tex Standard 100plus**[272], bei der auch produktionsökologische Kriterien in die Zertifizierung einbezogen werden, beginnt ebenfalls langsam in die Branche zu diffundieren. Weiterhin hat das Engagement des Grossverteilers Coop Schweiz im Bereich **Biobaumwolle** ein offensichtliches Interesse bei Konkurrenten ausgelöst.

---

[272]   Der Öko-Tex Standard 100plus wird für Textilprodukte vergeben, die die Schadstoffkriterien des Öko-Tex Standard 100 einhalten. Zudem müssen sich die an der Produktion des Artikels beteiligten Unternehmen nach dem produktionsökologischen Öko-Tex Standard 1000 zertifiziert haben (vgl. zur Entwicklung des Öko-Tex Standard 1000 Schindler 1998, S. 12).

Gefahr durch den Markteintritt neuer Konkurrenten

Droht den bestehenden Unternehmen eine **Gefahr durch Neueintritte**? Einige Aspekte sprechen dagegen, andere dafür. Gegen neu eintretende Konkurrenz spricht, dass der Markt bereits übersättigt, hinsichtlich der Zielgruppen stark differenziert und von nahezu homogenen[273] Produkten geprägt ist. Auf der anderen Seite zeigt der Erfolg vertikal integrierter internationaler Ketten wie Hennes&Mauritz[274], dass der Zugang zum schweizerischen Markt nicht unmöglich ist. Solche Unternehmen haben in der Regel Grössen- und Währungsvorteile.[275] Vor diesem Hintergrund wird erwartet, dass Unternehmen wie Zara (Spanien) oder Marks&Spencer (UK) ebenfalls einen Markteintritt erwägen. Weiterhin ist zu erwähnen, dass der Absatzmarkt von einer **geringen Kundenloyalität** geprägt ist. Der Kunde ist vielmehr hybrid[276]. Er hat wenige bevorzugte Einkaufsstätten und kauft mal hochpreisig und qualitätsbewusst, mal als «Schnäppchenjäger» im Schlussverkauf. Dies bedeutet, dass neuen Unternehmen keine Loyalitätsbarrieren entgegen stehen.[277]

Drei weitere Bedrohungen für die Wettbewerbsposition bestehender Handelsunternehmen können derzeit identifiziert werden[278]: So engagiert sich die Bekleidungsindustrie zunehmend in einer vertikalen Vorwärtsintegration, mit dem Internet entsteht ein neuer Absatzkanal und auch der allgemeine Einzelhandel sucht nach Vertriebsmöglichkeiten für Bekleidungsartikel. Bei der **vertikalen Vorwärtsintegration** übernehmen Produktionsunternehmen Aufgaben des Handels, indem sie mittels factory outlets, shop-in-the-shop-Konzepten, franchising oder direct mailings ihre Ware direkt vertreiben. Obwohl diese Entwicklung in der Schweiz bis dato noch unbedeutend ist, weisen entsprechende

---

[273] Vgl. Hetzel 1994, S. 105f.

[274] Die schwedische Firma Hennes&Mauritz expandierte im Jahre 1978 auf den schweizerischen Bekleidungsmarkt. Seitdem wuchs ihr Umsatz auf CHF 350 Mio, mit einem jährlichen Umsatzwachstum zwischen 8 und 15% (Ausnahme 1995). Hennes&Mauritz konnte sich somit binnen relativ weniger Jahre im Wettbewerb mit vielen traditionsreichen Unternehmen einen Marktanteil von knapp 5% sichern.

[275] Vgl. Braunschweig 1989, S. 195f.

[276] Vgl. beispielhaft Blickhäuser/Gries 1989, S. 5ff., Doebeli 1992, S. 12f. sowie Schmalen 1994

[277] Vgl. Porter 1998, S. 9

[278] Alle drei stehen auch für einen Trend gegen fortlaufende Konzentrationen im Bekleidungshandel.

Tendenzen in den USA, in Grossbritannien und Frankreich auf solche Entwicklungen hin.[279] Die Eröffnung eines vollständig neuen Vertriebskanals ist das Ziel von **Internet-Anbietern**. Auch hier ist der Einfluss aktuell noch sehr gering, jedoch nimmt der Bekleidungsabsatz über electronic selling stetig zu.[280] **Grossverteiler** und einige **Warenhäuser** haben in der Schweiz bereits eine bedeutende Marktstellung. Es kann erwartet werden, dass insbesondere ausländische Unternehmen, die neben anderen Waren auch Bekleidung vertreiben («fashion-too»), die Wettbewerbsstrukturen verändern werden.[281]

Hat die Wettbewerbsdynamik durch Neueintritte Auswirkungen auf die ökologische Branchendynamik? Hierfür gibt es wenige Anzeichen. Es kann aber vermutet werden, dass gerade die **international operierenden Unternehmen** für einen **Anstieg des qualitativen und ökologischen Produktionsniveaus** sorgen werden. Dies resultiert aus den Erfordernissen ihres Zentraleinkaufs: Um in allen Ländern tätig werden zu können, müssen sie die länderspezifischen Umweltgesetzgebungen erfüllen. Wollen die Unternehmen Zusatzkosten in der Beschaffung vermeiden, müssen sie die über alle zu beliefernden Länder höchsten Umweltrichtlinien für ihr Gesamtsortiment berücksichtigen. Da es kein europäisches Land gibt, dass in allen textilrelevanten Umweltrichtlinien die (relativ) höchsten Anforderungen stellt, ist der Umweltstandard der Bekleidungsprodukte international operierender Unternehmen in der Regel über dem Gesetzesniveau der belieferten Länder.[282] Somit sollten die entsprechenden Produkte auch ein über der relativ anspruchsvollen schweizerischen Umweltschutzgesetzgebung liegendes Niveau haben.

Um den Strategien der internationalen Unternehmen zu begegnen, gleichzeitig aber auch neue Markteintrittsbarrieren aufzubauen, könnte eine Antwort **schweizerischer Handelsunternehmen** in einer eigenständigen und deutlichen Erhöhung der ökologischen Qualität der Bekleidungsprodukte bestehen. Diese «**Flucht nach oben**»[283] in die Quali-

---

[279] Vgl. ausführlich Ahlert/Horstmann 1994, S. 97ff. In den USA besitzen factory outlets bereits 3,7% Marktanteile (vgl. Jacobs 1999)

[280] Vgl. hierzu die Ausführungen in Kapitel 7.

[281] Zu denken ist hierbei vor allem an die grossen Lebensmittelketten aus den schweizerischen Nachbarländern.

[282] Einschränkend ist zu vermerken, dass es sich zumeist um minimal überdurchschnittliche Umweltstandards handelt, da die Umweltstandards der europäischen Länder sehr ähnlich sind.

[283] Villiger/Choffat 1998, S. 11. Die Autoren haben diese Strategieoption für den schweizerischen Lebensmittelhandel empfohlen, um sich von der ebenfalls stärker werdenden ausländischen Konkurrenz abzusetzen. Vgl. ebenfalls Kühn/Weiss 1998, die hervorheben, dass sich schweizerische Unternehmen

täts- und/oder Umweltprofilierung könnte deren Wettbewerbsfähigkeit stärken. Gleichzeitig könnte der schweizerische Einzelhandel hierdurch dem zu erwartenden zunehmenden Kostendruck der internationalen Ketten ausweichen.

Gefahr durch Ersatzprodukte

Ersatzprodukte sind für die bestehenden Handelsunternehmen derzeit **keine Bedrohung**. Es gibt wenig Alternativen zu Bekleidungsprodukten im Absatzmarkt. Alternative Formen der Bereitstellung wie Leasing im Bereich der Berufsbekleidung oder Second-Hand-Verkauf verzeichnen zwar ein stetiges Wachstum, jedoch in der Regel auf kleinstem Niveau. Eine hieraus resultierende Bedrohung herkömmlicher Bereitstellungskonzepte kann in kurzer bis mittlerer Frist ausgeschlossen werden, da Bekleidungsartikel wichtige sozialintegrierende, psychologische und ästhetische Funktionen erfüllen[284], die sich nur bedingt durch die erwähnten Bereitstellungskonzepte realisieren lassen.

Interessant sind hingegen Tendenzen in den USA, wo Konsumenten zunehmend auf Kleidungsreparatur an Stelle von stetigem Neukauf setzen, allerdings wiederum auf kleinstem Niveau[285] Eine derartige Veränderung der Konsumgewohnheiten könnte das bisherige Verkaufsverständnis der Unternehmen in Richtung Dienstleistungspraktiken verschieben. Konventionelle Bereitstellungsformen müssten angepasst werden. Gleichzeitig könnten die Umweltbelastungen reduziert werden.

Verhandlungsmacht der Lieferanten

Eine weitere potentielle Quelle für Veränderungen der Wettbewerbsstrukturen ist die **Verhandlungsmacht der Lieferanten**. Für den Bekleidungseinzelhandel ist die relevante Vorstufe in der textilen Kette der Grosshandel oder die Bekleidungsproduktion. Bezüglich des Machtpotentials der Vorstufe ist zwischen

- Produzenten in industrialisierten und sich entwickelnden Ländern einerseits sowie

---

und Produkte im internationalen Vergleich gerade durch ihre überdurchschnittlichen Qualitäts- und Umweltleistungen auszeichnen.

[284] Vgl. Wiswede 1991; Nerdinger/Rosenstiel 1991, S. 71ff; Hetzel 1994, 1997 sowie grundlegend Simmel 1905

[285] Aus einem Gespräch mit Amory Lovins, Direktor des Rocky Mountains Institute, Colorado/USA.

- Mehr oder weniger stark spezialisierten Unternehmen andererseits

zu unterscheiden.[286] In den industrialisierten Ländern sind Kapazitätsüberschüsse und hohe Löhne zu verzeichnen, die die Macht der Unternehmen schmälern und zu einem zunehmenden Auslagerungsprozess geführt haben.[287] In Entwicklungsländern sind hingegen regelmässig Kapazitätsengpässe und niedrige Löhne zu beobachten, so dass die Verhandlungsposition gegenüber dem Bekleidungshandel besser ist. Spezialisierungen sind für produzierende Unternehmen ein geeignetes Mittel, um sich vom Durchschnitt abzuheben und strategische Erfolgspositionen (und damit letztlich Macht) aufzubauen. Verhandlungsmacht beeinflusst damit **Abnahmemengen, Preise, Lieferflexibilitäten**[288] und **Zahlungsmodalitäten**.

Hinsichtlich der Macht des Handels ist hervorzuheben, dass die führenden schweizerischen Unternehmen des Bekleidungseinzelhandels den Welt(beschaffungs)markt durch ihre Grösse durchaus beeinflussen können. So weist der schweizerische Marktführer Migros einen Bekleidungsumsatz von gut CHF 700 Mio. auf. Dies entspricht etwa einem Zehntel des Textilumsatzes europaweit führender Handelsunternehmen wie C&A oder Marks&Spencer.[289] Ihre Grösse führt dazu, dass die Handelsunternehmen zu mächtigen Akteuren in der Textilwertschöpfungskette werden. Um die eigene Verhandlungsmacht zu stärken, noch flexibler auf Erfordernisse des Wettbewerbs reagieren und die Eigenmarkenpolitik besser umsetzen zu können, betreiben Handelsunternehmen zudem seit einigen Jahren eine **vertikale Rückwärtsintegration**.[290] Vertikale Rückwärtsintegration erfolgt mittels langfristigen Lieferverträgen, Kapitalbeteiligungen oder sogar Übernahmen von Produzenten und verschiebt die Machtverhältnisse weiter in

---

[286]   Vgl. ausführlich Braunschweig 1989, S. 217ff.

[287]   Vgl. zur Situation in Deutschland Weskamp 1996, S. 26ff.

[288]   Die Lieferflexibilität ist eine der wichtigsten Wettbewerbsparameter. Die durch Unternehmen wie Konsumenten gleichermassen produzierte Modedynamik erfordert immer schnellere Sortimentswechsel und damit auch steigende Anforderungen an die Lieferflexibilität der Zulieferer. So stieg in den letzten Jahren die Zahl der fixen Liefertermine von 2/a auf bis zu 8/a. Die zunehmende Anforderung der flexiblen und schnellen Beschaffung veranlasst derzeit viele Handelsunternehmen, von den günstigen Anbietern in Südostasien zu den nur wenig teureren Unternehmen in Osteuropa zu wechseln (Vgl. auch Ganz 1999, S. 112ff.)

[289]   Vgl. o.V. 1998a, S. 107 sowie http://www.marks-and-spencer.com

[290]   Vgl. Reckfort 1997, S. 17f. sowie Jacobs 1999

Richtung des Handels.[291] Auch reduzieren sich durch die Verkürzung der Wertschöpfungskette die Kosten (vgl. Tab. 4).

	Traditionelle Wertschöpfungskette	Vertikale Ketten
Produktentwicklung, Material und Produktion	100,--	100,--
Absatzrisiko des Herstellers	10,--	--
Trade-Marketing und Zwischendistribution	20,--	--
Einstandspreis Handel	**130,--**	**100,--**
Kalkulation 130%	169,--	130,--
Verkaufpreis	**299,--**	**230,--**

Tab. 4: Kostenseitig kalkulierte Beschaffungspreise
Quelle: Jacobs 1999

Es gibt Anzeichen dafür, dass einflussreiche Handelsunternehmen ihre Macht gegenüber den Zulieferern auszunutzen beginnen, um **ökologische Forderungen in die Wertschöpfungskette** zu tragen. So begannen anfangs der 1990er Jahre Handelsunternehmen mittels detaillierter Fragebögen, von ihren Lieferanten Informationen zu den ökologischen Eigenschaften der Vorprodukte und den Umweltauswirkungen der Produktion einzuholen. Vorreiter in diesem Bereich sind die grossen deutschen Versandhändler Otto, Quelle und Neckermann.[292] Im schweizerischen Bekleidungshandel wurden diese Praktiken u.a. von Migros und Coop übernommen. Insbesondere die auf eine möglichst grosse Breitenwirksamkeit angelegte (eco products) Strategie der Migros scheint andere Handelsunternehmen zur Übernahme der geforderten Öko-Standards zu bewegen.

---

[291] Vgl. Eickhoff 1994

[292] Vgl. Binger 1991; Merck 1995, S. 59; Merck 1997, S. 7ff.

Ökologische Forderungen an den Handel werden hingegen eher selten gestellt. Seit 1996 ist jedoch zu beobachten, dass grosse, weltweit agierende Bekleidungsproduzenten wie Nike, Levi's oder Adidas unter dem Druck öffentlicher Anspruchsgruppen **soziale Verbesserungen in den Produktionsprozessen** (insbesondere hinsichtlich Kinderarbeit und Entlohnung) initiieren.[293] Im Zuge dieser Anstrengungen werden zunehmend auch ökologische Aspekte in die Unternehmensstrategien integriert. Hierdurch wird ein gewisser **Öko-Push auf die Handelsunternehmen** ausgelöst.

Verhandlungsmacht der Abnehmer

Schliesslich ist als weitere Triebkraft des Wettbewerbs die **Verhandlungsmacht der Abnehmer** darzustellen. Das Verhalten der Konsumenten verstärkt den Wettbewerb unter den bestehenden Bekleidungsunternehmen in ausserordentlichem Masse. Zum einen haben sich in den vergangenen Jahrzehnten die **relativen Haushaltsausgaben für Bekleidungsartikel verringert**. Die jährlichen privaten Ausgaben für Bekleidung beanspruchen bei ungefähr konstanten Umsatzvolumina nur noch ca. 3,2% der Jahreshaushaltsausgaben.[294] Im Jahre 1980 betrug der Anteil für Bekleidungsausgaben noch 4,7%. Die abnehmende Bedeutung resultiert aus einem veränderten Verbraucherverhalten. Zudem sind entsprechend der Erfahrungen aus der Lebensmittelbranche zunehmende Käufe im nahen Ausland zu vermuten (Einkaufstourismus). Ferner ist es jedoch auch eine Folge der jüngsten Rezession und der zunehmenden Ungleichverteilung des volkswirtschaftlichen Einkommens (z.B. durch Arbeitslosigkeit).[295] Der Verbraucher ist erheblich preisbewusster geworden und kauft zudem zeitlich näher am Bedarf. In der Konsequenz ist unter den Unternehmen des Bekleidungshandels ein **Preiskampf** ausgebrochen. Gleichzeitig hat der Anspruch der Verbraucher, bedarfsnäher kaufen zu wollen, zu **kürzeren Sortimentszyklen** geführt und damit die Modedynamik noch beschleunigt. Während die Unternehmen vor einigen Jahren noch mit zwei Jahressaisons auskamen, sind nach und nach rollende Beschaffungsverfahren und häufigere jährliche Kollektions-

---

[293]   Die Firma Nike ist dafür jüngst von der Zeitschrift «Tomorrow» als «runner-up» ausgezeichnet worden (vgl. Goodman 1999, S. 15).
[294]   Eigene Berechnungen des Verfassers, nach Bundesamt für Statistik 1999, S. 135
[295]   Vgl. auch Jacobs 1999

wechsel zum Standard geworden.[296] Die zunehmende Modedynamik in der Bekleidungsbranche ist jedoch nicht nur als Reaktion der Unternehmen auf veränderte Ver-
braucherwünsche zu verstehen. Vielmehr sehen Unternehmen hierin auch eine Differen-
zierungsoption. Aus dem Zusammenspiel von Nachfrage und Angebot entsteht somit
eine Beschleunigungsdynamik (vgl. Abb. 32).[297]

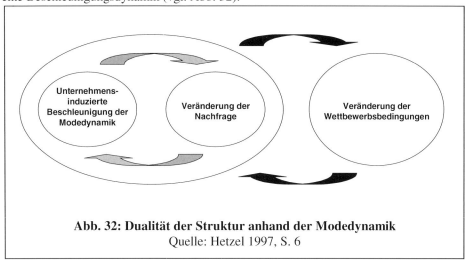

Abb. 32: Dualität der Struktur anhand der Modedynamik
Quelle: Hetzel 1997, S. 6

War der Preis Mitte der 1990er Jahre noch das dominierende Kriterium für unternehmerische Wettbewerbsfähigkeit, so deuten Unternehmensdaten[298] und veränderte Konsumgewohnheiten der Verbraucher darauf hin, dass sich diese Dominanz relativiert. Nicht
zuletzt aufgrund negativer Berichterstattungen in den Medien ist ein neues **Qualitätsbewusstsein** festzustellen. Kosten sind zwar nach wie vor ein notwendiges Kriterium,
um wettbewerbsfähig zu bleiben. Daneben gewinnen jedoch weitere **Differenzierungs-**

---

[296] Vgl. auch Ahlert/Markmann 1999, S. 910ff. Das Orderverhalten hat auch Rückwirkungen auf die
Machtverhältnisse zwischen Handelsunternehmen und Zulieferer. Prinzipiell verschiebt es die Macht
in Richtung des fordernden Handelsunternehmens, das bei ungenügender Flexibilität des Zulieferers
mit Vertragsabbruch drohen kann. Andererseits werden Handelnsunternehmen im Wettbewerb unter-
einander immer stärker von der Flexibilität ihrer Lieferanten abhängig.

[297] Vgl. zur Relativität der Modedynamik jedoch auch Steilmann 1994, S. 95ff.

[298] Die niederländische Handelskette C&A musste feststellen, dass eine alleinige Konzentration auf günstige Preise offensichtlich nicht den gewünschten Absatzerfolg bringt. «Zu lange hat [C&A, A.M.] auf
den Preis als wichtigstes Verkaufsargument gesetzt und nur modische Biederkeit perfektioniert.» (Kerbusk 1998, S. 104)

fähigkeiten an Bedeutung. Die Dimensionen der Differenzierung variieren in der (Qua-
litäts-)Wahrnehmung der Konsumenten (z.B. Verarbeitungsqualität, Image, Design,
Service).[299] Bisher unbedeutend ist die Forderung von Verbrauchern nach Verbesserungen der ökologischen Qualität von Textilien. Hingegen haben sich Forderungen der
Konsumenten nach gesundheitsverträglichen Produkten in den letzten Jahren gehäuft.
Zudem ist in den letzten Jahren in vielen verbrauchernahen Branchen eine Zunahme der
Verhandlungsmacht der Konsumenten zu beobachten. Sie sind sich ihrer Souveränität
und gebündelten Macht stärker bewusst geworden und nutzen dies zum Teil mit Kauf-
boykotten u.ä. Aktionen aus.[300]

Der auf die Handelsunternehmen ausgeübte Druck wird zudem dadurch grösser, dass die
Verbraucher hybrider (sowohl-als-auch-Verhalten[301]) agieren. Die Sicherung von
Kundenloyalität wird hierdurch erschwert und der Wettbewerb um die «untreuen» Konsumenten verschärft. Die Individualisierung der Nachfrage führt zu einer weitreichenden
Produktsegment- und Kundengruppenspezialisierung und einer zunehmenden **Fragmentierung des Produktangebots**. Im Grenzfall wird zugunsten einer individuellen Kun-
denbetreuung sogar auf die Bildung von Zielgruppen verzichtet (vgl. Abb. 33).[302] Die
Individualisierung und die dadurch notwendigen tieferen Segmentierungsstrategien verursachen, dass der Wettbewerb von der Unternehmensebene auf die Produktgruppenebene verschoben wird.[303] Eine einzelne Unternehmung hat daher in der Regel in unterschiedlichen Produktgruppen unterschiedliche Konkurrenten.

---

[299] Vgl. Lingenfelder/Lauer/Funk 1998, S. 15ff. Die möglichen Dimensionen der Differenzierung werden
in Kapitel 4.5.1 näher ausgeführt.

[300] Vgl. den Shell-Boykott im Zuge des Brent Spar-Konflikt (vgl. Mohr/Schneidewind 1995), den Nestlé-
Boykott angesichts der Auseinandersetzungen um ihre Verkaufspraktiken für Säuglingsmilchprodukte
in Entwicklungsländern (vgl. Dyllick 1990, S. 264ff.) oder die erwähnten Auswirkungen auf die Firmen Adidas und Nike wegen ihrer Produktionspraktiken in Südostasien (vgl. stellvertretend Goodman
1999, S. 15).

[301] Vgl. beispielhaft Blickhäuser/Gries 1989, S. 5ff., Doebeli 1992, S. 12f. sowie Schmalen 1994

[302] Vgl. zu unterschiedlichen Marktsegmentierungsebenen Becker 1994 und Belz 1995, S. 6

[303] Vgl. ausführlich Porter 1998, S. 206ff. In einer Grobgliederung können im Bekleidungshandel die vier
Produktgruppen Damenoberbekleidung (DOB), Herrenbekleidung (HAKA), Kinderbekleidung (KOB)
sowie Wäsche unterschieden werden. Dies genügt den marktlichen Anforderungen heute jedoch nicht
mehr.

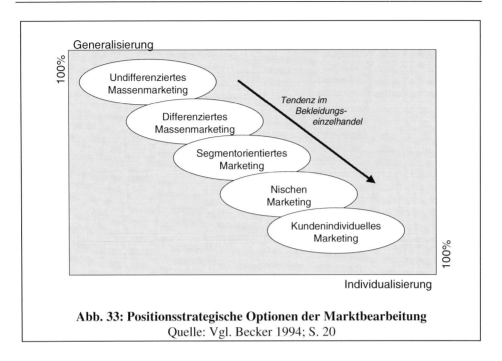

Abb. 33: Positionsstrategische Optionen der Marktbearbeitung
Quelle: Vgl. Becker 1994; S. 20

Die Ausführungen verdeutlichen, dass der schweizerische Bekleidungsmarkt handels-seitig eine **fragmentierte Branche mit Konzentrationstendenzen** ist, während nach-frageseitig die **Individualisierung** zunimmt. Hinsichtlich des ökonomischen Reifegra-des (ausgedrückt im Umsatzvolumen) handelt es sich um eine **stagnierende bis schrump-fende Branche**. Abb. 34 fasst die dominanten Triebkräfte des Wettbewerbs zusammen. In der Abbildung entspricht die Richtung der Pfeile dem ausgeübten Druck, während die Stärke der Pfeile auf die Bedeutung für den Wettbewerb in der Branche verweist.

Ökologische Aspekte spielen in den Triebkräften bisher eine unbedeutende Rolle. Für die vorhandene ökologische Branchendynamik zeichnet vor allem öffentlicher Druck verantwortlich. Forderungen von Anspruchsgruppen konzentrieren sich vorrangig auf soziale Aspekte, nur punktuell auch auf ökologische Probleme. Politische Anspruchs-gruppen verschärfen zwar stetig die umweltspezifischen Rahmenbedingungen unterneh-merischen Handels, jedoch ist der politische Druck insgesamt als gering zu bezeichnen. Von den öffentlichen und politischen Forderungen sind insbesondere die Tex-til(chemikalien)industrie und die Handelsstufe betroffen. Im Mittelpunkt stehen die Pro-

bleme der Gesundheitsverträglichkeit von Bekleidungsprodukten sowie die produkti-
onsinduzierte Abwasserbelastung.

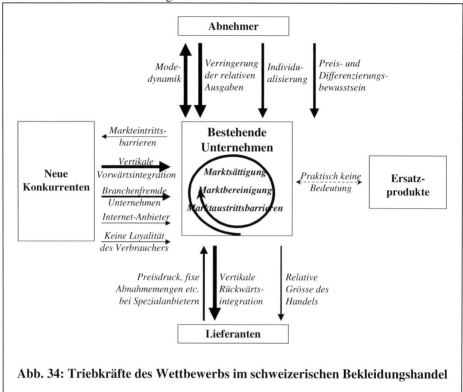

Abb. 34: Triebkräfte des Wettbewerbs im schweizerischen Bekleidungshandel

4.3 Landkarte des ökologischen Massenmarktes im Bekleidungshandel

Nach diesen eher allgemeinen Einführungen gilt es im folgenden, den Begriff «ökologische Bekleidungsprodukte»[304] zu klären. Anschliessend wird mittels der «Landkarte des
ökologischen Massenmarktes» die aktuelle ökologische Ist-Situation in Bezug auf das
Bekleidungsangebot im schweizerischen Handel dargestellt.

Bei der Definition des Begriffes «ökologische Bekleidungsprodukte» geht es um eine
sinnvolle Operationalisierung eines bisher nicht allgemein akzeptierten oder kodifizier-

---

[304]   ... und dessen bis zu einer näheren Klärung synonym verwendeten Begriffen «ökologische Bekleidungsartikel», «Ökotextilien» und «Ökoprodukte».

ten und heftig umstrittenen Konstruktes. Während sich andere Branchen in dieser Hinsicht leichter tun, stehen einer Definition in der Bekleidungsbranche objektive, «wissenschaftliche» Schwierigkeiten und Probleme der Konsensbildung entgegen.

Die textile Kette ist weitaus komplexer als die meisten anderen Wertschöpfungsketten (**Komplexitätsproblem**). Für die Textilproduktion sind von der Fasergewinnung bis zum Endverbrauch eine Vielzahl von Verarbeitungsschritten erforderlich, die jeweils eigene spezifische Umwelteffekte haben. Um trotzdem einen Überblick über die ökologischen Problemfelder zu geben, wird auf das Instrument der ökologischen Belastungsmatrix[305] zurückgegriffen (vgl. Abb. 35). Sie veranschaulicht die ökologischen Problemfelder der textilen Kette.

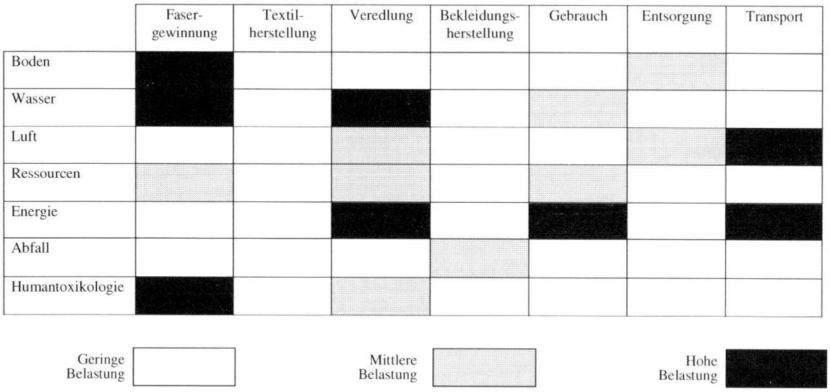

	Faser-gewinnung	Textil-herstellung	Veredlung	Bekleidungs-herstellung	Gebrauch	Entsorgung	Transport
Boden	Hohe					Mittlere	
Wasser	Hohe		Hohe				
Luft							Hohe
Ressourcen	Mittlere						
Energie			Hohe		Hohe		Hohe
Abfall				Mittlere			
Humantoxikologie	Hohe		Mittlere				

Geringe Belastung: ☐   Mittlere Belastung: ▨   Hohe Belastung: ■

Abb. 35: Ökologische Belastungsmatrix der textilen Kette
Quelle: Vgl. ähnlich bei Hummel 1997, S. 152

Die Ursachen ökologischer Belastungen können prozess- oder produktspezifisch sein. Prozessinduzierte Umweltbelastungen entstehen bei der Verarbeitung der Textilfaser und sind vorrangig technische Optimierungsprobleme (z.B. Prozessenergie, Transportenergie, Einsatz von Prozesschemikalien). Demgegenüber handelt es sich bei produktbezogenen Problemen um solche, die direkt mit den eingesetzten Stoffen zusammenhängen. Reduziert man die Betrachtung der ökologischen Problemfelder auf die produktbe-

---

[305] Vgl. Dyllick/Belz 1993, S. 13 und in der Anwendung für verschiedene Branchen Dyllick et al. 1994

zogenen Aspekte, dann sind vor allem folgende Faktoren eine Quelle besonderer Umweltbelastungen:[306]

- **Fasergewinnung** mit den Problemfeldern Monokultur, Pestizid-, Herbizid- und Wassereinsatz (bei Naturfasern) sowie Einsatz nicht-erneuerbarer Ressourcen, Verbrauch von Hilfs- und Betriebsmitteln und Wasserverbrauch (bei Kunstfasern)

- **Veredlung** mit den Problemfeldern Farbstoffeinsatz sowie Verwendung von Pflegeausrüstungen (insbesondere durch den Gebrauch von Formaldehyd).

Neben der Komplexität der textilen Kette erschwert zudem der **wissenschaftliche Erkenntnisstand** eine exakte Klassifizierung der relativen ökologischen Qualität der angebotenen Produkte. Während die Belastungsmatrix auf einer qualitativen Einordnung beruht, ist die Kenntnis der detaillierten ökologischen Vor- und Nachteile der unterschiedlichen Produktionsstufen bisher eher gering. Insbesondere muss das Wissen um die ökologische Qualität der jeweils verwendeten Stoffe (noch) als unzureichend eingestuft werden.[307]

Abhilfe können in solchen Situationen allgemein akzeptierte Mindestkriterien leisten, die in Form von Standards oder Ökolabeln über die relative ökologische Qualität Auskunft geben. Starke Differenzen zwischen verschiedenen gesellschaftlichen Gruppen über die konkrete Ausgestaltung von Öko-Standards haben bisher branchenweite Klassifizierungssysteme weitgehend verhindert. Bis dato gibt es mit dem Öko-Tex Standard 100 nur ein weit verbreitetes Label, das über ökologische Aspekte der Textilproduktion informiert (**Klassifizierungs- und Konsensproblem**).[308] Der erweiterte Öko-Tex

---

[306]   Vgl. allgemein Enquête Kommission 1994, S. 119ff.; Grundmeier 1996, S. 101ff.

[307]   Vgl. Claus et al. 1995, S. 219ff. sowie Meyer 1999, S. 169ff. So werden für die Herstellung von Textilprodukten heutzutage mehrere Duzend verschiedener natürlicher und chemischer Textilfasern verwendet. Bei der Gewinnung jeder einzelnen entstehen unterschiedliche Umweltauswirkungen, und sogar «gleiche» Fasern (wie Baumwolle) differieren je nach Anbauort oder verwendeter Technologie. Hieraus resultiert allein im Bereich «Textilfasern» ein schier unübersichtliches Potpourrie aus spezifischen ökologischen Umweltbelastungen, das mit der einfachen Unterscheidung «Naturfasern sind ökologisch verträglicher als Chemiefasern» völlig unzutreffend beschrieben wird (vgl. auch WWF 1993, S. 3ff.). Auf nahezu allen weiteren Produktionsstufen der textilen Kette sind ähnliche Klassifikationsschwierigkeiten vorzufinden: Festlegung einer «ökologischen Reihenfolge» für die unterschiedlichen chemischen und natürlichen Farbstoffe, Verwendung von weiteren Textilhilfsmitteln oder Bewertung von Prozessinnovationen.

[308]   Hierbei handelt es sich jedoch um ein «single issue label» (vgl. Salzman 1997, S. 12), welches nur darüber informiert, dass die Verwendung der Produkte gesundheitlich verträglich ist. In jüngster Zeit gab es einige Bestrebungen von verschiedenen Organisationen (z.B. Internationaler Verband der Naturtextilwirtschaft, International Federation of Organic Agriculture Movement), verbindliche und allgemein

Standard 100plus könnte jedoch für zusätzliche Bewegung in der Klassifizierungsfrage sorgen.

Vor diesem Hintergrund wird hier ein **eigenes Klassifizierungsschema** entworfen, das sich hinsichtlich der zugrunde liegenden Kriterien an ähnlichen Verfahren in anderen Branchen orientiert.[309] Zur Reduzierung der Komplexität und damit zur Erhöhung der Aussagefähigkeit kann es sich auch hier nur um ein Grobmodell handeln. Die Produkte des schweizerischen Bekleidungsmarktes werden folglich entsprechend

1. der **humantoxikologischen**[310] **Auswirkungen**,
2. der **ökologischen Optimierung der Produktion** (insbesondere Veredlung) sowie
3. der **verwendeten Faser** (biologische[311] und konventionelle) eingeordnet.

Aus diesem Suchkatalog ergibt sich eine **vierstufige Klassifikation** mit zunehmender relativer ökologischer Qualität:

	Gesetzesstandard	Gesundheits- verträglichkeit	Ökologische Optimierung der Produktion	Biofasern
„Konventionelle"	ja	nein	nein	nein
„Untere Mitte" (Öko- Tex Standard 100)	ja	ja	nein	nein
„Obere Mitte" (Öko- Tex Standard 100+)	ja	ja	ja	nein
„Öko-Textilien"	ja	ja	ja	ja

Tab. 5: Ökologische Klassifizierung von Bekleidungsprodukten

---

gültige Ökolabels zu entwickeln, die die ökologischen Auswirkungen des gesamten Produktlebenszyklus berücksichtigen. Diese Bestrebungen haben bis dato jedoch keine Aussenwirkung entfaltet (vgl. aber o.V. 1999b).

[309] Vgl. die Kriterien, die den schweizerischen Lebensmittel-Erzeugnissen aus Integrierter Produktion und biologischem Anbau zugrunde liegen (Kapitel 3.3.1).

[310] Die Gesundheitsverträglichkeit der Produkte wird durch die Richtwerte des Öko-Tex Standard 100 gewährleistet. Dieser Aspekt findet sich in den Produktklassifizierungen anderer Branchen nicht wieder. Indes rechtfertigt sich die Sonderbetrachtung, da die Gesundheitsverträglichkeit von Bekleidungsartikeln ein in der Öffentlichkeit kontrovers diskutierter und im Kaufverhalten der Konsumenten zunehmend wichtiger Faktor ist.

[311] Fasern aus kontrolliert biologischem Anbau oder aus artgerechter Tierhaltung.

Unter «konventionellen» Artikeln werden alle Bekleidungsprodukte verstanden, welche die gesetzlichen Mindestanforderungen erfüllen. Produkte, die gemäss «Öko-Tex Standard 100» ausgezeichnet sind oder dessen Kriterien erfüllen, werden der Kategorie «Untere Mitte» zugeordnet. Über die humantoxikologisch relevante Schadstoffprüfung hinausgehende und in der Produktion (insbesondere Veredlung) ökologisch optimierte Produkte werden unter der Kategorie «Obere Mitte» subsumiert.[312] Die aus einer ökologischen Perspektive weitgehendste Kategorie ist diejenige der «Öko-Textilien».[313] Diese Produkte erfüllen die gesetzlichen Anforderungen, sind humantoxikologisch unbedenklich, produktionsökologisch optimiert und aus Biofasern hergestellt. Insbesondere die letzten beiden Kategorien orientieren sich bewusst nicht an klar definierten Einzelkriterien, sondern geben nur den Bezugsrahmen der ökologischen Optimierung an. Die jeweilige Ausgestaltung ist vor allem zeitabhängig. Diese Vorgehensweise wird verfolgt, weil die ökologische Optimierung von Textilprodukten ein stark innovationsabhängiger Prozess ist. Heutige «best ecological practices» sind in der Regel morgen schon verbessert. Ein offenes Klassifikationssystem, das sich auch in der im folgenden Abschnitt skizzierten Retrospektive bewähren soll, kommt dieser Dynamik entgegen. Die Klassfizierung dient in den nachfolgenden Abschnitten als Orientierungsmassstab.

Um dem Leser einen Eindruck über das derzeitige (1999) Angebot ökologischer Bekleidungsartikel im schweizerischen Handel zu vermitteln, verwenden wir die «Landkarte des ökologischen Massenmarktes» (vgl. Abb. 36).[314]

---

312   Die Kategorie ist an den Öko-Tex Standard 100+ angelehnt, ohne dabei exakt die Kriterien des Öko-Tex Standard 100+ zu beachten. Eine Markterhebung nach dessen Einzelkriterien wäre für die vorliegende Analyse unmöglich.

313   Im folgenden wird der Begriff «Öko-Textilien» nur noch für Produkte dieser Kategorie verwendet und grenzt sich damit von anderen Termini ab.

314   Auf die mit Pfeilen gekennzeichneten Entwicklungspfade wird in Kapitel 4.4.4 eingegangen.

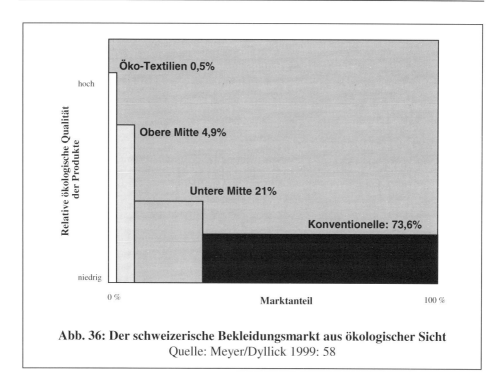

Abb. 36: Der schweizerische Bekleidungsmarkt aus ökologischer Sicht
Quelle: Meyer/Dyllick 1999: 58

Im schweizerischen Bekleidungshandel wurden 1998 mit «Öko-Textilien» etwa CHF 35 Mio umgesetzt[315]. Mit der ökologisch gesehen «Oberen Mitte» des Bekleidungsangebotes konnte ein Jahresumsatz von ca. CHF 350 Mio. verbucht werden.[316] Die Kriterien des «Öko-Tex Standard 100» (Untere Mitte) erfüllen durchschnittlich ungefähr 30% der Sortimente der grossen Handelshäuser. Unter Berücksichtigung gesundheitlich unbedenklicher Produkte im Fachhandel ergibt diese Kategorie daher einen geschätzten Umsatz von CHF 1500 Mio. Die restlichen CHF 5315 Mio. des gesamten Bekleidungsumsatzes in der Schweiz entfallen auf das Bekleidungsangebot, das unter der Kategorie «Konventionelle» subsumiert ist.

---

[315]   Bedeutendster Vertreter ist die Coop (NATURA Line) mit CHF 21,6 Mio Umsatz.

[316]   Dies geht vor allem auf das Ökosortiment der Migros (ca. CHF 220 Mio) sowie auf das von Charles Vögele zurück.

4.4 Ökologischer Branchenlebenszyklus

Die ökologische Ist-Situation des Bekleidungsangebotes gibt zunächst wenig Aufschluss über die ökologische Entwicklungsdynamik im Handel. Um die Bedeutung des Umweltschutzes in der schweizerischen Bekleidungsbranche verstehen und zukünftige Entwicklungen antizipieren zu können, muss man sich daher die Historie der Branche ansehen. Vor diesem Hintergrund wurde in Kapitel 2.4 vermutet, dass Branchen einer bestimmten ökologischen Lebenszykluslogik folgen. Im folgenden wird die Untersuchung daher dynamisiert. Es wird ein Blick zurück in die jüngere Vergangenheit der Bekleidungsbranche geworfen, indem umweltrelevante Entwicklungen **seit 1990** zum Gegenstand der Betrachtung gemacht werden (Kapitel 4.4.1 bis 4.4.3). Die Rekapitulation endet mit einer Veranschaulichung des bisherigen **Diffusionsverlaufs ökologischer Bekleidungsartikel.** In Kenntnis der ökologischen Historie der Branche werden schliesslich **allgemeine Entwicklungspfade zu einem höheren Diffusionsgrad umweltfreundlicher Produkte** und einer umweltverträglicheren Branche skizziert (Kapitel 4.4.4).

4.4.1   Einführung ökologischer Produkte (1990-1993): Der Weg zur Naturmodewelle

Die Zeit um 1990 stand unter dem Einfluss sich wandelnder gesellschaftlicher Einstellungen zur Notwendigkeit eines verstärkten Umweltschutzes auf regionaler, nationaler und globaler Ebene. Die Entregionalisierung der Bedrohung[317] durch technische Grossrisiken, wie sie in den Umweltkatastrophen von Tschernobyl und Schweizerhalle Mitte der 1980er Jahre offensichtlich geworden war, hatte das Sicherheitsgefühl der Bevölkerung negativ beeinflusst. Das neue gesellschaftliche und politische Umweltbewusstsein[318] mündete 1992 in den Umweltgipfel von Rio de Janeiro[319]. Im Zuge der Einstel-

---

[317]   Vgl. ähnlich Beck 1986, S. 29

[318]   So stieg das Umweltbewusstsein der schweizerischen Bevölkerung seit Mitte der 1980er Jahre stark an und erreichte anfangs der 1990er Jahre seinen bisherigen Höhepunkt (vgl. IHA-GfM 1995, zitiert nach Belz 1998, S. 17).

[319]   United Nations Conference on Environment and Development. Auf der Konferenz diskutierten Politiker aus mehr als 180 Staaten, Industrievertreter und erstmals auch öffentliche ökologische Anspruchsgruppen über die zukünftige Entwicklung der Weltgesellschaft. In ihrem Verlaufe wurden fünf we-

lungsänderungen gewannen auch Umweltschutzgruppen an Zulauf[320] und verstärkten ihre Forderungen gegenüber Unternehmen und Branchen.

Bezüglich der textilen Wertschöpfungskette entzündete sich Kritik vor allem an Fragen der **Abwasserbelastung** sowie am Aspekt der **Gesundheitsverträglichkeit von Textilien**. Hinsichtlich der Gesundheitsverträglichkeit hatten wissenschaftliche Forschungen ergeben, dass die chemieintensive Veredlung von Textilprodukten toxische, kanzerogene und allergene Rückstände in den Bekleidungsprodukten hinterlassen konnte.[321] Diese konnten schädliche Folgen für Konsumenten haben. Daraufhin nahmen sich Umweltschutz- und Konsumentengruppen der Thematik an und begannen, auf Unternehmen der Textilbranche Druck auszuüben (öffentliche Ansprüche). Insbesondere die Textil(chemikalien)industrie sah sich mit Forderungen nach gesundheitsverträglicheren Chemikalien konfrontiert. Gleichzeitig musste sich der Handel, der in den zurückliegenden Jahren Macht hinzu gewonnen hatte, die Inverkehrbringung gesundheitsgefährdender Produkte vorwerfen lassen.

Angeregt durch den Zeitgeist und neue technologische Möglichkeiten[322] reagierten neben den etablierten Kleinanbietern (allen voran der Versender Köppel) zuerst die den Umweltschutzorganisationen WWF und Greenpeace angegliederten Handelsabteilungen WWF Panda[323] und Greenpeace News&Products. Beide «Davids» begannen etwa zeitgleich im Jahre 1990, in der Schweiz produktionsökologisch optimierte Bekleidungsprodukte («Obere Mitte») anzubieten (**Einführungsphase**). Im Jahr 1992 erweiterten sie ihr Sortiment um erste Produkte aus Biofasern («Öko-Textilien»). Die Motivation für die Produktlancierung war wenigstens bei WWF Panda eine doppelte: In ihrer Funktion als Teil der Umweltschutzorganisation WWF war die Öko-Kollektion ein Umsetzungsbeispiel für ökologische Produktoptimierung mit dem Thema «Biofasern». Die

---

sentliche Dokumente diskutiert und schliesslich von einer Vielzahl der Teilnehmer unterzeichnet (vgl. Rogers 1993, S. 185ff.).

[320] Vgl. stellvertretend Bodenstein et al. 1998, S. 17

[321] Vgl. stellvertretend Ried 1989

[322] Die dänische Textilfirma Novotex hatte 1987 eine Kollektion für Damenoberbekleidung entwickelt, die über den gesamten Produktlebenszyklus ökologisch optimiert war, jedoch bis 1991 keine biologisch angebaute Baumwolle verwendete. Die Kollektion setzte trotzdem einen Benchmark für ökologische Bekleidungsproduktion und sollte die ökologische Dynamik im schweizerischen Bekleidungshandel massgeblich beeinflussen.

[323] Seit 1994 ist die Handelabteilung eine selbständige Unternehmung unter dem Namen WWF Panda S.A.

Markteinführung hatte vor allem das umweltpolitische Ziel, eine **marktfähige «best practice»** zu verdeutlichen. Aus einer wettbewerbsstrategischen Perspektive diente die Lancierung der Öko-Kollektion dazu, sich mittels des ökologischen Zusatznutzens der Produkte als Öko-Pionier zu positionieren und Pioniervorteile zu sichern (**ökologische Differenzierungsstrategie**). Die Unternehmen richteten ihre Produkte marktseitig an die bereits bestehende Kundschaft. Sie rekrutierte sich zu einem überwiegenden Teil aus Mitgliedern oder Gönnern der Umweltschutzorganisationen und kann daher als überdurchschnittlich umweltbewusst charakterisiert werden (**Umweltinnovatoren**).

Unter dem Eindruck der allgemeinen gesellschaftlichen Stimmung und des sich einstellenden Umsatzerfolges der Pionierunternehmen vermuteten einige «Goliaths» des Bekleidungshandels, dass das Umsatzpotential für Ökotextilien signifikant über den von den «Davids» realisierten Umsätzen lag. Insbesondere vertikal integrierte[324] ausländische und damit hochflexible Unternehmen wie Esprit, Hennes&Mauritz und Benetton stiegen im Jahr 1992 als erste der grossen Handelshäuser in den entstehenden Markt für «Naturmode» ein. Die angebotenen Waren entsprachen ebenfalls weitgehend dem Segment der «Oberen Mitte». Die Unternehmen sahen in diesem Engagement eine Chance, sich **Anteile des Naturmodemarktes zu sichern**. Zudem erhofften sie sich durch diesen Schritt bedeutende **Imagevorteile**. Durch ihre relative Grösse besassen sie Möglichkeiten einer Marktbearbeitung, die weit über diejenigen der kleinen Öko-Pioniere hinausging. Sie waren breiter distribuiert, hatten höhere Marketingbudgets sowie Erfahrungen in der Bearbeitung einer differenzierten Zielkundschaft.

Der Vorstoss dieser «**Pionier-Goliaths**» veranlasste inländische Mode-, Kauf- und Warenhäuser sowie Verbrauchermärkte nachzuziehen. Es entwickelte sich ein (nach Sortimentsgruppen eng begrenzter) **ökologischer Wettbewerb unter den bestehenden Unternehmen** des schweizerischen Bekleidungshandels. Mit den Top 10-Unternehmen Coop, Charles Vögele, Manor und Spengler lancierten auch schweizerische Grossanbieter eigene Öko-Sortimente. Unter dem Titel «Der Jute-Phönix steigt aus der Plastik-

---

[324]   Unternehmen wie Hennes&Mauritz sind zu den ersten Handelsunternehmen zu zählen, die vertikale Rückwärtsintegrationen vornahmen. Hierdurch wurden sie im Verhältnis zur Konkurrenz günstiger, flexibler und schneller. (vgl. zur vertikalen Rückwärtsintegration Ahlert/Horstmann 1994, S. 51ff. und Reckfort 1997, S. 17f.)

Asche» verkündete «Die Weltwoche»[325] daraufhin vielsagend den Beginn eines **ökologischen Modetrends**.

Indes ging es den wenigsten Unternehmen um die nachhaltige Integration des Umweltschutzes in alle Geschäftsbereiche als vielmehr um die **kommerzielle Nutzung eines Modetrends**. Zur Reduzierung des Moderisikos[326] verzichteten daher nahezu alle grossen Häuser auf eine komplette Sortimentsumstellung auf «Ökomode». Vor diesem Hintergrund ist ihr Engagement in der Regel als **ökologische Differenzierungsstrategie in Sortimentsteilen** zu verstehen. Mit hohen Öko-Standards und überdurchschnittlich hohen Preisen orientierten sie sich vorrangig an der Gruppe umweltaktiver «Überzeugungstäter»[327], die bereit waren, für den sozialen und potentiellen individuellen Zusatznutzen (Gesundheit) mehr zu bezahlen.

Dies macht – aus einer Angebotssicht – deutlich, warum der Sprung von der kleinen Gruppe umweltaktiver Konsumenten (Umweltinnovatoren) zu den weniger «kompromissbereiten» Frühadaptoren im Massenmarkt und damit der Übergang von der Einführungs- zur Wachstumsphase nicht gelang. **Die strategische Nischenorientierung der Unternehmen wurde zur «selbst-erfüllenden Prophezeiung»**. Dadurch dass immer mehr Unternehmen in das kleine Marktsegment einstiegen, wurden die individuellen Unternehmerrenten reduziert und die relative Attraktivität des Segments nahm sukzessive ab. Aus einer Nachfragesicht sorgte die **Vielfalt an undurchsichtigen ökologischen Handelsmarken**[328] für eine grosse Verwirrung und Reaktanz bei den Konsumenten. Zudem eignete sich die anvisierte Zielgruppe «umweltaktive Konsumenten» nur in geringem Masse für eine Multiplikation der Umsätze ökologischer Bekleidungsprodukte.[329] Folgerichtig konnten die offerierten produktionsökologisch optimierten Produkte selbst

---

[325] Vgl. Wüthrich 1992, S. 69

[326] «Unter Moderisiko versteht man die durch den modetypischen Wandlungsprozess der Produkte bedingten Unwägbarkeiten der Produktakzeptanz» (Hetzel 1997, S. 9)

[327] Vgl. Doswald 1992

[328] Vgl. hierzu Haber 1996, Leibundgut 1997

[329] Einer Studie von Bodenstein et al. 1998 zufolge, sind «Umweltschützer» im konventionellen Bekleidungsmarkt nicht als Konsumenten-Innovatoren eines Trends zu zählen. Es gelingt ihnen wenig, die komplexen ökologischen Sachverhalte der textilen Kette an weniger Interessierte zu vermitteln. Die Weitergabe von Informationen über ökologische Qualitäten von Produkten wird zudem häufig als besserwisserischer sozialer Druck interpretiert und damit abgelehnt. Die Autoren untersuchten explizit die Eignung von Umweltschützern als Diffusionsagenten. Es wird vereinfacht argumentiert, dass sich viele besonders umweltbewusste Konsumenten auch in Umweltschutzorganisationen engagieren, und sei es «nur» als Spender.

in der angeblichen «Blütezeit» **zwischen 1992 und 1994** nur einen **Marktanteil von 0,25 %** (ca. CHF 18 Mio.) erlangen.[330]

Diffusion von Bekleidungsmoden

Wer wären die «richtigen» Konsumenten-Innovatoren gewesen, die eine nachfrageseitig indu-zierte ökologische Modedynamik hätten bewirken können? Neuere Überlegungen zur Diffusion von Bekleidungsmoden gehen davon aus, dass der **Ursprung von Modeströmungen praktisch nicht vorhersagbar** ist. Modeströmungen können prinzipiell in jedem Milieu der Gesellschaft entstehen. Der Ausbreitungsform entsprechend wird dieser Ansatz als Spiral- oder Virulenzmo-dell («trickle-across-Hypothese»[331]) bezeichnet. Aus unterschiedlichen psychologischen und so-zialen Gründen gelten derzeit (vor allem weibliche) Jugendliche als die modeaktivste Gruppe in der Gesellschaft.[332] Ihr Einfluss auf das Modeverhalten Älterer ist jedoch umstritten. Aus den bestehenden diffusionstheoretischen Studien lässt sich ableiten, dass es ex ante keine «richtige» Zielgruppe für ein ökologieorientiertes Innovationsmarketing mit Massenmarktausstrahlung gibt. Es wird sich im weiteren aber auch zeigen, dass der Versuch, eine Ökologisierung der Beklei-dungsbranche durch die Initiierung einer Öko-Modewelle herbeizuführen, nur von kurzfristigem Erfolg gekrönt sein kann.

4.4.2 Stagnation: Abschwung in der Masse - Aufschwung in der Nische (1993-1995)

Dem bescheidenen «Hoch» der Naturmodewelle der Jahre 1992 bis 1994 folgte ein «Tief», das sich bereits 1993 ankündigte. Die Öko-Sortimente verschwanden sukzessive aus den Regalen der meisten «Goliaths». Es kam zu einem **Abschwung** der Bedeutung ökologischer Bekleidungsprodukte im Massenmarkt und einem modischen Gegentrend, der sich in synthetischen Produkten hoher Farbigkeit ausdrückte.

Die Umsatzerwartungen der grossen Handelshäuser an ihre Öko-Kollektionen hatten sich bis 1994 überwiegend nicht erfüllt. Kaum eine Unternehmung konnte Umsatzbei-träge der Ökotextilien jenseits ein oder zwei Prozent des gesamten textilen Unterneh-mensumsatzes verzeichnen. Nach und nach zogen sich daraufhin sowohl Pionier-

---

[330]   Der Anteil an angebotenen «Öko-Textilien» ist umsatzbezogen zu vernachlässigen.
[331]   Vgl. Wiswede 1971 sowie King 1976
[332]   Vgl. Wiswede 1999, S. 97f.

Goliaths wie Esprit (1995) als auch Nachfolger wie Spengler, Manor oder EPA aus dem Geschäft mit Naturmode zurück. Einzig Coop und Charles Vögele boten weiterhin ökologische Bekleidungsartikel auf niedrigem Umsatzniveau an. Für die rückläufige Entwicklung im Massenmarkt sind unterschiedliche Gründe anzuführen. Drei entscheidende Ursachen sind:

- **Nischenstrategie der Handelsunternehmen** (self-fulfilling prophecy): Die Konzentration auf das kleine Kundensegment der «Ökos» und der damit erwirtschaftete Umsatz stand in keinem ökonomischen Verhältnis zu den notwendigen Zusatzaktivitäten: gesonderte Beschaffungsverfahren; Kooperationen mit Institutionen, die das technische und naturwissenschaftliche «Öko-know-how» besassen; separate Marketingkosten etc.

- **Logik der Modebranche** (vgl. unten): Ökologische Bekleidungsprodukte wurden in den Jahren 1992 bis 1995 im Rahmen der Unternehmenskommunikation sowohl als Designinnovation (neue Fasern und neue Inputstoffe) als auch **als Modeinnovation in den Markt eingeführt**. Der Schwerpunkt der kommunikativen Markteinführung ökologischer Bekleidungsprodukte lag jedoch auf dem modischen Aspekt. Verkauft wurde vor allem ein Trend, die Kreation eines «Öko-Looks»: «Weite, bequeme Schnitte in zurückhaltender, erdverbundener Farbigkeit. [..] Langweilige, monochrome Ware [..]»[333] Da Modetrends jedoch einem stetigen Wandel in der Branche unterliegen, war es nur eine Frage der Zeit, bis das Ende des Natur- oder Ökotrends zu verzeichnen war. In der Tat folgte dem Ökotrend in den Jahren nach 1993 ein Gegentrend in Form einer **Farben- und Synthetikwelle** nach.

Logik der Modebranche: Abwechslung, Abwechslung, Abwechslung!

Die Bekleidungsbranche wird allen anderen Tendenzen zum Trotz vorrangig von der Modedynamik und stetigen Abwechslung geprägt. Bei der Modedynamik handelt es sich um eine Beschleunigungsspirale, die sich aus dem gegenseitigen Spiel von nach Abwechslung suchenden Konsumenten und nach Wettbewerbsfeldern suchenden Unternehmen ergibt. Aus der Sicht der Konsumenten kann die Forderung nach modischen Wechseln nicht monokausal erklärt werden, sondern resultiert aus unterschiedlichen Determinanten (wie Neugier, Erotik, Wettbewerb, Narzissmus,

---

[333]   Vgl. Braun/Matzenbacher 1996, S. 51

Status).[334] Weitgehend unbestritten ist, dass Konsumenten durch soziale Normen und Werte, die sich heutzutage z.B. in Forderungen nach Flexibilität, Wandlungs- und Anpassungsfähigkeit ausdrücken, massgeblich beeinflusst werden. Aus Sicht der Unternehmen lohnt sich ein stetiger Modewandel, weil eine früher eintretende Produktobsoleszenz ständig neue Wettbewerbsfelder entstehen lässt. Dadurch steigen die Differenzierungsmöglichkeiten an. Die hohe Produktobsoleszenz sorgt dafür, dass mit regelmässigen und kurzfristigen, ggf. sogar steigenden Umsätzen gerechnet werden kann. Zunehmend flexible Organisationsstrukturen der Handelshäuser und Handel-Lieferanten-Beziehungen erlauben es Handelunternehmen, Modeneuheiten noch schneller auf den Markt zu bringen.[335]

- **Fernsehbericht «Kassensturz»**: In der schweizerischen Fernsehsendung «Kassensturz» vom 16. November 1993 sowie in der am nächsten Tag erschienenen Zeitschrift «K-Tip» wurden negative Ergebnisse einer **Untersuchung von Ökotextilien** publik gemacht. Der Kassensturz hatte in einer nicht unumstrittenen Zufallsstichprobe in 13 Läden Artikel mit der Deklaration «100 Prozent Baumwolle» auf Formaldehyd, Schwermetalle und krebserregende Farbstoffe untersucht. Unter den analysierten und schliesslich kritisierten Produkten befanden sich auch solche der Firmen Hennes&Mauritz und WWF Panda. Nahezu alle betroffenen Unternehmen reagierten sofort mit Umtauschaktionen. Trotzdem ist zu vermuten, dass die Medienpräsentation **weitreichende Folgen für die Glaubwürdigkeit ökologischer Bekleidungsprodukte und deren Anbieter** hatte. Die angesichts der unüberschaubaren Label-Vielfalt und der fehlenden Möglichkeit einer Überprüfung der ökologischen Qualität der textilen Produkte[336] ohnehin skeptischen Konsumenten wurden durch die Untersuchungsergebnisse der populären Fernsehsendung weiter verunsichert.

Wenngleich die Naturmodewelle nicht zu einer breiteren Marktdurchdringung ökologisch optimierter Bekleidungsartikel führte, so hatte sie doch eine Sensibilisierung vieler Branchenakteure bewirkt. **Umweltschutz** wurde daher nicht vollständig zurückgedrängt, sondern hielt **auf neuen Wegen** Einzug in die Handelshäuser. Im Mittelpunkt der pro-

[334] Vgl. Wiswede 1999: 123

[335] Vgl. Lohr/Giese 1999: 90f.

[336] Ökologische Produkte sind in der Regel «Vertrauensgüter», das heisst: Der Konsument muss den Angeben der Anbieter Glauben schenken, da er nur unter prohibitiv hohen Kosten die ökologische Qualität der Produkte überprüfen kann (vgl. zu Vertrauensgütern Kaas 1993: 32 sowie grundlegend Darby/Karni 1973 und Nelson 1974).

duktbezogenen Aktivitäten stand weiterhin die **Gesundheitsverträglichkeit von Textilien**. Zwischen 1992 und 1995 reagierten Handelsunternehmen auf dieses Thema mit Naturmode. Nunmehr fokussierten sie auf den Kern der (mittlerweile nachlassenden) externen Ansprüche. Mit einer Zertifizierung gemäss des seit 1993 in der Schweiz erhältlichen Produktezertifikats «**Öko-Tex Standard 100**» sollten die Forderungen erfüllt werden. Der international anerkannte Standard war 1987 vom Österreichischen Textilforschungsinstitut als nationale Prüfvorschrift ÖTN 100 entwickelt worden.[337] Im Jahre 1993 trat das Zürcher Testex-Institut der mittlerweile internationalen Gemeinschaft bei und ist seither für die entsprechende Prüfung und Zertifizierung in der Schweiz zuständig.[338] Im Rahmen einer Schadstoffprüfung werden die Produkte nur noch dahingehend kontrolliert, ob während der Gebrauchsphase allergene, kanzerogene oder toxische Substanzen von der Kleidung auf die menschliche Haut übertragen werden können.

Die Kriterien des Öko-Tex Standards liegen nur wenig oberhalb der schweizerischen Gesetzesanforderungen (vgl. auch unten). Da sie innerhalb der Produktion keine massgebliche Beschränkung (z.B. in der Farben- und Faservielfalt oder der Pflegeleichtigkeit) verursachen, können nahezu alle Produkte entsprechend diesem Standard hergestellt werden. Daher resultieren aus dessen Verwendung keine Einschänkungen der vielfältigen Kundenwünsche. Aus dieser Sicht ist es verständlich, dass sich der Öko-Tex Standard 100 in der Schweiz ähnlich schnell wie in anderen Ländern verbreitete.[339] Neben der Marktführerin Migros erklärten viele weitere «Goliaths» der Branche, Sortimentsteile sukzessiv umzustellen («Untere Mitte»).[340]

Bezogen auf weitere Stufen der textilen Kette sorgten insbesondere Innovationen bei Farbstoffen und Textilhilfsmitteln für eine fortlaufende ökologische Dynamik. Trotz der zunehmenden Synthetisierung und Farbigkeit der aktuellen Mode konnten ökologische Entlastungsinnovationen verzeichnet werden. Ökologische Faktoren wurden immer häufiger in die Produktentwicklung integriert. Ursachen hierfür waren vor allem eine Öffnung zum Umweltschutz seitens der Chemischen Industrie, veränderte rechtliche Rahmenbedingungen (z.B. Zunahme der Abwasserkosten) sowie ein Öko-Pull seitens des

---

[337]   Vgl. Freitag 1993, S. 3

[338]   Vgl. http://testex/html/framed.html

[339]   Nach Auskunft des Geschäftsführers des Testex-Instituts liegen die jährlichen Wachstumsraten der internationalen Zertifizierung bei 20-40%.

[340]   Vgl. o.V. 1994

Handels und der Textilindustrie. Vor diesem Hintergrund muss die ökologische Entwicklung des Massenmarktes in den Jahren 1993-1995 differenziert betrachtet werden:
Zwar gelang es nicht, Öko-Textilien so zu etablieren, dass sich ein signifikanter Nachfragesog entwickelte. Jedoch sensibilisierte die Naturmodewelle für den Umweltschutz.

Während sich die konventionelle Branche den neuen Wettbewerbsfeldern widmete und
ein neues «Verhältnis zum Umweltschutz» entwickelte, blieb die Entwicklung in der
Öko-Nische nicht stehen. Trotz der Auslistung der Öko-Kollektionen bei den meisten
Grossisten und einem vorübergehenden Umsatzeinbruch bei WWF Panda verbuchte die
Branche in der Gesamtperspektive einen **leichten Anstieg des Umsatzes**. Die Gesamt-
veränderung war das Resultat einer starken Heterogenität der Umsatzentwicklungen auf
Unternehmensebene (vgl. Abb. 37).

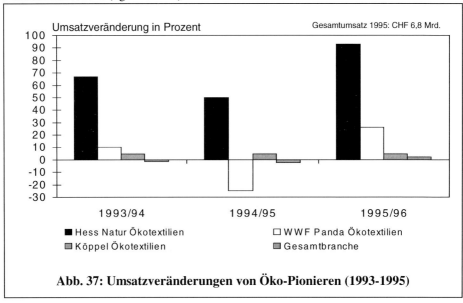

Abb. 37: Umsatzveränderungen von Öko-Pionieren (1993-1995)

Während der Neueinsteiger Hess Natur weit überdurchschnittliche Umsatzzuwächse
verbuchen konnte, stagnierten die Umsätze anderer Akteure (insbesondere auch die
Öko-Kollektionen der verbliebenen grossen Handelshäuser). Einen Umsatzeinbruch von
knapp 25% musste WWF Panda S.A. im ersten Geschäftsjahr als selbständiges Unternehmen (1994/95) hinnehmen. Es ist zu vermuten, dass der Umsatzeinbruch in erheblichem Masse aufgrund der negativen Berichterstattung im «Kassensturz» erfolgte.

Der Wettbewerb innerhalb der Öko-Nische konzentrierte sich hinsichtlich ökologischer Ausrichtungen im wesentlichen auf die Aspekte «**produktionsökologische Optimierung (Veredlung)**» und «**biologischer Anbau von Naturfasern**». Beide Themen bezogen sich auf zwei besonders akute ökologische Problemfelder der Textilherstellung: die Veredlung und die Fasergewinnung.[341] Ausserhalb der Nische entfalteten die Themen aufgrund ihres frühen Entwicklungsstadiums wenig Wirksamkeit. Zwar beobachteten einige Akteure aufmerksam die Innovationsdynamik in der Nische, jedoch führte dies die ökologischen Themen nicht über den Status **potentieller ökologischer Wettbewerbsfelder im Massenmarkt** hinaus.

In ökonomischer Dimension wurde der Wettbewerb durch die Suche der Öko-Pioniere nach **organisatorischen und strategischen Professionalisierungen** dominiert. Vor allem wurde versucht, bestehende «Kinderkrankheiten» zu kurieren und das Marktverhalten sukzessive den Erfordernissen im Bekleidungsmarkt anzupassen. In den ersten Jahren hatten sich die Unternehmen vor allem dadurch Wege in breitere Märkte versperrt, dass die Verarbeitungsqualität unzureichend, die Passform schlecht und die Versorgung mit Saisonware verspätet war. Zudem wurde auf modische Gestaltung verzichtet, und die Konsumenten hatten keine Möglichkeit, Produktgruppen-Kollektionen zu kaufen.[342]

Bis 1995 hatte sich die ökologische Dynamik im schweizerischen Bekleidungshandel damit deutlich aufgespalten. Nur noch wenige «Goliaths» boten produktionsökologisch optimierte Textilien an, geschweige denn solche aus Biofasern. Diejenigen Unternehmen, die sich mit Umweltschutz beschäftigten, widmeten sich dem Thema «Öko-Tex Standard 100». In einer Öko-Nische hingegen konnte ein konstanter Umsatzanstieg bei den meisten Öko-Pionieren festgestellt werden. Auf die gesamte Branche bezogen wurde 1995 mit **produktionsökologisch optimierten Bekleidungsartikeln** ein Umsatz von etwa CHF 11 Mio. (**0,15% Marktanteil**) realisiert. Mit Produkten, die aus Biofasern bestanden (**Öko-Textilien**), konnte ein Jahresumsatz von weiteren CHF 10 Mio. (**0,15% Marktanteil**) verbucht werden.

---

[341] Vgl. Enquête-Kommission 1994, S. 101ff.

[342] Vgl. Rehn 1993, S. 101ff. Dies heisst, dass eine breite Kombinierbarkeit (in Form oder Farbe) von Artikeln nicht möglich war.

4.4.3   Wachstum und differenzierte Strategien (seit 1995)

Seit 1995 ist eine weitere Ausdifferenzierung der ökologischen Wettbewerbsstrategien von Unternehmen zu beobachten. Während die Öko-Pioniere weiterhin überdurchschnittliche Umsatzzuwächse verzeichnen, scheint sich die ökologische Dynamik im Massenmarkt wieder zu beschleunigen. Wesentliche Anzeichen hierfür sind:

- das Engagement des Grossverteilers Coop in Öko-Textilien aus Biobaumwolle,
- die Bemühungen des Branchenführers Migros um eine Ökologisierung des Gesamtsortiments auf Niveau «Öko-Tex 100+»,
- die Zertifizierungsoption «Öko-Tex Standard 1000»,
- erneut aufkommender externer Druck (insbesondere sozial orientiert),
- die erste Zertifizierung eines Unternehmens des Bekleidungshandels nach ISO 14001.

Die auffälligste Veränderung der ökologischen Dynamik im schweizerischen Bekleidungshandel verursacht seit 1995 der Grossverteiler Coop. Das Unternehmen hatte im Zuge der Naturmodewelle 1993 die Eigenmarke «NATURA Line» lanciert, mit der es ökologisch bewusste Konsumenten gewinnen wollte. Coop nahm jedoch wie alle anderen «Goliaths» ein limitiertes Interesse der Kundschaft an der Öko-Kollektion wahr. Im Unterschied zu den Konkurrenten zog sie hieraus jedoch nicht die Konsequenz eines kompletten Rückzugs, sondern passte ihre Kollektion den Kundenbedürfnissen an. 1995 lancierte das Unternehmen die «**Coop NATURA Line (CNL)**» neu und verbucht seitdem Überraschungserfolge. 1998 wurden bereits über 6% des Textilumsatzes von Coop mit der ökologischen Eigenmarke erzielt. Der entsprechende absolute Umsatz von CHF 21,6 Mio.[343] lässt das Unternehmen zum Marktführer im Ökosegment werden.

Der Erfolg hat mehrere Ursachen: Ökologisch wurden einerseits einschränkende Richtgrössen (wie im Farbstoffbereich) reduziert, andererseits imageträchtige Faktoren wie der Einsatz von Biobaumwolle integriert. Absatzpolitisch ersetzte Coop mit der CNL das eigene Standardsortiment (anfangs vor allem Wäsche) komplett. Auch drückt das Unternehmen die Endverkaufspreise auf das gleiche Niveau der ausgelisteten Ware, so dass die Kunden **Ökologie als Zusatznutzen ohne Zusatzkosten** erhalten. Dieser Massnahmenkatalog (vgl. ausführlich Kapitel 4.5) ermöglicht Coop, die CNL für nahezu

---

[343]   Vgl. Aeschbach 1999, S. 36

jedes Kundensegment ihres Bekleidungsgeschäfts anzubieten.[344] Der Relaunch der CNL ist zielgruppenspezifisch als Neuorientierung zu verstehen: Die Coop NATURA Line richtet sich nicht nur an besonders umweltaktive Konsumenten, sondern an **preisbewusst konsumierende Verbraucher des Massenmarktes**.

Wettbewerbsstrategisch handelt es sich bei der Lancierung der CNL um eine **ökologische Differenzierungsstrategie in Sortimentsteilen**. Da Coop die CNL bisher nur für Naturfaserprodukte vorsieht, liegt das unternehmensspezifische Potential der CNL bei etwa 60% des Textilumsatzes der Coop.[345] Die Strategie der Unternehmung hat zudem eine gesellschaftsbezogene Komponente: Im Rahmen einer Kettenkooperation verpflichtete sich der Grossverteiler zur Förderung des Biobaumwollanbaus. Vor diesem Hintergrund ist die CNL auch Ausdruck einer **ökologischen Marktentwicklungsstrategie**, da Coop die allgemeinen (Beschaffungs-)Bedingungen für eine umweltverträgliche Textilproduktion zu verbessern sucht.

Die Lancierung der CNL hat bei anderen umsatzstarken Akteuren des Bekleidungshandels Interesse erzeugt. Insbesondere die Verwendung von Biobaumwolle stellt für weitere Handelshäuser eine interessante Option dar. Es ist vorstellbar, dass sich das Thema «biologischer Anbau von Naturfasern» zu einem **aktuellen ökologischen Wettbewerbsfeld** weiterentwickeln könnte. Hierfür sprechen folgende Faktoren:

- Baumwolle ist mit einem Weltmarktanteil von 47% (jährliche Weltproduktionsmenge etwa 19 Mio t[346]) die wichtigste Faser für Bekleidungsprodukte. Bei einer ausreichenden Menge an biologisch angebauter Baumwolle und der dadurch vorhandenen Faserlängenvielfalt[347] würden die Bekleidungsartikel keine produktions- und gebrauchstechnischen sowie preisbezogenen Einschränkungen erleiden. Biobaumwolle könnte dann für alle Zielgruppen verwendet werden.

- Auch in der Öko-Nische nimmt die Verwendung von Biobaumwolle stetig zu. Unter Berücksichtigung privater und öffentlicher Förderprogramme scheint sich die Verfügbarkeit dieser biologisch angebauten Faser sukzessive zu verbessern.

---

[344] Einschränkungen ergeben sich aus der ausschliesslichen Verwendung von Naturfasern, aus der bis dato immer noch sehr geringen Verfügbarkeit von Biobaumwolle sowie aus dem Kriterienkatalog für die Veredlung.

[345] Naturfaserprodukte sorgen für etwa 60% des Textilumsatzes von Coop.

[346] Vgl. Enquête-Kommission 1994, S. 111

[347] Die Faserlänge bestimmt mit, welche Textilien überhaupt erzeugt werden können.

- Die Firma Remei als einer der wichtigsten Händler im internationalen Biobaumwoll-Geschäft[348] hat ihren Hauptsitz in der Schweiz. Dies eröffnet ihr im Sinne eines «strukturpolitischen Handelns»[349] direkte Kontaktmöglichkeiten zum schweizerischen und europäischen Bekleidungshandel.

- Der Internationale Verband der Naturtextilwirtschaft (ehemals Arbeitskreis Naturtextil) hat anlässlich seiner Gründung im Januar 1999 zwei Labels mit hohen ökologischen Anforderungen (incl. der Forderung nach Biofaser-Verwendung) präsentiert.[350] Dies könnte der Diffusion von Biofasern weiteren Auftrieb verleihen.

Die langsame Veränderung des bisher latenten Wettbewerbsfeldes «Biobaumwolle» ist nur ein neues ökologisches «Spielfeld» des schweizerischen Bekleidungshandels. Das Engagement der Coop sowie deren Umsatzerfolg erzeugte vor allem auch bei Migros einen **Wettbewerbsdruck**. Dieser äusserte sich zwar nicht in einem Verlust an Marktanteilen, aber in einem relativen Imageverlust. Da der Weg in Öko-Textilien angesichts der Knappheit von Biofasern versperrt war[351], musste Migros einen alternativen Pfad beschreiten. Ähnlich wie im Lebensmittelbereich konzentriert sich die Migros seither auch bei Bekleidungsprodukten auf eine **breit angelegte Ökologisierung des Sortiments auf mittlerem Öko-Niveau** («Obere Mitte»). Für ihre Bekleidungslinie **eco products** setzte sich der Grossverteiler selbst ökologische Anforderungskriterien, die sich auf humantoxikologische und produktionsökologische Aspekte beziehen. Die Einhaltung der Kriterien wird durch ein externes Prüfinstitut in Stichproben überwacht. 1995 formulierte die Migros das ehrgeizige Ziel, 2/3 ihres Bekleidungssortiments innert sechs Jahren auf die definierten Kriterien umzustellen. 1998 konnte sie vermelden, dass das erste Drittel (etwa CHF 220 Mio) umgestellt sei.[352]

Die Migros hat mit ihrer strategischen Konzentration auf das Segment der «Oberen Mitte» ein **weiteres ökologisches Handlungsfeld** für grosse Bekleidungsdetaillisten eröffnet. Obwohl sie sich mit dieser Ausrichtung wohl quantitativ, nicht aber qualitativ

---

[348]   Vgl. Meyer/ Hohmann 1999
[349]   Vgl. Schneidewind 1998
[350]   Vgl. o.V. 1999b
[351]   Eine Versperrung des Zugangs zu Biobaumwolle lag indes nur vor, weil Migros von einer aktiven Marktentwicklung (eigene Förderung des Biofaseranbaus) absah. Die Ähnlichkeiten zum Lebensmittelwettbewerb sind offensichtlich.
[352]   Vgl. Walter 1999, S. 9

gegenüber Coop profilieren kann, hat die Strategie Methode: 1997 wurde der Öko-Tex Standard 1000 in der Schweiz vom Testex-Institut als Zertifikat für eine umweltfreund-liche textile Betriebsstätte (Kriterium Produktionsökologie) in den Markt eingeführt. Da sich der humantoxikologisch ausgerichtete **Öko-Tex Standard 100** bei europäischen Textilproduzenten mehr und mehr zum Umweltmindeststandard entwickelt[353] (**aktuelles ökologisches Wettbewerbsfeld**), kann man davon ausgehen, dass die nächste Stufe der ökologischen Textiloptimierung im Bereich der Produktionsökologie liegt. Der Öko-Tex Standard 1000 und das Produktezertifikat Öko-Tex Standard 100plus könnten sich somit zum latenten ökologischen Wettbewerbsfeld entwickeln.

Kriterien der Öko-Tex Standards 100, 1000 und 100plus

Die Vergabe des **Öko-Tex Standard 100** für Produkte erfordert eine Schadstoffprüfung. Bei die-ser werden die relevanten Artikel daraufhin überprüft, ob ihr Gebrauch für den Verbraucher ge-sundheitsgefährdend sein kann. Hierfür müssen eine festgelegte, aber dynamisch angepasste Rei-he an Schadstoffgrenzwerten eingehalten werden, insbesondere PH-Wert, Formaldehyd, be-stimmte Pestizide sowie verschiedene Schwermetalle. Die Zertifizierung nach **Öko-Tex Stan-dard 1000** basiert auf dem Öko-Tex Standard 100. Sie garantiert die «ökologische Produktion und ein funktionierendes und sich dauernd verbesserndes Umweltmanagement.»[354] Insofern be-zieht sich der Öko-Tex Standard 1000 sich auf die relative Umweltfreundlichkeit des Betriebes. Im **Öko-Tex Standard 100plus** sind schliesslich beide anderen Standards kombiniert. Hierbei handelt es sich erneut um eine Produktklassifizierung. Textilerzeugnisse, die nach diesem Stan-dard ausgezeichnet wurden, erfüllen die humantoxikologischen Kriterien des Öko-Tex Standard 100. Zudem sind sie in Produktionsstätten hergestellt worden, die allesamt nach Öko-Tex Stan-dard 1000 zertifiziert sind.

Obwohl die Migros ihre Produkte und Lieferanten (noch) nicht nach dem neuen Öko-Tex Standard 100plus zertifizieren lässt und das Label folglich nicht verwendet, ist die umweltpolitische Ausrichtung der Firma durchaus offensiv. Angesichts der bestehenden Aktivitäten von Konkurrenten im Bereich der «Öko-Textilien» (Kategorie Biofasern)

---

[353] Vgl. Schindler 1998, S. 12. Ein Grossteil der in Europa produzierten Textilien entspricht bereits den Kriterien des Öko-Tex Standard 100. Die Gross- und Detailhandelsstufe honoriert die Diffusion des Standards (und beschleunigt sie zugleich), indem sie ihn immer häufiger von ihren Lieferanten ver-langt.

[354] Vgl. Schindler 1997, S. 33

kann die ökologische Orientierung zwar nur bedingt als Differenzierungsstrategie verstanden werden. Jedoch kann sie als **offensive Marktabsicherungsmassnahme mit
Differenzierungspotential** charakterisiert werden.[355]

Weitere Ereignisse zeugen von einer seit 1995 ansteigenden Bedeutung des Umweltschutzes in der Bekleidungsbranche mit Auswirkungen auf den schweizerischen Beklei-
dungsmassenmarkt. Grosse, weltweit agierende Bekleidungsproduzenten wie Nike oder
Adidas mussten sich externem Druck beugen und Verbesserungen auf sozialer Ebene
(Kinderarbeit, Entlohnung, Sicherheitsstandards) vornehmen. Handelsunternehmen
wurden ebenfalls mit öffentlichen Ansprüchen konfrontiert. Federführend in der Kritik
ist die weltweit operierende Clean Clothes Campaign (CCC)[356], die sich für eine sozial-
verträglichere Textilproduktion einsetzt.[357] Mit ihren Forderungen findet die Organisation zunehmend auch Aufmerksamkeit bei den Medien. In jüngster Zeit verspürten Unternehmen wie Hennes&Mauritz oder C&A das Machtpotential der öffentlichen Anspruchsgruppe. Beide Unternehmen verpflichteten sich zu sozialverträglicherem Handeln. Im Zuge ihrer neuen «codes of conduct» integrieren sie nun auch vermehrt ökologische Aspekte.[358] C&A ging über die sozialen Forderungen hinaus, indem es sich 1997
als erstes Unternehmen des schweizerischen Bekleidungseinzelhandels nach ISO 14001
zertifizieren liess.[359]

Vor dem Hintergrund der ökologischen Retrospektive kann nunmehr der Diffusionsverlauf ökologischer Bekleidungsprodukte anhand entsprechender Diffusionskurven dargestellt werden (vgl. Abb. 38). Es zeigt sich im oberen Teil der Grafik, dass Bekleidungsprodukte, die den Kriterien des Öko-Tex Standard 100 (**Untere Mitte**) entsprechen, in
nur sechs Jahren den Weg von der Einführungsphase zu einer **Reifephase** durchlaufen
haben (Marktanteil 1998 ca. 21%). Diese Kategorie ist durch einen nahezu **idealtypi-**

---

[355]   Es handelt sich um eine Marktabsicherung, weil der Öko-Tex Standard 100+ nach derzeitigen Prognosen zum neuen Umweltmindeststandard werden und schliesslich seinen Vorgänger ablösen wird. Offensiv ist die Ausrichtung, da die Diffusion des neuen Standards erst in Anfängen zu beobachten ist.

[356]   Die Clean Clothes Campaign ist eine europaweit aktive öffentliche Anspruchsgruppe, die ihren Ursprung in den Niederlanden hatte. Sie hat sich die Verbesserung der Arbeitsbedingungen in der Textilbranche zum vorrangigen Ziel gemacht (soziale Dimension).
Vgl. http://www.cleanclothes.org/1/index.html, Download vom 15.03.1999

[357]   Vgl. Erklärung von Bern 1999. In der Schweiz vertritt die Erklärung von Bern die Anliegen der CCC.

[358]   Vgl. http://www.hm.com/hm/code/(Download vom 05.03.1999) sowie C&A 1998a (siehe auch C&A
1997)

[359]   Vgl. Willnecker 1998, S. 23 sowie C&A 1998b, S. 7

schen Diffusionsverlauf bei hoher Geschwindigkeit charakterisiert. Die Gründe für diesen Erfolg sind insbesondere die internationale Akzeptanz und Durchsetzbarkeit im Beschaffungsmarkt, ein niedriges Anspruchsniveau (Anforderungen sind nicht zu hoch), die konsequente Konzentration auf die externen Forderungen nach höherer Gesundheitsverträglichkeit sowie eine professionelle Vermarktung durch die Zertifizierungsstelle. Entsprechend der Schraffierung im unteren Teil der Abbildung (nachfrageseitiges Diffusionspotential) können mit Produkten der «Unteren Mitte» alle Konsumenten angesprochen werden.

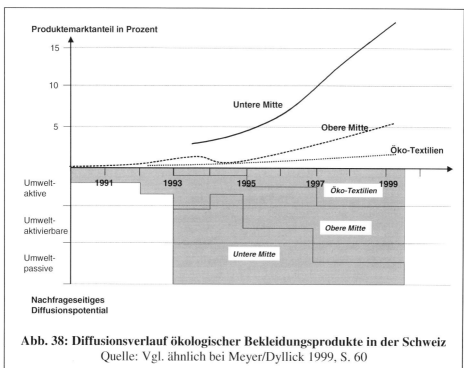

Abb. 38: Diffusionsverlauf ökologischer Bekleidungsprodukte in der Schweiz
Quelle: Vgl. ähnlich bei Meyer/Dyllick 1999, S. 60

Bekleidungsprodukte der Kategorie «**Obere Mitte**» befinden sich in einer **Wachstumsphase** (Marktanteil ca. 5%). Dies beruht einerseits auf der entsprechenden strategischen Ausrichtung des Branchenleaders Migros, andererseits auf der verheissungsvollen Lancierung des Erweiterungsstandards «Öko-Tex Standard 1000». Bemerkenswert ist der **atypische Verlauf der Diffusionskurve**: Die Einführungsphase, die von Öko-Pionieren initiiert wurde, veränderte sich 1992 mit dem Eintreten von «Goliaths» zu einer frühen Wachstumsphase. Mit dem Ende der Naturmodewelle kam es zu einem Rückschritt (Schrumpfungs- und Konsolidierungsphase). Erst 1995 wurden Produkte der «Obere Mitte» in eine zweite Wachstumsphase geführt, in deren Mitte sie sich nun befinden.

Schliesslich zeigt die Abb. 38, dass **«Öko-Textilien»** einen langsamen Diffusionsprozess durchlaufen (Marktanteil 0,5%).[360] Sie benötigten für den jetzigen Diffusionsgrad mit sieben Jahren die relativ längste Zeit. Zielgruppen dieser Kategorie waren bis etwa 1995 überwiegend umweltaktive Konsumenten, seither ist bei den Anbietern eine Zielgruppenöffnung zu beobachten. Der Einstieg des «Goliaths» Coop und die sich andeutenden Auswirkungen auf den Wettbewerb lassen eine breitere Diffusion vermuten. Vom Marktpotential sind Öko-Textilien jedoch sowohl derzeit als auch prinzipiell eingeschränkt: Zum einen gibt es immer noch zu wenig biologisch angebaute Fasern, zum anderen stellen Naturfasern insgesamt nur knapp über 50% Faseranteile im Bekleidungsmarkt.[361]

Obwohl seit 1995 eine starke Ausdifferenzierung ökologischer Wettbewerbsstrategien von Unternehmen im Massenmarkt zu verzeichnen ist, wird die zunehmende Relevanz des Umweltschutzes nur partiell wahrgenommen. Ökologie im Bekleidungshandel gilt bei vielen Unternehmensvertretern immer noch als unwichtiges Thema. Als wesentliche Ursache hierfür kann das enge Verständnis des Begriffs «ökologische Bekleidung» angeführt werden: Die meisten Akteure verstehen – wohl auch aus Marketinggründen – hierunter nur **«Öko-Textilien»** (aus Biofasern). Wird jedoch die Entwicklung der vergangenen zehn Jahre berücksichtigt (insbesondere die Bedeutung des Öko-Tex Standard 100, die Aktivitäten in der «Oberen Mitte» sowie die Innovationsdynamik bei Textilfarbstoffen und -hilfsmitteln), ergibt sich ein differenzierteres Bild, welches auf Ansatzpunkte für zusätzliche Handlungsmöglichkeiten hinweist.

---

360 In der Abbildung ist zu berücksichtigen, dass die untere Hälfte eine qualitative Potentialdarstellung ist. Dies heisst zum einen, dass das Erreichen aller Umweltaktiven weit weniger als 1/3 Marktanteil zur Folge hat. Zum anderen zeigt die Grafik lediglich das Diffisonspotential an, nicht die tatsächliche Diffusion (diese ist in der oberen Hälfte anhand der Marktanteile veranschaulicht.

361 Unter Berücksichtigung von gemischtfaserigen Artikeln resultiert ein Marktpotential weit unter 50%.

4.4.4 Mögliche Entwicklungspfade

Nach der Darstellung der ökologischen Ist-Situation des schweizerischen Bekleidungs-marktes und der Entwicklungen, die dorthin geführt haben, wenden wir uns nun der Zu-kunft zu. Wie kann die Entwicklung weitergehen? Oder für den Kontext des Buches ge-nauer: Welche Pfade existieren, die eine weitere Ökologisierung des Massenmarktes bewirken können? Die «Landkarte des ökologischen Massenmarktes» kann mögliche Entwicklungslinien aufzeigen. Bevor wir diese näher erläutern, stellen wir mittels eines optimistischen und eines pessimistischen Szenarios den Spannungsbogen dar, in dem sich die offene ökologische Dynamik im Bekleidungshandel entfalten wird.

Optimistisches Szenario: «Öko-Qualitäten und Verbrauchertrends»

Es ist eigentlich keine Überraschung für die Leser der Textil-Revue: In einer vierzeiligen, un-spektakulären Meldung in der heutigen Ausgabe Nr. 34/2010 werden sie darüber unterricht, dass der britische Konzern Marks&Spencer innert zwei Jahren weitere fünfzehn Prozent seines Natur-fasersortiments auf Biofasern umstellen würde. Nach den Handelsunternehmen The GAP, C&A, Hennes&Mauritz und Zara versteht auch der fünfte «Internationale» im schweizerischen Beklei-dungshandel, die Zeichen der Zeit richtig zu deuten. Auf Qualität setzende Unternehmen kommen an Biofasern einfach nicht mehr vorbei. Erinnern Sie sich noch an das – heute nicht mehr existie-rende – schweizerische Handelsunternehmen, das 2005 erklärte, es werde auch weiterhin keine Biofasern im Sortiment führen? Es sah wohl nicht, dass die Ertragssituation im konventionellen Faseranbau weltweit immer schlechter wurde. Auch hatte es die Intensität des Biowettbewerbs und dessen Wirkung auf die Verbraucher offensichtlich unterschätzt.

Überhaupt muss der Bekleidungsbranche Anerkennung entgegen gebracht werden: Wer hätte noch 2002 gedacht, dass sich der damals vom WWF, der Clean Clothes Campaign und der Inter-nationalen Gemeinschaft für Forschung und Prüfung auf dem Gebiet der Textilökologie gemein-sam entwickelte Öko-Tex Standard 100max auf so breiter Front durchsetzen würde. Immerhin bedurfte es zu einer Zertifizierung der Einhaltung hoher, kettenweiter sozialer und ökologischer Mindestkriterien. Bedeutend war natürlich auch der Innovationssprung im Bereich der umwelt-freundlichen Textilveredlung und der Produktion synthetischer Fasern: Kaum zu glauben, dass dies ausgerechnet von dem Anfang des Jahrtausend fusionierten europäischen Megaunternehmen der Chemieindustrie ausging.

Doch Vorsicht vor zu grosser Euphorie im Verkauf von Öko-Produkten: Erste Anzeichen sind erkennbar, dass der seit Jahren anhaltende Umsatzrückgang im Bekleidungshandel neue Heraus-forderungen mit sich bringt. Migros und Coop kündigten im letzten Jahresbericht an, sie werden ihre vor zwei Jahren in Testgeschäften eröffneten Reparaturshops nun in allen Verkaufsstellen einrichten. Sie hoffen dadurch, dem durch die neuen nanotechnologischen Möglichkeiten entstandenen Verbrauchertrend weg vom Kauf hin zur Reparatur schlagkräftig entsprechen zu können.

Eine ganz andere Perspektive vermittelt das pessimistische Szenario:

Pessimistisches Szenario: «Die Preisspirale dreht sich gegen Umwelt- und Sozialstandards»

Es kam alles anders als erwartet für den schweizerischen Bekleidungshandel. Mit der Öffnung der Schweiz zu EU und WTO fielen die schützenden Schranken an der Grenze. Heute (2010) sind nur noch die beiden ehemaligen Giganten des schweizerischen Handels, Migros und Coop, im Markt, um der weiter aufstrebenden ausländischen Konkurrenz Paroli zu bieten. Ihre 2001 begonnene Flucht ins ökologisch-soziale Qualitätssegment bewahrte sie offensichtlich vor dem Schicksal ihrer ehemaligen einheimischen Konkurrenz. Wie kam es zu alledem?

Der Hauptgrund des – aus ökologischer und sozialer Sicht negativen – Strukturwandels ist vielleicht in der Kapitulation der wenigstens halbwegs umweltfreundlichen europäischen Textilindustrie und -produktion zu finden. Sie konnte im Jahr 2004 dem von asiatischen Firmen initiierten Kostendruck nicht mehr begegnen. Vielleicht sind aber auch die heute alles beherrschenden internationalen Handelsriesen (sie haben in der Schweiz immerhin bereits einen Marktanteil von 63%) für die Umwälzungen verantwortlich. Immerhin hatten sie zur Kostenreduktion asiatische Zulieferer gewählt. Wie auch immer: Unterstützt durch die WTO-basierten Verbote von Handelsbeschränkungen fielen sukzessive sämtliche europäische Umwelt- und Sozialstandards. Textilproduktion steht heute wieder ausschliesslich unter dem Banner des Preises. Wer nicht zu Billigstpreisen anbieten kann, hat im Wettbewerb keine Chance.

Die Verbraucher haben bei dieser Entwicklung eine unglückliche Rolle gespielt. Während sie auf der einen Seite über ökologische und soziale Probleme klagten, sorgten sie mit ihrem kostenorientierten Konsumverhalten dafür, dass sich die Preisspirale weiter drehte. Gut, dass es wenigstens noch einige Konsumenten gibt, die den Preis nicht über alles stellen. Wie sonst sollten Migros und Coop dafür sorgen, dass Textilherstellung und -verbrauch im Jahr 2010 auch anders verstanden werden kann?

Natürlich wird die tatsächliche Entwicklung in den kommenden zehn Jahren weder dem einen noch dem anderen Szenario entsprechen. Irgendwo dazwischen wird sie sich aber vermutlich einpendeln. Zurück auf dem Boden der Ist-Zustände wird nun beantwortet, wie die von der Bekleidungsbranche verursachten Umweltbelastungen prinzipiell reduziert werden können. Hierfür orientieren wir uns wieder an der Landkarte des ökologischen Massenmarktes (vgl. Abb. 39).

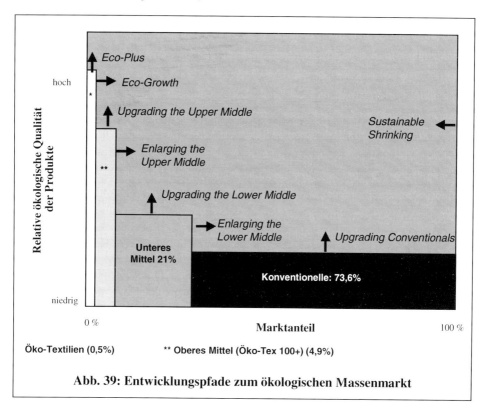

Abb. 39: Entwicklungspfade zum ökologischen Massenmarkt

Um Umweltentlastungen herbeizuführen, muss die Fläche oberhalb der vier definierten Produktekategorien verkleinert werden. Dabei stellt sich die Frage, welche Strategie die grössten Umweltentlastungen verursacht. Dies hängt entscheidend davon ab, wie weit der Abstand der ökologischen Qualität der jeweiligen Produktkategorien ist und wie gross die entsprechenden Marktanteile sind. Zudem sind die Interdependenzen der jeweiligen (Unternehmens-) Strategien zu berücksichtigen. Eine Ökobilanz könnte über diese Aspekte Aufschluss geben, jedoch kann nicht ohne weiteres ausgesagt werden, dass – über die gesamte Branche betrachtet – die Strategien «Eco Growth» oder «Eco Plus» die grössten Umweltentlastungen mit sich bringen.

Eco-Growth

Die Strategie einer Erhöhung des Marktanteils von Öko-Textilien stellt den herkömmlichen Ansatz für eine umweltverträglichere Bekleidungsbranche dar. Die empirisch beobachtbare Diffusion dieser Produkte bewegt sich bisher auf niedrigem Niveau (0,5%). Eine Ausdehnung dieses Marktsegments erfolgt stetig. Hierfür zeichnen vor allem die Umsatzzuwächse der Öko-«Davids» WWF Panda S.A., Hess Natur oder Köppel verantwortlich (**Upscaling Davids**). Es ist zu erwarten, dass deren Wachstum aufgrund von Lern- und ggf. Skaleneffekten vorläufig anhält.

Eher unwahrscheinlich ist zum gegenwärtigen Zeitpunkt das Eintreten weiterer bedeutender Davids in die Öko-Nische (Multiplying Davids). Von den im deutschsprachigen Raum bedeutenden Öko-Pionieren sind die meisten bereits in den schweizerischen Bekleidungsmarkt eingestiegen. Diejenigen, die dies bisher noch nicht unternommen haben, zeigen keine Anzeichen eines beabsichtigten Eintritts.

Besondere Bedeutung für eine breitere Marktdurchdringung von Öko-Textilien besitzen die grossen Handelshäuser. Mit ihrem Distributions- und Finanzpotential können sie eine signifikante Multiplikation der Umsätze im Öko-Premium-Segment bewirken. Coop hat dies durch die Lancierung der CNL unter Beweis gestellt: Aus ihrem Vorgehen resultierte nicht nur eine Verdopplung des Marktanteils von Öko-Textilien, sondern zugleich die schnelle ökologische Marktführerschaft. Eine zunehmende Orientierung grosser Handelsketten an Öko-Textilien (**Greening Goliaths**) bleibt abzuwarten, jedoch können erste Anzeichen dafür erkannt werden. Sollten weitere «Goliaths» Biofasern einsetzen, kann sich der Marktanteil von Öko-Textilien schnell vergrössern.

Wichtig ist, dass für diese Produktekategorie in naher Zukunft eine Label-Lösung gefunden wird. Obwohl es von unterschiedlichen Seiten (Europäische Union, International Foundation on Agricultural Movement, Internationaler Verband der Naturtextilwirtschaft) Vereinheitlichungsbestrebungen gibt, ist die Lage bisher noch diffus.

Upgrading Conventionals

Das Gegenstück zum Eco-Growth ist das Anheben des gesetzlichen oder branchenweit akzeptierten (z.B. durch freiwillige Branchenvereinbarungen) Mindestumweltstandards. Dieser sicherlich breitenwirksamste Entwicklungspfad findet empirisch seinen Ausdruck in der seit Jahren steigenden Umweltschutzgesetzgebung. Er ist gleichermassen vom Gesetzgeber, von öffentlichen Anspruchsgruppen und der Industrie abhängig.

Auf Gesetzesebene ist in Zukunft weiterhin mit Verschärfungen im Bereich der Abwasserrichtlinien zu rechnen. Auch die Gesundheitsverträglichkeit von Produkten und Prozessen wird ein Schwerpunkt politischer Aktivitäten bleiben. Beide Problemfelder stehen zudem auf den Aktionslisten von Umweltschutzorganisationen relativ weit vorne. Neben ökologischen Sachverhalten werden jedoch vorrangig soziale Aspekte für externen Druck sorgen.

Eine interessante Entwicklung könnte sich hinsichtlich des Öko-Tex Standards 100 ergeben. Wie dargestellt avanciert der Standard bereits heute europaweit zum Minimalprinzip, nicht zuletzt aufgrund seiner im Vergleich mit den gesetzlichen Anforderungen nicht viel schärferen Kriterien. Obwohl die Richtwerte für die Schadstoffprüfung dynamisch angelegt sind, könnte sich der Öko-Tex Standard 100 im Sinne einer freiwilligen Branchenvereinbarung oder unter dem Druck des Wettbewerbs durchsetzen.

Enlarging/Upgrading the Lower Middle (Öko-Tex 100)

Die empirisch feststellbare kontinuierliche Ausdehnung des Marktanteils von Produkten, die den Kriterien des Öko-Tex Standard 100 entsprechen, wurde bereits ausführlich dargestellt. Es wurde gefolgert, dass der Öko-Standard sich als Umweltmindeststandard im Bekleidungshandel etablieren könnte. Die **Grenze der Marktdurchdringung** ist gegenwärtig abhängig von der Beschaffungsstruktur. Der Standard wird insbesondere von europäischen Textilproduzenten und der europäischen Textilindustrie berücksichtigt. In anderen Beschaffungsmärkten (insbesondere Fernost) findet er bis dato nur geringe Anwendung. Eine breitere Diffusion von «Öko-Tex 100»-Produkten (**Enlarging the Lower Middle**) ist daher zum einen davon abhängig, wie wettbewerbsfähig europäische Zulieferer zukünftig sein werden bzw. wie umfangreich die Bekleidungsdetaillisten auf sie zurückgreifen. Zum anderen gewinnt die Ausübung eines Öko-Pulls vom Handel auf die aussereuropäischen Lieferanten an Bedeutung. In der Analyse der Triebkräfte des Wettbewerbs wurde auf die Gatekeeper-Funktion des Handels und die Bündelung der Macht hingewiesen.

Vor dem Hintergrund steigender Umweltgesetze ist es im Interesse der «Internationalen Gemeinschaft für Forschung und Prüfung auf dem Gebiet der Textilökologie», die für die Zertifizierung und Aufstellung der Richtwerte des Öko-Tex Standard 100 verantwortlich ist, die Kriterien des Standards dynamisch zu halten. Nur so bleibt der Öko-Standard anspruchsvoller als die Gesetzesrichtlinien. Der Gemeinschaft bzw. deren nationalen Prüfstellen bleibt auf diese Weise das lukrative Zertifizierungsgeschäft erhalten. Tatsächlich erfolgt eine regelmässige Anpassung der Kriterien (**Upgrading the Lower Middle**). Es ist jedoch zu vermuten, dass sich die massgeblichen Grenzwerte des Standards nicht allzu weit vom Gesetzesniveau entfernen. Hierfür spricht das strategische (gewinnmaximierende) Ziel der Prüfgemeinschaft, breite Akzeptanz in der Bekleidungsbranche (und damit viele Zertifizierungen) zu erhalten.

Enlarging/Upgrading the Upper Middle (Öko-Tex 100+)

Nach dem strategischen Vorstoss von Migros in produktionsökologisch optimierte Bekleidungsprodukte bleibt die Reaktion der Konkurrenz vorläufig abzuwarten. Ein Folge-Engagement einiger Konkurrenten kann erwartet werden, da Migros mit einem Marktanteil von 10% erheblichen Einfluss auf die Entwicklungen in der Branche besitzt. Unterstützt wird ihre Suche nach Pioniervorteilen bei «Öko-Tex 100+»-Produkten durch die Zertifizierungsoption Öko-Tex Standard 1000 und das neue Produktelabel «Öko-Tex Standard 100plus». Zur Reduzierung der Umweltbelastungen der Bekleidungsbranche würde eine Erhöhung des Marktanteils von Produkten der Kategorie «Öko-Tex 100+» erheblich beitragen (**Enlarging the Upper Middle**), da hiermit einige der zentralen Umweltprobleme der Branche reduziert werden (insbesondere Veredlung). Die tatsächliche Geschwindigkeit der Marktdurchdringung dieser Produkte ist nicht zuletzt von der Akzeptanz des neuen Labels abhängig. Gelingt der Prüfgemeinschaft ein ähnlicher Erfolg wie mit dem «Öko-Tex Standard 100», wird hierdurch ein signifikanter Beitrag zur Ökologisierung des Massenmarktes geleistet.

Eher unwahrscheinlich ist derzeit die Anhebung des ökologischen Niveaus dieser Produktkategorie (**Upgrading the Upper Middle**). Migros auf der einen Seite befindet sich noch im Prozess der Umstellung ihres Gesamtsortiments und wird erst nach Abschluss über die weitere strategische Ausrichtung entscheiden. Erste Aussagen deuten jedoch darauf hin, dass sich der Grossverteiler nachfolgend auf soziale Verbesserungen konzentrieren will.[362] Die Lancierung des Öko-Tex Standard 100plus auf der anderen Seite ist erst 1997 erfolgt. Erkenntnisbringende Lerneffekte sind in dieser kurzen Zeit und bei bisher weniger als zwanzig Zertifizierungen nicht zu erwarten. Zu berücksichtigen ist jedoch, dass auch beim Öko-Tex Standard 100plus die Kriterien dynamisch angelegt sind. Geht die Entwicklungsdynamik im Bereich textiler Farbstoffe und Hilfsmittel unvermindert weiter, kann mit einem Anheben des ökologischen Niveaus gerechnet werden.

Eco Plus

Die ökologische Weiterentwicklung von Produkten macht auch im Premium-Segment, den Öko-Textilien, nicht halt. In der Tat ist diese Produktekategorie in der noch jungen Vergangenheit (Erstlancierung 1992) eine der innovationsdynamischsten gewesen. Die ökologischen Optimierungspotentiale sind bei weitem noch nicht ausgeschöpft. Hinzu kommt, dass die Kategorie der Öko-Textilien von Unternehmen dominiert wird, die sich als Öko-Pioniere verstehen. Sie sind in der Regel ökologisch experimentierfreudig, haben neben kommerziellen Zielen auch idealistische Motive und müssen angesichts der drohenden Gefahr von Imitatoren stetig um ihre Pionierrolle kämpfen.[363] Diese Charakteristika gelten noch stärker für die Nr. 2 des Öko-Textilien-Segments, WWF Panda S.A. Als Teil einer Umweltschutzorganisation gehört es zu ihrer Mission, für einen kontinuierlichen Verbesserungsprozess zu sorgen.

Fraglich bleibt hingegen, inwieweit im Verlaufe der Bemühungen um eine Anhebung des ökologischen Standards der Öko-Textilien Aspekte einer Marktakzeptanz berücksichtigt werden. In der jüngeren Vergangenheit haben die Öko-Pionierunternehmen bezüglich der Umsetzbarkeit von Innovationspotentialen zwar eine pragmatischere Linie

---

[362] Vgl. Meyer/Dyllick 1999 (aus einem Interview mit P. Trefzer, Migros Abteilung Bekleidung)
[363] Vgl. eine ähnliche Diskussion zu den Besonderheiten grüner Davids bei Wüstenhagen 1998c.

eingeschlagen, indem sie kommerzielle Faktoren stärker integriert haben. Jedoch kann sich diese Haltung in ihrer Sorge um die Aufrechterhaltung ihrer ökologischen Vorrei-terrolle auch wieder umkehren – insbesondere wenn neben Coop weitere Goliaths in das Marktsegment einsteigen.

Sustainable Shrinking

Letztlich kann die von der Bekleidungsbranche ausgehende Umweltbelastung auch durch ein Sinken der absoluten Umsatzmengen herbeigeführt werden. Im Rahmen der Darstellung der Triebkräfte des Wettbewerbs wurde darauf hingewiesen, dass die schweizerische Bekleidungsbranche seit Jahren eine (wertbezogen) stagnierende Bran-che ist. Vergleichsdaten aus Deutschland weisen darauf hin, dass die Umsatzkonstanz mit einem reduzierten mengenmässigen Konsumverhalten der Verbraucher (bei bran-chenweit steigenden Verbraucherpreisen) einhergeht[364].

Auf einer unternehmensspezifischen Ebene kann es im Interesse von Pionieren liegen, ihre Verkaufsmengen zu verringern. Diese ökonomisch kontraintuitive Strategie kann durch zweierlei Formen kommerziell lukrativ verfolgt werden:

- **Verlängerung der Produktlebensdauer**: In einigen Bekleidungssortimenten (z.B. Jeans, Basics) kann die Verlängerung der Lebensdauer der Bekleidungsartikel durch modeunabhängiges Design zu einer höheren Kundenakzeptanz und schliess-lich -bindung führen. Beispielhaft hierfür kann die 3-Jahres-Garantie der Firma Hess Natur auf einige Basics-Artikel angeführt werden. Angesichts des intensiven Wettbewerbs im Bekleidungsmarkt und des hybriden Verbraucherverhaltens kann sich ein Handelsunternehmen hierdurch Wettbewerbsvorteile sichern. Daneben kann sich ein Handelshaus auch durch besonderen Service profilieren: Im Sinne ei-ner Verlängerung der Produktlebensdauer kann beispielsweise ein Reparaturdienst eingerichtet werden. Gelingt es, Konsumenten einen (auch und vor allem kommer-ziellen) Anreiz zur Reparatur abgenutzter Ware zu geben, wird ein weiterer Beitrag zur Kundenbindung geleistet.

- **Second-Hand und Leasing**: Seit vielen Jahren existieren in einer Kleinstnische Se-cond-Hand-Geschäfte. Vor allem bei weniger kaufkräftigen Jugendlichen hat sich

---

[364]   Vgl. Brüns 1999, S. 471

diese «Verkaufsform» etabliert.[365] Vielfach ist eine breitere Marktdurchdringung jedoch durch unprofessionelle, aber prinzipiell veränderbare strategische und operative Handlungen limitiert. Eine weitere Option zur Verringerung des Verkaufsvolumens besteht im Leasing von Bekleidungsprodukten. Dieses scheint jedoch zum gegenwärtigen Zeitpunkt aufgrund der erwähnten Vieldimensionalität des «Bedürfnisfeldes Bekleidung» auf funktionale Berufsbekleidung beschränkt zu sein.

4.5 Öko-Marketing in und jenseits der Öko-Nische

Im vorangegangenen Kapitel haben wir uns schwerpunktmässig der Frage gewidmet, wie sich die ökologische Dynamik im schweizerischen Bekleidungshandel aus dem Zusammenspiel aller gesellschaftlichen Akteure entwickelt hat, aktuell darstellt und fortsetzen könnte. Dabei wurden einige der von Unternehmen verfolgten ökologischen Wettbewerbsstrategien und die Notwendigkeit, sie zu ergreifen, kurz skizziert.

Im folgenden werden wir uns detaillierter mit möglichen ökologischen Wettbewerbsstrategien und ihrer Umsetzung im Marketing auseinandersetzen. Das Ziel besteht einerseits darin zu verdeutlichen, welche Optionen einer strategischen ökologischen Positionierung Handelsunternehmen besitzen und welche (zielgruppenspezifische) Reichweite sie im Absatzmarkt jeweils erzielen können (Kapitel 4.5.1). Zum anderen wird beschrieben, wodurch sich ein Marketing für umweltaktive Konsumenten (Öko-Nische, Kapitel 4.5.2) von einem solchen für weitere Zielgruppen («Massenmarkt», Kapitel 4.5.3) unterscheidet.

4.5.1   Strategische Positionierungen jenseits der Öko-Nische

Im Interesse der Erzielung mittel- bis langfristiger komparativer Konkurrenzvorteile zielen Handelsunternehmen auf die einzigartige **strategische Positionierung und Profilierung ihrer Produkte und der gesamten Einkaufstätte** ab.[366] Massstab hierfür sind nicht objektive Konkurrenzvorteile, sondern solche, die im Rahmen der subjektiven

---

[365] Vgl. hierzu die entsprechenden Marktanalysen bei Witt 1999 und Albaum 1999b, S. 509ff. Neuerdings scheint Second-Hand auch unter Models und renommierten Persönlichkeiten «salonfähig» zu sein. Darauf weisen entsprechende Verhaltenstrends aus den USA hin (vgl. Falcke 1999, S. 73).

[366] Vgl. Ahlert/Markmann 1999, S. 912ff.

Wahrnehmung der Verbraucher auch als Vorteil anerkannt werden. Der ökologische Rückblick lässt darauf schliessen, dass sich eine ökologische Positionierung schweizerischer Handelsunternehmen als wettbewerbsstrategisch sinnvoll erweisen kann: (1) Unternehmen der Detailhandelsstufe werden in jüngster Zeit immer häufiger von öffentlichen Anspruchsgruppen unter sozialen und ökologischen Druck gesetzt; (2) In den vergangenen Jahren haben sich die Umweltgesetze sukzessive verschärft; (3) Einige «Goliaths» der Branche testen bereits erfolgreich produktbezogene ökologische Wettbewerbsstrategien; (4) Ökologie kann proaktiv zur Verfeinerung der bestehenden Positionierung genutzt werden und somit mittel- bis langfristige Wettbewerbsvorteile erzeugen. Hierfür spricht der stagnierende und hart umkämpfte konventionelle Bekleidungsmarkt einerseits und das technologisch unausgeschöpfte Innovationspotential in der Öko-Nische andererseits; (5) Schweizerische Handelsunternehmen können mit einer ökologischen Positionierung dem drohenden Eintritt ausländischer Grossisten begegnen und dem abzusehenden Preisdruck partiell ausweichen.

Eine ökologische Positionierung lohnt sich folglich aus mehreren Gründen. Es ist allerdings zu berücksichtigen, dass für eine ökologische Positionierung drei wesentliche Fragen beantwortet werden müssen:

1. **Was soll positioniert werden?** Im Bekleidungshandel betrifft eine Positionierung sowohl die jeweils angebotenen Produkte (im Sinne des Aufbaus von Markennamen) als auch das gesamte Unternehmen (im Sinne des Aufbaus einer bestimmten Reputation).

2. **Gegenüber wem soll das Unternehmen bzw. sollen die Produkte positioniert werden?** Die Darstellung unterschiedlicher Transformationsprozesse hat verdeutlicht, dass eine reine Marktsicht zu eng ist. Neben dem Markt nehmen zunehmend auch öffentliche und politische Anspruchsgruppen auf die unternehmerische Wettbewerbssituation Einfluss. Dies gilt es in der Positionierungsentscheidung zu berücksichtigen, indem gesellschaftliche Gruppen ebenfalls Adressat einer Positionierung sein können.[367]

3. **Wie soll positioniert werden?** Je nachdem, wie die ersten beiden Positionierungsentscheidungen ausgefallen sind und wie sich die unternehmensspezifische Berührung mit ökologischen Aspekten darstellt, muss die Frage der beabsichtigten Inten-

---

[367]   Vgl. Dyllick/Belz 1996, S. 173 sowie Kotler 1986.

sität der ökologischen Positionierung geklärt werden. Beispielsweise empfiehlt sich
für Unternehmen, die in einem Umweltengagement einen direkten Wettbewerbsvorteil sehen, zumeist eine offensive Positionierung.

Angesichts der produktbezogenen Perspektive des vorliegenden Buches und der norma-
tiven Intention, den Marktanteil ökologischer Bekleidungsprodukte zu vergrössern, interessieren die Optionen einer strategischen ökologischen Positionierung von Produkten
im Absatzmarkt.[368] Eine Produktpositionierung, bei welcher der ökologische Zusatznutzen flankierend eingesetzt wird oder unberücksichtigt bleibt, kann aus einer geringen
Bedeutung ökologischer Aspekte für die anvisierte marktliche Zielgruppe resultieren.[369]
In der Tat ist **Ökologie im textilbezogenen Konsumverhalten bis dato eine unbedeutende Entscheidungsdeterminante**. Laut Verbraucherbefragungen rangiert es regelmässig auf den hinteren Plätzen.[370]

Ein **Beispiel für eine defensive ökologische Produktepositionierung** in der Ausprägung «Ökologie flankierend» ist die Lancierung der **Migros eco products**. Die Migros
eco products sind über ein ausgewogenes Mix an Produkteigenschaften positioniert (vgl.
Abb. 40). Auf die ökologischen Charakteristika wird nahezu nur mittels der Namensge-
bung für die Produktgruppe hingewiesen. Die Positionierung resultiert einerseits aus den
vielfältigen Zielgruppen von Migros, andererseits aus der eher unternehmensbezogenen
ökologischen Profilierung. Durch die Ökologisierung eines Grossteils des Textilsorti-
ments versucht Migros, ihr Image als ökologisch hochwertiger und umfassender Anbieter auszubauen. Während die eco products daher im Markt defensiv positioniert sind,
sucht das Unternehmen eine offensivere Gesamtpositionierung. Problematisch an der
gewählten (Produkt-)Positionierung ist, dass sie als profillos wahrgenommen werden
kann. Die eco products weisen nur geringe komparative Konkurrenzvorteile auf.

---

[368] Wir sind uns dabei bewusst, dass eine solche Limitierung einen verkürzten Erklärungs- und Gestal-
tungsansatz für eine breitere Diffusion ökologischer Produkte darstellt.

[369] Die Verkürzung der Betrachtung zeigt sich darin, dass eine solche Strategie auch unabhängig vom Absatzmarkt darauf beruhen kann, dass das Unternehmen externe Kritik vermeiden will (Marktabsicherungsstrategie).

[370] Vgl. Schweizerisches Baumwollinstitut 1992

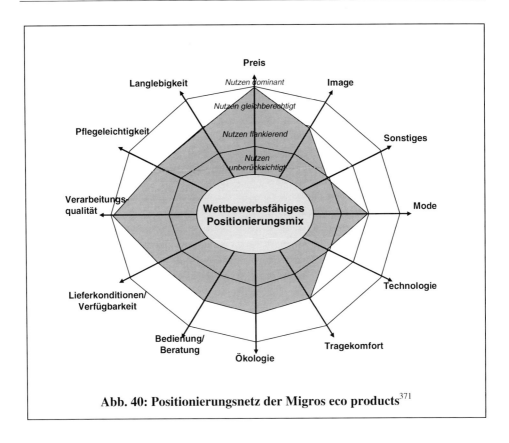

Abb. 40: Positionierungsnetz der Migros eco products[371]

Eine offensivere ökologische Positionierung von Produkten im Absatzmarkt wird verfolgt, wenn ein Unternehmen ein aktives Umweltmanagement als Wettbewerbsvorteil
ansieht. Quelle dieser Einschätzung ist entweder eine Konzentration auf umweltaktive
Konsumenten oder die Grundhaltung, dass Märkte, Konsumentenwünsche und -
einstellungen aktiv weiterentwickelt werden können. Während der erste Aspekt die
«klassische Öko-Nischenpositionierung» beschreibt, entspricht der zweite einem erweiterten Verständnis von Wettbewerbsstrategie. Im Sinne einer «**aktiven Positionie-**

---

[371]   Die Darstellung greift auf Aspekte des Zonenmodells von Rudolph (vgl. Rudolph 1997, S. 55), des
Eco-Compass von Fussler/James (vgl. Fussler/James 1996, S. 149ff.) sowie des Umweltstrategie-
Dreiecks von Hummel (vgl. Hummel 1997, S. 36ff.) zurück.

rung»[372] werden Wettbewerbsvorteile dadurch gesucht, dass über artikulierte Wünsche von Konsumenten hinausgegangen wird. Lediglich latent vorhandene Kundenbedürfnisse werden identifiziert und befriedigt. Damit wird die Marktanpassung durch eine Marktgestaltung oder -entwicklung abgelöst.[373] Denn Marktführer sollten wissen, was ihre Kunden wollen, noch ehe diese sich selbst darüber im klaren sind.[374]

Da angesichts eines nach wie vor relativ hohen allgemeinen Umweltbewusstseins davon ausgegangen werden kann, dass Ökologie nicht per se ein Kaufverweigerungsgrund ist, verspricht eine aktive ökologische Positionierung Wettbewerbsvorteile. Angesichts des geringen bekundeten Interesses der Konsumenten an ökologischen Produkteigenschaften ist es jedoch wichtig, dass Ökologie im Absatzmarkt «anschlussfähig» gemacht wird, d.h. es sollte mit anderen Positionierungsdeterminanten sinnvoll kombiniert werden.[375] In Anlehnung an Mintzberg[376] können sechs prinzipielle **Differenzierungsoptionen** unterschieden werden, die sich für eine Positionierung eignen:[377] Preis[378], Image, De-

---

[372] Vgl. Tomczak/Roosdorp 1996, S. 29ff. sowie Tomczak/Reinecke 1995, S. 499ff. Die aktive Positionierung geht von durch einzelne Unternehmen veränderbaren Branchenbedingungen aus. Damit hat der Ansatz Ähnlichkeiten mit dem «resource based view» aus der Strategiediskussion (vgl. stellvertretend von Krogh/Rogulic 1996, S. 58f.) und dem Ansatz der «Unternehmung als strukturpolitischem Akteur» (vgl. Schneidewind 1998).

[373] Vgl. von Krogh/Rogulic 1996, S. 58f.

[374] Vgl. Hamel/Prahalad 1991, S.85

[375] Wong/Turner/Stoneman (1995, S. 279) sagen dazu: «In the long run, successful environmental goods marketing relies on the firm's ability to create products that balance consumers' desire for performance, quality, convenience and affordable price with environmental attributes.»

[376] Vgl. Mintzberg 1988, S. 17ff.

[377] Einige dieser Differenzierungsdimensionen haben sich im Massenmarkt bereits in einer bestimmten Intensität als «Muss» etabliert und lassen den Unternehmen daher nur wenig eigenen Differenzierungsspielraum. So können grosse Unternehmen ihre Sortimente heute kaum noch an den auffälligsten Modetrends einer Saison vorbei anbieten. Ebenso existieren im Bekleidungsmarkt bestimmte nicht oder wenig kodifizierte Mindestanforderungen hinsichtlich der Verarbeitung oder der Pflegeleichtigkeit. Hieraus folgt, dass im Rahmen der strategischen Positionierung im Bekleidungsmarkt mehrere Differenzierungskriterien in unterschiedlicher Intensität berücksichtigt werden müssen. Vor diesem Hintergrund muss Porters Empfehlung der Konzentration auf eine oder einige sehr wenige Differenzierungen zurückgewiesen werden (vgl. Porter 1998, S. 41ff.). Zwar sollte ein Unternehmen eine eindeutige und im Zuge des intensiveren Wettbewerbs auch fokussierte Positionierung anstreben, jedoch kann es dabei weitere im Massenmarkt bedeutende Differenzierungsdimensionen nicht vernachlässigen.

[378] Mintzberg versteht den Preis im Unterschied zu Porter als Differenzierungsdimension. Porter unterteilt seine «generic strategies» nur in Kosten- und Differenzierungsstrategie (vgl. Porter 1985). Mintzberg hält dagegen, dass Kosten per se keine Strategie sein können. Erst die angebotspolitisch festgelegten Preise können als Differenzierungsstrategie genutzt werden (vgl. Mintzberg 1988, S. 14ff.). Dieser Argumentation wird hier gefolgt.

sign, Qualität, Service und Null-Differenzierung[379]. Im ökologischen Branchenrückblick wurde beschrieben, dass eine Kombination von Umweltfreundlichkeit und «Mode» (Subkategorie von Design) im breiten Markt keinen langfristigen Wettbewerbsvorteil verspricht. Es ist daher theoretisch interessant und praktisch bedeutend, wie eine strategische ökologische Positionierung (ob offensichtlich oder verdeckt) mit anderen Differenzierungen harmoniert. In der Tat können sich sowohl Zielkonflikte, -indifferenzen als auch -komplementaritäten einstellen, wie die folgenden Beispiele verdeutlichen:[380]

- **Konkurrierende Ziele** ökologische Bekleidungsprodukte und Pflegeleichtigkeit: Je höher die zugrunde liegenden ökologischen Anforderungen an Bekleidungsprodukte sind, desto weniger können chemische Pflegeausrüstungen vorgenommen werden.

- **Indifferente Ziele** ökologische Bekleidungsprodukte und Kundenservice: Der Dienst am Kunden ist in der Regel produktunabhängig und wird daher nicht durch die Ökologisierung der Produkte beeinflusst.

- **Komplementäre Ziele** ökologische Bekleidungsprodukte und Tragekomfort: Es wird vermutet, dass Biofasern angenehmer zu tragen sind, weil sie weicher als konventionelle Fasern sind. Selbst wenn dies von subjektiven Empfindungen abhängig ist, kann ein solcher «Mythos» durchaus produziert werden und damit Wettbewerbsvorteile verursachen.

Für eine strategische ökologische Positionierung sind daher die Differenzierungsdimensionen unter Berücksichtigung der Ansprüche und Wünsche der Konsumenten oder jeweiligen Zielgruppe gegeneinander abzuwägen. Während Ökologie in der Öko-Nische dominantes Positionierungskriterium bleiben sollte, sollte es jenseits der Öko-Nische aufgrund der bisherigen Bedeutung als Kaufkriterium durch andere Faktoren unterstützt werden.

Auch offensivere ökologische Produktpositionierungen sind in **zwei Ausprägungen** zu unterteilen:[381] Der ökologische Zusatznutzen der Produkte kann das dominante Positionierungsmerkmal sein. Die umweltfreundliche Eigenschaft kann zum zweiten gleichberechtigt neben andere Produkteigenschaften gestellt werden. Dabei gilt bei dieser Posi-

---

[379] Auf diese strategische Ausrichtung wird nach der Beschreibung der Wettbewerbsintensität und den daraus gefolgerten Notwendigkeiten einer eindeutigen Positionierung nicht weiter eingegangen.

[380] Dies existiert selbstverständlich auch zwischen den herkömmlichen Differenzierungsoptionen: So resultiert aus einer guten Qualität häufig auch ein hoher Preis und ein anspruchsvolles Image.

[381] Vgl. Meffert/Kirchgeorg 1998, S. 277

tionierungsstrategie wie auch bei der defensiven zu berücksichtigen, dass die wesentlichen, im Massenmarkt relevanten Produkteigenschaften nicht vernachlässigt werden dürfen.

Als Beispiel für eine ökologische Positionierung in der Ausprägung «Ökologie gleichberechtigt» kann die **Coop NATURA Line** angeführt werden.

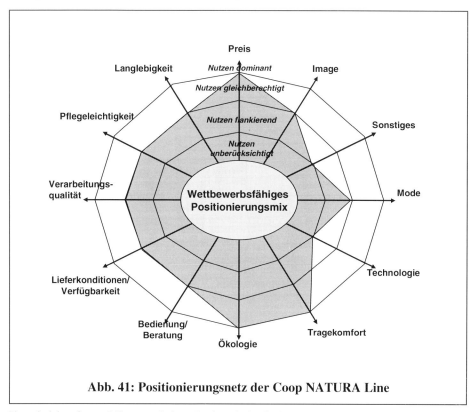

Abb. 41: Positionierungsnetz der Coop NATURA Line

Sie wird in einem Mix aus tiefem Preis, ökologisch hohem Standard und qualitativen Aspekten (insbesondere Tragekomfort und Langlebigkeit) positioniert. Diese Kombination scheint angesichts der textilen Zielgruppe der Coop (Familien mit Kindern, konservativ, Kleidungs- statt Modekäufer[382]) und des Sortimentsbereiches (vor allem Wäsche

---

[382] Kleidungskäufer sind von Modekäufern dadurch zu unterscheiden, dass sie Textilprodukte eher rational und aus einem Mangelgefühl heraus kaufen. Modekäufer agieren eher emotional, sie empfinden Spass am Einkauf (Erlebniskauf) (vgl. Albaum 1999, S. 329f.).

und Basics) sinnvoll zu sein. Eine Überbetonung des modischen oder technologischen würde in der Wahrnehmung der Zielgruppe eher kontraproduktiv wirken.

Die Positionierungsnetze veranschaulichen die strategische Ausrichtung der Unternehmen – auch in ökologischer Hinsicht. Die strategische Positionierung bleibt hingegen ohne die daran anschliessende strategiekonsistente Umsetzung in operative Marketingmassnahmen wirkungslos. Diesen widmen sich die folgenden beiden Abschnitte. Dabei wird zunächst das operative Marketing in der Öko-Nische pointiert und kurz skizziert, um anschliessend operative Massnahmen jenseits der Öko-Nische aufzuzeigen.

4.5.2   Marketing in der Öko-Nische

Wenn im folgenden in sehr kurzer Form eine idealtypische Ausgestaltung des Marketing-Mixes für die Öko-Nische beschrieben wird, dann gilt es zweierlei zu bedenken: Erstens kann es für ein Unternehmen durchaus ökonomisch Sinn machen, sich auf die Zielgruppe «umweltaktive Konsumenten» zu konzentrieren und die Marketing-Instrumente dementsprechend auszuformen. Zweitens ist aber ein «reines Öko-Nischenmarketing» heute nur noch in seltenen Fällen zu beobachten. Die Öko-Pioniere haben im Marketing erhebliche Fortschritte in Richtung jenseits der Nische gemacht – trotz der nach wie vor geringen Marktanteile.

Produkt

Die Produktpolitik von Öko-Pionieren orientiert sich zum einen an den existierenden **technologischen Möglichkeiten**, zum anderen an den vermuteten Wünschen der **Zielgruppe «umweltaktive Konsumenten»**. Diese Kombination aus technologischer und (eingeschränkt) marktlicher Herangehensweise hat zur Folge, dass die Produkte in ökologischer Hinsicht nahe am technologischen Optimum sind. In der Regel ergibt sich ein gemeinsamer ökologischer Standard für das Gesamtsortiment – der aus wettbewerbsstrategischen Gründen auch nicht mit Konkurrenten zum Zwecke einer Vereinheitlichung abgestimmt wird. Differenzierungen sind eher selten. Ein hoher ökologischer Standard der Produkte hat jedoch Einbussen bei anderen Produktmerkmalen zur Folge (trade-off). Dies sind insbesondere mangelhafte Farbechtheiten, geringe Formstabilität, wenig Abwechslung und vor allem hohe Preise.[383] Zudem sind Öko-Sortimente nur in geringem Masse kombinationsfähig. Es können zwar Einzelteile gekauft werden, komplette Kollektionen oder Outfits werden indes nur selten angeboten.

Die Hauptursache für die Einschränkungen kann in der **unzureichenden Beschaffungssituation** und den **geringen Markterfahrungen** der Öko-Pioniere ausgemacht werden. Die technologische Entwicklung für eine Vielzahl umweltfreundlicher Vorprodukte und Verfahren (z.B. Naturfarbstoffe, mechanische Formstabilisierung, Biofaseranbau) befindet sich erst im Anfangsstadium. Die Variabilität an Vorprodukten ist im Vergleich zum konventionellen Beschaffungsmarkt sehr eingeschränkt. Zudem haben Öko-Pioniere erst in jüngerer Zeit begonnen, Marktforschung zu betreiben und ihr Marketing dem konventionellen Bekleidungshandel anzupassen.

In Anbetracht der Zielgruppe können die Einbussen bei anderen Produkteigenschaften vernachlässigt werden. Die Unternehmen gehen (zumeist berechtigt) davon aus, dass den «Umweltaktiven» die ökologischen Eigenschaften der Produkte mindestens ebenso wichtig sind wie andere Charakteristika. Für eine Produktpolitik jenseits der Öko-Nische sind die trade-offs jedoch nicht hinnehmbar.

Kommunikation

Der Kommunikationspolitik kommt die Aufgabe zu, den potentiellen Kunden die Positionierung des Geschäfts und der Produkte zu vermitteln und sie von den einzigartigen Vorteilen der Einkaufsstätte und der Waren zu überzeugen. Insofern ist die Kommunikation als Vermittlungsstelle zwischen strategischer Positionierung und operativem Marketing-Mix zu verstehen.

Die Kommunikation ökologischer Unternehmen war in der Vergangenheit häufig informationslastig und auf Werbung fokussiert. Andere Instrumente der Kommunikationspolitik (wie z.B. Ladengestaltung[384], Nutzung verschiedener Medien) sind bisher wenig ausgeprägt. Der im konventionellen Bekleidungshandel festzustellenden Tendenz einer stärker erlebnisorientierten Werbung haben Anbieter ökologischer Produkte bis dato nur

---

[383] Vgl. Rehn 1993, S. 101ff.

[384] Obwohl die Ladengestaltung im konventionellen Bekleidungshandel eine stetig wachsende Bedeutung hat, ist sie bei Öko-Pionieren kaum wichtig. Ein Grund hierfür liegt darin, dass viele Öko-Pioniere ihre Ware vorrangig über den Versand vertreiben.

aber in geringem Umfang entsprochen.[385] Die Ursachen hierfür liegen im wesentlichen in der **Vertrauenseigenschaft** ökologischer Bekleidungsprodukte, einem als entscheidungskritisch vermuteten **Informationsdefizit** der Konsumenten sowie dem **hohen Sozial-**, gleichzeitig **aber niedrigen Individualnutzen** von Ökoprodukten.[386]

Das zumeist zentrale Differenzierungskriterium ökologischer Produkte (die geringere Umweltbelastung in der Produktion) kann den Konsumenten nur schlecht vermittelt werden. Konsumenten können nur unter prohibitiv hohen Kosten die (ökologischen) Vorzüge dieser Waren nachprüfen und müssen daher den Angaben des Anbieters Glauben schenken (Vertrauenseigenschaft). Anbieter reagieren auf diese Situation in der Regel mit **vertrauensbildenden Aktionen**: Mit Produkte-Ökolabels suchen sie z.B. auf einfache aber prägnante Art den ökologischen Vorteil zu symbolisieren. Diese unternehmensindividuell sinnvolle Massnahme macht aber nur dann Sinn, wenn (a) die Konsumenten das Label und die hinter ihm stehenden Kriterien kennen, (b) die Label-Vielfalt in der Branche übersichtlich ist und (c) die Labelpolitik mit einer starken Markenpolitik[387] in einen vernünftigen Einklang gebracht wird. In allen drei Punkten gibt es noch grosses Optimierungspotential für Öko-Pioniere auszuschöpfen.

Weiterhin soll Vertrauen dadurch gestiftet werden, dass sich das Unternehmen als Ganzes umweltaktiv zeigt. Hierzu kann es Öko-Sponsoring betreiben, ein Umweltmanagementsystem aufbauen und zertifizieren lassen[388] oder irreversible ökologische Verbesserungsmassnahmen initiieren. Idealtypisch sollte es sich um solche Massnahmen handeln, die von möglichen ökologischen Trittbrettfahrern nicht ohne weiteres ergriffen werden können. Auch mittels detaillierter Informationen über die Herkunft, Produktionsweise und Inhaltsstoffe der Produkte (bis hin zur Volldeklaration) kann ein Umweltengagement unterstrichen werden. Dies dient zugleich einer Verbraucheraufklärung.

Positionierungsstrategisch problematisch ist, dass der Umweltvorteil den Verbrauchern zwar einen hohen Sozial-, jedoch nur einen geringen Individualnutzen verspricht. Die

---

[385]   Vgl. Kroeber-Riel/Weinberg 1996, S. 673

[386]   Vgl. Kaas 1992, 1993 oder Hüser 1996

[387]   Hinsichtlich einer guten Markenpolitik ist erneut auf die CNL zu verweisen, deren Logo eine hohe Ähnlichkeit zum Coop NATURA Plan aufweist. Diese Produkte wiederum sind zusätzlich mit dem bekannten und glaubwürdigen Knospen-Label kombiniert. Die CNL als Marke wird somit in gewissem Masse mit der Knospe als Ökolabel verknüpft, lässt aber ein eigenes Markenmanagement konsequent zu.

[388]   Dies unternahm jüngst die Firma C&A.

Aussicht auf eine erhöhte **Gesundheits- und Umweltverträglichkeit** der Produkte ist zwar in der Öko-Nische ein nachgefragter Zusatznutzen, bei nicht umweltaktiven Konsumenten jedoch nur ein **sehr schwaches Differenzierungsmerkmal**.[389] Nur wenige Unternehmen haben bisher versucht, Ökologie mit Aspekten wie verbesserter Langlebigkeit, angenehmerem Tragekomfort[390], einem an Ökologie angelehnten Image oder technologischem Trendsetting zu transportieren. Diese werden von Kunden in der Regel eher als Zusatznutzen wahrgenommen.[391]

Eine erfolgreiche Kommunikationspolitik wird dadurch erschwert, dass die entsprechenden Budgets relativ gering sind. Hierfür zeichnet einerseits die finanzielle Ausstattung der Öko-Pioniere verantwortlich, andererseits aber auch eine strategische Vernachlässigung dieses, gerade für ökologische Innovationen wichtigen Marketing-Instruments.

Preis

In der Vergangenheit haben die meisten Öko-Pioniere im Vergleich zum Branchendurchschnitt hochpreisig angeboten. Dies beruht im wesentlichen auf den **Produktionskosten** und der **strategischen Positionierung** von Öko-Produkten.

Hinsichtlich der **Produktionskosten** ist ein «Teufelskreis» festzustellen (vgl. Abb. 42). Am Beispiel von Biobaumwolle kann dieser veranschaulicht werden: Der Anbau wird von vielen Bauern auf kleinen Feldern durchgeführt. Die jeweiligen Erntemengen sind absolut (in t) und relativ (in t/ha) gering.[392] Ein grosser Teil der resultierenden hohen Stückkosten lässt sich auf diese geringen Losgrössen zurückführen.[393] Bis die Fasern in verarbeiteter Form als Bekleidungsartikel bei Handelsunternehmen ankommen, haben alle Zwischenstufen ihre jeweiligen Kalkulationsspannen aufgeschlagen. Der Endver-

---

[389] Dies schwankt jedoch mit der Artikelgruppe. Bei «hautnahen» Produkten (z.B. Wäsche) ist die Sensibilität der Verbraucher für Gesundheitsverträglichkeit erheblich höher als bei «hautfernen» Produkten.

[390] Die Werbung für die Coop NATURA Line scheint derzeit eine solche Ausrichtung anzustreben (vgl. entsprechende Werbeanzeigen in der CoopZeitung).

[391] Zur Subjektivität der Wahrnehmung von Produkteigenschaften vgl. Lingenfelder/Lauer/Funk 1998, S. 15ff.

[392] Vgl. Hohmann 1998

[393] Hinzu kommen in der Regel in nicht unerheblichem Ausmass Projekt- und Zertifizierungskosten (vgl. ausführlich Hummel 1997, S. 198ff.).

kaufspreis ist im Vergleich zu konventioneller Ware damit nicht nur um die absoluten, sondern mindestens um die relativen Mehrkosten des Bioanbaus höher.[394] Dies verursacht wiederum niedrige Absatzmengen, neue geringe Bestellmengen und eine Reproduktion der Strukturen.

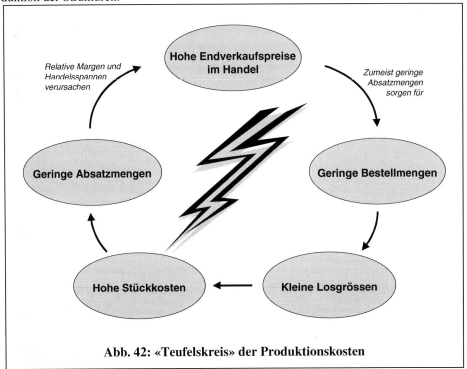

Abb. 42: «Teufelskreis» der Produktionskosten

Aus der Unternehmenspraxis ist zudem zu erkennen, dass **Preisstrategien** bisher entweder vernachlässigt werden (Orientierung an den Produktionskosten) oder die hohe Zahlungsbereitschaft ökologisch bewusster Verbraucher als Massstab für die Preisfestsetzung verwendet wird. Bei letzterem schöpfen die Unternehmen mit einer **Skimming-Preisstrategie** Konsumentenrenten ab. Da vor allem Anfang der 1990er Jahre im wesentlichen alle Öko-Pioniere diese Strategie verfolgten, entstand in der Nische kein direkter Wettbewerbsdruck in Form von Preissenkungserfordernissen. Für Unternehmen,

---

[394]   Zumeist sind die Endverkaufspreise noch höher, da auf den Zwischenstufen die gleichen Mehrkostenprobleme auftreten.

die den Weg aus der Öko-Nische suchen oder gar nicht erst in der Öko-Nische anbieten wollen, müssen preisstrategische Möglichkeiten allerdings besser ausgeschöpft werden.

Distribution

Distributionspolitische Entscheidungen konzentrieren sich auf die Vertriebsform für (ökologische) Bekleidungsartikel, die Standortwahl der Einkaufsstätte sowie sortiments-psychologische Aspekte. Prinzipiell sollten sich das Marketing für konventionelle und für ökologische Produkte diesbezüglich nur bei den Sortimentsstrategien unterscheiden. Bezüglich der **Vertriebsform** ist jedoch bemerkenswert, dass sowohl in Deutschland als auch in der Schweiz ein erheblicher Teil des Umsatzes mit ökologischen Bekleidungs-artikeln über den Versandhandel getätigt wird.[395] Dies mag zu dem Schluss führen kön-nen, dass sich diese Vertriebsform besonders für ökologische Produkte eignet. Eine al-ternative Folgerung ist jedoch, dass der eher als konservativ wahrgenommene und in be-stimmtem Rahmen kommunikationspolitisch eingeschränkte Versandhandel allein keine Auflösung der Öko-Nische bewirken kann. Für diese These spricht, dass der Versand-handel in beiden Ländern insgesamt nur etwa 10% Marktanteil besitzt. **Es bedarf daher für eine breitere Diffusion ökologischer Bekleidungsartikel auch des stationären Einzelhandels**. Dieser hat in den im Bekleidungsmarketing so wichtigen kommunikati-onspolitischen Instrumenten Präsentation (Ladenlayout, Spontankäufe, Fühl- und Test-barkeit von Artikeln, Gemeinschaftseinkauf) und Verkaufsförderung (Beratung, ange-nehme Einkaufsatmosphäre, etc.) deutliche Vorteile aufzuweisen.

4.5.3 Marketing jenseits der Öko-Nische

In Kontrastierung des Marketing in der Öko-Nische wird nun ein Marketing jenseits die-ser Nische dargestellt. Die Analyse der Wettbewerbsbedingungen und Positionierungs-strategien hat gezeigt, dass die zunehmende Individualisierung im Absatzmarkt von den Unternehmen immer tiefere Segmentierungen fordert. Der Wettbewerb unter den Unter-nehmen bewegt sich infolgedessen zunehmend auf die Produktgruppenebene hinab.

---

[395] Erst jüngst ist Coop als Ausnahme aufgetreten.

Wenigstens auf dieser Ebene ist es undenkbar, alle möglichen Zielgruppen des Marktes mit ihren nahezu unlimitiert unterschiedlichen Präferenzen und Wünschen gleichermassen zu befriedigen. Daher verfolgen grosse Handelsunternehmen zumeist eine Strategie der **multidimensionalen Positionierung**. Ein Unternehmen bietet dementsprechend unterschiedliche Sortimentsgruppen mit unterschiedlichen Positionierungsstrategien für jeweils andere Zielsegmente des Marktes an. Die Implikationen dieser Variabilität für ökologische Produktoptimierungen wurden hervorgehoben (vgl. Kapitel 4.5.1).

Daraus ergibt sich, dass es nicht das «eine richtige» Marketing für ökologische Bekleidungsartikel geben kann, sondern nur ein zielgruppenorientiertes Marketing. Dies wird im folgenden skizziert. Dabei wird versucht, die Strategieperspektive grosser Handelsunternehmen einzunehmen.

Produkt

Die Produktpolitik stellt im Bekleidungsmarketing neben der Kommunikation das wohl **entscheidende Profilierungsinstrument** dar. Es gilt, dass «keine noch so brilliante Distributions-, Preis- oder Werbepolitik [..] eine verfehlte Produktpolitik auf Dauer kompensieren»[396] kann.

Eine erfolgreiche Produktpolitik erfordert, dass die Zielgruppe des Produktes möglichst genau bestimmt wird, die Bedürfnisse der Zielgruppe eingegrenzt werden und die Gestaltung des Produktes daran ausgerichtet wird. Massstab für den Erfolg des Produktes ist nicht nur der hiermit erwirtschaftete absolute Gewinn. Zusätzlich ist ein Produkt oder eine Produktegruppe dem unternehmensinternen Wettbewerb um die effizienteste Nutzung der begrenzten Präsentationsfläche[397] ausgesetzt. Damit erfährt die **Sortimentspolitik** eine übergeordnete Bedeutung. Listet eine Handelsunternehmung ökologische Bekleidungsartikel, sollte sie berücksichtigen, dass der Erfolgsmassstab für Produkte zu erweitern ist. Denn das Angebot ökologischer Produkte kann auch **positive Effekte auf das Image und die gesamte Umsatzsituation** des Unternehmens zeitigen.[398]

---

[396]   Hirtz/Schwericke 1999, S. 598
[397]   Massstab ist hier zumeist die Abverkaufsquote (vgl. Michels 1999, S. 958).
[398]   Vgl. Meffert/Kirchgeorg 1998, S. 356. Zur ökologischen Sortimentspolitik des Handels vgl. auch Funck 1996

Der ökologische Standard der Produkte ist prinzipiell je nach Bedürfnisbündel der anvisierten Zielgruppe unterschiedlich festzulegen (**kundenorientierte ökologische Optimierung**). Wie bereits in der Positionierungsdiskussion angedeutet, steht im Vordergrund der Profilierung die subjektive Wahrnehmung der Konsumenten. Pointiert formuliert macht es ökonomisch wenig Sinn, Regenschutzbekleidung aus Biofasern anzubieten, da insofern die aus Sicht der Verbraucher wichtigste Eigenschaft der Artikel (Regenschutz) nicht erfüllt werden würde. Aber auch jenseits der (Nicht-)Erfüllung von Grundfunktionen kann ein zu hoher ökologischer Standard Produkteigenschaften einschränken (trade-off), die dem Verbraucher wichtig sind. Um diese «trade-offs» zu reduzieren und damit die Positionierungsoptionen zu erweitern, sollten absatzgerichtete Produktpolitik und beschaffungsseitige Strategien[399] (Aufbau von Lieferantennetzwerken, Entwicklung von Rohstoffoptionen) im Sinne eines **balanced marketing** verknüpft werden. Auf diese Weise kann die bisher unzureichende Beschaffungsmarktsituation sukzessive verbessert werden.[400]

Die bisherige ökologische Entwicklung sensibilisiert auch dafür, dass **ökologische Produktpolitik** (inklusive der Standards) **dynamisch** sein sollte. Ein Festhalten an einmal definierten Standards schränkt angesichts der hohen Innovationsdynamik und den damit verbundenen stetig neuen Optionen den Zielmarkt unnötig ein.

Die ökologische Optimierung der Produkte nach der jeweils relevanten Zielgruppe verursacht in der Umsetzung allerdings Probleme. So ist es zum einen von der Beschaffungsseite her kontraproduktiv, tatsächlich für jedes Zielsegment andere Öko-Standards zu definieren. Die Beschaffungskosten würden durch Mehrarbeit und kleinere Bestellmengen ansteigen. Zum anderen kann eine solche Strategie zu Konflikten mit einer anzustrebenden glaubwürdigen Kommunikation führen. In der Praxis sind daher drei **ökologische Sortiments- bzw. Produktstrategien** empfehlenswert:

- Festlegung eines ökologischen Mindeststandards für das Gesamtsortiment (Beispiel Migros eco products)
- Beschränkung auf sehr wenige unterschiedliche Öko-Standards (Beispiel WWF Panda S.A.)

---

[399] Vgl. hierzu auch Ropertz 1999, S. 1095ff.

[400] Dies zeigt die Notwendigkeit für Öko-Pioniere auf, ihr Potential als «strukturpolitische Akteure» zu nutzen (vgl. ausführlich Schneidewind 1998, S. 265ff.).

- Lancierung einer ökologischen Produktgruppe für eine klar definierte Kundschaft (Beispiel Coop NATURA Line)

Innerhalb der Strategien empfiehlt sich aus stakeholder-strategischen und kommunikationspolitischen Gründen eine Anlehnung an die bestehenden Öko-Standards Öko-Tex Standard 100 und Öko-Tex Standard 100+ oder an das Wettbewerbsfeld Biofasern.[401]

Eine differenzierte ökologische Sortimentsstrategie (Lancierung einer oder weniger Öko-Linien) stellt ein Handelsunternehmen vor die Grundsatzfrage, ob die ökologische Ausrichtung mit **Eigen- oder Herstellermarken** umgesetzt werden soll. Überhaupt kommt dem Markenmanagement im Bekleidungshandel eine zentrale Bedeutung zu. Eine zu grosse Diversität an Hersteller-, Eigenmarken und nicht markierter Ware kann ein unscharfes Einkaufsstättenprofil vermitteln.[402] Zum konsequenten Aufbau eines eigenständigen Unternehmensprofils und aus Vereinfachungsgründen[403] empfiehlt sich eine ökologische Eigenmarkenstrategie.[404] Diese erfüllt zwei Notwendigkeiten des intensiven Wettbewerbs: (1) Das Handelshaus kann als Ganzes ein (ökologisches) Profil gewinnen, und (2) die ökologische Marke kann sich von der unüberschaubaren Vielzahl der im Markt existierenden Marken mit einem einzigartigen Vorteil (unique selling proposition) absetzen.[405]

Im schweizerischen Bekleidungshandel sind in jüngster Zeit Bestrebungen zu erkennen, die einer Umsetzung der theoretischen Überlegungen nahe kommt. So sind Öko-Pioniere in ihrer Produktpolitik zunehmend bereit, zugunsten einer breiteren Marktdurchdringung eine differenzierte Strategie der zugrundeliegenden Öko-Standards zu verfolgen. Indiz hierfür ist die Öffnung von WWF Panda gegenüber synthetischen Bekleidungsprodukten für bestimmte funktionale Zwecke (ecolog-Produkte). Auch der Relaunch der Coop NATURA Line im Jahre 1995 zeugt von einer kundenorientierteren

---

[401]   Dies beschleunigt einerseits die Diffusion bekannter Standards mit der Folge einer breiteren Marktakzeptanz. Andererseits kann sich das Handelsunternehmen, das die vorhandenen Standards verwendet, damit stärker um den Aufbau eines Markennamens kümmern und kann in pucto Glaubwürdigkeit auf die Standards verweisen.

[402]   Vgl. Ahlert/Markmann 1999, S. 937

[403]   Bei einer Eigenmarkenstrategie wird das Unternehmen in nahezu allen Instrumenten des Marketing-Mixes flexibler. Hingegen können beschaffungsbedingte Preis- und Qualitätsschwankungen auftreten (vgl. Leu 1995, S. 183, zitiert nach Ahlert/Markmann 1999, S. 942).

[404]   Vgl. auch Hüser/Mühlenkamp 1992, S. 152

[405]   Vgl. zur Eigenmarkenstrategie Ahlert/Markmann 1999, S. 942f.

Perspektive. Coop nahm u.a. von seiner restriktiven Farbenauswahl Abstand und erweiterte dadurch den modischen Gestaltungsspielraum. Gleichzeitig verschärfte es die Anforderungen in der Faserverwendung (nur noch Biofasern), da hieraus keine zusätzlichen Einschränkungen erfolgten. Erfolgreich ist auch der an den umsatzstarken Coop NATURA Plan (Lebensmittel) angelehnte Markenaufbau.

Kommunikation

Die Kommunikation bildet neben der Produktpolitik den Kern des Marketings im Bekleidungseinzelhandel. Ihre **Bedeutung** ist in den vergangenen Jahren **sukzessive angestiegen**. Dies beruht u.a. auf

- rückläufigen Konsumanteilen für Bekleidung,
- der zunehmenden (wahrgenommenen) Homogenität der Produkte,
- der Hybridität der Verbraucher oder
- dem stärkeren Verlangen der Verbraucher nach «[..] sensualer Anregung, verfeinertem emotionalen Erleben und einer gewissen Abkehr vom analytisch-rationalen Denkstil [..]»[406]

Einige gehen soweit zu sagen, dass die wesentliche Aufgabe der Kommunikationspolitik in gesättigten Märkten darin besteht, «Hyperrealitäten» (Interpretationswelten, Erlebniswelten, Images) zu schaffen.[407] Indizien für die zunehmende Bedeutung einer **kommunikativen Differenzierung von der Konkurrenz** sind die absolut und relativ steigenden Werbebudgets[408], immer ausgefallenere Werbestrategien, ein sich fortlaufend ausdifferenzierender Mitteleinsatz (TV-Spots, Video-Corner, Testimonialwerbung, Internetauftritte, Events etc.) sowie Imagekampagnen.

Prinzipiell gilt, dass die **Kommunikationspolitik je nach Zielgruppe unterschiedlich ausgeformt** werden sollte. Die betrifft den Mitteleinsatz, die Budgethöhe, die Hervor-

---

[406] Barth 1999, S. 980, vgl. auch Kroeber-Riel/Weinberg 1996, S. 113ff.

[407] Vgl. Firat 1991, Firat/Venkatesh 1993. Firat/Venkatesh pointieren dies in der Aussage: «The image is the substance. The growing awareness that positioning/image is the central strategic decision in marketing practice tends to coincide with this postmodernist claim. It is this image which, represented through the planned interplay of a multitude of signs, then reflects on the surface and becomes the «essence» that the consumer seeks in adopting a product.» (Firat/Venkatesh 1993, S. 231f.)

[408] Obwohl exakte Daten hierzu von den Unternehmen nicht erhältlich waren, ergaben Interviews des Autors mit Vertrertern unterschiedlicher Handelsunternehmen diesbezüglich ein einheitliches Bild.

hebung der spezifischen Produktvorteile sowie das Verhältnis von sachlichen und emotionalen Aspekten. Die **zentralen Mittel der Kommunikationspolitik** des Bekleidungseinzelhandels sind traditionell die **Werbung**, die **Präsentation** (Ladenlayout) sowie die **Public Relations** (diese wird weiter unten gesondert behandelt).[409] Verstärkte
Bedeutung erlangt in jüngerer Zeit die **Verkaufsförderung** am point of sale (insbesondere im Sinne der Kundenberatung).

Die **Werbung** erfolgt im konventionellen Bekleidungshandel vorrangig über Printmedi-
en und hier vor allem über Plakatwerbung und Anzeigen. Daneben wächst die Relevanz
elektronischer Medien stetig.[410] Inhaltlich sind Werbeargumente über materielle Produkteigenschaften nur noch selten vorzufinden. Vielmehr wird die Werbung durch imagebildende, abstrakte Inhalte geprägt. Dies korreliert mit dem Trend zu erlebnisorientierter Kommunikation. Als Beispiel für eine imagebildende Werbung kann die derzeit
populäre Testimonialstrategie[411] herangezogen werden.

Ökologische Anbieter müssen hinsichtlich ihrer Werbestrategie die besonderen kommunikativen Probleme berücksichtigen. Eine bedenkenlose Übernahme konventioneller
Werbepraktiken empfiehlt sich nicht. Je nach Positionierungsstrategie für die Produkte
sollten jedoch Teile erlebnisorientierter Werbemassnahmen verwendet werden.[412] **Je defensiver die ökologische Positionierung der Produkte ist, desto weniger notwendig
wird es allerdings, auf die ökologiespezifischen Informationsprobleme einzugehen**
(vgl. Abb. 43).

---

[409]   Vgl. Barth 1999, S. 980

[410]   Vgl. zur Werbemitteleignung Barth 1999, S. 992

[411]   Bei dieser werden bekannte Persönlichkeiten des öffentlichen Lebens als Werbeträger verwendet, da
sie ein bestimmtes Image verkörpern (können). Den Konsumenten wird suggeriert, dass sie sich durch
den Konsum des entsprechend umworbenen Artikel in der spezifischen Einkaufsstätte einen Teil des
Images zu «aneignen» können. Vorreiter in diesem Bereich ist die Firma Hennes&Mauritz, die ihr jun-
ges, dynamisches und modisches Image mit regelmässig wechselnden Testimonialstrategien (insbesondere unter Rückgriff auf Models und Schauspieler/innen) zu unterstreichen versucht (vgl. Rudolph
1996, S. 182).

[412]   Vgl. ähnlich Kroeber-Riel/Weinberg 1996, S. 672

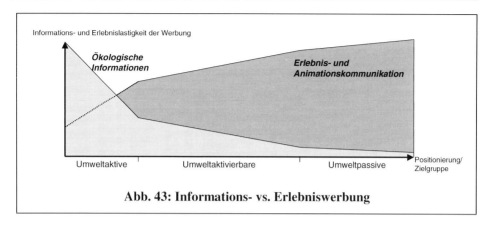

Informations- und Erlebnislastigkeit der Werbung

Ökologische Informationen

Erlebnis- und Animationskommunikation

Umweltaktive   Umweltaktivierbare   Umweltpassive

Positionierung/ Zielgruppe

Abb. 43: Informations- vs. Erlebniswerbung

Die Mischung aus erlebnis- und informationsorientierter Werbung ist vor allem bei den Positionen «ökologischer Zusatznutzen flankierend» und «ökologischer Zusatznutzen gleichberechtigt» problematisch. Eine erlebnisorientierte Werbestrategie ist bei diesen durch (mehr oder weniger zurückhaltende) Informationsmassnahmen zu unterstützen, um die notwendige Glaubwürdigkeit der ökologischen Positionierung aufzubauen bzw. zu erhalten.

Dass ein erfolgreicher Mix aus Erlebnis- und Informationsleistungen umsetzbar ist, verdeutlicht der Spezialversender Patagonia.[413] Seine ökologisch produzierten Sportswear- und Outdoor-Produkte werden geschickt in ihr Anwendungsfeld (Natur) eingebettet und dadurch Naturerlebnis und ökologische Bekleidungsartikel kommunikativ kombiniert (vgl. Abb. 44).

---

[413]   Vgl. auch Reinhardt 1998, S. 55ff.

**Abb. 44: Erlebnisorientierte Kommunikation ökologischer Bekleidungsartikel
am Beispiel Patagonia**
Foto: © Bob Allen,
reproduziert mit freundlicher Genehmigung von Patagonia Europe 1999

Parallel zu dieser emotionalen Darstellungsform gibt das Unternehmen im Rahmen seiner Produktbeschreibungen einen ausführlichen Einblick in die ökologischen Vorteile der Produkte. Zielgruppengerechte Erlebniskommunikation wird somit durch notwendige Informationen ergänzt.

Umweltaktive Unternehmen, die ein Öko-Sortiment jenseits der Öko-Nische anbieten wollen, sollten beachten, dass sie sich und ihre Produkte damit einem schier unüberschaubaren Markenwettbewerb aussetzen. Um zu verhindern, dass das ökologische Sortiment «in der Masse untergeht», bedarf es daher eines umfangreichen **Markenaufbaus**. Bei diesem muss noch sehr viel stärker darauf Wert gelegt werden, eine klare, eindeutige Positionierung zu entwickeln. Empfehlenswert ist, wenige Aussagen in einer sinnvollen Kombination zu konzentrieren, um bei Kunden einen Wiedererkennungseffekt zu erzeugen. Neben Werbung und Markenmanagement sollte auch die Geschäfts- bzw. Produktepräsentation professionalisiert werden. Das Ladenlayout bzw. die Kataloggestaltung kann sehr viel stärker unter werbepsychologischen Gesichtspunkten entwickelt werden.

Schliesslich kommt im stationären Detailhandel dem **Verkaufspersonal** eine anspruchsvolle Aufgabe zu. Neben der **unabdingbaren Kompetenz in Mode- und Verkaufsfragen** muss das Personal bei Bedarf (unaufdringliche Kompetenz) über die ökologischen Eigenschaften der Produkte sachverständig und verständlich Auskunft geben können. Das Anforderungsprofil für das Verkaufspersonal ökologischer Produkte bzw. umweltengagierter Unternehmen sollte daher umfassender sein als im konventionellen Bekleidungshandel.

Preis

Allgemeine Empfehlungen zu einer für ökologische Bekleidungsprodukte geeigneten Preispolitik abzugeben, ist weder möglich noch sinnvoll. Zwar wird immer wieder konstatiert, dass der schweizerische Bekleidungsmarkt in den vergangenen Jahren einen durchschnittlichen Preisverfall zu verzeichnen hatte.[414] Eine einheitliche Preisentwicklung ist jedoch im Anblick der Abb. 45 nicht zu identifizieren. Auch das Argument, dass seit Jahren die relativen Konsumausgaben für Bekleidung sinken, wirkt angesichts eines trotzdem mehr oder wenigen konstanten absoluten Gesamtumsatzes der Branche nicht überzeugend. Einzig die Tatsache, dass die Anbieter günstiger Artikel in den letzten Jahren tatsächlich Marktanteile gewinnen konnten, lässt Preissenkungsempfehlungen vordergründig als sinnvoll erscheinen.

---

[414] Vgl. beispielsweise o.V. 1999c

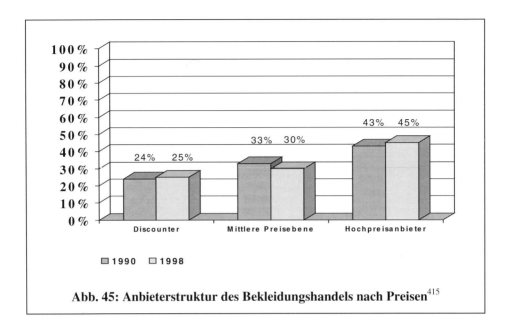

Abb. 45: Anbieterstruktur des Bekleidungshandels nach Preisen[415]

Relativiert wird dies jedoch dadurch, dass der Preis angesichts der Hybridität der Konsumenten (sie kaufen mal hoch- und mal niedrigpreisig) und der Bedeutung von Marken
(es gibt erfolglose T-Shirts für CHF 5,-- im Discounter und umsatzstarke für CHF 250,--
in der Boutique[416]) ceteris paribus wenig Aussagekraft zu besitzen scheint. Dies bestätigen die Marktanteilsverluste von Handelsunternehmen, die traditionell auf den Preis als
vorrangiges Differenzierungskriterium gesetzt haben (z.B. ABM, EPA, C&A). Der
preisstrategische Spielraum für Öko-Produkte ist vor diesem Hintergrund prinzipiell
abhängig von

- den Kosten,
- der Imagewirkung der Marke,
- der anvisierten Zielgruppe sowie

---

[415]   Die Daten sind aus den Marktanteilsdaten der führenden Unternehmen geschätzt. Demnach wurden
        Unternehmen wie H&M, EPA, ABM mit ihren gesamten Sortimenten zu den Discountern gezählt. Zu
        diesen wurden Teile der Sortimente der anderen Grossanbieter addiert. Im mittleren Preissegment sind
        vor allem Sortimentsanteile von Migros, Manor, C&A, Vögele oder Schild zu finden. Hochpreisanbie-
        ter sind insbesondere die kleinen Fachgeschäfte sowie Unternehmen wie Jelmoli, Globus oder PKZ.

[416]   Vgl. Michels 1999, S. 964f. sowie die differenzierten Verbraucherausgaben bei Albaum 1999a, S.
        331ff.

- der gewählten Positionierung (inklusive der kommunizierten einzigartigen Produkt-vorteile)

Wie im Öko-Nischenmarketing beschrieben, haben die meisten Öko-Pioniere in der Vergangenheit im Vergleich zum Branchendurchschnitt hochpreisig angeboten. Als wesentliche Ursachen wurden die höheren Produktionskosten und die strategische Positionierung von Öko-Produkten identifiziert. Indes sind Öko-Pioniere weder durch den einen noch den anderen Aspekt in ihrer Preispolitik zwangsläufig eingeschränkt. Spielräume bestehen und sollten entsprechend genutzt werden.

Vor dem Hintergrund der hohen Produktionskosten bedarf es eines aktiven beschaffungs- und strukturpolitischen Verhaltens der Handelsunternehmen.[417] Zur Senkung der Kosten ist es zum einen denkbar, mittels **Kooperationen** Lieferanten in der gesamten textilen Kette davon zu überzeugen, auf Teile ihrer Margen zu verzichten.[418] Dies kann verursachen, dass nur noch die absoluten Mehrkosten durch die Kette weitergegeben werden. Die relativen Mehrkosten reduzieren sich infolgedessen bei einem Verzicht auf Teile der Margen. Diese margenpolitische Flexibiltät besteht natürlich nicht nur bei den Lieferanten, sondern sollte im Handelsunternehmen (schon aus Gründen der Glaubwürdigkeit) selbst genutzt werden. Spiegelbildlich zur Kostensenkung sollte das Handelshaus daher die **Handelsspanne für das Öko-Sortiment reduzieren.** Helfen können kurz- bis mittelfristig Modelle der **Quersubventionierung.** Sie leisten gewissermassen eine Anschubfinanzierung für die Markteinführung und können bei sich einstellendem Erfolg langsam zurückgezogen werden. Die Produktionskosten können schliesslich auch gesenkt werden, indem das Handelsunternehmen aktiv (finanziell, logistisch oder organisatorisch) **ökologische Aufbauprogramme** fördert. Dies kann dazu beitragen, die Verfügbarkeit ökologischer Rohstoffe zu erhöhen und damit die Kosten durch Skaleneffekte zu reduzieren.

Neben den Produktionskosten besitzen Handelsunternehmen aber auch einen **strategischen Spielraum zur Preisfestsetzung.** Dieser ergibt sich aus der **Preissensibilität der Zielgruppe** und den **Preisen der Konkurrenz** (und damit letztlich der Positionierung).

---

[417] Vgl. zum strukturpolitischen Verhalten Schneidewind 1998, S. 265ff oder Schneidewind/Hummel 1996, S. 64ff. Zu Controlling-Strategien für die ökologische Textilherstellung vgl. Hummel 1997, S. 198ff. Für die Coop NATURA Line wurden eben diese Massnahmen ergriffen.

[418] Dies funktioniert nur über die Zusicherung von Ausgleichsleistungen (z.B. langfristige Abnahmeverträge), die die Gewinnreduktion kompensieren.

Soll es gelingen, Öko-Produkte jenseits der Öko-Nische zu positionieren, kann die bisher als Orientierungspunkt genommene Preiselastizität umweltaktiver Konsumenten nicht mehr Ausgangspunkt der Preispolitik sein. Die relevanten Preisgrenzen ergeben sich vielmehr aus der **Zahlungsbereitschaft der jeweiligen Zielgruppe**, und zwar sehr differenziert nach Artikelgruppen, Markenimage, Positionierung, Geschäftsstandort usw.[419] Für ökologische Produkte ist dabei zu berücksichtigen, dass Ökologie oder Gesundheitsverträglichkeit in der Regel kaum Aufpreise erlauben, da sie nur selten als direkte Zusatznutzen wahrgenommen werden. Ob für «konventionelle Zielgruppen» von einer bisher verfolgten Skimming-Preisstrategie Abstand zu nehmen ist, muss situativ entschieden werden. Bei populären, imageträchtigen Marken bietet sich **skimming pricing** durchaus an.[420] Bei unbekannten Marken oder nicht markierter Ware ist tendenziell ein **penetration pricing** vorzuziehen, um schnell entsprechende Skaleneffekte erzielen zu können.

Distribution

Die im Öko-Nischenmarketing ausgeführte Distributionspolitik kann im wesentlichen für Zielgruppen jenseits der Nische übernommen werden. Festzuhalten bleibt, dass eine breitere Diffusion ökologischer Bekleidungsartikel nur dann gelingen kann, wenn auch der stationäre Handel solche Produkte anbietet.

Über die bereits geäusserten Empfehlungen hinaus gilt es, die Bedeutung der **Plazierung der Ware** im Geschäft für den Umsatzerfolg zu berücksichtigen. Sie ist im konventionellen Handel zumeist kostenorientiert und auf Ziele der kurzfristigen Absatzlenkung ausgerichtet.[421] Wie bereits in den Ausführungen zur Produktpolitik angemerkt, sollte die Image- und indirekte Umsatzwirkung ökologischer Produkte in der Plazierungs- und (Aus-)Listungsentscheidung berücksichtigt werden.[422]

Ertragskräftige oder imageträchtige Produkte werden zumeist besonders exponiert plaziert. Bei Herstellermarken ist mittlerweile eine Tendenz zu shop-in-the-shop-

---

[419]   Vgl. Michels 1999, S. 964

[420]   Vgl. auch Bauer/Olbrich 1999, S. 663ff.

[421]   Vgl. Funck 1996, S. 234

[422]   Als problematisch wird von Unternehmensvertretern die implizite Abwertung konventioneller Ware angesehen, die durch die Listung ökologischer Produkte potentiell verursacht wird.

Konzepten feststellbar, bei der die Gestaltung des Ladenauftritts der jeweiligen Produkte komplett von den Herstellern übernommen wird. Die psychologische Wirkung der innerbetrieblichen Standortwahl (z.B. in Bezug auf Spontankäufe oder die Erregung von Aufmerksamkeit) sollte nicht unterschätzt werden. Für ökologische Produkte mit bekanntem Markennamen empfiehlt sich eine shop-in-the-shop-Konzeption. Da ökologische Marken bis dato wenig Renommé erlangen konnten, sollte je nach Zielgruppe zwischen gesonderter Präsentation (z.B. für umweltaktive «Sucher»[423]) und Eingliederung in das konventionelle Sortiment entschieden werden.

Public Relations

Während die Öffentlichkeitsarbeit bei Öko-Pionierunternehmen, die sich auf «ihre Nische» konzentrieren, keine grosse Rolle spielt, bekommt sie im Übergang zum Massenmarkt mehr Gewicht. Angesichts der jüngst zunehmenden Intensität öffentlicher Kritik (z.B. durch die Clean Clothes Campaign) nimmt die Bedeutung der Beziehungen eines Handelsunternehmens zu öffentlichen Anspruchsgruppen stetig zu. In einem harten Konkurrenzwettbewerb kann es sich kein Unternehmen leisten, ein negatives Image in der (medienvermittelten) Öffentlichkeit zu erhalten.[424] Vor diesem (defensiven) Hintergrund sind Handelsunternehmen mit Herausforderungen wie Kommunikationsfähigkeit oder Transparenz konfrontiert. Es zeigt sich in der Praxis, dass die Herausforderungen zunehmend ernst genommen und soziale oder ökologische Ansprüche umgesetzt werden.[425]

Zusätzlich stellt sich allerdings die Frage, was Öko-Pioniere mit ihrer Public Relations dazu beitragen können, um die Möglichkeiten ökologischen Handelns zu verbessern (aktive Strategie). Bisher waren Öko-Pioniere in ihren PR-Aktivitäten eher zurückhaltend. Drei Zielgruppen einer ökologieorientierten Public Relations können unterschieden werden: öffentliche, politische (diese folgen unten) und marktliche Anspruchsgruppen.

---

[423] Dies spielt auf die Reduzierung von Suchkosten an (vgl. Kaas 1992, S. 474).

[424] Vgl. auch Barth 1999, S. 1003

[425] Vgl. hierzu die in Kapitel 4.4.3 beschriebenen Aktivitäten von Firmen wie Hennes&Mauritz, C&A, Levi's, Adidas.

Gegenüber öffentlichen Anspruchsgruppen[426] gilt es einerseits, mit den eigenen «best practices» auf unternehmerische Optionen eines umweltverträglicheren Handelns hinzuweisen. Andererseits sollten diese Gruppen auch stetig darin unterstützt werden, den Druck auf konventionelle Handelshäuser aufrecht zu erhalten bzw. zu verstärken. Allerdings ist eine gewisse Sensibilität angebracht, um nicht die konventionelle Branche gegen das eigene Unternehmen aufzubringen. Öffentliche Anspruchsgruppen können weiterhin in einer Kooperation mit Öko-Pionieren zu einer ökologischen Marktentwicklung (z.B. Initiierung von Biofaserprojekten) bewegt werden. Hierdurch reduzieren sich die anteiligen Projektkosten, so dass von einer Form des «cost sharing» gesprochen werden kann. In Bezug auf Medienvertreter ist es wichtig, fortlaufend positive Umsetzungsbeispiele für ökologische Produktlancierungen vorzuweisen, um somit in den einschlägigen Branchenorganen, aber auch in der Tagespresse für Sensibilisierung zu sorgen.

In marktlicher Hinsicht sollte Public Relations zum einen dazu beitragen, Verbraucheraufklärung zu betreiben. Im schweizerischen Bekleidungshandel wird eine PR-basierte Verbraucheraufklärung beispielsweise durch die Kundenzeitschriften von Migros («Brückenbauer») und Coop («Coop-Zeitung») mitgetragen. In diesen werden zunehmend ökologische Problemfelder in der textilen Kette thematisiert und Lösungsansätze vorgestellt. Konsumenten können ihr Wissen um ökologische Probleme somit nach Bedarf und Interesse erweitern. Zum anderen kann PR auch für einen verstärkten Druck auf Zulieferer instrumentalisiert werden. Forderungen nach ökologischen Produkt- und Prozessverbesserungen oder einer umfassenden Informationsweitergabe können mit Sanktionsandrohungen unterstützt werden. Aussichtsreicher scheinen hingegen Angebote zu einer engeren Zusammenarbeit zur gemeinsamen Entwicklung von profitablen Lösungen. Dies scheint sich mehr und mehr auch durchzusetzen.

---

[426]   Hier sind insbesondere Umweltschutzgruppen wie WWF oder Greenpeace, soziale Gruppen wie die Clean Clothes Campaign sowie die Medien angesprochen.

Power

Auf politische Gruppen Einfluss zu nehmen, ist angesichts der Lobby der konventionellen Branche schwierig. Angesichts des geringen Regelungspotentials der Politik in der globalen textilen Kette macht es auch nur bedingt Sinn. Indirekte Möglichkeiten bestehen hingegen z.B. in der Befürwortung einer ökologischen Steuerreform, um hierdurch die Produktionskosten für umweltschädliche Vorprodukte zu erhöhen und gleichzeitig denjenigen Ländern, in denen intensiver Faseranbau stattfindet, Signale zu geben.

Bezogen auf die Verbesserung der Absatzchancen für ökologische Produkte empfiehlt sich, reglementierte Label- oder Zertifizierungslösungen voranzutreiben. Wie die Bio-Verordnung für Landwirtschaftsprodukte und die Diffusion des Öko-Tex Standard 100 zeigen, kann dies die ökologische Dynamik in der Branche erheblich beschleunigen.

4.6 Zwischenfazit

Ökologie ist im schweizerischen Bekleidungshandel derzeit kein zentrales Thema. Die Branche wird seit Jahren von einer hohen Wettbewerbsintensität, einem Kosten- und Qualitätsdruck, abnehmender Kundenloyalität und einer stetigen Marktliberalisierung geprägt. Dass Ökologie bisher weder von Unternehmensvertretern noch von Konsumenten in besonderer Weise wahrgenommen wird, liegt einerseits daran, dass anfangs der 1990er Jahre ein erster Anlauf zu einer Ökologisierung des Produktangebotes angesichts einer zu starken Modezentrierung scheiterte. Seitdem gilt die Lancierung ökologischer Bekleidungsartikel bei vielen als ökonomische Sackgasse. Zum anderen stehen die ökologischen Probleme der Branche weit seltener im medienvermittelten Rampenlicht der Öffentlichkeit als diejenigen anderer Branchen.

Die eher im Stillen ablaufende ökologische Dynamik ist zwar langsam, sie verläuft aber stetig. Anzeichen hierfür sind:

- die Diffusion der Öko-Tex Standards 100 und 100+,
- die vielfältigen ökologischen Innovationen im Faser-, Farbstoff- und Hilfsmittelbereich,
- zunehmender sozialer und ökologischer Druck durch öffentliche Anspruchsgruppen,

- die sukzessiven, überdurchschnittlichen Umsatzzuwächse kleiner Öko-Pioniere oder
- das produktökologische Engagement der Grossverteiler Migros und Coop.

Sicher bleibt abzuwarten, ob sich dieser Trend fortsetzen wird. Bedenklich stimmt für einen Fortgang der Ökologisierung des Produktanagebotes nämlich z.B. die Schere, die sich mit der zunehmend internationalen Beschaffung geöffnet hat. Ökologischen Entlastungen durch stetig umweltfreundlichere Produktionsverfahren bei europäischen Unternehmen stehen geringe Umweltstandards im aussereuropäischen Beschaffungsmarkt gegenüber. Sollte die Auslagerungstendenz in der europäischen Bekleidungsindustrie weiter gehen, könnten die mühsam erreichten Umweltentlastungen durch ein kostenverursachtes Umweltdumping konterkariert werden.

Jedoch kann die Beschreibung der bisherigen ökologischen Aktivitäten im schweizerischen Bekleidungshandel durchaus auch Mut machen. Viel wird in der nächsten Zeit davon abhängen, ob weitere grosse Handelsunternehmen den Beispielen der Öko-Pioniere, von Coop oder Migros folgen, auf eines der ökologischen Wettbewerbsfelder aufspringen und dadurch einem Wettbewerb um ökologische Positionen im Bekleidungshandel einen verstärkten Auftrieb geben.

5 Jenseits der Öko-Nische in der Elektrizitätsbranche

Nach den Betrachtungen zur Schweizerischen Lebensmittel- (Kap. 3) und Textilbranche (Kap. 4) steht im folgenden Kapitel die Frage im Vordergrund, wo eine Branche mit ebenfalls hoher Umweltrelevanz auf dem Weg von der Öko-Nische zum ökologischen Massenmarkt steht: die Elektrizitätswirtschaft. Auch die Analyse dieser Branche folgt dem in Kapitel 2 aufgespannten Raster. Demnach wird zunächst in Form einer Branchenstrukturanalyse ein Überblick über diesen Wirtschaftssektor gegeben (5.1), der auch auf den Stand des ökologischen Transformationsprozesses eingeht (5.2). Es folgt eine Ist-Analyse in bezug auf das heutige Angebot ökologischer Produkte und ihre Marktanteile, dargestellt anhand der «Landkarte des ökologischen Massenmarktes» (5.3). In Kapitel 5.4 wird ein ökologischer Branchenlebenszyklus skizziert, der aufzeigt, wie sich die Dynamik von Angebot und Nachfrage ökologischer Elektrizitätsprodukte darstellt. Kapitel 5.5 wechselt sodann von der Markt- auf die Unternehmensebene und zeigt auf, welche ökologischen Strategien Unternehmen dieser Branche heute verfolgen, inwiefern hierdurch der Nischenstatus ökologischer Produkte konstituiert wird und welche Ansätze erkennbar sind, mit denen Unternehmen ihre Öko-Produkte auch jenseits der Nische erfolgreich vermarkten können. Schliesslich wird in Kapitel 5.6 ein kurzes Zwischenfazit gezogen.

5.1 Branchenstrukturanalyse

Eine Strukturanalyse der Schweizer Elektrizitätsbranche ist Ende der 90er Jahre ein einigermassen anspruchsvolles Unterfangen. War dieser Industriezweig bislang als ein Hort der Stabilität bekannt, der sich durch monopolistische Marktstrukturen, jahrzehntelange Abschreibungsfristen und ein hohes Mass an (Investitions- und Versorgungs-) Sicherheit auszeichnete, so stehen nunmehr radikale Neuorientierungen bevor.[427] Die

---

[427] Es steht zu hoffen, dass die Abkehr vom Sicherheitsdenken sich auf ökonomisch effiziente und zugleich auch ökologisch verantwortungsvolle Reduktionen übersteigerter Versorgungssicherheit beschränkt, und nicht in verstärktem Ausmass so seltsame Blüten treibt wie die Absichtserklärung zwischen den Schweizer KKW-Betreibern und dem russischen Atomenergieministerium zur kostengünstigen Entsorgung radioaktiver Abfälle in Russland (vgl. Neukom 1999, S. 13).

Ursache liegt in einem weltweiten Trend zur **Strommarktliberalisierung**, dem sich nunmehr – mit einer gewissen Verzögerung – auch die Schweizer Energiepolitik anschliesst. Neben der politischen Grosswetterlage tragen auch technologische Innovationen und Forderungen von Konsumenten nach Wahlfreiheit in bezug auf Ihren Stromlieferanten und nicht zuletzt nach Preissenkungen dazu bei, dass dieser Trend mittlerweile unausweichlich scheint.

Für die hier vorzunehmende Branchenstrukturanalyse bedeutet das, dass eine schlichte Beschreibung des bestehenden Systems eine akademische Fingerübung mit geringer Halbwertszeit zu werden drohte. Daher wird im folgenden verstärkt versucht, die Betrachtung der Schweizer Branchenstrukturen um die Erfahrungen von Ländern zu ergänzen, die bereits seit einigen Jahren einen liberalisierten Elektrizitätsmarkt kennen. Damit laufen wir unter Umständen Gefahr, ein weniger scharfes Bild der momentanen Situation zu zeichnen. Dies nehmen wir jedoch bewusst in Kauf, um zukunftsorientierte Aussagen treffen zu können.[428]

Eine weitere Vorbemerkung scheint in bezug auf die **Branchenabgrenzung** angebracht. Abb. 46 zeigt eine mögliche Darstellung der verschiedenen Stufen eines Produktlebenszyklus für Strom.

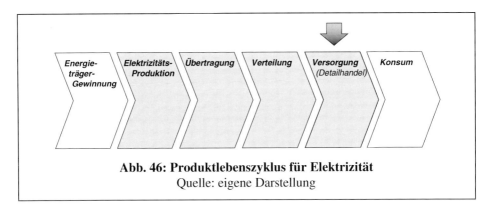

Abb. 46: Produktlebenszyklus für Elektrizität
Quelle: eigene Darstellung

Demnach können die Produktion, die Übertragung, die Verteilung, die Versorgung der Endkunden (Detailhandel), sowie der Konsum unterschieden werden. Alternativ zur

---

[428]   Dem Leser, der dieser Gefahr durch ein eingehenderes Studium der heutigen Strukturen vorbeugen möchte, sei die Lektüre einschlägiger Publikationen wie Mutzner 1995 oder Breu 1996 empfohlen.

Stromproduktion im eigenen Land kann auch Elektrizität importiert werden. Auf einer vorgelagerten Stufe findet bei fossiler und nuklearer Stromerzeugung die Energieträgergewinnung statt (Bergbau), bei erneuerbarer Stromerzeugung liefert die Sonne hier den Input. Eine ökologische Betrachtung erfordert eine ganzheitliche, lebenszyklusweite Perspektive, so dass unter einer Branche alle Stufen dieses Lebenszyklus zu verstehen sind. Das übliche Verständnis von Branchen als Wirtschaftszweig und somit als Sammelbegriff für Unternehmen, die ein ähnliches Produkt oder eine ähnliche Dienstleistung herstellen, macht jedoch eine Präzisierung der Branchen**stufe** erforderlich, von der hier in erster Linie die Rede sein soll. Um den Anschluss an die Ausführungen zur Lebensmittel- und Textilbranche in Kap. 3 und 4 zu gewährleisten, steht auch in diesem Kapitel die Detailhandelsstufe im Mittelpunkt der Überlegungen, mithin also jene Unternehmen, die an der Schnittstelle zum Endverbraucher operieren. Abb. 47 zeigt, dass diese Funktion in der Schweiz heute häufig von einem der über 900 Gemeindewerke wahrgenommen wird, zum Teil jedoch auch durch regionale oder Überlandwerke, die mehr oder weniger stark vertikal integriert sind, d.h. sie üben neben der Detailhandelsfunktion noch weitere Aktivitäten aus wie Produktion, Übertragung und Verteilung von Strom.[429]

Im folgenden soll eine Untersuchung der Wettbewerbskräfte nach Porter weiteren Aufschluss über die Branchenstruktur geben.

---

[429] vgl. Mutzner 1995, S. 71 f.

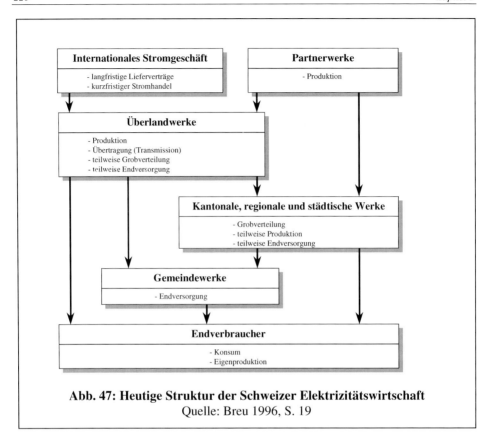

Abb. 47: Heutige Struktur der Schweizer Elektrizitätswirtschaft
Quelle: Breu 1996, S. 19

5.1.1 Bedrohung durch neue Konkurrenten

Die Gefahr des Markteintritts neuer Wettbewerber war in der Schweizer Elektrizitätsbranche im letzten Jahrhundert quasi inexistent, ist nun aber zunehmend akut. Erste Anzeichen waren die Übernahmen von Anteilen Schweizer Elektrizitätswerke durch ausländische Wettbewerber, die sich bislang allerdings auf wenige überregional tätige Unternehmen beschränkten.[430] Der einsetzende Wettbewerb wird sich naturgemäss zu-

---

[430] Hier ist zum einen die 10.7-prozentige direkte Beteiligung der deutschen Preussen Elektra an der BKW
FMB Energie AG zu nennen, zum anderen die indirekte Beteiligung von RWE Energie AG und Elec-
tricité de France an der Atel (via Motor-Columbus) sowie von Bayernwerk und Energie Baden-
Württemberg an CKW und EGL (via Watt AG). Vgl. Imper/Lüscher 1999, S. 81.

nächst auf das besonders lukrative Segment der Grosskunden beschränken. Die Erfahrung in anderen Ländern zeigt, dass eine erfolgreiche Abwehr neuer Wettbewerber zumeist nur mit erheblichen Preisnachlässen in diesem Kundensegment möglich ist, was sich negativ auf die Ertragslage der bestehenden Wettbewerber auswirkt.[431] Ist die Abwehrstrategie zudem nicht erfolgreich, verlieren gerade kleinere Elektrizitätswerke mit wenigen Grossabnehmern oft einen beträchtlichen Anteil Ihres Umsatzes.

Neben dem Eintreten neuer Wettbewerber in das angestammte Geschäft der Elektrizitätsversorgung droht Gefahr für die bestehenden Anbieter auch durch eine verstärkte Selbstversorgung von Kunden. So sind im angelsächsischen Raum in erheblichem Umfang neue Kapazitäten in der industriellen Strom- und Wärmeerzeugung entstanden (Independent Power Producers, IPP).[432] In einer etwas längerfristigen Perspektive wären im Segment der Haushaltskunden durch den massenhaften Einsatz von Blockheizkraftwerken oder Brennstoffzellen zur Wärme-Kraft-Kopplung ähnliche Tendenzen denkbar. Hier würden quasi Einfamilienhausbesitzer zu neuen Konkurrenten der Elektrizitätswerke.[433] Wo eine solche Entwicklung derzeit noch an Finanzierungsengpässen oder Planungskapazitäten scheitert, können intermediäre Akteure wie Contracting-Firmen zu einer schnelleren Marktdurchdringung zulasten der etablierten Anbieter beitragen.

Insgesamt kann also festgestellt werden, dass von der Bedrohung durch neue Konkurrenten in naher Zukunft ein erheblicher Einfluss auf die Branchenstruktur und -rentabilität ausgehen wird. Die Antizipation dieser Entwicklung führt in der Branche schon heute zur Suche nach Rationalisierungs- und Kostensenkungspotentialen, nach flexibleren Organisationsstrukturen, aber auch nach neuen Differenzierungspotentialen – dies insbesondere in einem Land mit traditionell hohen Produktionskosten wie der Schweiz. Die Geschwindigkeit und Intensität, mit der neue Wettbewerber werden Fuss fassen können, hängt dabei in entscheidendem Masse von der Regulierung des nach wie

---

[431] Eine weitere Tendenz ist freilich, insbesondere in einer frühen Phase der Marktöffnung, welche nur den grössten Kunden den Wechsel ihres Versorgers ermöglicht, eine Quersubventionierung zulasten der «gefangenen Kunden», die es dem Unternehmen ermöglicht, Einbussen bei den Grosskunden durch Erlössteigerungen bei Kleinkunden auszugleichen.

[432] vgl. Imwinkelried 1999, Watson 1999

[433] vgl. Diethelm 1999

vor monopolistisch organisierten Stromnetzes ab.[434] Solange es nicht gelingt, einen diskriminierungsfreien Zugang zum Netz ermöglichen, kann der Netzeigentümer als Gatekeeper potentielle neue Konkurrenten durch prohibitiv hohe Stromübertragungsgebühren abschrecken und so den Wettbewerb unterbinden.

5.1.2   Verhandlungsstärke der Abnehmer

In bezug auf die Verhandlungsstärke der Abnehmer muss vor allem für zukunftsgerichtete Aussagen zwischen den typischen Kundengruppen der heutigen Elektrizitätswerke unterschieden werden, die sowohl im Privat- als auch im Firmenkundengeschäft tätig sind. Während bislang quasi alle Macht beim Monopolisten lag, so wird sich das durch die Marktliberalisierung vor allem bei den grossen industriellen Stromkunden ändern. Die Erfahrung aus anderen Ländern zeigt, dass angesichts von Dumping-Angeboten von Wettbewerbern sich die Machtverhältnisse hier zulasten des angestammten Anbieters umkehren. Die Verhandlungsstärke der Kleinabnehmer (Gewerbe, KMU, Haushalte) wird hingegen sicher während der Übergangsphase einer etappenweisen Marktliberalisierung, wahrscheinlich aber auch noch darüber hinaus gering bleiben. Es ist allerdings anzumerken, dass es sich hierbei um eine rein marktbezogene Sichtweise handelt. Zieht man in Betracht, dass die privaten Konsumenten zugleich auch Eigentümer der (heute noch) öffentlichen Betriebe der Elektrizitätsversorgung sind, und zudem in einer direkten Demokratie als Stimmbürger auch über wesentliche Fragen wie die Umwandlung der Gesellschaftsform, grössere Investitionen oder Standortbewilligungen mitentscheiden, so stellt sich die Verhandlungsstärke dieser scheinbar machtlosen Abnehmer in einem etwas anderen Licht dar. Dies dürfte nicht zuletzt auch mit ein Grund dafür sein, warum in dem de jure monopolistischen Schweizer Strommarkt einige Unternehmen ihren Kunden mittlerweile von sich aus eine Wahlmöglichkeit zwischen verschiedenen Stromerzeugungsarten anbieten.[435]

---

[434]   Dies zeigt sich auch bei der Liberalisierung anderer Branchen, die netzgebundene Dienstleistungen erbringen, wie der Telekommunikation oder des Schienenverkehrs (vgl. für die Schweizer Telekommunikationsbranche beispielsweise Pelda 1999).

[435]   vgl. Wüstenhagen 1998a.

5.1.3   Substitutionsgefahr

Die dritte Wettbewerbskraft nach Porter liegt in der Gefahr, dass die angestammten Produkte der Anbieter einer Branche durch Ersatzprodukte bedrängt werden, welche dieselben Kundenbedürfnisse erfüllen. Je grösser diese Substitutionsgefahr, desto enger die Obergrenzen für Preise und Rentabilität der Branche. In bezug auf das physische Produkt der Elektrizitätsbranche ist eine solche Substitution kaum möglich. Elektrischer Strom ist in vielen Anwendungsbereichen unersetzbar. Gewisse Substitutionsmöglichkeiten bestehen im Bereich der industriellen Prozesswärme (Gas, Öl), der Warmwasserbereitung (Solarthermie) oder auch im Bereich der Beleuchtung (Solararchitektur/verbesserte Tageslichtnutzung). Wegen des hohen Ausbaustandes des existierenden Stromnetzes und der einfachen Handhabbarkeit von elektrischem Strom geht der Trend in vielen Bereichen jedoch in die umgekehrte Richtung: Ersatz anderer Energieträger durch Strom.

Etwas anders als dieses aus Sicht der Elektrizitätsanbieter komfortable Bild sieht die Lage jedoch aus, wenn der Strom nach seiner Produktionsweise differenziert betrachtet wird. So ist technisch der heutige Strommix perfekt substituierbar durch Strom aus anderen Energiequellen, und wenn beispielsweise Anbieter von Strom aus erneuerbaren Energien die Produktionsweise durch offensive Marketingkampagnen zu einem wichtigen Kriterium bei der Kaufentscheidung machen, könnte das für Anbieter von Strom aus weniger populären Quellen wie der Kernenergie zu Marktanteilsverlusten führen.[436] Gleiches gilt für die insbesondere industriellen Kunden, aber mit fortschreitender Technologieentwicklung auch kleineren Abnehmern offenstehende Option, die Lieferung ihres Elektrizitätsanbieters durch Eigenproduktion zu ersetzen.

Zieht man schliesslich in Betracht, dass Stromprodukte de facto aus einem Bündel von physischen Lieferungen und begleitenden Dienstleistungen bestehen, so werden weitere Substitutionspotentiale sichtbar. Das bestehende System eines physischen Risikomanagements (Reservekraftwerke zur Aufrechterhaltung der Versorgungssicherheit) könnte Konkurrenz bekommen durch Instrumente eines finanziellen Risikomanagements; In-

---

[436]   Hiermit ist nicht gemeint, dass **kurzfristig** der hohe Anteil von Bandlaststrom, der heute aus Kernkraftwerken stammt, aus neuen Energiequellen ersetzt werden könnte. In einer mittelfristigen Perspektive ist jedoch durchaus eine gewisse Substituierbarkeit gegeben, insbesondere wenn es gelingt, mehrere alternative Quellen so zu kombinieren, dass ein ausgeglichenes Lastprofil erreicht werden kann.

kasso- und messtechnische Dienstleistungen können von anderen Unternehmen ebenso gut erbracht werden; klassische Formen der Energiespeicherung könnten durch neuartige, dezentrale Technologien konkurrenziert werden; die heute üblicherweise mitgelieferte Energieberatung könnte von Contracting-Anbietern als Geschäftsfeld entdeckt werden. In dem Masse, wie im Zuge der Marktliberalisierung die einzelnen Bestandteile des komplexen Produktes Elektrizitätsdienstleistung transparenter werden (Unbundling), öffnen sich auch Türen und Tore für die Anbieter von Substitutionsleistungen.

Zusammenfassend ist die Substituierbarkeit im Kerngeschäft der Elektrizitätsbranche heute relativ gering, sie nimmt jedoch zu, je weiter man den Blick in die Zukunft und in produktbegleitende Dienstleistungen richtet. Nicht zuletzt liegt in der Möglichkeit, wertschöpfungsintensive Bündel aus derartigen Dienstleistungen zu schnüren, auch die lukrative Geschäftsgrundlage für Quereinsteiger, die ohne jegliches Eigentum an Produktionskapazitäten operieren.[437]

5.1.4   Verhandlungsstärke der Lieferanten

In bezug auf die Machtverteilung zwischen den Unternehmen der Elektrizitätsbranche und ihren Lieferanten ist es wiederum relevant, welche Branchenstufe man im Auge hat. Betrachtet man eines der vielen hundert kleinen Gemeindewerke, so wird hier die Waage sicher zugunsten der grösseren Lieferanten ausschlagen. Im Fall der sieben Überlandwerke hingegen sind die Lieferanten oft Tochterunternehmen, von denen keine wettbewerbsstrategische Bedrohung ausgeht. Ein etwas anderes Bild bietet sich im Umgang mit ausländischen Lieferanten. Ein grosser Teil des Schweizerischen Elektrizitätsbedarfs, besonders im Winterhalbjahr, wird heute über langfristige Lieferverträge mit französischen Kernkraftwerksbetreibern abgewickelt. Im Lichte des heutigen marktlichen Umfeldes (fallende Preise, Überkapazitäten) enthalten diese Verträge sehr ungünstige Konditionen aus Sicht der Schweizer Abnehmer, die jedoch gegenüber dem mächtigen französischen Staatsbetrieb EDF nur wenig Verhandlungsspielraum haben.

Betrachtet man nicht nur die Vorlieferanten entlang der Elektrizitätskette, sondern auch Brennstoff- und Technologielieferanten, so ergibt sich ebenfalls ein vielschichtiges Bild. Rund 60 % des Schweizerischen Stroms stammen aus Wasserkraft, was die Elektrizi-

---

[437]   Vgl. Renggli 1999 für ein instruktives Beispiel eines solchen *Power Marketers*.

tätswerke weitgehend unabhängig von Rohstofflieferungen macht, allerdings ein gewisses Risiko in bezug auf schwankende Niederschlagsmengen einschliesst. Rund 40 % des Stromes wird aus Kernenergie gewonnen, wobei der Brennstoff zum Teil aus Ländern mit vergleichsweise geringer politischer und wirtschaftlicher Stabilität bezogen wird.[438] Für den sehr geringen Anteil an Elektrizität, der heute aus fossilen Energieträgern gewonnen wird, gilt Ähnliches. Wirft man schliesslich den Blick voraus auf künftige Möglichkeiten der Elektrizitätserzeugung, so könnte hier nach den Erfahrungen anderer liberalisierter Märkte einerseits ein beträchtlicher Aufschwung für Gas erwartet werden,[439] was mangels inländischer Ressourcen zu einer starken Importabhängigkeit führen würde. Andererseits bieten sich Möglichkeit zur verstärkten Nutzung verschiedener Formen der Sonnenenergie, deren Lieferant zwar mächtig ist, aber sich gewiss nicht dadurch auszeichnet, dass er die Rentabilität der Branche durch ausgeprägte eigene wirtschaftlichen Interessen gefährdet.

5.1.5 Rivalität in der Branche

Nach Porter kann die Rentabilität einer Branche auch durch einen intensiven Wettbewerb der bestehenden Anbieter vermindert werden. Die bisherigen Ausführungen haben gezeigt, dass bis dato in der Schweizer Elektrizitätsbranche das Gegenteil der Fall war. In sorgsam abgeschotteten Märkten konnten die etablierten Anbieter satte Monopolrenten abschöpfen.[440] Ein grundlegender Wandel dieser Situation ist absehbar, unklar ist allerdings das Tempo und die Intensität der aufkommenden Rivalität. Einen Vorgeschmack bietet ein Blick über die Grenzen: In Deutschland hat offenbar die vornehme Zurückhaltung der einstigen Monopolisten ein Ende gefunden, wenn man aktuellen Be-

---

[438] So kommt gemäss Geschäftsbericht der Nordostschweizerischen Kraftwerke ein grosser Teil des Uranbedarfs der westlichen Welt aus russischen Beständen, welche im Rahmen der Abrüstung frei geworden sind (NOK 1999, S. 25). Vgl. auch Lehmann/Reetz 1995, S. 44, die auf Beispiele des Handels mit radioaktiven Nukliden aus der ehemaligen UdSSR hinweisen, sowie Strohm 1986, S. 22, nach dem Deutschland sein Uran seinerzeit zu ca. 60 % aus den USA und zu 40 % aus der UdSSR bezog.

[439] vgl. die Ausführungen von Watson 1999 zum «Dash for Gas» im Zuge der englischen Marktliberalisierung.

[440] Bei einer Wertung dieses Umstandes ist übrigens zu beachten, dass diese Monopolrenten bislang in aller Regel nicht etwa anonymen Spekulanten zugute kamen, sondern einen wichtigen Finanzierungsbeitrag an vielfältige Aufgaben der öffentlichen Hand, insbesondere der Gemeinden und der Gebirgskantone, leisteten. Die Aufhebung der Monopole wird zu höherer ökonomischer Effizienz führen, aber auch die Erschliessung anderweitiger Finanzierungsquellen für diese Aufgaben notwendig machen.

richten über spektakuläre Akquisitionen durch in- und ausländische Konkurrenten folgt.[441] Ebenfalls instruktiv ist der Vergleich mit der unlängst liberalisierten Schweizer Telekommunikationsbranche, in der innerhalb weniger Monate ein beachtliches, wenn auch im Vergleich mit anderen Ländern noch überschaubares Mass an Preiswettbewerb eingesetzt hat. Druck auf die Branchenrentabilität kommt hier vermutlich auch von Seiten der zunehmenden Werbeintensität, der sich kaum ein Anbieter entziehen kann.

Ein Ausweg aus einem ruinösen Preiswettbewerb könnte in einer Qualitätsdifferenzierung liegen. Dies könnte im Bereich des relativ homogenen physischen Produktes auf ähnliche Schwierigkeiten stossen wie bei anderen netzgebundenen Dienstleistungen, doch liegt in den mit der Elektrizitätserzeugung verbundenen Umweltauswirkungen und der diesbezüglichen Sensibilisierung der Konsumenten ein nennenswertes Potential zur Differenzierung über ökologische Leistungsangebote. Um dieses Potential näher auszuloten, wird im folgenden eine ökologische Branchenanalyse durchgeführt.

5.2 Ökologische Transformation in der Schweizer Elektrizitätsbranche

Ziel der folgenden Ausführungen ist es, die Rolle der Ökologie im Wettbewerb der Elektrizitätsbranche näher zu untersuchen. Dies erfolgt in mehreren Schritten:

- Zunächst wird dargestellt, welches die wichtigsten ökologischen Belastungen auf den verschiedenen Stufen des Produktlebenszyklus sind.

- Danach wird untersucht, in welche ökologischen Ansprüche an die Elektrizitätsunternehmen diese Belastungen durch die Lenkungssysteme Öffentlichkeit und Politik transformiert werden.

- Und schliesslich wird ausgelotet, welche ökologischen Wettbewerbsfelder im Sinne von Marktchancen durch das Angebot von Lösungen für ökologische Probleme sich daraus ergeben.

---

[441]   vgl. die diversen Meldungen in Stromthemen 1/1999 (Leuschner 1999)

Ökologische Belastungen

Die Elektrizitätsversorgung ist weltweit mit einer Reihe gravierender Umweltauswirkungen verbunden, unter anderem:[442]

- Übernutzung nicht-erneuerbarer Ressourcen (Erdöl, Erdgas, Kohle, Uran)[443]
- Beitrag zum Klimawandel durch Treibhausgasemissionen
- Beitrag zur Luftverschmutzung durch Schadstoffemissionen (Schwefeldioxid, Stickoxide, Kohlenwasserstoffe)
- Risiko von Unfällen mit Freisetzung radioaktiver Strahlung
- Entsorgung radioaktiver Abfälle
- Landschaftsverbrauch, Beeinträchtigung lokaler Ökosysteme und Siedlungsstrukturen (insbesondere durch grosse Wasserkraftwerke)

Die genannten ökologischen Belastungen treten überwiegend auf der Stufe der Elektrizitätserzeugung auf. Ein grosses Potential zur Verminderung der Umweltauswirkungen liegt jedoch auch in einer effizienteren Anwendung der Elektrizität.

Ökologische Ansprüche

Ökologische Belastungen werden nicht per se wettbewerbswirksam, sondern erst durch ihre Transformation in ökologische Ansprüche. Im folgenden wird daher für die oben aufgezeigten Belastungen dargelegt, inwiefern diese durch die Lenkungssysteme Öffentlichkeit und Politik aufgegriffen und in Ansprüche gegenüber den Elektrizitätsanbietern transformiert wurden.

- **Übernutzung nicht-erneuerbarer Ressourcen**

  Das Thema Ressourcenschonung stand in den 70er und frühen 80er Jahren hoch auf der öffentlichen und politischen Agenda, verstärkt durch die beiden Ölpreisschocks und wissenschaftliche Publikationen des Club of Rome über die «Grenzen des

---

[442]   vgl. auch Wolff/Scheelhaase 1998, S. 37.

[443]   vgl. den Klassiker Meadows et al. 1972, die Übersicht bei Lehmann/Reetz 1995, S. 34 f., m.w.N., sowie abweichend Binswanger 1998

Wachstums».[444] In der Folgezeit hat sich die Bedeutung dieses Themas etwas relativiert. Gründe sind zum einen Fortschritte bei der Erschliessung neuer Ressourcenvorräte,[445] die die pessimistischen Szenarien des Club of Rome zu widerlegen scheinen, zum anderen ein vor allem auf politische Gründe zurückzuführender Ölpreisverfall, welcher die weltweiten Energiepreise auf ein nie dagewesenes Niveau sinken lies und somit alles andere als Knappheit signalisiert.[446] Auch wenn die reale Verfügbarkeit nicht-erneuerbarer Ressourcen durch diese Preise wohl nicht zutreffend reflektiert wird, so ist doch auch in wissenschaftlichen Kreisen mittlerweile unbestritten, dass der akutere ökologische Engpass nicht bei der (Rohstoff-) Quelle, sondern bei der Senke liegt, d.h. bei der Aufnahmefähigkeit der Ökosysteme für die aus der Ressourcennutzung entstehenden Emissionen. Diese Tatsache schlägt sich auch in den ökologischen Ansprüchen der Lenkungssysteme Öffentlichkeit und Politik nieder, wie die folgenden Ausführungen zeigen.

- **Beitrag zum Klimawandel durch Treibhausgasemissionen**

Der Stellenwert der Energieversorgung im Rahmen der weltweiten Klimaerwärmung ist heute weitgehend anerkannt. Dabei ist die Transformation dieser ökologischen Belastungen in Ansprüche seitens der Politik bereits weiter ausgeprägt als in der breiten Öffentlichkeit. Der wissenschaftlich kaum noch seriös bestrittene Treibhauseffekt hat mittlerweile zu verbindlichen internationalen Abkommen geführt (Kyoto-Protokoll) und ist auch Bestandteil nationaler Politikziele geworden.[447] So-

---

[444]   Vgl. etwa Meadows et al. 1972, Krause et al. 1980, sowie speziell für die Bewertung der Uran-Ressourcen Strohm 1986, S. 88 ff. m.w.N.

[445]   So sind laut US-Energieminster Bill Richardson durch technologischen Fortschritt die Gewinnungskosten für Erdöl in den USA seit 1979 von 19 $/Fass auf unter 5 $/Fass gefallen, in Kuwait und Saudi-Arabien liegen sie gar bei 2 $/Fass (vgl. Günthardt 1998a, S. 25), so dass auch bislang unwirtschaftliche Vorkommen erschlossen werden können.

[446]   vgl. etwa Wolff/Scheelhaase 1998, S. 37, zur Preisentwicklung im Rohölmarkt, sowie die Ansicht des World Energy Council (WEC), welcher das Problem nicht in der Verknappung der Energieressourcen, sondern in deren ungleicher Verteilung auf dem Globus und der daraus resultierenden Krisenanfälligkeit des Energieversorgungssystems sieht (vgl. Günthardt 1998b S. 22).

[447]   So hat sich die Schweiz in Kyoto zu einer Minderung ihrer CO_2-Emissionen um 8 % bis zum Zeitraum 2008-2012 verpflichtet (vgl. UNFCCC 1998) . Der Entwurf zu einem Bundesgesetz über die «Reduktion der CO_2-Emissionen» sieht, ebenso wie die «Strategie Nachhaltige Entwicklung in der Schweiz» des Bundesrates, sogar eine Reduktion von 10 % bis zum Jahr 2010 vor (vgl. Bundesrat 1997a und 1997b, S. 5).

mit liegt in der Frage des Klimaschutzes heute ein echter Constraint für das unternehmerische Handeln in der Elektrizitätsbranche.[448]

- **Beitrag zur Luftverschmutzung durch Schadstoffemissionen**

  Das Thema Luftverschmutzung ist in bezug auf die ökologischen Ansprüche der Öffentlichkeit von eher geringer Bedeutung in der Schweizer Stromproduktion. Die Politik hat sich des Themas insbesondere in den 80er und Anfang der 90er Jahre umfassend angenommen,[449] was jedoch angesichts der heutigen Erzeugungsstruktur von Elektrizität in der Schweiz wenig direkte Relevanz besitzt.[450]

- **Risiko von Unfällen mit Freisetzung radioaktiver Strahlung**

  Das Thema Atom-Unfälle erlebte seinen Höhepunkt in der öffentlichen Aufmerksamkeit in den 70er und 80er Jahren, als mit Three Miles Island (1979) und Tschernobyl (1986) zwei konkrete Ereignisse das Risiko der nuklearen Stromerzeugung ins Bewusstsein rückten. Die traditionell starke Schweizer Anti-AKW-Bewegung erhielt damit weiteren Auftrieb und das gesunkene Vertrauen in diese Technologie schlug sich schliesslich auch in politischen Regelungen nieder. In einem Referendum wurde 1990 ein zehnjähriges Moratorium für den weiteren Ausbau der Kernenergie beschlossen.[451] Parallel dazu sollte durch das Bundesprogramm Energie 2000 eine Förderung des Energiesparens und der Nutzung erneuerbarer Energien erreicht werden. Heute, kurz vor dem Ablauf des Moratoriums, stehen auf Initiative der Umweltorganisationen weitere Volksentscheide bevor, und auch wenn die öffentliche Debatte über nukleare Risiken weniger lebhaft geführt

---

[448] Es wird bisweilen argumentiert, dass diese Frage für die Schweiz mit ihrer zu 97 % auf CO_2-armen Energieträgern beruhenden Stromproduktion nicht relevant sei. Dem ist allerdings entgegenzuhalten, dass durch die intensive Einbindung des Landes in den europäischen Stromhandel und insbesondere durch die deutlichen Importe im Winterhalbjahr der Strombedarf nicht ausschliesslich aus sauberen inländischen Quellen gedeckt wird. Umgekehrt liegt in einer effizienteren Stromnutzung für die Schweiz auch ein Potential zum verstärkten Export von Strom aus erneuerbaren Quellen, welcher CO_2-intensive Formen der Stromerzeugung im benachbarten Ausland verdrängen könnte. Und schliesslich ist bei einer gesamthaften Betrachtung des Energiebedarfs die heutige CO_2-Intensität der Raumwärmeproduktion zu beachten, die effizienter mit Hilfe von Wärme-Kraft-Kopplung zu realisieren wäre (vgl. auch Glauser 1999, S. 108).

[449] vgl. Breu 1996, S. 39 f.

[450] Eine höhere Relevanz könnte sich jedoch bei einem künftigen verstärkten Einsatz fossiler Energieträger ergeben.

[451] Eine zeitgleich zur Abstimmung gelangende, weitergehende Initiative zum Ausstieg aus der Kernenergie wurde allerdings wie schon in den Jahren 1979 und 1984 mit knapper Mehrheit abgelehnt (vgl. Mutzner 1995, S. 59).

wird als einst, so sind doch die tiefsitzenden gesellschaftlichen Vorbehalte gegenüber dieser Technologie unverändert vorhanden. Von Seiten der Exekutive sind in der Schweiz, wie auch im benachbarten Deutschland, mittlerweile Signale für einen mittelfristigen Verzicht auf die Nutzung der Kernenergie zu vernehmen, so dass die Ansprüche an die Elektrizitätsbranche zunehmen, alternative Angebote zu entwickkeln.

- **Entsorgung radioaktiver Abfälle**

  Ähnlich wie die Risikofrage ist auch die andere potentielle ökologische Belastung, die von der Stromerzeugung aus Kernenergie ausgeht, nämlich die Entsorgung der radioaktiven Abfälle, ein Thema, welches im Laufe der Jahre immer wieder einmal die Gemüter von Öffentlichkeit und Politik bewegt hat. Die Haltung der Öffentlichkeit ist dabei zwiespältig. Zwar herrscht einerseits ein Konsens in bezug auf den generellen Bedarf nach einem atomaren Endlager in der Schweiz, doch andererseits verlief die Standortsuche bisher noch stets in einer Sackgasse. Es steht zu vermuten, dass diese Blockadesituation ohne einen generellen Entscheid über die Zukunft der Kernenergienutzung auch nicht zu überwinden ist.

- **Landschaftsverbrauch, Beeinträchtigung lokaler Ökosysteme und Siedlungsstrukturen**

  Die Frage der Auswirkungen von Energieproduktionsanlagen auf Landschaft und lokale Ökosysteme wurde in der Schweizer Öffentlichkeit vor allem im Kontext des Baus der grossen Speicherkraftwerke in den Alpen diskutiert. Hierbei kam es zu Auseinandersetzungen von ähnlicher Schärfe wie im Zusammenhang mit dem Bau der Kernkraftwerke. Anders als bei der Kernenergie gibt es allerdings einen weitgehend geteilten Grundkonsens bezüglich dieser Technologie, die Kontroversen betreffen eher die Intensität der Nutzung der betroffenen Gebiete. Als Resultat einer jahrelangen Konfrontation zwischen Umweltorganisationen auf der einen Seite und Kraftwerken und Gebirgskantonen auf der anderen Seite nahm sich schliesslich auch die Politik des Anliegens an und traf 1992 mit dem Gewässerschutzgesetz eine gesetzliche Regelung für den Zielkonflikt zwischen wirtschaftlichen Interessen und Schutz der Ökosysteme.[452] Damit trat eine gewisse Beruhigung der öffentlichen Debatte ein, wobei allerdings in letzter Zeit wieder Zeichen für ein erneutes Aufflam-

---

[452]   vgl. Breu 1996, S. 39

men des Konfliktes erkennbar sind.[453] Zusammenfassend kann zur Frage der Wasserkraft festgehalten werden, dass ein breiter gesellschaftlicher Konsens für eine Nutzung der bestehenden Kraftwerke (und allenfalls auch Massnahmen zu deren Schutz, etwa im Zuge der Marktliberalisierung) besteht, dass dieser Konsens in bezug auf das gesunde Mass dieser Nutzung im konkreten Einzelfall nicht immer ohne weiteres gegeben ist, und dass neue Kraftwerksprojekte kaum noch öffentlich durchsetzbar sind.

Eine ähnliche Einschätzung gilt in bezug auf den Bau von Hochspannungsleitungen, die ebenfalls insbesondere im Alpenraum zu scharfen Konflikten zwischen Landschaftsschützern und Elektrizitätswerken geführt haben.[454]

Eine weitere Technologie, die sich in gewissem Ausmass mit öffentlichen Ansprüchen in puncto Landschaftsverbrauch auseinanderzusetzen hat, ist die Windenergie. Zwar ist die Schweiz weit von einer «Verspargelung der Landschaft» entfernt,[455] wie sie von Natur- und Heimatschützern in küstennahen Regionen Norddeutschlands beklagt wird,[456] doch gibt es auch hierzulande Bedenken bezüglich der Veränderung des Landschaftsbildes durch Windkraftanlagen. Dies wird in gewissem Ausmass verstärkt durch die Tatsache, dass windgünstige Standorte in der Schweiz in erster Linie in Kammlagen zu finden sind, wo sich eine hohe Sichtbarkeit der Anlagen ergibt. Der Konflikt wird allerdings relativiert durch technische Probleme bei der Nutzung der windreichen alpinen Standorte und durch das ansonsten im Vergleich zu Küstenregionen eher geringe Windangebot in der Schweiz.

- **Ineffizienzen in der Energienutzung**

Bei der Frage einer Erhöhung der Energieeffizienz auf der Verwendungsseite handelt es sich um ein in Öffentlichkeit und Politik ambivalent behandeltes Phänomen. Einerseits erfährt die Einsicht, dass in einer höheren Energieeffizienz grosse Poten-

---

[453] Beleg dafür mag die Forderung von Vertretern der Gebirgskantone nach Revision des Gewässerschutzgesetzes von 1992 sein (vgl. etwa Huber 1998, S. 84).

[454] vgl. Rodewald 1998, sowie für eine frühe Thematisierung der Problematik Rieder 1926.

[455] Ein prominenter Kritiker der Windenergie sieht gar einen «eintönigen Technopark» entstehen (Binswanger 1998, S. 29). Andererseits ist anzumerken, dass es sich bei der ästhetischen Beurteilung der hier vorgenommenen Landschaftsbildveränderungen letztlich um eine Frage des (subjektiven) Geschmacks handelt, und dass manche Menschen die Windkraftanlagen auch positiv als Symbole einer «sanften» Energieversorgung empfinden.

[456] vgl. Feusi 1998, S. 7.

tiale zur Umweltentlastung liegen, auf einer verbalen Ebene grosse Zustimmung quer durch alle politischen Lager.[457] Andererseits ist die Handlungswirksamkeit der daraus resultierenden Ansprüche an die Elektrizitätsanbieter recht begrenzt. Anders als in den USA, wo unter der Überschrift Least-Cost Planning in den 70er und 80er Jahren Energieversorgungsunternehmen gesetzlich zur Durchführung von Energiesparmassnahmen beim Kunden verpflichtet wurden,[458] fanden entsprechende Anläufe in der Schweiz keine Mehrheit im politischen System und blieben die Forderung einer ökologisch engagierten Minderheit, denen zudem durch freiwillige Massnahmen der Elektrizitätswerke – in bescheidenem Rahmen – zusätzlich Wind aus den Segeln genommen wurde.[459]

Eine Schwierigkeit in der Thematisierung der Energieeffizienz liegt vermutlich darin, dass anders als bei Grosstechnologien wie Kern- und Wasserkraftwerken oder bei Hochspannungsleitungen kein gut sichtbarer Adressat für entsprechende ökologische Ansprüche existiert. Neben den etablierten Elektrizitätsanbietern kann ein bunter Strauss weiterer Akteure für die bestehenden Ineffizienzen verantwortlich gemacht werden, beispielsweise die Hersteller von verschiedensten elektrischen Geräten, Architekten und Planer, der Konsument selbst und sein Verhalten, oder die Politik, die es versäumt hat, externe Kosten des Energieverbrauchs zu internalisieren und so korrekte Preissignale für die Energieverbraucher auszusenden. Entsprechend divers sind die potentielle Adressaten für Verbesserungen des Status Quo, wobei sich die gerade begonnene Aufzählung noch um neu auftretende Akteure wie etwa spezialisierte Anbieter von Energiespardienstleistungen (Contracting-Firmen) verlängert.

Ökologische Wettbewerbsfelder

Entlang der oben skizzierten ökologischen Belastungen und ihrer Übersetzung in Ansprüche von Öffentlichkeit und Politik können schliesslich Bereiche für zukunftsweisende ökologische Problemlösungen in der Elektrizitätsbranche abgeleitet werden, die den

---

[457]   vgl. Jegen/Wüstenhagen 1999.

[458]   vgl. die umfassende Übersicht bei Leprich 1994 oder Hennicke 1991.

[459]   vgl. Eberle 1996, S. 31.

betreffenden Anbietern Wettbewerbsvorteile verschaffen (ökologische Wettbewerbsfelder). Es handelt sich dabei um:

a) **Angebote zur verstärkten Nutzung erneuerbarer Energien (Ökostrom-Marketing)**

Erneuerbare Energien können Antworten auf die Herausforderungen des Klima- und Ressourcenschutzes liefern. Ausser im Falle der (grossen) Wasserkraftwerke fristet ihre Nutzung in der Schweiz jedoch noch ein Nischendasein. Da erneuerbare Energien – allen voran die Nutzung der Photovoltaik – auf der anderen Seite jedoch hohe Sympathiewerte in der Bevölkerung geniessen,[460] bieten sie ein geeignetes Feld für die Erlangung von Wettbewerbsvorteilen.

b) **erfolgreiche Kommerzialisierung von Effizienzdienstleistungen (Negawatt-Marketing, z.B. Contracting)**

In ihrer Umweltverträglichkeit werden erneuerbare Energien nur noch durch Energie übertroffen, die überhaupt nicht verbraucht wurde. Amory Lovins prägte hierfür den Begriff «Negawatts».[461] Wie auch Beispiele aus anderen Branchen zeigen, erfordert ein solches Demarketing[462] noch mehr Kreativität als ein Marketing für ökologische Produkte.[463] Grössere Herausforderungen beinhalten jedoch zugleich auch ein höheres Potential zur Erlangung von Wettbewerbsvorteilen, und so dürfte hier ebenfalls ein – wenn auch bislang im latenten Stadium einzuordnendes – ökologisches Wettbewerbsfeld liegen, das erste Contracting-Anbieter aktiv zu bearbeiten beginnen.[464]

c) **Entwicklung von Systemen zur dezentralen Produktion von Strom und Wärme (Distributed Resources Management)**

Ein weiteres ökologisches Wettbewerbsfeld tut sich in der Möglichkeit auf, in den heutigen zentralisierten Elektrizitätsversorgungssystemen *diseconomies of scale*

---

[460] Vgl. Demoscope 1994, zit. n. Breu 1996, S. 305. Die hohen Sympathiewerte für erneuerbare Energien zeigten sich auch in einer Kundenbefragung des Elektrizitätswerkes der Stadt Zürich (EWZ). Auf die Frage, wie der Strom künftig produziert werden soll, antworteten 70 % Wasserkraft, 50 % Photovoltaik und lediglich 13 % Kernenergie (vgl. Giger 1999).

[461] Vgl. Lovins 1985.

[462] Vgl. Kotler/Levy 1971, zit. nach Breu 1996

[463] Vgl. exemplarisch die Literatur zu Funktionsorientierung und ökologischen Dienstleistungen, etwa den umfassenden Überblick mit Praxisbeispielen aus verschiedenen Branchen bei Hockerts 1995, S. 27 ff.

[464] vgl. Spirig 1999, S. 92 f., Weisskopf 1999, S. 29.

aufzuspüren und diese durch eine erfolgreiche Positionierung als Entwickler dezentraler Systeme in Wettbewerbsvorteile umzuwandeln.[465] Ähnlich wie beim Negawatt-Marketing erfordert dies jedoch von Unternehmen, die sich bislang als klassische Elektrizitätsversorger positioniert haben, eine massive Umorientierung: Abschied vom traditionellen Denken in Grössenvorteilen, Expansion in den Wärmemarkt, Zusammenarbeit mit Marktpartnern wie Bauunternehmen, Wohnungsgesellschaften und Finanzinstitutionen sind nur einige der neu zu erwerbenden Kompetenzen.

d) Exportstrategien im europäischen Umfeld (internationales Wasserkraft-Marketing)

Schliesslich ist in einer internationalen Betrachtungsperspektive auch die gezielte Vermarktung der Schweizer Ressourcen im benachbarten Ausland ein denkbares ökologisches Wettbewerbsfeld. Hier ist freilich zu beachten, dass die Ökobilanz solcher Aktivitäten nicht in jedem Fall eindeutig positiv ist. Wenn etwa auf dem einheimischen Markt nicht für eine adäquate Substitution – beispielsweise durch Energieeinsparungen oder Aufbau von Produktionskapazitäten bei neuen, erneuerbaren Energien – gesorgt wird, müssten die Schweizer Elektrizitätswerke die Nachfrage ihrer Kunden im Extremfall («Ausverkauf der heimischen Wasserkraft») durch Zukauf von fossil oder nuklear erzeugtem Strom aus dem Ausland decken.[466]

5.3 Landkarte des ökologischen Massenmarktes in der Elektrizitätsbranche

Im vorangegangenen Abschnitt wurde die ökonomische Struktur der Elektrizitätsbranche analysiert und es wurde dargelegt, welche ökologischen Probleme für die Branche kennzeichnend sind, aber auch wie diese über die Lenkungssysteme Öffentlichkeit und Politik den Weg auf den Markt finden. Im folgenden Abschnitt werden wir nun mit der «Landkarte des ökologischen Massenmarktes» (vgl. oben Abschnitt 2.3) ein Instrument verwenden, welches die ökologische und die ökonomische Beurteilung der Ausgangsla-

---

[465]   vgl. Wüstenhagen/Dyllick 1999.

[466]   Die präzise Beurteilung der Frage, welche ökologischen Folgen ein internationaler Handel mit Ökostrom hat, wirft eine Reihe von Abgrenzungsproblemen auf. Für erste Ansätze vgl. Sutter 1999.

ge zusammenführt, und damit einerseits zeigt, wo die Branche heute zwischen Öko-Nische und ökologischem Massenmarkt einzuordnen ist, und andererseits eine andere Perspektive in bezug auf die Frage eröffnet, welche Wege für die Erschliessung der Marktsegmente jenseits der Öko-Nische geeignet sein könnten.

Wie bei der allgemeinen Einführung der «Landkarte» bereits erläutert, stösst die eindeutige Operationalisierung der Dimension «ökologische Qualität» auf Schwierigkeiten. Eine Methode, die eine solche Operationalisierung anstrebt, ist die Ökobilanzierung. Tatsächlich ist der Energiesektor eine der am besten mit Ökobilanz-Methoden untersuchten Branchen,[467] und aufgrund vorliegender Daten und Bewertungsmethoden ist im Prinzip die Berechnung von lebenszyklusweiten Umweltbelastungspunkten (UBP) für die gängigen Systeme zur Elektrizitätsbereitstellung in der Schweiz möglich. Die folgende Abb. 48 zeigt die Ergebnisse einer solchen Berechnung.[468, 469]

---

[467]   So wurden in einem mehrjährigen Forschungsprojekt die Grundlagen für den ökologischen Vergleich von Energiesystemen und den Einbezug von Energiesystemen in Ökobilanzen für die Schweiz erarbeitet (Suter/Frischknecht et al. 1996).

[468]   Der Autor dankt Rolf Frischknecht, esu-services, Uster, für die Berechnung dieser Werte.

[469]   Bei der Wärme-Kraft-Kopplung wurde die Allokation der Umweltbelastungen aufgrund der Exergie vorgenommen, bei der Photovoltaik wurde eine 3kWp Schrägdachanlage mit m-Si Panels und auf Dach Montage angenommen. Auf die weiteren zugrundeliegenden Annahmen ausführlich einzugehen, würde den Rahmen des vorliegenden Buches sprengen. Es sei stattdessen auf die angegebenen Quellen verwiesen. Anzumerken ist noch, dass bei der Wasserkraft die mit deutlich höheren Umweltbelastungen verbundene Umwälzwasserkraft nicht enthalten ist, die in der Schweiz etwa 0.9 % Anteil hat (vgl. Suter/Frischknecht et al. 1996, S. 11)

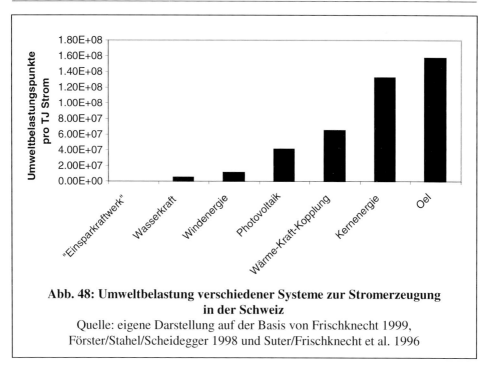

**Abb. 48: Umweltbelastung verschiedener Systeme zur Stromerzeugung
in der Schweiz**
Quelle: eigene Darstellung auf der Basis von Frischknecht 1999,
Förster/Stahel/Scheidegger 1998 und Suter/Frischknecht et al. 1996

Diese Darstellung ist jedoch aus mehreren Gründen mit Vorsicht zu geniessen.

• Die Entwicklung einer einheitlichen **Bewertungsmethodik** ist noch im Fluss. Zwar gibt es wegen der starken internationalen Vernetzung der Ökobilanz-Forscher eine gewisse Konvergenz, doch besteht gerade in den Bereichen Risiko von grossen und seltenen Unfällen, elektromagnetische Strahlung und Flächenbedarf noch Forschungs- bzw. Konsensfindungsbedarf.[470] Mit den resultierenden Wissenslücken wird in den verschiedenen Bewertungsmethodiken unterschiedlich umgegangen.[471] Bei den genannten Aspekten handelt es sich aber ausgerechnet um zentrale ökologische Belastungen der beiden Energieträger, die in der Schweiz auf zusammen 96 % Marktanteil kommen, nämlich Wasserkraft und Kernenergie.

---

[470]   vgl. Suter/Frischknecht et al. 1996, S. 1602.

[471]   Eine konkrete Auswirkung dieser uneinheitlichen Bewertung ist beispielsweise, dass Strom aus Kernenergie nach der in den Niederlanden entwickelten Methode Eco-Indicator 95 besser abschneidet als nach der hier verwendeten (schweizerischen) Methode der Umweltbelastungspunkte.

- Der Bewertung liegen Annahmen über die Produktionsprozesse der entsprechenden Anlagen zugrunde, die den **heutigen Stand** zutreffend beschreiben, aber in Zukunft grosse Veränderungen erfahren könnten. Dies betrifft insbesondere heute wenig ausgereifte Technologien wie die Photovoltaik, deren Produktionsprozess wegen der kleinen Stückzahlen noch relativ ineffizient ist. Ein grosser Teil der hier bilanzierten Umweltbelastungen beruht auf der Verwendung von Strom und Silizium im Herstellungsprozess. Mit steigender produktionstechnischer Effizienz werden diese Belastungen voraussichtlich zurückgehen.[472]

- Für die Bestimmung der ökologischen Qualität eines Produktes spielen neben naturwissenschaftlich zu beurteilenden Fakten auch Aspekte der (dynamischen) **Potentiale** zur Erreichung künftiger Umweltentlastungen und der Wahrnehmung der ökologischen Qualität durch die **Konsumenten** eine Rolle. Beide Aspekte sprechen dafür, neuen erneuerbaren Energien eine tendenziell höhere ökologische Qualität beizumessen als von den obigen quantitativen Ergebnissen ausgewiesen.

Die vorstehenden Ausführungen dienen eher dazu, den kritischen Leser zu einer eigenständigen Beurteilung anzuregen als den Anspruch auf eine definitiv «richtige» Einteilung zu erheben. Unter diesem Vorbehalt und unter Berücksichtigung der oben (5.2) genannten ökologischen Belastungen der Elektrizitätsbranche wählen wir für die Darstellung der Landkarte des ökologischen Massenmarktes folgende qualitative Einteilung.

Produkt	Ökologische Qualität	Anteil an der Stromproduktion in der Schweiz
Strom aus neuen erneuerbaren Energien	Sehr hoch	< 1 %
Strom aus Wasserkraft CH	hoch	56 %
Strom aus Kernenergie CH	Mittel bis niedrig	40 %
Strom aus fossilen Brennstoffen CH	Sehr niedrig	ca. 3 %

Tab. 6: Ökologische Klassifizierung von Stromprodukten
Quelle: eigene Darstellung, Produktionsanteile gemäss VSE 1999

---

[472] Auch hier stellen sich allerdings noch offene Fragen. Beispielsweise würde die Umweltbelastung von Photovoltaik um 40 % zurückgehen, wenn man als Input im Produktionsprozess nicht den heutigen Strommix, sondern wiederum photovoltaisch erzeugten Strom zugrunde legen würde (Frischknecht 1999). Dies wiederum stellt jedoch bei den heutigen Produktionskosten von Solarstrom keine realistische Annahme dar.

In visualisierter Form ergibt sich somit die folgende Darstellung einer Landkarte des ökologischen Massenmarktes in der Elektrizitätsbranche.

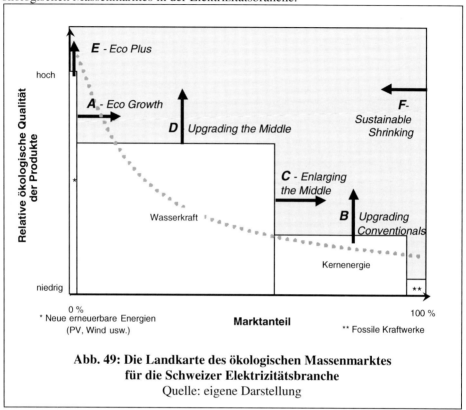

Abb. 49: Die Landkarte des ökologischen Massenmarktes
für die Schweizer Elektrizitätsbranche
Quelle: eigene Darstellung

Ehe auf die in der Abbildung angedeuteten Strategien A bis F eingegangen wird, sind noch zwei Bemerkungen bezüglich der hier gewählten Form der Darstellung vorauszuschicken.

a)   Bei den hier verwendeten Marktanteilsdaten handelt es sich um Angaben zur **Pro-**
       duktion in der Schweiz. Die Schweiz betreibt jedoch regen Stromhandel mit den
       umliegenden Staaten. Im Winterhalbjahr halten sich Ein- und Ausfuhren in etwa die
       Waage, im Sommerhalbjahr besteht ein Exportüberschuss in Höhe von etwa 5 TWh
       (vgl. Abb. 50). Die gehandelten Strommengen erreichen mit etwa 20 TWh rund ein
       Drittel der inländisch produzierten Menge. Der Grund für diesen intensiven Aus-

tausch liegt darin, dass sich die Schweizer Produktionsstruktur von der ihrer Nachbarländer grundlegend unterscheidet. Der Schweizer Kraftwerkspark basiert stark auf Wasserkraft und kann so die für die Netzregulierung wichtige Spitzenenergie produzieren, während im Ausland, insbesondere in Frankreich, grosse Grundlastkapazitäten bestehen. Eine präzise Ökobilanzierung müsste diesen Austausch und die so im- bzw. exportierten Umweltbelastungen einschliessen, eine Darstellung der Marktanteile auf der Verbrauchsstufe die Im- und Exporte ebenfalls einbeziehen. Wegen der komplexen Verflechtungen im Elektrizitätsnetz ist eine Zurückführung des an einem Ort entnommenen Stroms einer Einspeisung an anderer Stelle jedoch kaum eindeutig zuzuordnen. Eine saubere Berücksichtigung dieser Sachverhalte würde somit den Rahmen der vorliegenden Arbeit sprengen.[473] Weil sich per saldo Im- und Exporte in etwa die Waage halten, begnügen wir uns in erster Näherung mit einer Betrachtung der inländischen Produktion.

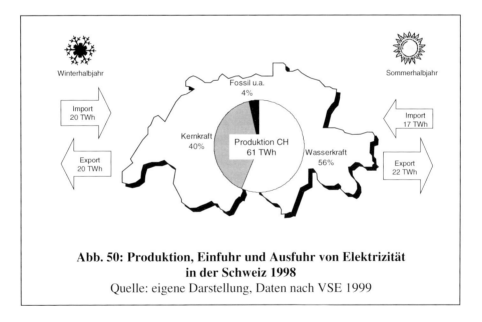

**Abb. 50: Produktion, Einfuhr und Ausfuhr von Elektrizität
in der Schweiz 1998**
Quelle: eigene Darstellung, Daten nach VSE 1999

---

[473] vgl. Sutter 1999.

b) Die Wahl der Produktionsstufe für die Darstellung weicht auch insofern von der
    Realität ab, als kein Stromkonsument letztlich «reine» Produkte aus den drei Seg-
    menten kauft. Die Regel ist heute der Bezug eines **Einheitsmix** mit 100 % Markt-
    anteil. Mit der bevorstehenden Marktliberalisierung wird sich dies allerdings än-
    dern. Zwar ist auch dann physikalisch keine Unterscheidung des bezogenen Stromes
    möglich, doch wirtschaftlich (im Sinne von Handelsbeziehungen) kann dann sehr
    wohl «reiner» Strom aus einer Produktionsquelle gekauft werden, wie auch ver-
    schiedene vom Anbieter zusammengestellte Mischungen (Portfolios). Auf der
    Landkarte würden sich somit neue Subsegmente aus Rekombinationen des heutigen
    Angebots ergeben, was längerfristig in einen fragmentierten Markt mit einer un-
    überschaubaren Produktvielfalt münden könnte, wie er heute bereits in anderen
    Branchen existiert und bei jüngst liberalisierten netzgebundenen Dienstleistungen
    wie der Telekommunikation im Entstehen begriffen ist.

Diese Ausführungen zeigen, dass es sich bei der Landkarte des ökologischen Massenmarktes um ein vereinfachendes Modell handelt, welches den veränderten Marktbedingungen künftig anzupassen sein wird. Auch in der hier dargestellten Form können jedoch einige hilfreiche Überlegungen zu Wegen von der heutigen Öko-Nischen-
Konstellation hin zu einem ökologischen Massenmarkt in der Schweizer Elektrizitätsbranche angestellt werden. Hierzu werden im folgenden die in Abschnitt 2.3.2 eingeführten Entwicklungspfade für die branchenspezifischen Verhältnisse spezifiziert.

A) ECO-GROWTH

Der intuitiv naheliegende Weg von der Öko-Nische zum Massenmarkt liegt in der Ausweitung desjenigen Segmentes, welches heute die Nische konstituiert. Es handelt sich
dabei in der hier vertretenen Interpretation um jene rund 0,3 % des Marktes, welche
heute durch «Ökostrom», also Strom aus neuen erneuerbaren Energien wie Photoltaik,
Wind und Biomasse, abgedeckt werden. Bezüglich der Frage, wer die Akteure sind,
welche den Entwicklungspfad «ECO-GROWTH» vorantreiben, wurde oben die Unterscheidung nach Greening Goliaths, Multiplying Davids und Upscaling Davids eingeführt.

- **Greening Goliaths**

In der jüngsten Vergangenheit haben die «Goliaths» der Branche, im Sinne der etablierten Elektrizitätswerke, eine Reihe von Aktivitäten entwickelt, um ihren Kunden Ökostrom-Angebote zu unterbreiten. Trotz zumeist bescheidener Marketing-Konzepte und eines sehr hohen Preisniveaus besteht bei diesen Produkten heute häufig ein Nachfrageüberhang.[474] Zieht man in Betracht, dass heute und in naher Zukunft die bestehenden Elektrizitätswerke das Monopol für den Zugang zum Endkunden innehaben, so führt für die Ökologisierung des Marktes kein Weg an einem «Greening Goliaths» vorbei. Hinzu kommt, dass diese Akteure ohnehin schon Beziehungen zu allen Kunden in ihrem Versorgungsgebiet unterhalten und so Synergien mit ihrem Stammgeschäft realisieren können. Ebenso zeichneten sich die Elektrizitätswerke zumindest bis vor kurzem durch niedrige Kapitalkosten aus, was für Investitionen in die relativ kapitalintensiven erneuerbaren Energien vorteilhaft ist. Neben diesen Argumenten für eine tragende Rolle der Goliaths auf dem Weg zum ökologischen Massenmarkt der Elektrizitätsbranche lassen sich allerdings auch gravierende Gegenargumente identifizieren. Eine forcierte Markteinführung neuer erneuerbarer Energien erfordert von den bestehenden Elektrizitätswerken eine grundlegende Neuorientierung, welche im scharfen Kontrast zu einigen der Grundüberzeugungen der Branche steht. So ist der heutige Kraftwerkspark Resultat der jahrzehntelangen Suche nach Economies of Scale, und die neuen erneuerbaren Energien mit ihrer dezentralen, kleinmassstäblichen Charakteristik passen nur schwer ins technologische Weltbild der Branche. Entsprechend defensiv waren in der Vergangenheit diesbezügliche Aktivitäten der «Goliaths» ausgerichtet, was nicht ohne Konsequenzen auf die Glaubwürdigkeit in den Augen einer kritischen Öffentlichkeit blieb. Der Weg zu einer offensiveren Haltung bringt für die etablierten Anbieter einen erheblichen internen Anpassungsbedarf, aber auch kommunikative Herausforderungen nach aussen mit sich.

- **Multiplying Davids**

Angesichts der offenkundigen Schwierigkeiten, mit denen ein «Greening Goliaths» als Weg zur forcierten Markteinführung neuer erneuerbarer Energien behaftet ist, scheint es angemessen, sich mit dem anderen Ende des Spektrums potentieller Träger dieser Entwicklung zu beschäftigen. Hierfür kommen in der oben (Kap. 2.3) eingeführten Termi-

---

[474] vgl. Wüstenhagen 1998a.

nologie unterschiedliche Arten von «Davids» in Frage. Entweder solche Akteure, die heute idealistisch motiviert in Nischen tätig sind, die aber kein Wachstum anstreben, sondern bestenfalls durch vermehrte regionale Verbreitung an Einfluss gewinnen könnten (Multiplying Davids), andererseits ambitionierte Neueinsteiger in den Markt, die offensive Expansions- und Wachstumsziele verfolgen (Upscaling Davids). Vertreter des erstgenannten Bereiches sind im Schweizer Markt für erneuerbare Energien durchaus zahlreich. Hierunter sind zu zählen:

- Umweltorganisationen wie Greenpeace, welche mit ihrer Aktion «Jugend-Solar-Projekt» Jugendliche beim Bau von Solaranlagen, etwa auf Schulen, Turnhallen oder Pfadiheimen unterstützen.[475]

- Der Dachverband Schweizer Jugendparlamente, welcher bisher schon mit Greenpeace in dieser Aktion zusammenarbeiteten und weitere eigenständige Aktivitäten vorbereitet.[476]

- Regionale Initiativen zur Förderung des Selbstbaus von Solaranlagen, wie sie in den Netzwerken Sebasol und Solar Schweiz zusammengeschlossen sind.[477]

- Genossenschaften zur Nutzung der Sonnenenergie und zur Förderung des Energiesparens wie die Solarspargenossenschaft SSGN[478]

- Regionale Initiativen zur Förderung erneuerbarer Energien wie die Appenzellische Vereinigung zur Förderung umweltfreundlicher Energien[479]

- Interessensverbände wie Swissolar,[480] WKK-Fachverband, ADEV, Suisse Eole

Diese Akteure und Gruppierungen, die bislang vor allem im aussermarktlichen Bereich operieren, zeichnen sich durch ein hohes, oft idealistisch motiviertes Engagement aus, agieren aber oft unprofessionell. Ihnen kommt die Rolle experimentierfreudiger, innovativer Katalysatoren zu, die entgegen bestehender Normen und Wahrnehmungsmuster die Machbarkeit alternativer Lösungen demonstrierten. Ob ihnen nach ihrem eminenten Beitrag zur Konstituierung der Öko-Nische auch in einer weiteren Phase der Marktdurchdringung eine tragende Rolle zukommt, hängt von verschiedenen Faktoren

---

[475]   vgl. Kuhn 1998, o.V. 1999e
[476]   vgl. Couson 1999
[477]   vgl. o.V. 1999d
[478]   vgl. SSGN 1998
[479]   vgl. Schneider Karten 1999
[480]   www.swissolar.ch

ab. Hierzu zählt nicht zuletzt die Bereitschaft dieser Akteure, ihre vertraute, oppositionelle Nischenrolle hinter sich zu lassen und selbst unternehmerische Verantwortung zu übernehmen. Erste Ansätze dafür sind erkennbar, etwa die Gründung einer ADEV Solarstrom AG durch die Non-Profit-Organisation Arbeitsgemeinschaft für dezentrale Energieversorgung (ADEV).[481] Ebenfalls erkennbar sind Formen der Zusammenarbeit von Goliaths und Davids bei der Erschliessung des Marktes, etwa die Kooperation zwischen WWF und EWZ bei der Lancierung eines Qualitätszeichens für umweltverträglich erzeugten Strom.[482]

- **Upscaling Davids**

Ein zweiter Typ Davids sind ökologisch orientierte Neu- und Quereinsteiger in die Elektrizitätsbranche, die explizit wachstumsorientiert sind. Hierzu zählen die beispielsweise in Deutschland zahlreich aus dem Boden spriessenden Ökostrom-Anbieter.[483] Für die Schweiz kommen entweder Markteintritte ausländischer Ökostrom-Unternehmen in Frage oder aber Aktivitäten von Branchenoutsidern. Ein Beispiel für ersteres ist die Gründung der S.A.G. Solarstrom AG (Schweiz) als Tochter des gleichnamigen deutschen Unternehmens.[484] Letzteres könnte Aktivitäten von branchennahen Akteuren wie den Herstellern von Solarzellen oder Brennstoffzellen umfassen, oder aber auch Markteintritte aus gänzlich anderer Richtung. Hierfür finden sich Vorbilder in anderen Branchen, so etwa das Einbrechen der Mineralölfirmen in den Lebensmitteldetailhandel (Tankstellen-Shops)oder der Vorstoss des Grossverteilers Migros in die Bankbranche.

Es drängt sich hier allerdings die Frage auf, warum derartige Neueintritte nun gerade zugunsten einer ökologischen Transformation des Marktes wirken sollen. In der Tat wird diese Frage nicht leicht zu beantworten sein, sind die Beispiele für ganz und gar nicht ökologisch motivierte Markteintritte in anderen Branchen doch sicher zahlreicher als jene, bei denen der Newcomer explizit (auch) zugunsten der Ökologie aktiv wurde. Und für die Elektrizitätsbranche weisen Beispiele liberalisierter Märkte darauf hin, dass eine erhebliche Dynamik vor allem im Bereich von Gaskraftwerken entstand,[485] was zwar in Ländern wie Grossbritannien wegen der bis dato vorherrschenden Kohlekraft-

---

[481]   vgl. Rasonyi 1999, S. 28.

[482]   vgl. Wüstenhagen/Grasser/Kiefer/Sutter/Truffer 1999.

[483]   vgl. Solarthemen 1999 für eine Übersicht

[484]   vgl. Rasonyi 1999, S. 28.

[485]   vgl. Watson 1999.

werke ein ökologischer Fortschritt war, hierzulande aber eher ein Rückschritt wäre. Wenn hier die optimistische Ansicht vertreten wird, dass bei der bevorstehenden Neustrukturierung des Elektrizitätsmarktes die Ökologie nicht das Nachsehen haben wird, so hat dies drei Gründe. Zum einen sind – insbesondere bei Photovoltaik und Brennstoffzellen – technologische Entwicklungen absehbar, die eine ökologisch vorteilhafte Energieerzeugung näher an die Wettbewerbsfähigkeit führen, als das heute der Fall ist. Zum zweiten setzt der Zwang zum internationalen Klimaschutz emissionsintensiven Energiesystemen enge Grenzen, was die Dynamik in diesem Bereich eindämmen wird. Voraussetzung dafür, dass die Zielsetzungen der Politik auch tatsächlich ihren Niederschlag in der Marktentwicklung finden, ist eine intelligente Regulierung im Rahmen der Ausgestaltung des künftigen Elektrizitätsmarktes.[486] Zum dritten schliesslich ist in weiten Segmenten des Schweizer Marktes eine hohe Sensibilisierung der Konsumenten für ökologische Aspekte der Energieproduktion auszumachen, womit die Vorzeichen für umweltverantwortliche neue Wettbewerber günstiger erscheinen als für «Hard Discounter» ohne Rücksicht auf ökologische Aspekte der Stromproduktion.

Zusammenfassend liegt also in jeder der drei hier mit «Greening Goliaths», «Multiplying Davids» und «Upscaling Davids» umschriebenen Tendenzen ein gewisses Potential für eine Ökologisierung des Elektrizitätsmarktes entlang des ECO-GROWTH-Pfades, und es gibt Anzeichen dafür, dass diese Tendenzen sich gegenseitig verstärken.

B) UPGRADING CONVENTIONALS

Ist es bei ECO-GROWTH die Ausbreitung von Produkten mit guter Umweltperformance, welche einen Beitrag zur Ökologisierung des Massenmarktes leistet, so liegt die Logik des komplementären Entwicklungspfades UPGRADING CONVENTIONALS darin, dass bei Produkten mit hohem Marktanteil aber vergleichsweise schlechter Umweltperformance schon kleine Qualitätsverbesserungen eine beachtliche Breitenwirkung entfalten können. Ein praktisches Beispiel für UPGRADING CONVENTIONALS bot die Entwicklung der deutschen Elektrizitätswirtschaft in den 80er Jahren, als die marktbeherrschenden Kohlekraftwerke im grossen Stil mit Rauchgasreinigungsanlagen zur

---

[486] vgl. Jegen/Wüstenhagen 1999

Entstickung und Entschwefelung ausgerüstet wurden.[487] Neben solchen End-of-Pipe-Massnahmen kann die ökologische Qualität der Elektrizitätsprodukte auch durch einen Wechsel auf kohlen- und schadstoffärmere Brennstoffe (fuel switching), oder durch Wirkungsgradverbesserungen infolge Wärme-Kraft-Kopplung oder moderner Prozesstechnologien (Gasturbine, Gaskombikraftwerke) erhöht werden. Als treibende Faktoren kommen neben technologischem Fortschritt die Preisentwicklung auf internationalen Rohstoffmärkten sowie die Energie- und Umweltpolitik in Frage.

Während das bislang Gesagte für zahlreiche europäische Länder zutrifft, so kann es nur bedingt auf die Schweizer Situation übertragen werden, wo der grösste Block der «Conventionals» aus Kernenergie besteht. Zwar sind auch hier graduelle ökologische Verbesserungen möglich wie

- Verbesserungen im Uranabbau
- Fortschritte bei der Entsorgung der radioaktiven Abfälle
- Wärme-Kraft-Kopplung
- Wirkungsgraderhöhungen
- Verringerung der Transportverluste durch mehr Eigenproduktion und weniger Importe,

doch sind die Spielräume kleiner als bei einem überwiegend kohlebasierten Elektrizitätssystem wie etwa in Deutschland. Hinzu kommt, dass es politische Signale gibt, die darauf hindeuten, dass dieses Marktsegment in mittel- bis längerfristiger Perspektive ganz abgelöst werden soll, was den folgenden Entwicklungspfad C relevanter erscheinen lässt.

C) ENLARGING THE MIDDLE – Ausdehnung des Mittelsegments zulasten konventioneller Produkte

Eine Senkung der Umweltentlastung kann prinzipiell auch durch eine Ausdehnung des mittleren Segments erreicht werden, welches in der Schweiz durch Strom aus Wasserkraftwerken abgedeckt wird, sofern hierdurch Strom von geringerer ökologischer Qualität verdrängt wird. Speziell in der Schweiz stellt sich allerdings das Problem, dass die Kapazitäten zur Nutzung der Wasserkraft in hohem Masse ausgeschöpft sind, so dass

---

[487]   vgl. Borsch/Wagner 1992, S. 83 ff.

ein weiterer Ausbau der Produktionskapazitäten mit einem Sinken der ökologischen Qualität einherginge. Moderate Produktionssteigerungen könnten durch Effizienzverbesserungen in bestehenden Anlagen erreicht werden. Schliesslich könnte auch die Senkung des Gesamtkonsums zu einem relativen Marktanteilsgewinn der Wasserkraft führen (siehe Pfad F).

Treibende Faktoren für ein ENLARGING THE MIDDLE könnten erneut politische Vorgaben sein, die zum Verzicht auf die Kernenergie oder zur Reduktion von Subventionen für Energieträger mit geringer ökologischer Qualität führen, aber auch ein wachsendes Umweltbewusstsein der Konsumenten, welches sich in einer steigenden Nachfrage nach Produkten mit gutem Preis-Umweltleistungs-Verhältnis niederschlägt. Ebenfalls marktanteilssteigernd könnte sich ein erfolgreiches Marketing der Anbieter von Wasserkraftstrom auswirken, beispielsweise unterstützt durch eine Markenstrategie in Kombination mit Öko-Labelling.[488] Angesichts begrenzter Ausbaukapazitäten im Inland und einer im Zuge der Marktliberalisierung möglicherweise ansteigenden Exportquote besteht allerdings für eine Expansion des Wasserkraft-Segments im Schweizer Markt nur geringer Spielraum.

D) UPGRADING THE MIDDLE – Anheben der ökologischen Qualität im Mittelsegment

Auf die Möglichkeit von Effizienzverbesserungen bei der Nutzung der Wasserkraft wurde im vorangegangenen Abschnitt unter dem Gesichtspunkt der Marktanteilsausweitung bereits eingegangen, hierin liegt zugleich ein Ansatzpunkt für die Steigerung der relativen ökologischen Qualität, wenn etwa Turbinen- oder Generator-Wirkungsgrade erhöht werden können und somit bei konstanten Umweltauswirkungen eine höhere Produktionsmenge erzielt wird. Andere Massnahmen zum Anheben der ökologischen Qualität von Strom aus Wasserkraft sind bauliche Veränderungen (z.B. Fischtreppen) oder Erhöhungen der Restwassermengen. Solche Massnahmen zeichnen sich dadurch aus, dass die Kosten unmittelbar auf der Hand liegen, während der Nutzen schwerer quantifizier- und kommunizierbar ist. Wenn die entsprechenden Massnahmen

---

[488]   In der Tat sieht das in Kürze einzuführende Schweizer Ökostrom-Label eine Markierung von Wasserkraft als «Swiss ReEnergy» vor, vgl. Wüstenhagen/Grasser/Kiefer/Sutter/Truffer 1999.

gesetzlich vorgeschrieben werden, erübrigt sich aus Unternehmenssicht die Frage nach dem Nutzen. Andernfalls wird dieser Entwicklungspfad nur beim Vorliegen besonderer Anreize beschritten werden, wie beispielsweise die ISO 14001-Zertifizierung der entsprechenden Kraftwerksgesellschaften, die Produktzertifizierung über ein Ökostromlabel oder eine verbindliche Branchenvereinbarung.

Eine andere Option für ein Upgrading des Mittelsegments liegt im Angebot eines Ökostrom-Mix, in dessen Rahmen Hydroelektrizität mit neuen erneuerbaren Energien als Paket angeboten wird. Eine solche Strategie verfolgt beispielsweise die deutsche Natur-Energie AG.[489] Es ist allerdings nicht unmittelbar einleuchtend, warum eine solche Neukombination bestehender Angebote kein reines Null-Summen-Spiel ist, sondern einen Schritt zur Umweltentlastung im Gesamtmarkt darstellen sollte. Der Schlüssel liegt vermutlich in der de facto-Quersubventionierung, die solchen Angeboten innewohnt. Sie ermöglicht Beiträge an den Ausbau neuer erneuerbarer Energien in grösserem Umfang als dies die Zahlungsbereitschaft der Konsumenten beispielsweise für die teure Photovoltaik allein gewährleisten würde. Wenn nicht in verbindlicher und überprüfbarer Form festgeschrieben ist, dass ein gewisser Teil der Erlöse für den Aufbau neuer Kapazitäten verwendet wird, gerät die Glaubwürdigkeit solcher Angebote allerdings leicht in Gefahr.

E) ECO PLUS – Anheben der ökologischen Qualität im «Premium-Öko-Segment»

Weitere Steigerungen der Umweltverträglichkeit neuer erneuerbarer Energien sind analytisch als ein weiterer Pfad in Richtung einer sinkenden Umweltbelastung auf dem Gesamtmarkt anzusehen. Die Landkarte zeigt allerdings auf den ersten Blick, dass der Beitrag dieses Entwicklungspfades – zumindest heute – recht bescheiden ist. Der Grund liegt im geringen Marktanteil, nicht hingegen darin, dass das Ende der Fahnenstange in Sachen ökologische Optimierung bei den neuen Erneuerbaren bereits erreicht wäre. Durch die vergleichsweise unreifen und damit ineffizienten Produktionsstrukturen der meisten Kraftwerkstechnologien im Bereich der neuen erneuerbaren Energien schlummern hier noch beachtliche Verbesserungspotentiale. Das gleiche gilt für verschiedene Umweltwirkungen am Kraftwerksstandort wie die ästhetischen Fragen der Landnutzung bei der Windenergie oder Auswirkungen von Kleinwasserkraftwerken auf lokale Ökosy-

---

[489] vgl. deren Website http://www.naturenergie.de

steme. Ein nennenswerter Stellenwert wird diesen Aspekten jedoch erst dann zukommen, wenn der Marktanteil dieses Segmentes massiv steigt.[490] Dann wird die Aufmerksamkeit der Lenkungssysteme Öffentlichkeit und Politik steigen, und es werden sich neue Differenzierungspotentiale in einem dann breiter gewordenen Marktsegment ergeben.

Ein heute schon gangbarer Weg zur ökologischen Verbesserung im Premium-Öko-Segment kann in der Bündelung von neuen erneuerbaren Energien mit Energiespardienstleistungen liegen. Im Prinzip gilt für jede Kilowattstunde Elektrizität, und somit letztlich auch für jene aus den umweltfreundlichen erneuerbaren Energien, dass es am umweltfreundlichsten ist, sie nicht zu verbrauchen. Wenn Ökostrom-Anbieter also ihren Kunden zusätzlich noch Hilfestellung bei der Reduktion ihres Elektrizitätsverbrauchs bieten, steigt die ökologische Qualität ihres Serviceangebots.

F) SUSTAINABLE SHRINKING – Verringerung des Gesamtkonsums

Die vorgenannten Überlegungen zur Vermarktung von «Negawatts» lassen sich in der «Landkarte» analytisch fassen als Entwicklungspfad F – SUSTAINABLE SHRINKING. Zugrunde liegt der Gedanke, dass – insbesondere bei einer globalen Betrachtung – relative Verringerungen der Umweltbelastung oft durch Wachstumseffekte wieder neutralisiert oder überkompensiert werden, so dass eine Nachhaltige Entwicklung zusätzlich Verringerungen des absoluten Aktivitätsniveaus erforderlich macht.[491] Eine solche «nachhaltige Schrumpfung» kann Resultat dreier verschiedener Szenarien sein:

- Szenario Trend: Konjunkturschwankungen, Lebensstilwandel oder Technologiesprünge führen autonom zu einem sinkenden Energiebedarf.[492]

- Szenario Politik: Der Gesetzgeber erkennt ökologische Wachstumsgrenzen und ergreift entsprechende Steuerungsmassnahmen.

---

[490]   Als Beleg mag die Windenergie-Debatte im norddeutschen Bundesland Schleswig-Holstein dienen, die erst mit der Erschliessung eines Massenmarktes in nennenswertem Umfang an Intensität gewann.

[491]   vgl. etwa Infras 1995.

[492]   In der Tat ist der gebremste Anstieg des Energieverbrauchs in der Schweiz in den 90er Jahren vor allem auf die anhaltende Konjunkturschwäche zurückzuführen (vgl. Binswanger 1995, S. 9 für die Entwicklung in den frühen 90er Jahren), und auch der deutliche Rückgang der Kohlendioxid-Emissionen in Deutschland war in erster Linie ein Verdienst des Zusammenbruchs der ostdeutschen Wirtschaft nach der Wiedervereinigung.

- Szenario Markt: Unternehmerische Akteure werden aus eigenem Antrieb tätig und betreiben De- oder Negawatt-Marketing.[493]

In einer gestaltungsorientierten Perspektive konzentriert sich das Interesse auf die beiden letztgenannten Szenarien. Dabei ist offenkundig, dass insbesondere eine Kombination der beiden Entwicklungen zum Erfolg führen kann. Die niedrigen Energiepreise aufgrund nicht-internalisierter externer Kosten der Energieversorgung bedürfen der Korrektur durch die Politik. Zugleich stösst das Lenkungssystem Politik bei der verursachungsgerechten Zuweisung dieser Kosten an die Grenzen seiner Steuerungskapazität, wie die langwierigen Debatten um eine ökologische Steuerreform zeigen.[494] Umgekehrt können gewisse Potentiale zur Reduktion des Energieverbrauchs bereits heute kommerziell erschlossen werden, doch würde eine Veränderung der relativen Preise die Marketing-Strategien entsprechender Anbieter unterstützen. Es handelt sich allerdings nicht lediglich um eine Frage der Preise, auch intermediäre Faktoren wie Bildung, Management Aufmerksamkeit oder informationskostensenkende Massnahmen wie Labels spielen hier eine Rolle und bieten Ansatzpunkte für eine erfolgreiche Erschliessung des Negawatt-Marktes.

Insgesamt ist der Stellenwert einer Strategie SUSTAINABLE SHRINKING in der Schweizer Elektrizitätsbranche heute noch relativ gering. Zwar bestätigen verschiedene Untersuchungen[495], dass es durchaus ein nennenswertes technisch-wirtschaftliches Potential für Effizienzsteigerungen bei der Elektrizitätsverwendung gäbe, allerdings ist dieses geringer als in anderen Bereichen des Energiekonsums (Raumwärme, Verkehr). Die kommerzielle Erschliessung dieses Potentials durch professionelle Anbieter hat auch in der Schweiz Fuss gefasst, steckt allerdings noch in der Anlaufphase.[496] Die Gründung des Verbandes Swiss Contracting könnte hier zu einer gewissen Konsolidierung füh-

---

[493] vgl. die Ausführungen zum ökologischen Wettbewerbsfeld «erfolgreiche Kommerzialisierung von Effizienzdienstleistungen» oben Kap. 5.2

[494] vgl. Jegen/Wüstenhagen 1999

[495] Vgl. etwa IEA 1989, S. 22, wo die Effizienzpotentiale im Elektrizitätsverbrauch der OECD-Länder auf durchschnittlich 10-20 % über einen Zeitraum von 20 Jahren geschätzt werden, sowie spezifisch für die Schweiz Basler und Partner/Ecoplan 1996, S. 41, die bei Annahme der Solar- und der Energie-Umwelt-Initiative für das Jahr 2025 eine Reduktion des Elektrizitätsverbrauchs um 16,4 % gegenüber dem Referenzszenario prognostizieren, sowie Prognos 1996, S. 257, die das Potential mit 9,1 % im Jahr 2030 etwas konservativer einschätzen.

[496] vgl. Weisskopf 1999, S. 28

ren.[497] Die Impulse, die von der bevorstehenden Marktliberalisierung ausgehen, lassen ebenfalls keine eindeutig positiven Impulse für SUSTAINABLE SHRINKING erwarten. Zwar werden bestehende Ineffizienzen transparenter, die Elektrizitätsanbieter haben einen grösseren Anreiz, ihren Kunden auch kompetente Beratungsdienstleistungen für einen effizienten Energieeinsatz anzubieten, und die Marktzutrittsbarrieren für spezialiserte Dienstleister werden abgebaut. Umgekehrt sinkt jedoch mit dem Strompreis zugleich auch die Wirtschaftlichkeit von Sparmassnahmen, und in der Regel gehen von Liberalisierungsmassnahmen eher Wachstums- als Schrumpfungsimpulse aus. Es bleibt abzuwarten, ob die sich abzeichnenden bescheidenen flankierenden Massnahmen der Politik ausreichen, um diese Wirkung zu kompensieren.[498]

5.4 Ökologischer Branchenlebenszyklus

Nachdem im vorangegangenen Kapitel die Landkarte des ökologischen Massenmarktes und damit eine Heuristik zur simultanen Analyse der ökonomischen und ökologischen Ist-Situation im Vordergrund stand, soll nunmehr verstärkt der Blick auf die Dimension Zeit gerichtet werden. Hierzu dient der in Kapitel 2.4 eingeführte ökologische Branchenlebenszyklus. Die Ausbreitung ökologischer Produkte im Elektrizitätsmarkt kann gemäss diesem Modell als die zeitliche Abfolge verschiedener Phasen betrachtet werden, in denen der Marktanteil dieser Produkte, aber auch die Reife der Marktstrukturen auf der Anbieter- und Nachfragerseite einen S-förmigen Verlauf nehmen. Für die Beschreibung des Ökostrom-Marktes verwenden wir im folgenden eine vierstufige Phasen-Einteilung, die jeweils auf ihre chronologische Einordnung, den dabei erreichten Marktanteil ökologischer Elektrizitätsprodukte, typische Produkte, Anbieter und Konsumenten hin charakterisiert werden. Bei den Phasen handelt es sich um die Einführungs-, die frühe Wachstums-, die Take Off- und die Reifephase.

---

[497]   vgl. Spirig 1999

[498]   Im Prinzip könnte die Kombination Elektrizitätsmarktöffnung + Energiesteuer eine Chance zur gleichzeitigen Erreichung der Ziele ökonomische Effizienz und Umweltschutz durch sinkenden Energieverbrauch führen, aber der bescheidene Satz von 0,2 Rp./kWh, wie er nun von Bundesrat und Ständerat vorgesehen ist, dürfte für diese Ausgewogenheit eher zu knapp ausgefallen sein (vgl. o.V. 1999g).

5.4.1   Einführungsphase

Die Ursprünge der heutigen Ökostrom-Angebote reichen zurück in die späten 80er bis frühen 90er Jahre. Seinerzeit waren es vor allem engagierte Privatleute, die mit der Nutzung der Sonnenenergie zu experimentieren begannen: technikbegeisterte Tüftler und umweltbewegte Hauseigentümer. Einzelne Pioniere unter den Elektrizitätswerken wie 1991 die Elektra Birseck Münchenstein (EBM) mit ihrem Konzept «Sonnenstrom für jedermann» versuchten, erneuerbare Energien in Form von Ökostrom-Produkten ihren Kunden anzubieten.[499] Andere Unternehmen wie die Industriellen Betriebe Burgdorf wählten – nicht zuletzt inspiriert durch Vorstösse engagierter Lokalpolitiker – mit dem Konzept der kostendeckenden Vergütung (KV) ein anderes Modell zur Förderung erneuerbarer Energien, welches auf die explizite Kundenansprache verzichtete und stattdessen die Investitionskosten auf alle Verbraucher umlegte.[500] Der Ökostrom-Marktanteil startete in dieser frühen Phase bei null und wurde durch die Pioniere in regional begrenzten Märkten auf einige Promille gesteigert.[501]

5.4.2   Frühe Wachstumsphase

Hauptsächlich in den letzten zwei Jahren hat der Schweizer Ökostrom-Markt einen signifikanten Aufschwung erfahren. **Träger** dieses Aufschwungs sind einerseits zunehmend für Umweltfragen sensibilisierte Konsumenten, andererseits eine Reihe von Elektrizitätswerken. Diese folgten zum Teil den frühen Pionieren, zum Teil nahmen sie innovative Weiterentwicklungen der Ökostromprodukte vor, wie beispielsweise die Solarstrombörse des EWZ. Die Politik bietet bei dieser Entwicklung sanfte Unterstützung: Im Rahmen des Programms Energie 2000 des Bundesamtes für Energie werden in bescheidenem Umfang finanzielle Mittel für Koordination, Informationsaustausch und Marketing von Ökostromanbietern gewährt («Aktion Solarstrom vom EW»).[502] Die bevorste-

---

[499]   vgl. Breu 1996, S. 307 f.

[500]   vgl. Blättler 1998

[501]   Nach Nordmann 1997, S. 2, erreichte Solarstrom im Versorgungsgebiet der Industriellen Betriebe Burgdorf fünf Jahre nach Einführung der Photovoltaik-Förderung 2 ‰ Marktanteil, womit der Ort in der Schweiz mit Abstand die Spitzenposition belegte.

[502]   vgl. Linder/Frauenfelder 1998

hende Marktöffnung trägt zusätzlich dazu bei, dass die bisherigen Monopolisten auf der Suche nach Wegen zu mehr Kundennähe die mit hoher Kundenakzeptanz ausgestattete Sonnenenergie als Profilierungsfeld entdeckt haben. Diese Lage hat dazu geführt, dass Mitte 1998 23 Elektrizitätswerke ihren Kunden Ökostromprodukte anboten.[503] In bezug auf die **Produkte** starteten die meisten Anbieter mit Strom aus Photovoltaik, mittlerweile ist jedoch ein zunehmender Trend zur Diversifikation in Richtung eines Ökostrom-Mix aus Sonne und Wind, zum Teil ergänzt um Kleinwasserkraft oder Biogas zu beobachten.

Der **Marktanteil** der angebotenen Produkte ist im Durchschnitt nach wie vor bescheiden, wobei jedoch einige wenige Unternehmen beachtliche Erfolge verzeichnen können. So nehmen in den Städten Zürich und Bern bis zu 3 % der Haushalte die Solar- bzw. Ökostrom-Angebote ihrer Elektrizitätswerke in Anspruch. Da die Kunden auch die Möglichkeit haben, nur einen Teil ihres Stromverbrauchs mit Ökostrom zu decken, liegt der tatsächliche Marktanteil auch dort bei geringeren Werten, etwa in der Grössenordnung von 0,3 bis 0,4 %.

Über die **Kundensegmente**, die diese Angebote wahrnehmen, liegen noch keine genauen Angaben vor. Offensichtlich sind es eher Privathaushalte als Firmenkunden, die für Ökostrom tief in die Tasche zu greifen bereit sind. Neben den ausgesprochenen Freaks der Einführungsphase stellt sich das Zielpublikum aber in dieser Phase vielschichtiger dar. So wird verschiedentlich auf den hohen Frauenanteil unter den Solarstromkunden hingewiesen.[504]

Zusammenfassend kann die frühe Wachstumsphase des Schweizer Ökostrom-Marktes dadurch charakterisiert werden, dass es zwar einen quantitativen Sprung gegenüber den vereinzelten Angeboten von Pionieren für Pioniere in der Einführungsphase gegeben hat, dass es sich aber sowohl in bezug auf den Marktanteil als auch bei der Ausgestaltung des Marketing-Mix nach wie vor um eine klare Nischenausrichtung handelt.

---

[503]   vgl. – auch zu den folgenden Ausführungen – Wüstenhagen 1998a.

[504]   vgl. etwa Schimmel 1998.

5.4.3   Take-off Phase

Einige **Anzeichen** sprechen dafür, dass der Schweizer Ökostrom-Markt heute an der Schwelle zu einer weiteren Phase des ökologischen Branchenlebenszyklus steht, die hier mit «Take-Off Phase» benannt sei.

- Die heutigen Ökostrom-Anbieter experimentieren mit verschiedenen Produktdiversifizierungen, dies insbesondere im Bestreben, die hohen Preise reiner Photovoltaikprodukte senken zu können.[505]

- Erste Einstiege neuer Wettbewerber sind zu verzeichnen (ADEV Solarstrom AG, S.A.G. Solarstrom AG).[506] Mit der bevorstehenden Marktliberalisierung ist in wenigen Jahren mit einer sprunghaften Beschleunigung dieser Entwicklung zu rechnen.[507]

- Mit der bevorstehenden Einführung einer Energieabgabe und der geplanten (teilweisen) Verwendung der daraus resultierenden Mittel für die Förderung erneuerbarer Energien steht der Branche ein warmer Subventionsregen bevor, der sich preissenkend auswirken könnte.

- Weitere Signale deuten auf sich verbessernde Rahmenbedingungen für erneuerbare Energien hin (Diskussion um Kernenergie-Ausstieg, internationale Klimaschutz-Abkommen, EU-Ziel einer Verdopplung des Anteils erneuerbarer Energien bis zum Jahr 2010[508]).

- Die bevorstehende Einführung eines Labels für umweltverträglich erzeugte Elektrizität könnte die Markttransparenz erhöhen und zu einem Wettbewerbsvorteil für Ökostrom führen.[509]

- Insbesondere im Bereich der Photovoltaik ist weltweit ein beträchtlicher Ausbau der Produktionskapazitäten auf der Zulieferstufe zu beobachten,[510] was zu *Economies of Scale* und in der Folge zu sinkenden Preisen führen wird.

---

[505]   vgl. Wüstenhagen 1998a.

[506]   vgl. Rasonyi 1999.

[507]   Vgl. die Entwicklung in Deutschland, wo nach einer Aufstellung der Zeitschrift Solarthemen mittlerweile 13 neue Ökostrom-Anbieter entstanden sind (Solarthemen 1999).

[508]   vgl. Troge 1999, S. 7.

[509]   vgl. Wüstenhagen/Grasser/Kiefer/Sutter/Truffer 1999 sowie http://www.oekostrom.eawag.ch/

[510]   vgl. Fischedick 1999, S. 43.

- Trotz der sehr hohen Preise und des wenig entwickelten Marketing bei den meisten bestehenden Ökostrom-Angeboten in der Schweiz besteht vielfach ein Nachfrageüberhang, wenn auch auf niedrigem Niveau.

Wohin genau diese Trends in der Schweiz führen werden, ist zum heutigen Zeitpunkt noch schwer absehbar. Es fällt allerdings auf, dass die meisten der genannten Punkte sich auf die Angebotsseite des Marktes beziehen. Eine ausgewogene Marktentwicklung macht es jedoch erforderlich, dass für das erhöhte Angebot auch eine entsprechende Nachfrage induziert wird (Balanced Marketing). Hier sind noch erhebliche Marketing-Anstrengungen der Anbieter von Ökostrom erforderlich, die durch entsprechende Informationskampagnen der Politik und des in Gründung befindlichen Trägervereins für ein Ökostromlabel zu flankieren sind.

Mit Blick auf die Entwicklung in der Schweizer Lebensmittelbranche scheint es realistisch anzunehmen, dass die heutigen Marktanteile von Ökostrom in der Grössenordnung von einigen Promille kein Naturgesetz darstellen, sondern dank der Sensibilisierung der Konsumenten in absehbarer Zeit auf 5 % und mehr ansteigen können. Umfragen lassen gar ein **Marktpotential** von rund 20 % erwarten, sofern sich der Aufpreis für Ökostromprodukte in einem Spektrum von 10 bis 30 % bewegt.[511] In eine ähnliche Richtung deutet die Erfahrung in Schweden, wo Ende 1997 rund 15 % des Elektrizitätsverbrauches mit Strom gedeckt wurde, der das Öko-Label «Brå Miljöval» trug, dies bei einem Aufpreis von 15-20 %.[512] Hier erweist sich allerdings die Frage des Umgangs mit der Wasserkraft als entscheidend. Von der Einbeziehung bestehender Wasserkraftwerke in Ökostromprodukte[513] gehen die grössten Kostensenkungspotentiale aus. Andererseits führt die blosse Vermarktung existierender Wasserkraft-Kapazitäten als Ökostrom («Alter Wein in neuen Schläuchen») noch nicht zu sinkender Umweltbelastung im Gesamtmarkt, sondern erst eine klare Verknüpfung mit Ausbauzielen für neue erneuerbare Energien im Rahmen kombinierter Ökostromprodukte.

---

[511] Vgl. Truffer 1998, Buhl et al. 1998, S. 112 ff.

[512] Vgl. Buhl et al. 1998, S. 41.

[513] Beim schwedischen Label Brå Miljöval ist die Zertifizierung von Wasserkraftwerken möglich, die vor 1995 gebaut wurden (vgl. Buhl et al. 1998, S. 33). Diese Regelung wird damit begründet, dass der ökologische Schaden durch den Bau der Anlagen bereits irreversibel ist, und nunmehr die ökologischen Vorteile der Wasserkraft im Hinblick auf den Klimaschutz stärker wirken als die negativen Auswirkungen auf die lokalen Ökosysteme.

Was die Marktstrukturen auf der **Angebotsseite** anbelangt, so ist zu erwarten, dass in der Take Off-Phase eine verstärkte Dynamik von neu eintretenden Wettbewerbern ausgeht. Ein Beispiel dafür liefert der liberalisierte kalifornische Elektrizitätsmarkt, wo neben Ökostrom-Angeboten etablierter Anbieter vor allem Newcomer wie Green Mountain Energy und Commonwealth Energy für eine Ausweitung des Marktanteils erneuerbarer Energien sorgen.[514] Die Newcomer erzielen gegenüber den etablierten Anbietern der Branche Wettbewerbsvorteile durch ein unvorbelastetes Image, den Pioniergeist ihrer jüngeren Mitarbeiter sowie die Marketingerfahrung von branchenfremden Managern. Teilweise können auch Tochterfirmen oder Spin-Offs der Elektrizitätswerke solche Vorteile erschliessen.[515]

Auf der **Nachfrageseite** dürfte die Zielgruppe, das Marktsegment jenseits der Öko-Nische, einigermassen heterogen ausfallen. Neben der Kerngruppe der Ökostrom-Pioniere müssen hier weitere Segmente angesprochen werden. In Frage kommt einerseits eine Ansprache der Umweltaktivierbaren, andererseits können aber, gerade mit Solarenergie, auch technologieinteressierte oder prestigeorientierte Kunden angesprochen werden. Das überdurchschnittliche Interesse der weiblichen Kundschaft aus der frühen Wachstumsphase bedarf weiterer Analysen. Sollte der Hintergrund eine verstärkte Bereitschaft zu zukunftsorientierten Kaufentscheidungen sein, so könnte dies auch in der Take Off-Phase nutzbar gemacht werden.

Ein kritischer Faktor in dieser Phase liegt in der Einschätzung der Anbieter und Angebote durch die Pioniere, die in ihren persönlichen Netzwerken und in der Öffentlichkeit als **Meinungsführer** agieren. Bei der Konzeption massenmarktfähiger Ökostrom-Produkte kann es zu einem Aufbrechen von Meinungsverschiedenheiten zwischen den Nischen-Pionieren und jenen Unternehmen kommen, welche ökologische Produktangebote für den Massenmarkt konzipieren. Ein Beispiel liegt in der negativen Beurteilung des massiven Ausbaus der Windenergie durch kritische Kreise des Natur- und Land-

---

[514] In Kalifornien sind innerhalb von acht Monaten nach der Marktöffnung, in Pennsylvania sogar binnen zwei Monaten 80.000 Haushaltskunden auf green-e gelabelten Ökostrom umgestiegen (Hamrin 1999).

[515] Dies gilt bei entsprechender Personalpolitik insbesondere für die beiden letztgenannten Punkte Pioniergeist und Marketingerfahrung von Branchenoutsidern, wohingegen die imagemässige Abgrenzung zur Muttergesellschaft ein eher schwieriges Unterfangen darstellt, wie exemplarisch die Aversionen zeigen, die einige deutsche Umwelt- und Solarorganisationen der NaturEnergie AG entgegenbringen, welche eine Tochter der Kraftübertragungswerke Rheinfelden und der Kraftwerke Laufenburg ist.

schaftsschutzes in Deutschland,[516] oder in Vorbehalten der Solar-Pioniere gegenüber der Erschliessung des Photovoltaik-Marktes durch die Goliaths der deutschen Energiebranche, hinter der sie eine defensive Marktabsicherungsstrategie vermuten.[517]

Ebenfalls kritisch für den Übergang zur Take Off-Phase ist das Erschliessen entsprechender **Finanzierungskanäle**. Während die Produktionskapazitäten in der frühen Wachstumsphase aufgrund ihres geringen Volumens und der guten Liquiditätslage der Elektrizitätswerke quasi aus der Portokasse bezahlt werden konnten, respektive im Falle von Solarstrombörsen von idealistisch motivierten Unternehmern Kapital gratis zur Verfügung gestellt wurde, müssen bei einer weiteren Markterschliessung Investoren angesprochen werden, die marktübliche Renditen und Kapitalrückflusszeiten erwarten.[518]

Schliesslich sei noch auf die Rolle hingewiesen, die **intermediäre Akteure** wie Consultants und wissenschaftliche Institutionen in der Take Off-Phase spielen. Viele Entscheidungen in dieser Phase werden unter Unsicherheit getroffen, und so kommt den Zukunftserwartungen der Akteure eine grosse Bedeutung zu. Diese Erwartungen wiederum werden massgeblich beeinflusst durch die Prognosen und Szenarien von Unternehmensberatungen und *scientific community*. Während in einer Phase möglicherweise radikaler Umbrüche aus dieser Richtung ein systematischer Hang zu eher konservativen Beurteilungen zu vermuten ist, können die genannten Akteure auch Einfluss auf eine Beschleunigung des Wandelprozesses nehmen, indem sie etwa Informationsplattformen zur schnelleren Wissensverbreitung schaffen oder wie beispielsweise das Rocky Mountain Institute des amerikanischen Energiepioniers Amory B. Lovins gezielt Wettbewerb zwischen potentiellen *Early Followers* bei der Einführung nachhaltiger Energietechnologien initiieren.[519] Mit *Nordmann (1997)* kann hier die Metapher einer halbleitenden Schicht verwendet werden, die dem katalysierenden Einfluss intermediärer Akteure in gewissem Rahmen offensteht.

---

[516]   vgl. Feusi 1998, S. 7.

[517]   Illustre Beispiele für diesen Punkt liefert die Lektüre der Publikationen des deutschen Solarenergie-Fördervereins (SFV), vgl. etwa den Leitartikel im «Solarbrief» 3/98.

[518]   vgl. Nordmann 1997, S. 1. Die aus dem Aufkommen der Schweizer Energieabgabe zu erwartenden Subventionen für erneuerbare Energien werden den Renditedruck allerdings zumindest in einer Übergangszeit noch abmildern.

[519]   Amory Lovins, persönliche Mitteilung, St. Gallen, 18. Januar 1999.

5.4.4 Reifephase – der Schweizer Ökostrommarkt im Jahre 2010

Die Entwicklung des Ökostrommarktes jenseits der noch in den Kinderschuhen stecken-
den Take Off-Phase zu prognostizieren, ist zum heutigen Zeitpunkt kaum möglich. Ähnlich wie in den anderen betrachteten Branchen sollen daher an dieser Stelle zwei kurze,
qualitative Szenarien die Breite des denkbaren Spektrums andeuten und den Leser zum
eigenen Weiterdenken animieren.

Szenario Ökostrom-Boom 2010[520]

Die politischen Rahmenbedingungen des Ökostrom-Marktes hatten sich in den ersten Jahren des
neuen Jahrzehnts gut entwickelt. Eine rasche Marktöffnung enthüllte ein weitergehendes Marktpotential für erneuerbare Energien als Skeptiker erwartet hatten. Die Kernenergie hatte einen
schweren Stand auf dem Markt. Nach der Explosion im maroden bulgarischen Reaktor Kozloduy
III im Jahre 2004 sanken die Sympathiewerte und in der Folge auch die Absatzzahlen für diese
Energieform in den Keller. Eine treibende Kraft auf dem Ökostrom-Markt bildeten die Firmenkunden, die in verstärktem Umfang auf erneuerbare Energien setzten. Wichtige Impulse setzten
dabei die Grossverteiler Migros und Coop. Coop gab anlässlich der Expo 2001 bekannt, dank der
guten Erträge aus seinem Naturaplan-Programm einen namhaften Teil seines Energiebedarf künftig aus einer Mischung aus Solar- und Windstrom zu decken, welche mit dem offiziellen Schweizer Ökostromlabel zertifiziert worden war, und trug damit zu einer Verzehnfachung der Kapazitäten neuer erneuerbarer Energien binnen drei Jahren bei. Verärgert über dieses erneute Vorpre-
schen ihres grossen Widersachers, brüteten die Migros-Strategen daraufhin über einer eigenen
Lösung. In einer Vereinbarung mit dem Wasserwirtschaftsverband wurde schliesslich die Lösung
gefunden: Migros deckte ihren gesamten Energiebedarf mit einer Mischung aus Schweizer und
italienischer Wasserkraft. Dank eines internen Effizienzprogramms konnte ein Teil davon unter
dem hauseigenen Label «M Hydro» als Treueprämie an die Kunden weitergegeben werden, welche ihre Cumulus-Chip-Karten neu in den Bancomaten der Migros-Bank mit Wasserkraftstrom
aufladen konnten. Migros-Chef Armin E.: «Unser Bionier Gottlieb Duttweiler wäre stolz auf diese Lösung.»

---

520   Die im folgenden Szenario genannte Produktbezeichnung «O-Sole-Mio» ist einer Website des Verbandes der Schweizerischen Gasindustrie entlehnt, welche von der Firma Edelweiss Werbung AG, Zürich,
konzipiert wurde. Die Idee, mobile Brennstoffzellen zur Stromerzeugung zu nutzen, stammt unseres
Wissens von Amory B. Lovins. Alle weiteren Ideen sind – soweit wir es überblicken können – allein
der Phantasie des Autors zuzuschreiben. Sollte es Ähnlichkeiten mit real existierenden Personen oder
Institutionen geben, so sind diese stets wohlmeinend zu verstehen.

Einen wahren Boom erlebte auch die Photovoltaik, dies insbesondere durch die Aktivitäten ausländischer Grosskonzerne. Nachdem bereits Anfang 1999 Shell und HEW in Hamburg bekanntgegeben hatten, ein gemeinsames Tochterunternehmen für die Vermarktung von Solarstrom unter dem Namen Newenergy zu gründen, zogen zwei Jahre später die italienischen Energie-Giganten ENEL und ENI mit einer Fusion zu Energia Italia nach, welche ihre Mineralölaktivitäten an BP-Amoco-Exxon verkaufte und sich auf die Entwicklung von Solarsystemen für Hausdächer spezialisierte. Mit dem neuen Produkt «O-Sole-Mio», welches Hausbesitzern eine Komplettlösung aus Solaranlage und zwanzigjährigem Finanzierungspaket bot, rollten sie nach der Öffnung der Grenzen mit dem Inkrafttreten der bilateralen Verträge zwischen der Schweiz und der EU alsbald den finanzstarken und sonnenreichen Tessiner Markt auf. Newenergy zog kurze Zeit später nach und sicherte sich die Marktführerschaft nördlich des Gotthard. Obwohl im Tessin die Sonneneinstrahlung viel stärker ist, führten die ständigen Wechsel im Management von Energia Italia dazu, dass das Unternehmen kaum eine höhere Rendite erzielt als die preussisch-straff geführte Konkurrenz im nebelgeplagten Mittelland.

Neben diesen Umwälzungen bei den Goliaths blieben aber auch die Davids nicht untätig. Zwar hatte insbesondere Energia Italia einige der qualifiziertesten Aktivisten des von Greenpeace initiierten JugendSolarProjektes in den sonnigen Süden abgeworben. Doch einige Nischenanbieter in den Walliser Seitentälern bereiteten durch den Aufbau lokaler Micro Grids, in denen sie mobile Brennstoffzellen mit photovoltaisch erzeugtem Wasserstoff betrieben, den Boden für die nächste Generation von Ökostrom-Produkten, die den Wärme- und Mobilitätsbedarf mit der Stromversorgung koppelten und die logische Antwort auf die stetig steigenden Preise für die Benutzung des von der SNG monopolistisch betriebenen öffentlichen Stromnetzes lieferten.

All diese Entwicklungen zusammen hatten dazu geführt, dass der Anteil erneuerbarer Energien an der Schweizer Stromerzeugung von 60 auf 90% (darunter 30 % neue erneuerbare Energien) angestiegen war. Dazu beigetragen hatte nicht zuletzt auch der mutige Schritt der jungen Bundesrätin Pipilotti R., die als Nachfolgerin des zur EU-Kommision gewechselten Moritz L. 2005 das Departement für Umwelt, Videoinstallationen, Energie und Kommunikation (UVEK) übernommen hatte. Unbelastet von jeglichen Loyalitäten zur etablierten Stromwirtschaft und im Einklang mit einer Bevölkerungsmehrheit hatte sie den endgültigen Ausstieg aus der Kernenergie erklärt und mit einem Aufruf zu einem nationalen Phantasiewettbewerb verbunden. Erklärtes Ziel war es, den 20 %-igen Restanteil der Kernenergie binnen 10 Jahren durch eine Kombination aus Energiesparmassnahmen und kreativen Ökostrom-Produkten zu ersetzen – ein Ziel, welches heute in greifbare Nähe gerückt scheint.[521]

---

[521] Wie der neue Direktor des Flughafens Zürich-Kloten, Bertrand Piccard, uns soeben mitteilt, soll der nationale Energiesparwettbewerb in einer nächsten Phase auch auf den Bereich Flugverkehr ausgedehnt werden.

Eine alternative Sicht der möglichen Entwicklung wird im folgenden Szenario dargestellt.

Szenario Ökostrom-Stagnation 2010

Mehrere Gründe führten in den ersten Jahren des neuen Jahrzehnts zu entscheidenden Dämpfern
für den aufkeimenden Ökostrom-Markt. Ein wesentlicher Punkt war wohl der berühmt-
berüchtigte Beitrag in der Sendung «Kassensturz» vom 16. Januar 2002. Hier wurden in reisseri-
scher Manier Bilder aus der Umgebung zweier alpiner Kraftwerke gezeigt: eine völlig ausge-
trocknete Restwasserstrecke im Einzugsgebiet eines Wasserkraftwerkes und die mit Vogelleichen
übersäte Umgebung einer Windkraftanlage. Das Problem: Die entsprechenden Anlagen produzierten Ökostrom, der mit dem offiziellen Schweizer Ökostrom-Label zertifiziert worden war. Die
Sonntagspresse griff den Skandal begierig auf und das Label büsste rapide an Glaubwürdigkeit
ein. Die verunsicherten Verbraucher resignierten und wandten sich von Ökostromprodukten ab.
Da half es auch nichts, dass drei Wochen später bekannt wurde, dass der Reporter einer grossen,
sonntags erscheinenden Schweizer Zeitung auf dem Weg zu dem fraglichen Windkraftwerk mit
einem Lieferwagen voller toter Vögel gesehen worden war. Symptomatisch die Meinung von
Stromkunde Frank B.: «Bei diesem ganzen Labelsalat blickt man doch gar nicht mehr durch. Und
überhaupt ist das ja sowieso alles nur Geldmacherei. Da wird ja so viel Schindluder getrieben. Ich
kauf jetzt wieder den günstigen M Budget-Strom beim Elektrizitätswerk der Migros.»
Neben dem Scheitern des Labels war die klimapolitische Debatte paradoxerweise ein weiterer
Grund für die Stagnation beim Ökostrom. Das absehbare Verfehlen des Kyoto-Ziels durch den
massiven Anstieg der Emissionen im Verkehrsbereich (Lastwagenlawine infolge der bilateralen
Verträge mit der EU, Scheitern der Umlagerung auf die Schiene, boomender Flugverkehr durch
historische Tiefstpreise) gab den Kernenergiebefürworten neuen Auftrieb. Hinzu kam, dass ein
Drittel des Schweizer Wasserkraftstroms als Ökostrom an süddeutsche Städte verkauft worden
war, was im Inland zu einer Verknappung dieser CO_2-armen Energieform führte. In der Folge
verlängerte der Bundesrat aus Angst vor dem Eindringen fossiler Energieträger in den Elektrizitätsmarkt die Betriebsbewilligungen der bestehenden AKW bis 2030, was angesichts bestehender
Überkapazitäten zu einem völligen Stillstand in der Energiepolitik führte.
Hinzu kam, dass die grossen Energieversorger Energie Süddeutschland (hervorgegangen aus der
Fusion der ehemaligen sieben Schweizer Überlandwerke, Energie Baden-Württemberg und Bayernwerk) und Electricité de France et de la Romandie (EDFR) sich schon vor der Entscheidung
des Bundesrates durch langfristige Bezugsverträge mit Polen und Russland üppig mit Braunkoh-
le- und AKW-Strom zu 2 Rp./kWh eingedeckt hatte. Als kurze Zeit später der Spotmarktpreis für
Elektrizität auf 0.8 Rp./kWh sank, forderten sie vom Bundesrat die Entschädigung ihrer gar-nicht-
amortisierbaren Bezugsrechtsverträge (GNAB), welche sie angesichts der bevorstehenden Ener-
gielücke nach bestem Wissen und Gewissen erworben hätten.

Der Bundesrat reagierte schnell und beherzt: Die Energieabgabe, die im Jahr 2000 in Höhe von 0.2 Rp./kWh eingeführt und auf Drängen der Grossindustrie anschliessend auf diesem Niveau eingefroren worden war, wurde auf 0.25 Rp./kWh erhöht. Der Erlös sollte zu 60 % in den nuklearen Entsorgungsfonds, zu 20 % in die Kernfusionsforschung und zu 20 % in die Abgeltung der GNAB fliessen. Der Industrieverband Vorort bekundete, dass damit das Ende der Fahnenstange bei der Belastung der im globalen Wettbewerb stehenden Schweizer Unternehmen erreicht sei, was beim Bundesrat angesichts einer auf 10 % angestiegenen Arbeitslosigkeit auf Verständnis stiess – einer Reihe von Studien zum Trotz, die die Arbeitsplatzeffekte von Massnahmen zur Energieeinsparung und zur Nutzung erneuerbarer Energien belegten.

Diese Zukunftsbilder mögen in anregender Form einen ersten Eindruck vermitteln, wie die Entwicklung des Ökostrom-Marktes verlaufen könnte und welche Ereignisse oder treibenden Faktoren für Erfolg oder Misserfolg bei der Erschliessung des Massenmarktes von Bedeutung sind. Sie erheben weder Anspruch auf Vollständigkeit noch wollen sie eine valide Prognose darstellen. Eine weitere Annäherung an wahrscheinliche und weniger wahrscheinliche Entwicklungspfade kann nur im Dialog von Wissenschaftler und Branchenakteuren erreicht werden und sprengt somit den Rahmen dieses Buches, ist aber gleichwohl ein lohnendes Unterfangen.

Die abschliessende Tab. 7 fasst die Ausführungen dieses Abschnitts zu den einzelnen Phasen des ökologischen Branchenlebenszyklus der Elektrizitätsbranche nochmals im Überblick zusammen.

Phase	zeitliche Einord-nung	Marktanteil	Produkte	Anbieter	Nachfrager	Herausfor-derung beim Übergang zur nächsten Phase
Einfüh-rungsphase	späte 80er, frühe 90er	im Promille-Bereich	Solaranlagen privater Haus-besitzer, er-ste Angebote von EWs	Einzelne EWs, Ge-nossen-schaften (klassische Davids)	«Müslis», Technik-freaks, wohlhabende Pioniere	öffentlicher Druck, Sensi-bilisierung frü-her Goliaths
frühe Wachs-tumsphase	1996-1999	bis 0,5 % (in Fr.), bis 5 % (in Anteil belieferter Haushalte)	Solarstrom vom EW	>30 EWs (early Goli-aths)	Neben Freaks auch Frauen, ur-bane Intel-lektuelle, Umweltakti-ve.	Schaffung ge-eigneter Pro-dukt-Standards und Marketing-Konzepte
Take-off Phase	1999-200x	bis 5 % (in Fr.)	Ökostrom-Mix	EWs, New Entrants (neue Da-vids)	Umwelt-aktivierbare	Finanzierung, Glaub-würdigkeit, Haltung der Pioniere
Reifephase (Szenario Ökostrom-Boom)	200x-???	bis 30 %, mit Wasser-kraft bis 90 %	ausdifferen-ziertes Sor-timent an Ökostrom-Produkten	EWs, New Entrants, Broker, Mineralöl-firmen	Gesamter Markt mit Ausnahme eines um-weltignoran-ten, preis-sensiblen Segmentes	
Reifephase (Szenario Ökostrom-Stagnation)	200x-???	bei 5 % stagnierend	Solarstrom und einzelne andere Öko-strom-Produkte	Spezialisierte Ökostrom-händler, «Ökostrom-Ecke» im Sortiment von EWs	Umweltakti-ve, andere Konsumen-ten selektiv und additiv	

Tab. 7: Der Branchenlebenszyklus für Ökostrom im Überblick
Quelle: eigene Darstellung

5.5 Unternehmensstrategien: Vom Ökostrom-Marketing in der Nische zu Ansätzen eines erfolgreichen Mega-Marketing jenseits der Nische

Nachdem in den vorangegangenen Kapiteln die Entwicklung des Ökostrom-Marktes auf der Branchenebene betrachtet wurde, steht in diesem Abschnitt die Frage nach (Marke-ting-) Strategien auf der Unternehmensebene im Vordergrund. Nach einigen einleiten-den Ausführungen zu den spezifischen Herausforderungen des Ökostrom-Marketings und zu ökologischen Wettbewerbsstrategien in der Elektrizitätsbranche geht es dabei vor allem um die Frage, wie einerseits durch das heutige Ökostrom-Marketing der Nischen-status umweltverträglicher Elektrizitätsprodukte reproduziert wird, und wie andererseits ein Ökostrom-Marketing aussehen muss, welches Markterfolge jenseits der Nische ver-buchen kann.

5.5.1 Spezifische Herausforderungen des Marketings für Ökostrom

Unternehmen, die Marketingstrategien für die erfolgreiche Vermarktung von Ökostrom entwickeln, stehen vor einer doppelten Herausforderung, indem sie die Schwierigkeiten der Vermarktung von Elektrizität und jene der Vermarktung von Ökoprodukten zugleich zu lösen haben. Elektrizität ist ein wenig greifbares Produkt, welches zudem den Cha-rakter eines typischen Rohstoffes (**commodity**) hat, der als solcher bei den Käufern kein hohes Involvement auslöst und nahezu völlig austauschbar erscheint. Die übliche Reak-tion des Marktes auf derartige Charakteristika eines Produktes wäre ein reiner Preis-wettbewerb. Ihm zu entkommen, bedarf eines sophistizierten Marketing-Mix.

Ökologische Produkte wiederum zeichnen sich - wie oben in Kapitel 2.5.1 dargelegt - dadurch aus, dass sie einen **hohen Sozialnutzen**, aber einen vergleichsweise **geringen Individualnutzen** aus Sicht des Konsumenten aufweisen. Diese Konstellation ist bei Ökostrom virulenter als in den beiden anderen betrachteten Branchen. Sowohl bei Le-bensmitteln als auch bei Textilien kommt der Konsument von Ökoprodukten auch in gewissem Ausmass in den Genuss von individuellen gesundheitlichen Vorteilen, bei ökologischen Lebensmitteln kann zudem ein geschmacklicher Vorteil gegeben sein. All diese Facetten eines Individualnutzens ökologischer Produkte fallen bei Ökostrom weg, denn das physische Produkt, welches beim Endverbraucher aus der Steckdose kommt, unterscheidet sich nicht von konventionellen Produktvarianten. Der Mehrwert liegt in einem Beitrag zum ökologischen Umbau des Energiesystems, der aber den Nicht-Konsumenten von Ökostrom im gleichen Ausmass zukommt wie denjenigen, die den Preis dafür bezahlen. Diese Ausgangslage erfordert vom Ökostrom-Marketer besondere Kreativität bei der Individualisierung des Sozialnutzens, dies umso mehr, wenn Kunden-segmente jenseits der Nische angepeilt werden, die im Unterschied zu den «Öko-Freaks» ihre Kaufentscheidung nicht in erster Linie am Sozialnutzen ausrichten.

Ähnlich virulent wie in den anderen Branchen stellt sich zudem die **Kosten**seite bei Ökostromprodukten im Vergleich zur konventionellen Konkurrenz dar. Die fehlende

Internalisierung externer Kosten sowie einige Jahrzehnte Rückstand in der industriellen Massenfertigung zeigen hier Wirkung, und erhöhen ihrerseits wiederum die Anforderungen an ein in preissensiblen Marktsegmenten jenseits der Nische erfolgreiches Marketing.

5.5.2   Ökologische Wettbewerbsstrategien in der Elektrizitätsbranche

Ehe sie sich an die Entwicklung des konkreten Marketing-Mix für ihr Ökostromprodukt begeben, haben Unternehmen die Frage zu klären, in welche der in Kap. 2.5.1 dargelegten ökologischen Wettbewerbsstrategien sie ihre Marketingaktivitäten einbetten. Als **Marktabsicherungsstrategien** können dabei solche Ökostromangebote charakterisiert werden, die lediglich defensiv als Antwort auf Ansprüche aus dem gesellschaftlichen Umfeld lanciert wurden. Auch wenn es im konkreten Einzelfall schwer ist, die genaue Motivationslage der Unternehmen zu eruieren, so können doch vermutlich einige der von grossen deutschen und schweizerischen Energieversorgungsunternehmen lancierten «Grünen Tarife» als überwiegend defensiver Marktabsicherung dienende Strategien qualifiziert werden. Dies insbesondere dort, wo die beträchtlichen finanziellen und organisatorischen Potentiale des Unternehmens in starkem Kontrast zum äusserst bescheidenen Engagement derselben Unternehmen bei den Grünen Tarifen stehen, oder wenn höherpreisige Ökostromprodukte ausschliesslich aus bereits bestehenden Anlagen stammen.

Ökologische **Kostenstrategien** sind im Zusammenhang mit Ökostrom bislang kaum empirisch zu beobachten. In der Begrifflichkeit von Dyllick/Belz/Schneidewind liegen sie dann vor, wenn Unternehmen versuchen, den ökologischen Anforderungen auf möglichst kostengünstigem Wege zu begegnen.[522] In der Elektrizitätsbranche sind Ansatzpunkte für eine solche «Effizienz»-Strategie beispielsweise die Erhöhung des Wirkungsgrades bei konventionellen Kraftwerken oder die Senkung der Schadstoffemissionen durch Übergang von Kohle zu Gas als Brennstoff, was jedoch in der Schweiz wegen des geringen Anteils fossil erzeugter Elektrizität kaum praktische Bedeutung hat.

Wenn ihre Strategie in erster Linie Marktbezug hat, so verfolgen Ökostrom-Anbieter somit klassischerweise ökologische **Differenzierungsstrategien**. Ziel ist es, sich im

---

[522]   vgl. Dyllick/Belz/Schneidewind 1997, S. 103

Markt mit umweltverträglichen Produktvarianten von (künftigen) Wettbewerbern abzuheben. Die Ausrichtung der Strategie ist dabei im Unterschied zu den beiden erstgenannten Strategiealternativen eher offensiv, die Kommunikationsintensität nach aussen hoch. In diese Kategorie fallen beispielsweise Strategien wie jene der neuen Wettbewerber im deutschen Ökostrommarkt, etwa der S.A.G. Solarstrom AG oder der NaturEnergie AG, oder jene der offensiveren unter den Schweizer Ökostromanbietern, wie die städtischen Elektrizitätswerke in Zürich und Bern. Neben der Positionierung am Markt haben solche Differenzierungsstrategien für die etablierten Monopolbetriebe auch noch den erwünschten Nebeneffekt, dass sie ein dankbares Feld für die Auslösung organisatorischer Lernprozesse im Hinblick auf mehr Kundenorientierung darstellen.

Wird Ökostrom von den Anbietern nicht mehr lediglich als Spielwiese zur Differenzierung begriffen, mit deren Hilfe das Unternehmen sein Sortiment für anspruchsvolle Kunden nach oben abrundet, sondern rückt ein Beitrag zur langfristigen Transformation des Elektrizitätsmarktes in Richtung Nachhaltigkeit auf die Agenda des Unternehmens, so reichen ökologische Differenzierungsstrategien nicht mehr aus, und der Übergang zu **Marktentwicklungsstrategien** ist der logische nächste Schritt. Für das Ökostrom-Marketing ergibt sich somit eine Erweiterung des Strategiebezugs von der reinen Marktebene auf die gesellschaftliche Ebene, oder in der Begrifflichkeit *Kotlers* ausgedrückt der Übergang von einem 4-P-Marketing-Mix zu einem 6-P-Mega-Marketing-Mix, welcher eine gezielte Beeinflussung der Rahmenbedingungen einschliesst. Nur wenige Elektrizitätsunternehmen verfolgen heute eine umfassende Marktentwicklungsstrategie, doch einzelne Beispiele für die Ausgestaltung der entsprechenden Elemente des Mega-Marketing-Mix werden in den Abschnitten «Public Opinion» und «Politics» am Ende von Kapitel 5.5.4 vorgestellt.

5.5.3   Nischen-Marketing für Ökostrom heute

Die Tatsache, dass Ökostrom heute in der Schweiz einen Marktanteil von deutlich unter ein Prozent innehat, dürfte neben den widrigen Rahmenbedingungen auch auf die Ausgestaltung des Marketing-Mix durch die entsprechenden Anbieter zurückzuführen sein. Hierzu wurde vom Autor im Sommer 1998 eine empirische Befragung bei 23 Schweizer

Unternehmen durchgeführt, deren Ergebnisse Grundlage für die folgenden Ausführungen zum heutigen Nischenmarketing für Ökostrom bilden.[523]

Product

Bereits beim ersten Element des Marketing-Mix, der Produktgestaltung, wird die Nischenorientierung der heutigen Angebote deutlich: Das anschaulichste Beispiel liefern Solarstrom-Produkte, wie sie für die heutigen Ökostromanbieter den Ausgangspunkt bilden und nach wie vor häufig im Vordergrund stehen. Strom aus Photovoltaik weist heute in der Schweiz Gestehungskosten von etwa 1,00 bis 1,60 Fr./kWh auf und ist damit – ohne Berücksichtigung externer Kosten – rund achtmal so teuer wie konventioneller Strom. Diese Preisdifferenz entspricht in etwa dem Verhältnis zwischen Sportwagen der Luxusklasse und einem durchschnittlichen Mittelklasse-Auto, und so mag es wenig verwundern, dass der Marktanteil der Solarstromprodukte sich in der gleichen Grössenordnung bewegt wie beispielsweise jener der Marke Porsche im Schweizer Kfz-Markt.[524]

Eine ausschliessliche Versorgung breiter Marktsegmente mit Solarstrom würde allerdings nicht nur am Preis, sondern auch an technischen Spezifika des Produkts scheitern. Da die Stromproduktion stets zeitgleich mit dem Verbrauch erfolgen muss, die Sonneneinstrahlung jedoch je nach Wetter, Tages- und Jahreszeit schwankt, muss ein stark auf Photovoltaik basierendes Energiesystem entweder mit entsprechenden Speichereinrichtungen[525] oder aber mit komplementären Produktionsanlagen[526] ergänzt werden. Insofern ist reiner Solarstrom ein typisches Nischenangebot, welches denn auch bei den heutigen Kunden nicht den gesamten Bedarf deckt, sondern zusätzlich zu anderen Stromprodukten gekauft wird.

---

[523] vgl. Wüstenhagen 1998a

[524] Der Marktanteil von Porsche in der Schweiz lag 1997 bei 1.60 % (persönliche Mitteilung von J. Eggenschwiler, Pressebeauftragte von AMAG, dem Schweizer Importeur für Volkswagen und Porsche, Schinznach/St. Gallen, 20.07.1998)

[525] In gewissem Umfang wirkt das Stromnetz als ein solcher Speicher. Andere Speichermedien könnten Batterien, Stauseen, Anlagen zur Produktion von Wasserstoff aus Solarstrom, oder auch Schwungräder (vgl. Lovins 1999, S. 18 f.) sein.

[526] Hier wäre in erster Linie an Wasserkraft zu denken, wobei jedoch auch das Windangebot in gewissem Ausmass komplementär zur Sonneneinstrahlung ist. Desweiteren wäre eine Kombination mit flexibel steuerbaren Anlagen der Wärme-Kraft-Kopplung sinnvoll, etwa Blockheizkraftwerken.

Ein Grund für das vorwiegende Angebot von reinem Solarstrom in der Frühphase des Ökostrom-Marketing dürfte auch darin liegen, dass noch Unsicherheit in bezug auf die ökologische Bewertung von Stromprodukten herrscht. Photovoltaik ist sowohl in der Ökobilanzierung als auch in der Wahrnehmung der Kunden relativ unumstritten, bei anderen potentiellen Ökostrom-Technologien wie Windkraftanlagen, Wasserkraftwerken, Biomasse oder Anlagen zur dezentralen Wärme-Kraft-Kopplung gibt es jeweils spezifische Aspekte der Umweltverträglichkeit, die Anlass zum Dissens geben. Die Solarstrom-Anbieter befinden sich mit ihrem Produkt somit auf der sicheren Seite, jedenfalls solange sie darauf abzielen, eine begrenzte Marktnische zu bedienen.

Price

Was oben angesichts der Kosten des heute noch dominierenden Produktbestandteils Photovoltaik bereits angedeutet wurde, wird von den Ökostrom-Anbietern auch über die Preisgestaltung an die Kunden weitergegeben. Anstelle einer Penetrationspreisstrategie, die mittels niedriger Preise die schnelle Ausweitung des heute sehr kleinen Marktes anstrebt, herrscht im Schweizer Ökostrom-Markt offenkundig eine Art «Koste-es-was-es-wolle»-Pricing vor. Abb. 51 zeigt für 21 Schweizer Ökostrom-Produkte den Mehrpreis, den Kunden gegenüber konventionellem Strom zu bezahlen haben. Die Preisaufschläge bewegen sich in einer Grössenordnung von 90 % bis über 700 %, d.h. die Kunden bezahlen für die Kilowattstunde Ökostrom den doppelten bis achtfachen Preis. Am günstigsten sind die beiden Anbieter von Windenergie, während die reinen Solarstromprodukte die Rangliste anführen. In absoluten Zahlen kostet das teuerste Produkt 1.60 sFr./kWh (d.h. 1.40 sFr./kWh Aufpreis), wohingegen die günstigsten Angebote bei 0.38 sFr./kWh (oder 0.18 sFr./kWh Aufpreis) für Windstrom liegen. Offenkundig wurden die Preise in der Regel auf Kostenbasis kalkuliert, während wettbewerbsstrategische Überlegungen keine Rolle spielten.

Die Tatsache, dass die Angebote trotz der massiven Aufpreise auf eine gewisse Nachfrage treffen, spiegelt wider, dass für die (Nischen-)Konsumenten von Ökostrom der Preis eine untergeordnete Rolle spielt. Stattdessen steht die Motivation, einen Beitrag zum Umweltschutz und zur Förderung des Ausbaus erneuerbarer Energieträger zu leisten, im Vordergrund. Es liegt jedoch auf der Hand, dass das Segment derjenigen, die eine derart hohe Zahlungsbereitschaft haben, engen Grenzen unterliegt.

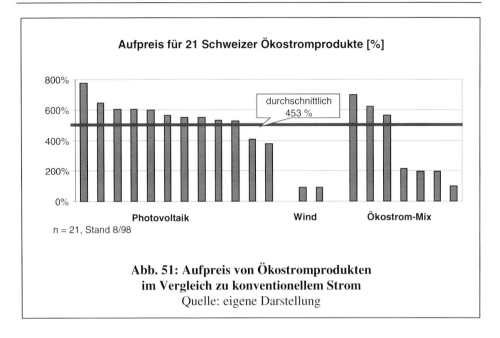

**Abb. 51: Aufpreis von Ökostromprodukten
im Vergleich zu konventionellem Strom**
Quelle: eigene Darstellung

Promotion

Merklich anders als man es nach dem Lehrbuch moderner Marketing-Konzepte erwarten würde, stellt sich auch die Kommunikationspolitik der überwiegenden Mehrheit der Ökostrom-Anbieter dar. Das Spektrum reicht dabei vom völligen Verzicht auf jegliche Kommunikationsaktivitäten[527] bis zu einer Beilage zur Stromrechnung als dem Instrument, welches neben der Öffentlichkeitsarbeit am häufigsten zum Einsatz kommt. Auch hier steht bei vielen Anbietern offenbar die Philosophie dahinter, dass der (Nischen-) Kunde ohnehin von selbst Anstrengungen unternimmt, um sich zu informieren, und weitergehende Formen der Kundenansprache daher nicht erforderlich sind. Es gibt allerdings auch einige wenige Anbieter, die ein breites Spektrum von Kommunikationsaktivitäten, einschliesslich Instrumenten wie Event Marketing, Radio Spots und einem ei-

---

[527] So hat sich das Elektrizitätswerk Jona-Rapperswil zwar der Aktion «Solarstrom vom EW» angeschlossen, gab aber in der bereits erwähnten Befragung (Wüstenhagen 1998a) an, dieses Produkt nur auf Nachfrage des Kunden anzubieten, ohne dafür irgendeine Form von Werbung zu betreiben.

genen Internet-Auftritt, zum Einsatz bringen.[528] Wenig überraschenderweise sind es denn auch jene Anbieter, die sich anschicken, Marktsegmente jenseits der Nische zu erschliessen. Die Häufigkeit des Einsatzes einiger ausgewählter Kommunikationsinstrumente durch die Schweizer Ökostrom-Anbieter kann Abb. 52 entnommen werden.

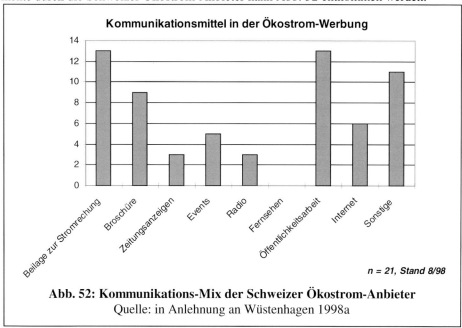

Abb. 52: Kommunikations-Mix der Schweizer Ökostrom-Anbieter
Quelle: in Anlehnung an Wüstenhagen 1998a

Bei der Bewertung dieser Angaben ist allerdings zu beachten, dass die Marketingintensität der Elektrizitätsbranche bisher generell sehr gering ist. So gaben 70 % der Unternehmen an, weniger als 1 % des Umsatzes für Marketing aufzuwenden. Weiterhin handelt es sich bei den bisherigen Ökostrom-Anbietern oft um kleine Gemeindewerke, die nicht die Personalressourcen haben, um ein professionelles Marketing betreiben zu können. War dies im bisherigen monopolistischen Markt auch kein Problem, so wird die Marktliberalisierung hier zu einem tiefgreifenden Wandel führen, wie die Entwicklung in der Telekommunikationsbranche zeigt.[529] Im künftigen werbeintensiven Umfeld wer-

---

528 Eine jener löblichen Ausnahmen bildet das virtuose Kommunikationskonzept der Solarstrombörse des Elektrizitätswerkes der Stadt Zürich (EWZ).

529 Die Werbeetats der deutschen Telekommunikationsanbieter sind durch die Marktliberalisierung 1998 gegenüber dem Vorjahr um 80 % auf 1,6 Mrd. DM gestiegen (vgl. o.V. 1999f). In anderen Branchen

den Ökostrom-Produkte mit dem heutigen Kommunikations-Mix kaum jenseits der Nische an den Mann und die Frau zu bringen sein.

Placement

Bei der Distribution kann unterschieden werden zwischen der Herstellung von Beziehungen zu Marktteilnehmern (akquisitorische Distribution) und der physischen Durchführung der Warentransporte zum Kunden (logistische Distribution).[530] In bezug auf die **akquisitorische Distribution** sind die heutigen Nischenanbieter von Ökostrom in der Regel als vertikal integrierte Anbieter tätig, d.h. sie führen von der Stromproduktion bis zur Belieferung der Endkunden alle Tätigkeiten in eigener Regie durch. Beispiele wie die Solarstrombörse des EWZ in Zürich zeigen, dass gegenüber einer solchen In-House-Lösung erhebliche Effizienzpotentiale zu realisieren sind, wenn stattdessen eine Ausschreibung der Produktionskapazitäten bei Drittanbietern erfolgt. Die Frage der Kooperation mit Handelsunternehmen oder anderen Vertriebspartnern stellt sich in der Strombranche heute noch nicht, da die Elektrizitätswerke, die Ökostrom anbieten, selbst ein Monopol in der Belieferung der Endkunden haben. Die Ökostrom-Programme sind somit ein exotisches – zudem von weiten Teilen der Branche als unrentabel und technologisch unausgereift angesehenes – Produkt, welches sich neben dem Kerngeschäft im Sortiment der Werke zu etablieren hat. Im Vergleich zu spezialisierten Anbietern, die Ökostrom als ihr Kerngeschäft ansehen, dürfte dies die Dynamik bei der Vermarktung eher bremsen.[531]

In bezug auf die **logistische Distribution** ist bei den heutigen Ökostromangeboten festzustellen, dass de facto keine physische Belieferung der Endkunden mit den gekauften Produkten stattfindet, was mit den Besonderheiten des netzgebundenen Produktes Strom zusammenhängt. Zwar verpflichtet sich der Lieferant mit Vertragsabschluss, über einen bestimmten Zeitraum (z.B. 1 Jahr) die vom Kunden bestellte Menge Ökostrom zu produzieren und ins Netz einzuspeisen. Was beim Kunden physisch aus der Steckdose

---

mit relativ homogenen Produkten sind solche Zahlen schon länger nichts Ungewöhnliches. So beläuft sich der Werbeetat deutscher Brauereien auf bis zu 10-15 % des Umsatzes.

[530] vgl. Bänsch/Seydel 1998

[531] vgl. die Ausführungen zu «Greening Goliaths vs. Multiplying Davids» in Kapitel 2.3.1 dieses Buches sowie ausführlicher Wüstenhagen 1998c.

kommt, ist jedoch ein Elektrizitätsmix, der nicht von den Lieferungen an andere Kunden zu unterscheiden ist. Hieraus ergeben sich spezifische Glaubwürdigkeitsprobleme, die bei idealistisch motivierten Nischenkunden weniger relevant sind, sich jedoch als deutliche Diffusionsbarriere in Segmente jenseits der Nische herausstellen können.

Public Opinion

In bezug auf die aktive Beeinflussung der öffentlichen Meinung als Element des Mega-Marketing-Mix für Ökostromprodukte sind gewisse Ansätze der Anbieter erkennbar, wie der oben erwähnte relativ starke Einsatz der Öffentlichkeitsarbeit als Element des Kommunikations-Mix belegt. Die Ausgestaltung dieser PR widerspiegelt jedoch die widersprüchlichen Interessen der Elektrizitätswerke mit zumeist über 99 % konventionellem Strom und nur einem kleinen Ökostromanteil am Sortiment, so dass an die Stelle einer offensiven Kommunikation der langfristigen Chancen erneuerbarer Energien zumeist eher defensive, die Grenzen und den Nischencharakter neuer Technologien betonende Botschaften treten.[532]

Seitens der NGOs wiederum gibt es zwar zum Teil positive Öffentlichkeitsarbeit für Ökostrom, die zur Verfügung stehenden Ressourcen werden jedoch auch in beachtlichem Umfang für die Oppositionsarbeit gegen klassische Stromerzeugungstechnologien, insbesondere Kernenergie, und deren Anbieter eingesetzt. Andere Organisationen, die spezielle Nischen im Bereich erneuerbarer Energien ausfüllen, verfahren dagegen eher nach dem Prinzip «tue Gutes und schweige darüber».[533]

---

[532]   Diesen Tenor übernimmt auch die Aktion «Solarstrom vom EW», indem sie die Kommunikation der Grenzen von Solarstrom explizit als eines ihrer Ziele definiert («Solarstrom ist nicht der Problemlöser, aber ein Baustein für eine gesicherte Energiezukunft» heisst es im Dossier für interessierte Elektrizitätswerke, vgl. Linder Kommunikation AG 1998). Der Autor legt wert auf den Hinweis, dass hier nicht einer naiven Schönfärberei das Wort geredet werden soll, doch ist es einsichtig, dass der Verkaufserfolg derjenigen Marketer grösser ist, die von ihrem Produkt überzeugt sind.

[533]   Hierunter fallen Beispiele wie das Greenpeace Jugend-Solar-Projekt oder die diversen Selbstbauinitiativen für Solaranlagen, denen jedoch auch schlicht die Personalressourcen für eine aktive und professionelle Öffentlichkeitsarbeit fehlen.

Politics

Ähnliches wie das oben Gesagte gilt auch für die Beeinflussung der politischen Rahmenbedingungen durch die Unternehmen, die Ökostrom anbieten. Potentielle Ansätze böten ein offensives Eintreten für eine ökologische Steuerreform oder entsprechende Volksinitiativen[534], doch befinden sich die etablierten Anbieter auch hier in einem Interessenskonflikt und nehmen daher eher defensiv-verharrende oder bestenfalls neutrale Positionen ein. Ausnahmen sind selten und eher im Bereich der Subpolitik zu finden.[535]

Zusammenfassend zeigen die vorgenannten Ausführungen, dass das Marketing der heutigen Nischenanbieter substantielle Beiträge zum Fortbestand des Nischencharakters von Ökostrom leistet. Im folgenden soll daher sowohl konzeptionell als auch anhand empirischer Beispiele ausgeleuchtet werden, welche Ansätze für einen massenmarktfähigen Öko-Marketing-Mix in der Strombranche erkennbar sind.

5.5.4 Mega-Marketing für Ökostrom jenseits der Nische

Beispiel für ein Ökostrom-Marketing, welches erfolgreich Segmente jenseits der Nische erschliesst, sind heute noch rar, insbesondere in der Schweiz. Daher wird im folgenden bisweilen der Blick über die Grenzen gerichtet und es werden Marketing-Konzepte deutscher und US-amerikanischer Ökostrom-Anbieter zum Vergleich herangezogen.

Product

In der obigen Charakterisierung des heutigen Ökostrom-Marketings in der Nische wurden die **hohen Produktionskosten** des überwiegend vermarkteten Solarstroms sowie dessen zeitlich wenig auf den Verlauf der Nachfrage abgestimmtes Aufkommen (**sto-**

---

[534] Zur Zeit sind in der Schweizer Politik eine ganze Reihe von Initiativen hängig, die das Ziel einer Verteuerung konventioneller Energieformen und (zum Teil) der verstärkten Förderung erneuerbarer Energien haben, insbesondere die Solarinitiative, die Energie-Umwelt-Initiative und die Initiative Energie statt Arbeit besteuern (vgl. Lautenschütz 1998, Breitenstein 1999).

[535] vgl. etwa das Eintreten des EWZ für ein Ökostromlabel in der Schweiz (siehe unten 5.5.4, Abschnitt Politics).

chastisches Lastprofil) als wichtige Hemmnisse für das Erschliessen breiterer Marktsegmente genannt. Vier verschiedene Strategien zur Kostensenkung können bei Ökostromprodukten unterschieden werden, wobei drei davon zugleich das Problem des
Lastprofils zu entschärfen vermögen:

- **Technologiespezifische Kostensenkung** bei weiterhin reinen Solarstromprodukten
  (Stand-alone Lösung),
- Übergang zum Angebot von Ökostrom-Produkten, die aus **einem Mix verschiede-
  ner neuer erneuerbarer Energien** bestehen (z.B. Sonne, Wind und Biomasse),
- Kombination der **neuen mit alten erneuerbaren Energien**, also vor allem beste-
  henden Wasserkraftwerken, sowie schliesslich
- Angebot von Ökostrom-Produkten, die lediglich einen bestimmten **Anteil erneuer-
  barer Energien mit konventionellem Strom kombinieren**.

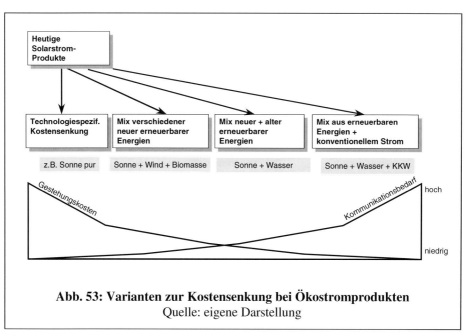

Abb. 53: Varianten zur Kostensenkung bei Ökostromprodukten
Quelle: eigene Darstellung

Wie in Abb. 53 qualitativ dargestellt, zeichnen sich die Varianten in dieser Reihenfolge
tendenziell durch zunehmendes Potential zur Kostensenkung, jedoch steigenden Kom-
munikationsbedarf zur Aufrechterhaltung von Transparenz und Glaubwürdigkeit aus.

Bei der **Photovoltaik selbst** könnten niedrigere Produktionskosten mit einem Fort-schreiten der technologischen Entwicklung (Dünnschichtzellen, Massenproduktion), aber auch durch geeignetes Beschaffungsmarketing erreicht werden. So hat das US-amerikanische Stadtwerk Sacramento Municipal Utility District (SMUD) die Strategie des «Sustained Orderly Development» entwickelt, bei der die Lieferanten dank mehrjäh-riger Verträge erhebliche Preisnachlässe gewähren.[536]

Erheblich grössere Spielräume als innerhalb einer einzelnen Technologie eröffnen sich jedoch sowohl im Hinblick auf Kosten als auch in bezug auf das technische Leistungs-profil von Ökostromprodukten durch die **Kombination mehrerer erneuerbarer Ener-gieträger** zu einem Ökostrom-Mix. Die heutigen Anbieter in der Schweiz haben dies zum Teil bereits umgesetzt, indem sie von reinen Solarstromprodukten zunehmend zu einem Mix von Sonne und Wind übergehen.[537]

Neben der Zusammenstellung eines Ökostrom-Mix aus verschiedenen neuen erneuerba-ren Energien liegt ein besonderes Potential zur Kostensenkung in der **Kombination von neuen mit bestehenden Anlagen** zur Nutzung erneuerbarer Energien, insbesondere be-stehenden Wasserkraftwerken. «Neue» und «alte» erneuerbare Energien zeichnen sich durch ein weitgehend komplementäres Leistungsprofil aus, und insbesondere die alpinen Wasserkraftwerke weisen teilweise äusserst geringe Produktionskosten aus und könnten somit zur Quersubventionierung innerhalb eines Ökostrom-Mix dienen. Ein qualitativer Vergleich der beiden Systeme ist der folgenden Tab. 8 zu entnehmen.

---

[536] vgl. Osborn 1998. Die von SMUD realisierten Gestehungskosten liegen mit 0.16 $/kWh um den Faktor fünf bis sieben unter jenen in der Schweiz, was nur zum kleineren Teil auf die höhere Sonnenschein-dauer in Kalifornien zurückzuführen ist, zum grösseren Teil hingegen auf *Economies of Scale* in Pro-duktion und Vertrieb.

[537] vgl. Wüstenhagen 1998a

	neue erneuerbare Energien	alte erneuerbare Energien
Beispiel	*Photovoltaik*	*alpine Wasserkraftwerke*
bestehende Produktionskapazität	gering	hoch
Wachstumspotential	hoch	gering bis null
heutige Produktionskosten	mittel bis sehr hoch	heute wettbewerbsfähig
künftige Kostenentwicklung	sinkend	stabil bis steigend
Investitionskosten	hoch bis sehr hoch	hoch, aber sunk costs; einige Anlagen bereits vollständig abgeschrieben
Variable Kosten	gering bis mittel (Biomasse)	gering
Verfügbarkeit	einzelne Anlagen: stochastisch, im Netzverbund: gering bis mittel	sehr hoch
Regulierbarkeit	gering	hoch
Modularität (Eignung für dezentralen Einsatz)	hoch	begrenzt
wahrgenommene Umweltperformance	hoch	teilweise umstritten
zentrale Umweltprobleme	wenige, ggf. Landnutzung	lokale Umweltauswirkungen, Landnutzung, Biodiversität

Tab. 8: Charakteristika neuer und alter erneuerbarer Energien
Quelle: Wüstenhagen 1998b

Bei der Gestaltung von Ökostromprodukten unter Einschluss bestehender Anlagen – wie sie beispielsweise von der deutschen NaturEnergie AG realisiert wird – ist jedoch entscheidend, dass für den Kunden der Gegenwert für seine Mehrzahlungen klar erkennbar bleibt.

Gleiches gilt für die in den USA praktizierte Vermarktung von Produkten, in denen lediglich 50 oder 75 % Strom aus erneuerbaren Energien mit einem entsprechenden Anteil **konventionellen Netzstroms** zu einem Ökostrom-Portfolio kombiniert werden,[538] was

---

[538]   vgl. National Resources Defense Council 1998

naturgemäss ebenfalls erhebliche Kostensenkungen ermöglicht. Eine andere Variante für das Design wettbewerbsfähiger Ökostrom-Produkte schlägt Greenpeace Deutschland mit dem Konzept «Aktion Stromwechsel» vor: einen Mix aus 50 % erneuerbaren Energien und 50 % Strom aus dezentraler Wärme-Kraft-Kopplung, welcher mit nur geringen Mehrkosten gegenüber dem heutigen Strommix verbunden wäre, eine Verfügbarkeit rund um die Uhr sicherstellen könnte und wegen der gleichzeitigen Verdrängung konventioneller Heizungssysteme annähernd CO_2-neutral wäre.[539]

Zusammenfassend kann festgestellt werden, dass das Angebot eines Ökostrom-Mix aus Solarstrom und anderen Bestandteilen sowohl Chancen (Kostensenkung, Möglichkeit der Vollversorgung) als auch Risiken (unklarer Mehrwert, gefährdete Glaubwürdigkeit[540]) beinhaltet. Wegen der im Vergleich zu allen anderen Stromerzeugungsarten überproportional hohen Kosten der Photovoltaik einerseits und der Tatsache, dass andererseits die öffentliche Wahrnehmung offenbar einen deutlichen Trennstrich zwischen erneuerbaren und nicht-erneuerbaren Energien zieht, ist davon auszugehen, dass insbesondere im mittleren Bereich des in Abb. 53 aufgezeigten Spektrums – also bei einem Ökostrom-Mix mit oder ohne Einbeziehung eines gewissen Anteils bestehender Anlagen – erfolgversprechende Positionierungsmöglichkeiten liegen. Die Kunst des massenmarktfähigen Produktdesigns liegt nun darin, die richtige Balance zwischen Chancen und Risiken zu finden. Gesetzliche Regelungen oder Branchenstandards wie ein einheitliches Ökostromlabel[541] können hier sinnvolle Leitplanken setzen, innerhalb derer die Anbieter massgeschneiderte Angebote für ihre Zielgruppen entwickeln können.[542]

---

[539] vgl. Greenpeace 1998, S. 14

[540] Die befragten Schweizer Ökostromanbieter betonten annähernd unisono, dass in der Glaubwürdigkeit der Anbieter ein zentraler Erfolgsfaktor für die weitere Entwicklung der Ökostromprodukte liegt (vgl. Wüstenhagen 1998a).

[541] vgl. Wüstenhagen/Grasser/Kiefer/Sutter/Truffer 1999.

[542] Bei der Gestaltung solcher Angebote dürfte nicht zuletzt der Einsatz von Marktforschungsmethoden wie Conjoint Measurement (vgl. Hockerts 1995, S. 53 ff., m.w.N.) hilfreiche Dienste leisten. Derartige Methoden sind im Konsumgütermarketing State of the Art, werden von den heutigen Ökostromanbietern jedoch völlig vernachlässigt (vgl. Wüstenhagen 1998a).

Price

In bezug auf das Pricing von Ökostrom-Produkten jenseits der Nische sind **Preissen-kungen** gegenüber den heutigen Schweizer Angeboten unerlässlich. Dies erscheint angesichts der vorstehend ausgeführten Möglichkeiten veränderter Produktgestaltung und damit zu erzielender Kostensenkungen auch machbar. Aus zweierlei Gründen liegt aber allein in der Senkung der Stückpreise (Fr./kWh) noch nicht der alleinige Schlüssel zum Erfolg von Ökostromprodukten. Zum einen werden die Produktionskosten für umweltverträglichen Strom angesichts ungedeckter **externer Kosten** und extrem **tiefer Welt-marktpreise bei den konventionellen Energieträgern** auf absehbare Zeit auch künftig **über** jenen des heutigen Strom-Mix liegen, so dass zwar Preissenkungen gegenüber den heutigen Nischenprodukten nötig und sinnvoll erscheinen, aber wenig Spielraum für eine gegenüber konventionellen Energieträgern erfolgreiche offensive Niedrigspreisstrategie besteht. Zum anderen wird der **Preis** auch **als Qualitätssignal** wahrgenommen, so dass – verschärft durch die Tatsache, dass die ökologische Qualität des Stroms für den Kunden nicht wahrnehmbar ist – ein zu niedriger Preis auch Glaubwürdigkeitsprobleme verursachen kann.[543]

Erfolgversprechender erscheint angesichts dieser Ausgangslage eine Strategie des perceived-value pricing, wobei allerdings zu beachten ist, dass im Unterschied zu den Nischen-Kunden die Segmente **jenseits der Nische keine unbegrenzte Zahlungsbereit-schaft** aufweisen. Eine Infratest-Umfrage in Deutschland hat ergeben, dass bei 20 % Mehrpreis ein deutlicher Rückgang der Nachfrage zu erwarten ist,[544] so dass sich mehrere der dortigen Ökostrom-Anbieter nunmehr auf ein Preisniveau von 6-8 Pf./kWh über dem Preis für konventionellen Strom eingestellt haben. Wenngleich diese Aussage in der Tendenz plausibel erscheint, ist allerdings zu beachten, dass – jedenfalls im Bereich der Haushaltskunden – der Preis pro Kilowattstunde bei der Kaufentscheidung nur eine geringe Rolle spielt und vielen Konsumenten überhaupt nicht bewusst ist. Insofern ist der durch die Umfrageergebnisse suggerierte enge preisliche Spielraum für Haushaltskun-

---

[543]   vgl. Wüstenhagen 1998b

[544]   vgl. Schlusche 1999

den wohl zu relativieren.[545] Da letztlich das vom **Kunden wahrgenommene Verhältnis von Preis und Nutzen** entscheidend ist, können die Anbieter durch geeignete Kommunikation von Preis und Kundennutzen ihren Spielraum erweitern.[546] Eine sowohl ökonomisch erfolgversprechende als auch ökologisch konsistente Möglichkeit zur Erweiterung des Spielraums liegt im **Price Bundling**,[547] wenn etwa Dienstleistungspakete entwickelt werden, die neben Ökostrom auch Beratungsdienstleistungen zur Steigerung der Energieeffizienz enthalten (REG+REN)[548].

Eine höhere Preissensitivität als bei den Privathaushalten ist bei den **Firmenkunden** zu orten. In der Debatte um die Strommarktliberalisierung artikuliert diese Kundengruppe häufig pointiert den Wunsch nach deutlichen Preissenkungen für Elektrizität. Folgt man dieser Einschätzung auch in bezug auf Ökostrom, so müssen die Anbieter jenseits der Nische für Firmenkunden besondere Anstrengungen unternehmen, um Preis und Kundennutzen in Einklang zu bringen. Dies kann auf der Kostenseite durch Verzicht auf besonders kostenintensive Produktbestandteile wie die Photovoltaik, auf der Nutzenseite durch eine Verknüpfung des Ökostrom-Kaufs mit Image-Aspekten[549] oder der Möglichkeit von Emissionsgutschriften[550] erreicht werden.

Promotion

Der Kommunikations-Mix von Ökostrom-Anbietern jenseits der Nische wird sich von demjenigen der heutigen Anbieter deutlich unterscheiden müssen. Während den heutigen Kunden eine hohe intrinsische Motivation zum Kauf von Ökostrom zugeschrieben werden kann, die sie auch aus eigenem Antrieb nach Informationen über verfügbare Produkte suchen lässt, können weitere Kundenkreise nur durch gezielte Ansprache zum

---

[545] Als Indiz hierfür mag eine repräsentative Umfrage der infas-Sozialforschung dienen, die bei 71 % der Befragten eine Zahlungsbereitschaft in nicht näher spezifizierter Höhe für Strom aus erneuerbaren Energien ermittelt hat (vgl. Eurosolar 1997).

[546] Vgl. zur Kommunikation des Kundennutzens ausführlich den folgenden Abschnitt.

[547] Vgl. Dolan/Simon 1996, S. 222 ff.

[548] REG steht für **Reg**enerative Energien, REN für **R**ationelle **E**nergie**n**utzung.

[549] Beispiele sind Solarfassaden (wobei dann doch wieder die Photovoltaik zum Zuge käme) oder die Kommunikation des Ökostrombezugs als Qualitätssignal gegenüber dem Kunden («green-e inside»).

[550] Dies ist in der Schweiz noch Zukunftsmusik, doch mit zunehmender Konkretisierung der Klimaschutzpolitik könnte es schon bald zu einem Handel mit Emissionszertifikaten kommen, der der Umweltentlastung durch Ökostrom einen monetären Marktwert zuordnen würde.

Kauf bewogen werden. Da zudem das Wissen um die neuen Wahlmöglichkeiten in der breiten Öffentlichkeit bislang kaum vorhanden ist, muss die unternehmens- und produktbezogene Kommunikation um eine generelle **Aufklärungsarbeit** ergänzt werden (siehe den übernächsten Abschnitt «Public Opinion»).

Bei der produktbezogenen Kommunikation liegt eine besondere Herausforderung in der mangelnden Greifbarkeit des Produktes, das – wie oben unter 5.4.1 dargelegt – beim Käufer zunächst kein hohes Involvement auslöst, sondern austauschbar erscheint. Dies betrifft neben Ökostrom auch Elektrizität im allgemeinen. Die Erhöhung des Involvement kann über eine **Markenbildung** erfolgen, so dass der Kunde neben dem Nutzen des Produktes in den Genuss eines **kommunikativ geschaffenen Zusatznutzens** kommt. Instruktive Beispiele finden sich in anderen Branchen, die relativ homogene Produkte aufweisen, wie etwa Bier oder Zigaretten. Hier versuchen die Unternehmen, eine Erlebniswelt aufzubauen, die nur wenig mit dem eigentlichen Produkt zu tun hat, mit der sich der Kunde aber identifizieren kann. Ein bekanntes Motiv ist das Bild eines Leuchtturms inmitten grüner Wiesen in der Werbung für die norddeutsche Biermarke Jever. Hier wird beim Kunden die Assoziation geweckt, mit dem Konsum des entsprechenden Produktes habe er an jener naturnahen Landschaft teil, in der die Brauerei ihren Firmensitz hat. Ähnlich der legendäre Marlboro-Cowboy, der es dem Raucher nahelegt, mit dem Anzünden der entsprechenden Zigarette begebe er sich in die unberührten Weiten der amerikanischen Prärie und identifiziere sich mit den Werten wie Männlichkeit und Abenteuerlust, die in der Werbung zum Ausdruck gebracht werden. Ökostrom-Marketing kann von diesen Beispielen lernen: norddeutscher Windstrom liesse sich mit ähnlichen Bildern bewerben wie das genannte Bier, manche Motive aus der Marlboro-Werbung haben mit alpiner Wasserkraft mehr Gemeinsamkeit als mit der Zigarette, zu deren Kauf sie animieren sollen, und in der Tat finden sich in der real existierenden Ökostrom-Werbung heute bereits Motive, die mehr auf emotionale Kundenansprache als auf unmittelbaren Produktbezug setzen (vgl. Abb. 54).

**Abb. 54: Kundennutzen kommunikativ kreieren –
Ökostrom-Werbung von unit energy**[551]
Quelle: unit energy europe ag,
reproduziert mit freundlicher Genehmigung von mama. werbeagentur, Hamburg

Neben der klassischen Werbung stehen eine Reihe weiterer Instrumente zur Verfügung, die eine Positionierung von Ökostrom-Produkten bei den relevanten Zielgruppen erleichtern können. Zu denken ist hier beispielsweise an **Event-Marketing**, wie es etwa vom Elektrizitätswerk der Stadt Zürich (EWZ), einem der erfolgreichsten Schweizer Ökostromanbieter, bereits heute betrieben wird. Das EWZ kooperiert mit Veranstaltern

---

[551] Das Arbeiten mit derartigen Motiven könnte auch für Schweizer Wasserkraft-Anbieter in Frage kommen, so etwa den Elektrizitätsversorger Energie Ouest Suisse (EOS). Das Unternehmen hat angekündigt, sich im Zuge der Marktöffnung auf das Wasserkraft-Geschäft zu fokussieren. Damit einher geht die Absicht, die bestehenden Beteiligungen des Unternehmens an Kernkraftwerken zu veräussern und das fossil betriebene Wärmekraftwerk in Vouvry stillzulegen (vgl. Bartu 1999, S. 27). Ob damit allerdings tatsächlich eine ökologische Positionierung angestrebt wird oder die Restrukturierung lediglich der Verbesserung der Liquidität dient, ist dem Autor nicht bekannt.

von Grossereignissen, so zum Beispiel dem *Iron Man*-Triathlon in Zürich oder Partyorganisatoren im Rahmen der Techno-Veranstaltung *Street Parade*.[552] Diese beziehen einen Teil ihres Stroms als Solarstrom und dürfen in der Kommunikation ihres Anlasses darauf hinweisen. Desweiteren werden die Solarstromkunden des EWZ zu Einweihungen neuer Solaranlagen eingeladen. Weitere Massnahmen zur Erhöhung der Kundenbindung sind Loyalitäts- und Bonusprogramme wie das EcoCredits[sm] Rewards Programm des US-amerikanischen Ökostromanbieters Green Mountain Energy[553] oder das Programm Watt&More der Berliner Bewag.[554]

Eine emotionale, lifestyle-betonte Kommunikation wie sie hier vorgeschlagen wird, ist allerdings im Ökostrom-Marketing-Mix durch **sachliche Informationen** zu flankieren. Gemäss den unterschiedlichen Informationsbedürfnissen verschiedener Kundengruppen ist es zweckmässig, die Produktinformationen abgestuft zur Verfügung zu stellen, also beispielsweise in der Werbung die hochaggregierte Form eines Ökostromlabels[555] einzusetzen, in der schriftlichen Kommunikation mit dem Kunden eine Tabelle zur Deklaration der Strombeschaffungs-Quellen zu nutzen und im Internet noch weitergehende Informationen wie Ökobilanzen der eingesetzten Produktionssysteme oder an den Kraftwerksstandorten installierte Live-Kameras[556] auf Abruf bereitzuhalten.

Placement

In bezug auf die Distributionspolitik im Rahmen eines Ökostrom-Marketings jenseits der Nische liegt die zentrale Herausforderung darin, möglichst weiten Kundenkreisen einen einfachen Zugang zu umweltverträglichen Elektrizitätsprodukten zu ermöglichen. Hier war die Einführung der heutigen Solarstromangebote ein wichtiger erster Schritt, indem sie Bewohnern von Mietwohnungen, die keine Möglichkeit zur Errichtung eigener Solaranlagen haben, den Zugang zum Ökostrommarkt erschlossen. Noch immer ist

---

[552] Vgl. Giger 1999.

[553] http://www.greenmountain.com

[554] Vgl. die Firmenbroschüre «Watt&More – Der erste Club, der unter Hochspannung steht.» sowie http://www.bewag.de/pages/kanal1/angebot/haushalt/watt/, 10.04.99.

[555] vgl. Wüstenhagen/Grasser/Kiefer/Sutter/Truffer 1999

[556] Die Idee eines Einsatzes von Live-Kameras zur Erhöhung der Transparenz bei Öko-Produkten wird auch von Coop im Rahmen des Naturaplan eingesetzt, siehe das Beispiel der Livekamera auf dem Bio-Bauernhof in Kap. 3.5.3.

man allerdings als potentieller Ökostrom-Kunde darauf angewiesen, dass der örtliche Monopolanbieter ein entsprechendes Produkt im Sortiment führt. Einen weiteren Schritt zur Marktdurchdringung muss hier zunächst der Gesetzgeber leisten, indem er dem Kunden die Wahl seines Lieferanten bzw. umgekehrt Ökostromanbietern die Belieferung von Kunden ausserhalb des eigenen Versorgungsgebietes ermöglicht.

Erst wenn dieser Schritt erfolgt ist, stellt sich aus Unternehmenssicht die Frage nach geeigneten Distributionsstrukturen, wobei hier wiederum zu beachten ist, dass sich die Distribution der netzgebundenen Elektrizität von klassischen Vorstellungen des Transports und der Verteilung von Produkten unterscheidet. Die **logistische** Aufgabe endet einstweilen bei der Einspeisung des Ökostroms ins Netz. Die (physische) Weiterverteilung erfolgt in einem Mix, der konventionelle und ökologische Anteile gleichermassen umfasst, wobei mit fortschreitender Marktliberalisierung auch vertragliche Regelungen zwischen dem Produzenten und dem Netzbetreiber getroffen werden müssen (in der aktuellen Diskussion leicht irreführend als «Durchleitung» bezeichnet). Insofern kann die Rolle des Ökostromanbieters eher mit einem Finanzdienstleister verglichen werden, der Geld bei seinen Kunden einsammelt und dieses an einen Investor weitergibt, als mit einem Lebensmittelhändler, der eine bestimmte Kiste Bio-Äpfel beim Bauern einkauft und dieselben Früchte seinem Kunden verkauft. Anders stellt sich die Frage nach der Distribution, wenn das Thema Ökostrom mit dem Aufbau eines **dezentralen Energiesystems** verknüpft wird. Im Extremfall einer dezentralen Versorgung, dem netzfernen Inselbetrieb, kommt beim Kunden in der Tat Ökostrom aus der Steckdose. Angesichts der bestehenden Netzinfrastruktur wird diese Variante allerdings auf absehbare Zeit nur in Ausnahmefällen wirtschaftlich sein.

In bezug auf die **akquisitorische** Distribution stellt sich die Frage, ob ein Unternehmen eher in Eigenregie Ökostrom anbietet oder im Rahmen von Lizenz- oder Franchising-Konzepten mit anderen Vertriebspartnern zusammenarbeitet. Da in der heutigen Marktsituation der Zugang zum Endkunden den monopolistischen Verteilunternehmen vorbehalten ist, ist für andere Anbieter momentan der einzig gangbare Weg eine Kooperation mit diesen Unternehmen. Die deutsche NaturEnergie AG hat angesichts dieser Situation ein **Franchising**-Konzept entwickelt, bei welchem sie den örtlichen Verteilern die Nutzung der Marke «NaturEnergie» ermöglicht, und von diesen im Gegenzug den von den Kunden entrichteten Mehrpreis erhält. Ein solches Konzept erscheint zur Erschliessung weiterer Marktsegmente für Ökostrom geeignet, weil die NaturEnergie AG sich auf die

Kommunikation ihrer Marke und die Projektentwicklung neuer Produktionsanlagen konzentrieren kann, während der administrative Aufwand in der Endkundenbetreuung von den bestehenden Verteilern mit Synergien zur ihrem bisherigen Geschäft betrieben werden kann. Auch aus der Perspektive des Stromkunden wird der Zugang zu Ökostrom so erleichtert, da er einfach ein anderes Produkt aus dem Sortiment seines bisherigen Anbieters wählen kann und nicht seinen Lieferanten wechseln muss. Diesen Vorteilen steht allerdings das Risiko gegenüber, dass die Konsumenten den etablierten Anbietern möglicherweise weniger vertrauen als unabhängigen Neueinsteigern.[557]

Public Opinion

Die Tatsache, dass die aufkeimenden Angebote von Ökostrom zeitlich mit der Marktliberalisierung zusammenfallen, in deren Rahmen gewohnte Abläufe beim Kauf von Elektrizität einer völligen Neustrukturierung unterliegen, macht es für Ökostromanbieter erforderlich, neben der reinen produktbezogenen Kommunikation in besonderem Masse auch eine Bewusstseinsbildung für die ökologischen Folgen des Stromkonsums und eine Aufklärung der Verbraucher über die neuen Wahlmöglichkeiten vorzunehmen. Hierin liegt ein wesentlicher Unterschied zum Öko-Marketing in der Nische, bei dem ja gerade jene Kundengruppen angesprochen werden, die ohnehin über eine hohe Handlungsbereitschaft und einen hohen Informationsstand verfügen.

Möglichkeiten für eine proaktive Beeinflussung der öffentlichen Meinung liegen nicht nur in klassischen Instrumenten der Öffentlichkeitsarbeit, sondern beispielsweise auch in der Mitwirkung an oder der Unterstützung von wissenschaftlichen Fachtagungen, in der Kooperation mit NGOs,[558] in der Organisation von Weiterbildungsseminaren für Journalisten oder in der gezielten Zusammenarbeit mit Schulen und Hochschulen.[559]

---

[557] Dem Misstrauen der Konsumenten kann durch eine unabhängige externe Zertifizierung und Verwendung eines anerkannten Öko-Labels ein Stück weit begegnet werden.

[558] Beispiele aus anderen Branchen sind die Zusammenarbeit des deutschen Handelskonzerns Hertie mit dem Bund für Umwelt und Naturschutz Deutschland zu Fragen der ökologischen Sortimentsgestaltung oder die Kooperation zwischen der Hoechst AG und dem Öko-Institut unter dem Titel «Hoechst nachhaltig».

[559] Beispiele ausserhalb des Ökologiebereichs sind die Kooperation von Apple mit Schweizer Schulen, die es den künftigen Kunden ermöglicht, sich schon früh von den Vorzügen der Apple-Produkte zu überzeugen, sowie die Recruiting Events diverser Unternehmensberater, zu denen Studierende der HSG regelmässig eingeladen werden. Ökostromspezifisch könnte ein Anbieter beispielsweise eine Partner-

Politics

Neben dem öffentlichen Bewusstsein sind auch die politischen Rahmenbedingungen des Ökostrom-Marktes noch wenig entwickelt und somit ein wesentlicher Adressat struktur-politischen Wirkens von Unternehmen im Rahmen ihres Ökostrom-Marketings. Die Möglichkeit, dass Unternehmen Einfluss auf die Gestaltung der politischen Rahmenbe-dingungen nehmen können, ist keine neue Erkenntnis. Allerdings ist es leichter, Bei-spiele für unternehmerisches Wirken **zuungunsten** einer Verbesserung der Rahmenbe-dingungen von Ökostrom zu identifizieren als – wie hier vorgeschlagen – umgekehrt. Insbesondere die Unternehmensverbände haben sich mehrfach nicht gerade als ökologi-sche Vorreiter hervorgetan: So opponiert etwa der Schweizerische Industrieverband Vorort gegen die Einführung von Energieabgaben[560] und dem Verband der Schweizeri-schen Elektrizitätswerke liegt die Forderung nach staatlichen Subventionen zur Abgel-tung von *stranded investments* im bestehenden Kraftwerkspark näher als die Förderung von Wettbewerb im Ökostrommarkt.[561]

Ein Positivbeispiel zur Mitgestaltung der politischen Rahmenbedingungen ist die von der Schweizerischen Vereinigung für ökologisch bewusste Unternehmungsführung be-schlossene öbu-Position zur ökologischen Steuerreform. Ein weiteres Beispiel, welches sich eher auf der Ebene der Subpolitik abspielt, aber nicht minder entscheidende Rah-menbedingungen für die künftige Marktentwicklung von Ökostrom setzen wird, ist die Kooperation des EWZ mit dem WWF und dem Ressort Erneuerbare Energien des Bun-desprogramms Energie 2000 zur Entwicklung eines einheitlichen Ökostromlabels in der

---

schaft mit dem JugendSolarProjekt von Greenpeace und dem Dachverband Schweizer Jugendparla-mente eingehen, um einerseits das Engagement der Jugendlichen zu fördern, andererseits neuen Roh-stoff zur Kommunikation des Themas Ökostrom in den Medien zu liefern.

[560] Vgl. Neukom 1998, S. 13, nach dem der Vorort den Energieabgabebeschluss des Nationalrates katego-risch ablehne und definitiv einen «Abbruch der Übung» fordere, sowie Guggenbühl 1997, S. 9, der von einem «konstruktiven Widerstand» der Wirtschaftsverbände gegen das verbal begrüsste, de facto aber bekämpfte Instrument der Lenkungsabgabe spricht.

[561] In der Vernehmlassung zum Elektrizitätsmarktgesetz äusserte der VSE sich befürwortend zur Abgel-tung von nicht-amortisierbaren Investitionen, hingegen ablehnend zur vorgesehenen Priorisierung er-neuerbarer Energien (vgl. BFE 1998, S. 6). Ebenfalls auf Ablehnung stösst beim VSE die Einführung einer Energieabgabe (vgl. Neukom 1998, S. 13). Dabei zeigen sich im einst geschlossenen Branchen-verband allerdings Meinungsverschiedenheiten zwischen den Überlandwerken und den ökologischen Anliegen aufgeschlosseneren Stadtwerken (vgl. Pelda 1997, S. 21).

Schweiz.[562] Der Solarstrombörsen-Pionier hat offenkundig erkannt, dass der weitere Markterfolg von Ökostrom-Produkten entscheidend von der Definition einheitlicher und nachvollziehbarer Kriterien in Verbindung mit entsprechender neutraler Qualitätssicherung abhängt, und unterstützt daher neben seinem aktiven Solarstrom-Marketing die Gründung des Trägervereins für ein Ökostromlabel.[563]

Die konkrete Ausgestaltung des Elektrizitätsmarktgesetzes, welches derzeit in der Schweiz debattiert wird, ist ein weiterer Politikbereich, der grossen Einfluss auf die weitere Entwicklung des Marktes für Ökostrom ausübt. Eine ganze Reihe ungeklärter Aspekte der künftigen Marktordnung sind mitentscheidend dafür, wie die relativen Vor- bzw. Nachteile von Ökostrom gegenüber konkurrierenden Produkten ausfallen werden, so beispielsweise wann welchen Kundengruppen die Wahl ihres Lieferanten ermöglicht wird; ob und wenn ja welche Mindestquoten für erneuerbare Energien festgeschrieben werden; ob es gelingt, einen diskriminierungsfreien Netzzugang zu fairen Konditionen auch für neue erneuerbare Energien umzusetzen. Eine gezielte Einflussnahme auf die Debatte kann aus der Perspektive eines Ökostrom-Anbieters in diesem Stadium eine wichtige Ergänzung zu seinen «4 P»-Marketingaktivitäten sein. Das Hoffen auf, respektive die Steuerung durch die Politik ersetzt aber umgekehrt auch nicht marktbezogene Anstrengungen der Unternehmen. Dies zeigt das Beispiel der deutschen Energiepolitik. Hier wurde zwar mit kostendeckenden Einspeisevergütungen ein weltweit einmaliger Boom bei Windkraftanlagen ausgelöst, doch die mangelnde Schaffung von Marketing-Expertise bei den Stromhandelsunternehmen und Kaufbereitschaft bei den Stromkunden lässt diesen hochpolitischen Markt heute als labil erscheinen.[564] So beachtliche Anfangserfolge diese Politik in den letzten Jahren auch zu verzeichnen hatte, so sehr erscheinen doch längerfristig andere Strategien erforderlich, die den Übergang zu einer stärker marktorientierten Förderung im Auge haben.[565]

Insofern kann man von der Notwendigkeit eines Balanced Mega-Marketing oder einer Coevolution von Markt und Politik sprechen. Mit **Balanced Mega-Marketing** ist ge-

---

[562]   vgl. Wüstenhagen/Grasser/Kiefer/Sutter/Truffer 1999

[563]   Parallelen zur erfolgreichen Kooperation zwischen Coop und Bio Suisse sind kaum zu übersehen.

[564]   vgl. Troge 1999, S. 7.

[565]   *Norberg-Blohm* spricht in diesem Zusammenhang von der Notwendigkeit «to effectively coordinate the use of supply-push and demand-pull policies during the period spanning pre-commercialization, first commercial use and lead adoption» (vgl. Norberg-Blohm 1998, S. 1).

meint, dass Unternehmensstrategien im Bereich Ökostrom vermutlich dann besonders erfolgversprechend sind, wenn sie auf der einen Seite eine aktive Mitgestaltung der politischen Rahmenbedingungen betreiben, mit deren Hilfe die Schaffung neuer Angebotskapazitäten bei den erneuerbaren Energien erleichtert wird, und auf der anderen Seite ein professionelles Marketing realisieren, welches bei den Verbrauchern zunächst einmal Bewusstsein und Akzeptanz, aber auch konkrete Handlungsbereitschaft auslöst. Der Begriff **Coevolution von Markt und Politik** spricht den gleichen Sachverhalt mit einer anderen Nuancierung an: Er deutet auf das Wechselspiel dieser beiden Lenkungssysteme hin, und sensibilisiert dafür, dass die Entwicklung des Marktes für ökologische Produkte zwar einerseits des politischen Eingreifens bedarf, dass aber ein dauerhafter Erfolg der Politik seinerseits wiederum von einer gleichzeitigen Bewusstseins- und Verhaltensänderung bei Unternehmen und Konsumenten abhängt.

Empirische Befragungen bei Ökostromanbietern, Energiepolitikern und öbu-Mitgliedsfirmen als potentiellen Ökostromnachfragern zeigen, dass die Einsicht in ein solches Balanced Mega-Marketing oder eine Coevolution von Markt und Politik sehr weit verbreitet ist. Abb. 55 zeigt, dass die Frage, ob Ökostrom-Marketing andere energiepolitische Massnahmen zur Förderung erneuerbarer Energien überflüssig mache, bei allen drei Gruppen von einer deutlichen Mehrheit verneint wird.

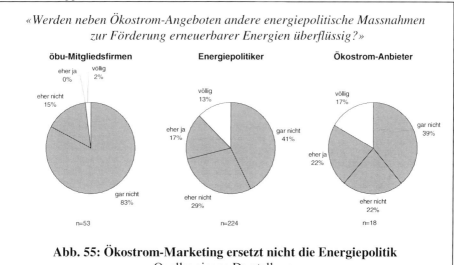

Abb. 55: Ökostrom-Marketing ersetzt nicht die Energiepolitik
Quelle: eigene Darstellung,
Daten gemäss Bieri/Truffer 1998, Jegen/Wüstenhagen 1999, Wüstenhagen 1998a

Am deutlichsten fällt das Ergebnis bei den öbu-Mitgliedsfirmen aus, von denen insgesamt 98 % bekunden, dass trotz Ökostrom-Marketing auch weiterhin energiepolitische Massnahmen zur Förderung erneuerbarer Energien notwendig seien. Von 224 Schweizer Energiepolitikern, die in einem politologischen Forschungsprojekt der Université de Genève befragt wurden, sind immerhin noch 70 % der gleichen Ansicht, und unter den Schweizer Ökostrom-Anbietern liegt der entsprechende Wert bei 61 %. Die Schlussfolgerung, dass es sich bei dem in der letztgenannten Gruppe vergleichsweise geringer ausgeprägten Ruf nach der Politik um einen Ausdruck des Selbstvertrauens der Anbieter in ihr erfolgreiches Marketing handelt, wird allerdings durch einen genaueren Blick auf die Daten widerlegt. Unterteilt man die Aussagen der Anbieter nach dem erzielten Ökostrom-Marktanteil[566], so zeigt sich das in Abb. 56 dargestellte Bild.

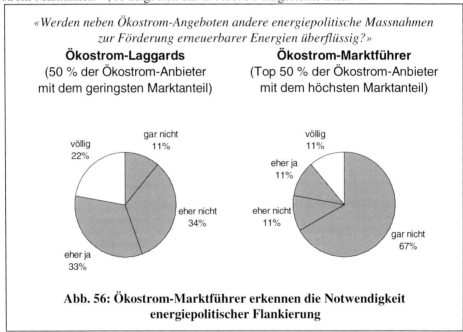

«Werden neben Ökostrom-Angeboten andere energiepolitische Massnahmen zur Förderung erneuerbarer Energien überflüssig?»

Ökostrom-Laggards
(50 % der Ökostrom-Anbieter
mit dem geringsten Marktanteil)

Ökostrom-Marktführer
(Top 50 % der Ökostrom-Anbieter
mit dem höchsten Marktanteil)

**Abb. 56: Ökostrom-Marktführer erkennen die Notwendigkeit
energiepolitischer Flankierung**

Es zeigt sich das auf den ersten Blick paradox anmutende Ergebnis, dass ausgerechnet jene Anbieter weitere energiepolitische Massnahmen mehrheitlich als überflüssig er-

---

[566]   Unter «Marktanteil» wird hierbei der prozentuale Anteil der Haushalte im Versorgungsgebiet des jeweiligen Elektrizitätswerkes verstanden, welcher Ökostrom bestellt hat.

achten, die den geringsten Markterfolg erzielen, während die erfolgreichsten Ökostrom-Marketer zu 78 % die gegenteilige Auffassung vertreten. Als Interpretation bietet sich an, dass die Marktführer offenbar die Notwendigkeit einer energiepolitischen Flankierung ihrer erfolgreichen Marketingkonzepte erkannt haben, während die Ökostrom-Laggards, die mit ihren Produkten lediglich Teilnahmequoten von 0,81 % und weniger erreicht haben, diese Programme eher aus einer defensiven Motivation heraus aufgelegt haben und einer Förderung erneuerbarer Energien generell skeptisch gegenüberstehen.[567]

Zusammenfassend zeigt sich, dass die aktive Mitbestimmung von öffentlicher Meinung und politischen Rahmenbedingungen wichtige Erfolgsfaktoren im Rahmen des künftigen Ökostrom-(Mega-)Marketing sind. Damit ist nicht gemeint, dass erfolgreiches Lobbying gutes Marketing überflüssig mache, wohl aber greift eine nur marktbezogene Ausrichtung des Marketing-Mix in der heutigen Phase der turbulenten Umfeldentwicklung und nicht-internalisierter externer Kosten zu kurz.

5.5.5 Übergangsprobleme von der Nische zum Massenmarkt

Nachdem nun in den vorangegangenen Abschnitten dargelegt wurde, weshalb der Nischenstatus heutiger Ökostrom-Angebote durch das entsprechende Marketing der Anbieter wesentlich unterstützt wird und wie ein jenseits der Nische erfolgreiches Marketing zu gestalten wäre, fragt sich, was Ökostrom-Anbieter noch davon abhält, sich auf den Weg zur Erschliessung des Massenmarktes zu machen. Eine Antwort auf diese Frage liegt in den oben in Kapitel 2.5.4 theoretisch dargelegten Übergangsproblemen, insbesondere der diagnostizierten Absturzgefahr beim Übergang von der Nische zum Massenmarkt.

Für die allgemeinen Ausführungen lassen sich illustrative Beispiele in der Elektrizitätsbranche finden, die im folgenden in drei Kategorien dargelegt werden sollen:

a) **Übergangsprobleme bei einer ökologischen Neuorientierung bestehender Grossanbieter («Greening Goliaths»)**

---

[567] Bei der Interpretation der Ergebnisse ist aufgrund der geringen Stichprobengrösse Vorsicht geboten. Die hier gezogenen Schlussfolgerungen erscheinen zwar auch aufgrund qualitativer Gespräche plausibel, sind aber noch nicht ohne weitere Analysen als repräsentativ zu verstehen. Allerdings umfasst die genannte Stichprobe 18 der 23 Unternehmen, die zum Zeitpunkt der Befragung Ökostrom anboten.

Der Einstieg bestehender Goliaths in das Geschäft mit Ökostrom wird von kritischen Anspruchsgruppen vielfach mit Argwohn beäugt. So warnt die Umweltorganisation Greenpeace vor Etikettenschwindel bei den Schweizer Solarstromangeboten, namentlich wirft sie zwei konkreten Anbietern (AEW und EKZ) vor, ihren Kunden den Strom aus bestehenden Altanlagen ohne ökologischen Mehrwert zu einem höheren Preis zu verkaufen.[568] Ähnliche Debatten finden in Deutschland statt, wo man aus Umweltkreisen den Energieversorgungsunternehmen vorwirft, die Solarstromangebote (insbesondere sogenannte «Grüne Tarife») als Alibiübung einzusetzen, um weitergehende Forderungen abzuwehren und die Verantwortung für fehlende Umweltaktivitäten auf die mangelnde Zahlungsbereitschaft der Verbraucher abzuwälzen.[569] Es fällt schwer, die genaue Motivation der betreffenden Unternehmen im Einzelfall zu beurteilen, doch deuten Indizien wie die oben ausgeführten Befragungsergebnisse darauf hin, dass zumindest in einigen Fällen die Kritik am Defensiv-Charakter solcher Angebote in der Tat eine sachliche Grundlage hat.[570] Selbst wo dies nicht der Fall ist, müssen sich neu orientierende Goliaths jedoch mit erheblichem Argwohn seitens kritischer Anspruchsgruppen umgehen.

b) **Übergangsprobleme beim Anpeilen des Massenmarktes durch ökologisch orientierte neue Wettbewerber («Upscaling Davids»)**

Mit etwas besseren Voraussetzungen starten neu eintretende Wettbewerber in das Rennen um eine glaubwürdige Positionierung auf dem ökologischen Massenmarkt. Die Erfahrung einiger neuer Ökostromanbieter zeigt jedoch, dass auch in der «Gnade der späten Geburt» kein Garant für die Vermeidung von Friktionen beim Übergang von der Ni-

---

[568]   vgl. o.V. 1997

[569]   Beispielsweise wurde auf der Tagung «Grüner Strom» – Die Macht der Konsumenten am 27.02.1999 in Böblingen der Projektmanager des Umwelttarifes von EnBW, Thomas Kuttruff, mit der Frage konfrontiert, warum das Unternehmen einerseits einen teuren Umwelttarif anbiete, mit dem bislang erst Photovoltaikanlagen mit einer bescheidenen Gesamtleistung von 50.9 kW (zum Vergleich: Das um ein vielfaches kleinere EWZ hat in den ersten beiden Jahren der Solarstrombörse über 800 kW neu installiert) und eine einzige 600 kW-Windkraftanlage installiert wurden, während es andererseits darauf verzichte, die ihm gesetzlich zustehende Möglichkeit auszunützen, bis zu 3 % seiner Kosten für eine kostendeckende Einspeisevergütung bei erneuerbaren Energien aufzuwenden, was schätzungsweise zum Aufbau der 500- bis 1000-fachen Kapazität geführt hätte.

[570]   Vgl. hierzu auch die instruktiven Beispiele bei *Weller 1998*. Er zitiert einen Vertreter des RWE mit einer Aussage aus dem Januar 1997: «In unserem Umwelttarif werden die Mehrkosten zwischen RWE Energie und dem Kunden geteilt. So wird auch das Bewusstsein geschaffen, dass die Nutzung von Öko-Strom nicht wirtschaftlich ist.» (Münch 1997, S. 33, zit. n. Weller 1998, S. 60). Weller vertritt allerdings die Auffassung, dass möglicherweise mit einem wachsenden tatsächlichen Engagement für die Projekte die Abwehrhaltung der entsprechenden Unternehmen abnimmt.

sche zum Massenmarkt liegt. So wird der deutschen NaturEnergie AG einiges Misstrauen entgegengebracht,[571] weil sie eine Tochtergesellschaft der beiden etablierten EVU Kraftübertragungswerke Rheinfelden AG (KWR) und Kraftwerke Laufenburg AG (KWL) ist. Der Vorwurf besteht zum einen darin, dass die Muttergesellschaften Beteiligungen an Kernkraftwerken halten, andererseits sind gerade die KWR bundesweit im sogenannten «Schönauer Stromstreit» in die Schlagzeilen geraten, weil sie mit harten Bandagen einen Streit mit einer ökologisch orientierten Bürgerinitiative im Südschwarzwald um die Übernahme der kommunalen Energieversorgung führten.[572] Suspekt dürfte den Kritikern nicht zuletzt auch das professionelle Marketing sein, mit dem die entsprechenden Anbieter agieren. So hat die NaturEnergie AG die renommierte Werbeagentur Ogilvy & Mather mit der Ausarbeitung ihres Markenkonzeptes beauftragt.[573] Ebenfalls harsche Kritik muss der US-Ökostromanbieter Green Mountain Energy von seiten engagierter Umwelt- und Konsumentenschützer einstecken, wobei auch hier das aus anderen Branchen bekannte, in der Öko-Szene aber sehr unkonventionell anmutende Marketingkonzept des Unternehmens Anstoss erregt,[574] wie auch der Verdacht geäussert wird, den Kunden werde im Rahmen von betrügerischen Angeboten letztlich nur alter Wein in neuen (und teureren) Schläuchen verkauft.[575]

Ohne an dieser Stelle näher darauf einzugehen, inwieweit die Vorwürfe in den konkreten Einzelfällen letztlich berechtigt oder unberechtigt sind, so bleibt doch festzuhalten, dass selbst gutmeinende Unternehmen sich mit dem Vorhaben «Verlassen der Öko-Nische»

---

[571] Nicht immer laufen die Auseinandersetzungen zwischen potentiellen Massenmarktanbietern und ihren Kritikern dabei so humorvoll ab wie anlässlich der oben erwähnten Fachtagung «Grüner Strom» – Die Macht der Konsumenten. Der Geschäftsführer der NaturEnergie AG, Kai-Hendrik Schlusche, brachte zu seinem dortigen Vortrag demonstrativ einen Holz-Pinocchio mit, auf dass die Zuhörerschaft anhand der Nasenlänge überprüfen könne, ob er die Wahrheit sage oder man ihm zurecht Etikettenschwindel vorwerfe.

[572] Vgl. die «Netzkauf-Story» der Schönauer Energieinitiative unter o.V. 1999h

[573] vgl. Ogilvy & Mather 1999.

[574] Die in rauhen Tönen vorgebrachte Kritik, sowie anderslautende Statements zu diesem Thema, können in der «Green Power Mailing List» im Internet verfolgt werden (http://solstice.crest.org/renewables/green-power-archive/). Neben dem professionellen Marketing sorgte auch die Finanzierung des Unternehmens für fundamentale Opposition. Als die Firma den Gang an die Börse ankündigte, kommentierte einer der lautstärksten Kritiker: «Now we know it's all about money» (Jon Entine, Beitrag in der Green Power Mailing List vom 31.03.99).

[575] Die Vokabel der «betrügerischen Angebote» («fraudulent schemes») stammt gemäss Rhodes/Brown 1999, S. 28, von Konsumentenschützer Ralph Nader und der kalifornischen Konsumentenorganisation TURN (Toward Utility Rate Normalisation).

auf eine rauhe See hinauswagen, die neben dem härteren Wind des ökonomischen Wettbewerbs auf dem Massenmarkt auch noch von kräftigen Böen seitens der Nischenver-
treter aufgepeitscht wird.

**c) Übergangsprobleme bei einer nischentranszendierenden Neuorientierung bis-
heriger Kleinanbieter («Multiplying Davids»)**

Als einzige moralisch unverdächtige Akteursgruppe bleiben nach dem bisher Gesagten
nur noch die heutigen «Davids» übrig, kleine Nischenanbieter wie sie oben (Seite 242)
exemplarisch genannt wurden. Selbst solche Initiativen sind allerdings nicht völlig vor
Kritik (respektive Identitätskrisen) gefeit, wenn sie in grossem Massstab ökonomische
Interessen zu verfolgen beginnen. Hinzu kommt, dass sich die klassischen «Davids» in
der Regel nicht durch professionelles Management Know How auszeichnen, was ein erfolgreiches Agieren auf dem Massenmarkt zumindest erschwert. Beispiele für Davids,
die im deutschen Ökostrom-Markt die Nische zu verlassen suchen, sind etwa die Elektrizitätswerke Schönau (EWS) mit ihrem «Watt Ihr Volt»-Ökostrom-Angebot[576] sowie
die von mehreren Umwelt- und Solarorganisationen gegründete Naturstrom AG. Bei der
Naturstrom AG handelt es sich letztlich um ein ganz normales Unternehmen, das für den
Kunden nur durch den Imagetransfer der dahinterstehenden Non-Profit-Organisationen
attraktiver werden könnte als seine Wettbewerber, aber ökonomisch wohl noch den Beweis antreten muss, dass Umweltschützer die besseren Manager sind. Der klassische
David EWS versucht nach dem erfolgreichen Heimspiel gegen den Goliath KWR nun
auch bei seinem bundesweiten Ökostromangebot andere Wege zu gehen und baut auf
eine virtuelle Vernetzung zwischen dezentralen Ökostromkonsumenten und -
produzenten.[577] Durch den Verzicht auf direkte Vertragsbeziehungen zwischen Lieferant
und Abnehmer («Durchleitung») stellt man sich dabei abseits der Funktionslogik eines
liberalisierten Marktes[578] und eher in die Nähe einer Spendenorganisation. Durch eine
enge Selbstbeschränkung beim Verwaltungs- und Marketingbudget auf 2 Pf pro verkaufte Kilowattstunde werden der Professionalisierung weitere Schranken gesetzt.[579]

---

[576]   vgl. o.V. 1999h
[577]   vgl. Franken 1999, S. 21.
[578]   Es ist anzumerken, dass der Verzicht auf die Durchleitung mit dem Hinweis auf die fehlenden gesetzli-
        chen Grundlagen und den hohen (mess-)technischen Aufwand für eine Realisierung bei Kleinkunden
        durchaus nachvollziehbar begründet wird (vgl. Sladek 1999, S. 1, der von einer «Antwort auf das
        schlechte Energierecht» spricht).
[579]   vgl. Sladek 1999, S. 2

Auch hier stellt sich die Frage, inwieweit der Erfolg auf dem Massenmarkt mit einer in der Nische bewährten Philosophie gelingen wird.

Zusammenfassend bietet der Übergang von einem nischenorientierten Ökostrom-Marketing zu massenmarktorientierten Ansätzen bei allen drei genannten Akteursgruppen nicht unerhebliche Herausforderungen, die sich pointiert als Trade-Off zwischen Moral und Professionalität beschreiben lassen.

5.6 Fazit

Die Schweizer Elektrizitätsbranche steht vor einem doppelten Umbruch: Die bevorstehende **Marktliberalisierung** wird die Branchenstruktur in den nächsten Jahren grundlegend neuordnen, andererseits wird der Druck auf die Branchenakteure, zur Erreichung der Ziele einer **Nachhaltigen Entwicklung** beizutragen, eher noch zunehmen. Für den Ökostrom-Markt ergeben sich daraus beachtliche Chancen, die die Erschliessung von Segmenten jenseits der heutigen Nische in greifbare Nähe rücken.

Stärker als in den anderen betrachteten Branchen Lebensmittel und Bekleidung wird dabei das Zusammenspiel von poltischen Rahmenbedingungen und marktbezogenen Aktivitäten eine wichtige Rolle spielen. Dies nicht in dem Sinne, dass entweder Politik oder Unternehmen allein die Erschliessung des ökologischen Massenmarktes bewältigen könnten, sondern eher im Sinne einer **Coevolution** von Markt und Politik. Aus Sicht der Unternehmen kommt es darauf an, im Sinne eines **Balanced Mega-Marketing** parallel auf Konsumenten und politische Rahmenbedingungen Einfluss zu nehmen. Eine weitere Besonderheit der Energiebranche ist es, dass die heutigen Anbieter nur zum Teil die zentralen Träger einer Erschliessung von Marktsegmenten jenseits der Nische sein werden. Zwar sprechen einige Faktoren dafür, dass der Umbruch der Branche in der Schweiz nicht über Nacht revolutionäre Züge annehmen wird, doch werden **neue Wettbewerber** mittelfristig eine gewichtige Rolle übernehmen. Wie Erfahrungen aus anderen liberalisierten Märkten, insbesondere den USA, zeigen, können unvorbelastete neu eintretende Anbieter von Ökostrom für einen wesentlichen Teil der Wettbewerbsdynamik nach der Marktöffnung sorgen. Diese Entwicklung wird durch die Erarbeitung einheitlicher Produktstandards und deren Kodifizierung in Form eines **Ökostromlabels** unterstützt. Schliesslich werden Tempo und konkrete Richtung der Entwicklung jenseits der

Öko-Nische auch durch die **technologische Entwicklung** – etwa im Bereich von Brennstoffzellen oder Photovoltaik – beeinflusst.

6   Fazit: (Syn-) Thesen zum Jenseits der Öko-Nische

Im vorliegenden Buch wurde ein konzeptioneller Rahmen für die Analyse einer Entwicklung ökologischer Produkte von der Nische zum Massenmarkt entwickelt, welcher sodann auf die drei Branchen Lebensmittel, Bekleidung und Strom angewandt wurde. Im folgenden werden zentrale Einsichten aus dieser praktischen Anwendung thesenartig zusammengefasst. Dabei wird auf die verschiedenen Ebenen einer Entwicklung von der Öko-Nische zum ökologischen Massenmarkt eingegangen, die in den einzelnen Branchen erfasst wurden. Am Ende steht ein Ausblick, in welchem zudem auf die Dynamik hingewiesen wird, die sich aus dem Zusammenspiel ähnlicher Entwicklungen in verschiedenen Branchen ergeben kann.

Um die Erschliessung von Marktsegmenten jenseits der Nische durch ökologische Produkte analysieren und Gestaltungsempfehlungen ableiten zu können, führten wir eine mehrstufige Analyse durch, deren Grundzüge in Kapitel 2 ausgeführt wurden:

- Mit Hilfe einer **Branchenstrukturanalyse** wurden die ökonomischen Kräfteverhältnisse in den betrachteten Branchen und Trends ihrer weiteren Entwicklung erfasst;

- das Modell des **ökologischen Transformationsprozesses** diente dazu darzustellen, wie das Thema Ökologie seinen Weg von ökologischen Belastungen über die Lenkungssysteme Öffentlichkeit und Politik in den Markt fand.

- Anhand der von uns entwickelten **«Landkarte des ökologischen Massenmarktes»** wurde anschliessend genauer untersucht, was unter der Zielvorstellung eines ökologischen Massenmarktes zu verstehen ist und welche Wege zu diesem Ziel führen können.

- In Form eines **ökologischen Branchenlebenszyklus** und mit Hilfe der Heuristik **«Greening Goliaths vs. Multiplying Davids»** wurde sodann die Entwicklung von der Nische zum Massenmarkt als dynamischer Prozess beschrieben, an dem in unterschiedlichen Phasen unterschiedliche **Akteure** eine tragende Rolle spielen.

- Im letzten Schritt schliesslich wurde der Einfluss von **Unternehmensstrategien** auf die Entwicklung von der Nische zum Massenmarkt diskutiert, indem typisches Nischen-Marketing einem Mega-Marketing jenseits der Nische gegenübergestellt sowie Chancen und Risiken eines Verlassens der Öko-Nische aus der Unternehmensperspektive erörtert wurden.

Die folgenden Ausführungen zeigen wichtige Einsichten aus diesem Vorgehen auf.

6.1 Branchenstrukturanalyse: ökonomische Trends und Kräfteverhältnisse als Hintergrund für eine Entwicklung jenseits der Öko-Nische

Sowohl aus der Sicht von Unternehmen, die mit Öko-Produkten Markterfolg jenseits der Nische anstreben, als auch aus der Perspektive anderer Akteure, die auf eine solche Entwicklung Einfluss nehmen wollen, ist es wichtig, grundlegende Entwicklungen der Branche und ihres Umfeldes zu erkennen und zu verstehen. Im Laufe der Untersuchung der Branchen zeigten sich drei Tendenzen, die hier von besonderer Bedeutung sind und in den folgenden Thesen diskutiert werden: der Trend zu **Marktliberalisierung** und Globalisierung, eine zunehmende **Konzentration** auf verschiedenen Märkten, sowie ein **hybrides Konsumentenverhalten**.

These 1:	**Marktliberalisierung ist weder Segen noch Fluch für die Ökologie – sie verändert jedoch die Spielregeln.**

Der Trend zur Globalisierung der Wirtschaft und zur Liberalisierung der Märkte macht – mit einiger Verzögerung gegenüber anderen Teilen der Welt – auch vor der Schweiz und vor den hier betrachteten Branchen Lebensmittel, Bekleidung und Elektrizität nicht mehr halt. Dabei ergeben sich Unterschiede zwischen den Branchen: Während in der Bekleidungsbranche globale Beschaffungsprozesse seit langem Realität sind, ist die Marktliberalisierung in der Elektrizitäts- und Lebensmittelbranche nach jahrzehntelanger Abschottung der Märkte derzeit ein heiss diskutiertes Tagesthema. Es sind eine Intensivierung des Wettbewerbs und ein verstärktes Einbrechen ausländischer Konkurrenten zu erwarten. Die gängige Vorstellung vom Einfluss dieser Entwicklungen auf die Ökologie ist eher pessimistisch: Wo der Wettbewerbsdruck steigt sowie Kostensenkungen und Shareholder Value im Mittelpunkt des Interesses stehen, scheint für langfristige Anliegen wie Umweltschutz und Nachhaltige Entwicklung wenig Platz zu sein.

Unsere Analysen bestätigen diesen Pessimismus nur zum Teil. Einerseits zeigen Beispiele aus dem Agrar- und Energiebereich, dass die staatliche Subventionierung bestimmter Technologien und Wirtschaftsweisen in einem abgeschotteten Markt ebenfalls zu Verzerrungen mit negativer Umweltbilanz führen kann.[580] Andererseits ist der Paradigmenwechsel in der Wirtschaftspolitik zwar in gewissem Ausmass unumkehrbar, aber durchaus gestaltbar. Die Umweltbilanz des Projektes Marktliberalisierung steht und fällt daher mit der Anpassungsfähigkeit von unternehmerischen und politischen Akteuren an die neuen Spielregeln. So gesehen eröffnet der Wandel neben Risiken auch Chancen, etwa für das Auftreten neuer Wettbewerber, für eine verstärkte Berücksichtigung von Kundenwünschen nach ökologischen Lebensmittel- und Elektrizitätsprodukten, für den Abbau umweltbelastender Subventionen, für eine effizientere umweltpolitische Regulierung durch Ökosteuern usw. Es ist allerdings nicht zu übersehen, dass die Anpassung an die neuen Rahmenbedingungen auch bei den weniger ökologisch motivierten Interessengruppen in vollem Gange ist, so dass wir weniger für einen naiven ökologischen Optimismus als für ein reflektiertes Aufgreifen der sich öffnenden Chancen plädieren.

These 2:	Die Konzentration in den betrachteten Branchen nimmt zu, was Chancen und Risiken für die Ökologie in sich birgt.

Trotz, zum Teil aber auch als Folge der Marktliberalisierung, die eigentlich einen Abbau von Monopolen zum Ziel hat, sind in den betrachteten Branchen beträchtliche Konzentrationstendenzen erkennbar. Dies führt im Extremfall zu einer Dominanz weniger grosser Unternehmen mit hoher Marktmacht («Goliaths»). Wie unten unter 6.4 näher diskutiert wird, haben jedoch «Davids» eine hohe Bedeutung bei der Bildung und Überwindung von ökologischen Marktnischen, so dass mit einer zunehmenden Konzentration erhebliche Risiken verbunden sind. Zwar können einige Anbieter als Antwort auf steigenden Kostendruck die «Flucht nach oben» in die Qualitätsdifferenzierung antreten und somit zu einem gewissen Wachstum des ökologischen Marktsegmentes beitragen, zum anderen ist aber festzustellen, dass eine Beschränkung auf die (ökonomischen) Kern-

---

[580] So wurden die Landwirte jahrzehntelang ohne Berücksichtigung ökologischer Kriterien subventioniert und hatten dadurch keinerlei Anreiz, auf umweltfreundliche Produktionsweisen umzustellen. Die heute ökologisch zumindest ambivalent beurteilte Kernenergie profitierte ebenfalls von staatlicher Unterstützung, etwa in Form von Haftungsobergrenzen für die Versicherung von Störfällen. Noch deutlicher tritt die ökologisch kontraproduktive Wirkung von fehlgeleiteten Subventionen bei der staatlichen Förderung des Kohlebergbaus in verschiedenen europäischen Ländern zu Tage.

kompetenzen zu einer erneuten Marginalisierung ökologischer Aspekte in konzentrierten Märkten führen kann.

Die durch die steigende Konzentration zunehmende (Markt-) Macht einzelner Unternehmen ist ambivalent zu beurteilen. Sie führt dazu, dass die grossen Anbieter ökologische Trends sowohl verhindern als auch entscheidend vorantreiben können. Als positives Beispiel lassen sich in der Lebensmittel- und Textilbranche die Lancierung der Öko-Programme Coop-Naturaplan und -Naturaline bzw. M Bio, M Sano und M Eco anführen. In der Energiebranche ist vorstellbar, dass der kapitalintensive Einstieg in die Massenproduktion von Photovoltaik-Modulen von mächtigen Energiekonzernen wie Shell und BP vorangetrieben wird. Ebenso gut ist vorstellbar, dass diese Unternehmen in bezug auf Ökologie lediglich eine defensive Marktabsicherungsstrategie verfolgen und damit eine Ausbreitung ökologischer Produkte in den Massenmarkt gerade behindern. Wunschträume von einer automatischen Ökologisierung durch mächtige «Global Players» sind demnach nicht angebracht, ebenso wenig wollen wir jedoch die Position vertreten, eine Neuorientierung von Goliaths sei a priori ausgeschlossen. Eine mögliche Neuorientierung kann verstärkt werden durch Faktoren wie die stärkere ökologische Exponiertheit grosser Unternehmen und daraus resultierende Angriffsmöglichkeiten global agierender NGOs, durch deutliche Signale der Politik, sowie durch ökonomische Anreize, wie sie aus einem veränderten Verhalten von Konsumenten und Investoren resultieren können.

| **These 3:** | **«Sowohl als auch» statt «entweder oder»: Das hybride Kaufverhalten hat Konsequenzen für die Vermarktung ökologischer Produkte jenseits der Nische.** |

Das Konsumverhalten ist Ende der 90er Jahre von zunehmender Heterogenität und Widersprüchlichkeit gekennzeichnet. Es ist eine fortschreitende **Individualisierung** der Konsumenten festzustellen, die Selbstverwirklichung zur dominanten Zielgrösse des Konsums werden lässt. Doch damit nicht genug, der **hybride Konsument**, mit seinen diametral entgegengesetzt erscheinenden Einstellungen und Verhaltensweisen stellt für das unternehmerische Marketing eine schwierige Aufgabe dar.[581]

---

[581]   Vgl. Blickhäuser/Gries 1989, S. 6 f.

Empirische Belege für diese Konsumtrends lassen sich Ende der 90er Jahre insbesondere in der Textil- und in der Lebensmittelbranche finden. In der Textilbranche verlieren Segmentierungsmodelle, welche auf Einkommens- oder sozialen Klassen gründen, an Aussagekraft. Hybride Konsumenten jeder Klasse tragen sowohl Markenkleider aus der Boutique wie auch No-Name-Produkte aus dem Warenhaus – unter Umständen auch gleichzeitig, wenn dadurch die eigene Individualität besser zum Ausdruck gebracht werden kann. In der Lebensmittelbranche zeichnet sich eine Polarisierung des Angebotes ab. Durch das ambivalente Wesen des hybriden Konsumenten, der sowohl Qualitätsartikel als auch Tiefpreisware konsumiert, wird das traditionelle Mittelsegment zurückgedrängt, «weil es langweilig und wenig profiliert ist».[582] Der klassische Joghurt wird verdrängt durch Functional Food auf der einen und pfandglas-verpackten Bio-Joghurt auf der anderen Seite. Migros hat im Lebensmittelbereich zugleich Erfolg mit Discount- («M Budget») und Bio-Produkten («M Bio»). Der hybride Konsument ist sehr wohl besorgt um den Zustand der Natur (Kauf von Bio-Produkten), will aber auch auf eine bequeme Zubereitung nicht verzichten (Convenience Produkte). Als Folge hiervon verzeichnen «hybride Produkte», welche den Spagat zwischen scheinbar unvereinbaren Produkteigenschaften wagen und dadurch mehr als ein Bedürfnis ansprechen, steigende Marktanteile, z.B. bereits gewaschene und in kleine Portionen abgepackte Bio-Salate oder Fertigpizza aus der Tiefkühltruhe mit Bio-Teig. In der monopolistischen Elektrizitätsbranche konnte sich das hybride Kaufverhalten bislang nicht entfalten, doch ist vorstellbar, dass diejenigen, die heute einen kleinen Teil ihres Energiebudgets für teuren Solarstrom aufwenden, dies künftig durchaus mit preisorientierten Kaufentscheidungen für den Rest ihres Strombedarfs kombinieren.

Als Ergebnis verliert die klassische Zweiteilung in umweltbewusste und nicht-umweltbewusste Konsumenten an Bedeutung. Jenseits der Nische ist ein breites Segment **situativ umweltaktivierbarer Konsumenten** anzutreffen, die keine prinzipiellen Berührungsängste mit dem Thema Ökologie haben, die aber Abwechslung und die Befriedigung weiterer Bedürfnisse bei ihrer Kaufentscheidung mindestens ebenso hoch gewichten.

---

[582]   Doebeli 1992, S. 12 f.

6.2 Der ökologische Transformationsprozess: Zusammenhänge zwischen dem Branchengeschehen und den Lenkungssystemen Politik und Öffentlichkeit

Ökologie ist nur bedingt ein Thema, welches aufgrund einer inhärenten ökonomischen Logik den Weg auf die Agenda der Marktakteure findet. Weil die Kosten von Umweltschäden häufig nicht von den Verursachern zu tragen sind (nicht-internalisierte externe Kosten), und weil umgekehrt der Nutzen ökologischer Produkte nur zum Teil unmittelbar beim Käufer wirksam wird (sozialer Nutzen), ist die Diffusion ökologischer Produkte jenseits der Nische kein Selbstläufer (Anreizdilemma). Unternehmerisches Öko-Marketing kann einen Beitrag zur Überwindung dieses Dilemmas leisten, muss jedoch ergänzt werden um Anstösse aus den Lenkungssystemen Politik und Öffentlichkeit, damit ein tragfähiger ökologischer Transformationsprozess in Gang kommt.

> **These 4:** **Eine Entwicklung von der Öko-Nische zum ökologischen Massenmarkt setzt einen Wechselwirkungsprozess zwischen politischen Rahmenbedingungen und Strategien von Marktakteuren voraus (Coevolution von Markt und Politik).**

Im vorliegenden Buch haben wir versucht aufzuzeigen, wie Unternehmen durch gutes Marketing zu einer ökologischen Markttransformation beitragen können. Ein Teil des Misserfolgs ökologischer Produkte jenseits der Nische wäre zu beheben, wenn sich die **Anbieter professionellen Marketingmethoden** öffnen. Hieraus zu folgern, dass im gleichen Ausmasse politisches Handeln überflüssig würde, ist jedoch falsch. Die Externalitäten im Zusammenhang mit ökologischen Produkten, bzw. umgekehrt die Eigenschaft, dass ihr Nutzen nur zum Teil individualisierbar ist, führen dazu, dass auch mit ausgeklügelten Marketingkampagnen die Nachfrage nach ökologischen Produkten nicht ohne politisches Eingreifen auf das gesellschaftlich wünschbare Mass gesteigert werden kann. Somit ist davon auszugehen, dass eine Transformation ökologischer Belastungen in **öffentlichen und politischen Druck auch künftig** eine wesentliche Voraussetzung für den Markterfolg ökologischer Produkte sein wird. Ebenso essentiell ist es jedoch, dass dieser Druck auf dem Markt ein Echo findet, indem einerseits Unternehmen innovative ökologische Leistungsangebote konzipieren und vermarkten, andererseits Konsumenten der verbalen Einsicht in ökologische Notwendigkeiten Taten folgen lassen – mithin ist der Erfolg von Öko-Marketern und Umweltpolitik eng verzahnt. Weder rein marktbezogene Strategien noch der bedingungslose Ruf nach der Politik sind zielführend, der Ausbruch aus der Öko-Nische bedingt ein **Zusammenwirken innovativer Kräfte in Unternehmen und Politik**.

Die Rolle der Unternehmen kann dabei einerseits darin bestehen, den Praxisbeweis für die Machbarkeit ökologischer Markttransformation zu liefern, andererseits in einer aktiven Wahrnehmung ihrer Fähigkeit zur politischen Mitgestaltung, etwa im Eintreten für eine ökologische Steuerreform – mit anderen Worten in der Ausweitung auf einen Mega-Marketing-Mix (6 P). Der Politik obliegt es, einen Konsens über klare Zielsetzungen herbeizuführen und gegenüber der Wirtschaft einen glaubwürdigen Mix aus Flexibilität auf der instrumentellen Ebene und Führungsstärke auf der Zielebene an den Tag zu legen.

Die Bedeutung der Politik für die ökologische Transformation in den betrachteten Branchen variiert. In den traditionell stark staatlich regulierten Bereichen Lebensmittel (Landwirtschaft) und Elektrizität ist sie höher als in der Textilbranche, die durch ihre Heterogenität und internationale Ausrichtung staatlichen Eingriffen weniger zugänglich ist. Mit der bevorstehenden Liberalisierung in der Lebensmittel- und Elektrizitätsbranche wird die Bedeutung klassischer staatlicher Steuerung auch in diesen Sektoren zurückgehen. Dies könnte zu Rückschlägen für die ökologische Transformation führen, wenn es nicht gelingt, zugleich eine Modernisierung staatlicher Umweltpolitik einzuleiten, die vom Leitbild eines **polyzentrischen Politikverständnisses** getragen ist,[583] also berücksichtigt, dass politisches Handeln nicht nur in traditionellen Institutionen, sondern in einer Vielzahl von Akteurnetzen auf allen Ebenen stattfindet. In gewissem Ausmass haben es die Konsumenten in der Hand, durch verantwortungsvollen Einsatz ihrer neu gewonnen Wahlfreiheit dafür zu sorgen, aus dieser Gefahr eine Chance zu machen. Ein Element einer modernisierten, polyzentrischen Umweltpolitik, welches zugleich den Konsumenten die Wahrnehmung ihrer Rolle in liberalisierten Märkten erleichtert, ist das Ökolabelling, welches im folgenden thematisiert wird.

---

[583] vgl. Minsch et al. 1998, Jegen/Wüstenhagen 1999.

These 5:	Die Existenz eines allgemein anerkannten Labels/Standards begünstigt den Ausbreitungsprozess ökologischer Produkte.

Die Ausführungen in den jeweiligen Branchenkapiteln unterstützen die These, dass Ökolabels einen positiven Einfluss auf den Diffusionsprozess von ökologischen Produkten haben können. Sie können Verbraucher mit Informationen über die relative Umweltfreundlichkeit eines Produktes versorgen und sie somit zu einem umweltfreundlicheren Kaufverhalten anleiten.[584] Indizien hierfür sind das schweizerische Knospenlabel für Lebensmittelprodukte aus biologischem Anbau, der europäische Öko-Tex Standard 100 für Textilien oder das schwedische Ökostrom-Label Brå Miljöval, die im Laufe der Zeit signifikante Marktanteile erzielen konnten. Ökolabels:

- fungieren als **Orientierungshilfe** und als Signal. Sie reduzieren Unsicherheit und Verwirrung auf Seiten der Konsumenten.
- können **Glaubwürdigkeit** erzeugen und transportieren. Damit wandeln sie die Vertrauenseigenschaft ökologischer Erzeugnisse in eine quasi-Sucheigenschaft um.[585]
- bilden auf Seiten der Unternehmen einen **Referenzrahmen** für eine ökologische **Produktpolitik**.

Ökolabels initiieren jedoch nicht in jedem Fall ökologisch-strukturelle Veränderungen in der Wirtschaft. Damit der Ausbreitungsprozess ökologischer Produkte tatsächlich beschleunigt wird, muss die **Anzahl** der im Markt lancierten Labels eng **begrenzt** bleiben. Andernfalls steigt für die Verbraucher erneut die Unübersichtlichkeit. Weiterhin gilt es, die konfliktäre Beziehung von hohem ökologischem Anspruch des Labels und breiter Unternehmensbeteiligung optimal aufzulösen. Eine Beeinflussung des Wettbewerbs durch Ökolabels setzt voraus, dass das Einstiegsniveau von einer kritischen Masse einflussreicher Unternehmen der Branche mitgetragen wird. So wurde das Knospenlabel massgeblich von der Nr. 2 im schweizerischen Lebensmittelhandel, Coop, unterstützt, der Öko-Tex Standard 100 findet breite Zustimmung bei nationalen Textilverbänden, und das schweizerische Ökostrom-Label wird aktuell mit zentralen Akteuren und Stakeholdern der Elektrizitätsbranche entwickelt. Die Schaffung und Gestaltung von Ökolabels, die im Massenmarkt Wirkung entfalten, ist somit mehr als ein reiner ökologisch-

---

[584]   Vgl. Salzman 1997, S. 12

[585]   vgl. oben 2.5.1

technischer Optimierungsprozess. Es ist ein multidimensionaler Prozess, in dem ökologische, ökonomische und machtpolitische Aspekte konsensual und kooperativ miteinander zu verzahnen sind. Dass die politische Komponente in diesem Prozess nur selten von klassischen staatlichen Institutionen vertreten wird, sondern Labels in der Regel von Netzwerken aus Branchenakteuren und NGOs geschaffen und gestaltet werden, verdeutlicht ihren Charakter als Elemente einer **polyzentrischen Umweltpolitik**.

6.3 Die «Landkarte des ökologischen Massenmarktes»: Das Ziel einer Entwicklung jenseits der Nische und die Wege dorthin

Ein konzeptionelles Kernstück unserer Analyse ist die «Landkarte des ökologischen Massenmarktes», in welcher wir den Ausgangspunkt (ökologisch-ökonomischer Ist-Zustand der Branche) und das Ziel einer Entwicklung von der Öko-Nische zum ökologischen Massenmarkt visualisiert und denkbare Wege zum Ziel aufgezeigt haben.

These 6:	Das Ziel einer Entwicklung jenseits der Öko-Nische, der ökologische Massenmarkt, ist als zweidimensionales Konstrukt mit den Dimensionen «ökologische (Produkt-) Qualität» und «Marktanteil» zu interpretieren. Ansatzpunkte zur Zielerreichung lassen sich in allen Segmenten, nicht nur bei klassischen Öko-Produkten finden.

Die Formulierung eines wünschenswerten Ziels der Entwicklung «jenseits der Öko-Nische» ist letztlich eine normative Fragestellung und somit von uns nicht allgemeingültig beantwortbar. Die Gesellschaft muss zu einer Aussage darüber kommen, welchen (ökologischen) Massenmarkt sie für anstrebenswert erachtet. Unser Beitrag ist es jedoch, zu einem differenzierten Verständnis dieses Konstruktes beizutragen. Demnach ist es wenig realistisch, den «ökologischen Massenmarkt» allein als Zustand mit einem hohen Marktanteil von Öko-Produkten zu betrachten – seien es nun 20, 50 oder 100 %. Der ökologische Massenmarkt ist vielmehr als zweidimensionales Konstrukt zu verstehen, dessen Dimensionen einerseits der Marktanteil, andererseits die relative ökologische Qualität der Produkte sind. Zielvorstellung ist es, die absolute Umweltbelastung zu reduzieren, die von den Produkten des jeweiligen Marktes ausgeht. Ansatzpunkte hierfür finden sich in beiden Dimensionen, also neben einer Steigerung des Marktanteils von

Öko-Produkten auch bei der Anhebung ökologischer Qualitätsstandards in Massen-
marktsegmenten, und schliesslich auch in einer Senkung des gesamten Marktvolumens
(Suffizienz, Sustainable Shrinking).

Die in unserer Operationalisierung des Konstrukts «ökologischer Massenmarkt» zum
Ausdruck kommende Zweidimensionalität sensibilisiert dafür, dass auf den Märkten ein
Spektrum verschiedener Produktsegmente mit unterschiedlicher ökologischer Qualität
anzutreffen ist. Wenngleich es sich bei diesem Spektrum genau genommen um ein Kon-
tinuum handelt, so zeigte sich in den betrachteten Branchen, dass eine Einteilung in **drei
bis vier Produktsegmente** ebenso zweckmässig wie realistisch ist. In der Lebensmittelbranche können nach der Anbauweise Bio-, IP- und konventionelle Produkte unterschieden werden, in der Bekleidungsbranche ist zwischen Öko-Textilien und konventionellen Textilien ein unteres (Öko-Tex Standard 100) und ein oberes Mittelfeld (Öko-
Tex 100 plus produktionsökologische Optimierung) zu identifizieren, und in der
Schweizer Elektrizitätsbranche sind neben einem kleinen Segment neuer erneuerbarer
Energien grosse (Mittel-) Segmente mit Wasserkraft und Kernenergie sowie am Ende
der ökologischen Qualitätsskala ein kleiner Anteil Strom aus fossilen Energieträgern anzutreffen. In all diesen Produktsegmenten bestehen somit Potentiale zur Steigerung der
ökologischen Qualität. Sowohl in den oberen als auch in den mittleren Segmenten kann
durch eine Marktanteilsausweitung zulasten umweltbelastenderer Produktvarianten eine
Umweltentlastung erreicht werden.

These 7:   **Produktpolitische Strategien, die im Mittelsegment ansetzen, haben in
statischer Perspektive ein sehr grosses Potential zur Erreichung des
ökologischen Massenmarktes. Die langfristigen dynamischen Wirkungen solcher Strategien sind allerdings schwer abschätzbar.**

Aus der Landkarten-Heuristik mit der entsprechenden Produkt-Kategorisierung konnten
sechs unterschiedliche **Entwicklungspfade** zum ökologischen Massenmarkt abgeleitet
werden (Eco-Growth, Upgrading Conventionals, Enlarging the Middle, Upgrading the
Middle, Eco Plus und Sustainable Shrinking). Analog zur Feststellung, dass ein hoher
Marktanteil von Öko-Produkten zwar eine, aber nicht die einzig mögliche Operationalisierung des **Ziels** «ökologischer Massenmarkt» ist, so ergibt sich hieraus eine Vielfalt
von **Wegen zum Ziel**.

Auf den ersten Blick wird deutlich, dass das Potential für **Mittel-Strategien** beachtlich ist, weil aufgrund des hohen Marktanteiles der mittleren Segmente in allen betrachteten Branchen schon kleine ökologische Verbesserungen grosse Breitenwirkung zeigen. Konkret bedeutet dies, dass Marktanteils- oder ökologische Qualitätssteigerungen bei IP-Lebensmitteln, Ökotex 100-Textilien oder Strom aus Wasserkraft im Vergleich zu einer verstärkten Diffusion der jeweiligen Öko-Premium-Produkte – zumindest in statischer bzw. kurzfristiger Perspektive – als naheliegendere Varianten einer Ökologisierung des Massenmarktes erscheinen. Dabei ist jedoch zu beachten, dass die Entwicklungspfade unterschiedliche Attraktivität aus Sicht verschiedener Akteure haben. So liegt Eco-Growth, die Marktanteilssteigerung von Öko-Produkten, im ökonomischen Eigeninteresse der Anbieter, während Upgrading the Middle, eine Qualitätssteigerung im Mittelsegment, nicht unmittelbar einer Marktlogik entspringt und somit **externer Anreize** (z.B. gesetzliche Mindestanforderungen, Labels zur leichteren Kommunizierbarkeit) bedarf. Zudem ist zu beachten, dass es sich bei der Entwicklung von der Öko-Nische zum ökologischen Massenmarkt nicht lediglich um das Problem der effizienten Erreichung eines allseits geteilten Ziels handelt, sondern dass die Akzeptanz des Ziels selbst Gegenstand von Lernprozessen ist, die durch Vermarktung und Konsum von «High End» Ökoprodukten möglicherweise stärker gefördert werden als durch pragmatisch optimierte, aber wenig greifbare Kompromissprodukte. Insofern ist wohl auch auf der Produktebene festzustellen, dass die **Koexistenz** beider Pfade die nachhaltigere Variante im Vergleich zur einseitigen Favorisierung eines der beiden ist.

6.4 «Ökologischer Branchenlebenszyklus»: Die Rolle von Davids und Goliaths im Zeitablauf

Unterschiedliche Akteure können in unterschiedlichen Phasen spezifische Beiträge für den Markterfolg ökologischer Produkte jenseits der Nische leisten. Gemäss der betriebswirtschaftlichen Ausrichtung unserer Arbeit haben wir uns bei der Konkretisierung dieser Einsicht auf **Unternehmen** als Anbieter konzentriert.[586] Wir unterscheiden dabei Davids und Goliaths, wobei wir einerseits auf die Grösse, andererseits aber auch auf die

---

[586] Vgl. jedoch für die Beiträge von Akteuren ausserhalb der Branche die obigen Ausführungen zur Rolle von Politik und Öffentlichkeit im ökologischen Transformationsprozess

im einen Fall primär ökologische, im anderen Fall primär ökonomische Zielsetzung der Organisationen Bezug nehmen. Die entsprechenden Entwicklungspfade benennen wir **«Multiplying Davids»** und **«Greening Goliaths»** (vgl. Kapitel 2.3.1). In Form eines **ökologischen Branchenlebenszyklus** haben wir versucht aufzuzeigen, welches die spezifischen Beiträge sind, die Davids und Goliaths in verschiedenen Phasen der Entwicklung leisten können.

These 8: **Innovative Davids bereiten in der Nische das Feld für einen späteren Massenmarktdurchbruch der Goliaths.**

In Kapitel 2.3.1 wurde auf die besondere Bedeutung kleiner Pionierunternehmen («**Davids**») hingewiesen. Diese innovativen, häufig auch idealistisch motivierten Davids, welche als eigentliche **Urheber der Öko-Nische** angesehen werden können, gaben den **Anstoss** für die Entwicklung des ökologischen Wettbewerbs in den betrachteten Branchen. Sie haben eine explizit ökologische Zielsetzung, experimentieren jenseits eines kurzfristigen ökonomischen Erfolgszwangs mit neuen Konzepten und Methoden und haben keine Berührungsängste vor «ungewöhnlichen» sozialen oder technologischen Innovationen. Beispiele für solche Innovationen, deren Träger in einer Anfangsphase als Aussenseiter belächelt wurden, die jedoch heute dabei sind, die Schwelle zum Massenmarkt zu überschreiten, sind die Entwicklung von Naturfarbstoffen, der biologische Landbau oder die Nutzung der Windenergie zur Stromerzeugung. Bei den genannten Beispielen aus der Bekleidungs-, Lebensmittel- und Strombranche haben die Davids damit den Weg dafür bereitet, dass grosse Unternehmen («**Goliaths**») mit ihren Distributionsstrukturen, ihrer Finanzkraft und ihrer Fähigkeit zur Ausnutzung von Economies of Scale massenmarktgängige Ökoprodukte anbieten können. Und weitere Schritte in dieser **Coevolutions-Spirale** sind bereits erkennbar. So hat sich die Forderung nach dem Angebot gentechnisch unveränderter Lebensmittel von der nicht-salonfähigen Extremposition einiger Bioläden zum offiziellen Standpunkt einer Kooperation sieben namhafter europäischer Handelskonzerne gemausert. Und im Bereich Elektrizität schikken sich die grossen Mineralölfirmen an, den bisher von Ingenieurbüros und ehrenamtlichen Selbstbau-Initiativen dominierten Markt für Solaranlagen aufzurollen.

> **These 9:** **Nachdem Goliaths ökologische Innovationen massenmarktfähig gemacht haben, kommt Davids weiterhin eine wichtige Rolle bei der Aufrechterhaltung der ökologischen Dynamik zu. Daher kann es für die Politik sinnvoll sein, diesen Akteuren gezielte Unterstützung zukommen zu lassen.**

Mit der erfolgreichen Vermarktung von ökologischen Innovationen im Massenmarkt durch die Goliaths werden Davids nicht einfach überflüssig, sondern behalten auch in späteren Phasen des ökologischen Branchenlebenszyklus eine wichtige Funktion. Diese kann zum einen darin liegen, ständig neue Nischen zu erschliessen und damit die **ökologische Innovationsspirale in Gang** zu halten, zum anderen wirken sie aber auch als unerlässlicher **«Stachel im Fleisch»** der Goliaths und sorgen so ein Stück weit für ein Machtgleichgewicht. Indem sie aktiv demonstrieren, wie best ecological practices aussehen können und wo die Aktivität der Branche nach wie vor zu hohen Umweltbelastungen führt, wirken sie der Tendenz der Goliaths entgegen, einmal gefundene Lösungen mit vergleichsweise hohen Investitionen zu reproduzieren und somit zu einer gewissen **Verkrustung** zu neigen.

In der Strom- und Bekleidungsbranche können Davids in vielerlei Hinsicht weiterhin für «best practices» sorgen und jenseits etablierter Standards neue Wege gehen. So könnten im Energiebereich experimentierfreudige Pionier-Davids wichtige Träger der Entwicklung von dezentralen Energiesystemen werden, weil sie unbelastet von heutigen Strukturen, etablierten Technologien und *sunk costs* neue Wege gehen. In der Bekleidungsbranche bestehen weitreichende ökologische Optimierungspotentiale in der Veredlung, in der Produktion synthetischer Fasern oder im wettbewerbsfähigen Biofaseranbau. In der Lebensmittelbranche sind technologische Optimierungspotentiale auf Stufe Landwirtschaft mit dem biologischen Anbau weitgehend ausgereizt, innovativen Davids bleibt jedoch der Weg, auf anderen Stufen der Wertschöpfungskette für ökologische Verbesserungen zu sorgen oder sich sozialen Innovationen zu widmen – seien es Impulse zu einer weiteren Verbreitung fleischarmer Ernährung, die Entwicklung ökologisch und sozial orientierter Quartiersküchen zur Senkung des Energieverbrauchs bei der Mahlzeitenzubereitung und zur Wiederbelebung gemeinschaftlicher Werte oder das Lancieren eines Velokurier-Service, der per Internet bestellte Bio-Sandwiches ausliefert.

Die **Rolle der Politik** kann in einer gezielten Unterstützung von Davids liegen, etwa durch die Bereitstellung von Venture Capital, öffentlichkeitswirksame Auszeichnungen, die Förderung von Innovationswerkstätten oder ein wirksames Kartellrecht.

6.5 Unternehmensstrategien: Aspekte eines erfolgreichen Mega-Marketing jenseits der Nische

Nachdem wir verschiedene Aspekte einer Entwicklung von der Öko-Nische zum Massenmarkt analysiert haben, welche eine Branchen- oder sogar branchenübergreifende Ebene betrafen, widmeten wir uns schliesslich der Frage, welche Auswirkungen die **(Marketing-) Strategien von Unternehmen** auf die Reproduktion bzw. Überwindung der Nische haben. Dabei stellten wir bewusst pointiert das typische Nischen-Marketing Ansätzen eines Mega-Marketing jenseits der Nische gegenüber. Es zeigte sich, dass die Erschliessung weiterer Kundensegmente jenseits der umweltaktiven Nischenkäufer professionelles Marketing-Know How erfordert. Das heutige Öko-Marketing in der Nische wird von Öko-Pionieren für Öko-Konsumenten gemacht. Es ist hingegen wenig geeignet, Zielgruppen jenseits der Nische anzusprechen und leistet somit nicht zuletzt auch einen aktiven Beitrag zur Reproduktion der Nische mit ihren Begrenzungen. Aus dem in den Branchenkapiteln ausführlich geschilderten Mega-Marketing-Mix jenseits der Nische möchten wir an dieser Stelle exemplarisch die Elemente Price, Promotion und Politics herausgreifen, ehe wir schliesslich auf die Absturzgefahr beim Verlassen der Nische aufmerksam machen.

These 10:	**Preise für Öko-Produkte jenseits der Nische müssen tendenziell zwischen den heutigen Öko-Nischen-Produkten und konventionellen Massenmarktprodukten liegen. Noch erfolgreicher ist eine kundenspezifisch differenzierte Preisstrategie.**

Eines der Ausbreitungshemmnisse für ökologische Produkte jenseits der Nische ist ihr hoher Preis. Während Konsumenten in der Öko-Nische bereit sind, diesen Preis für die höhere Umweltverträglichkeit der Produkte zu bezahlen, und ein zu niedriger Preis bei ihnen sogar Zweifel an der Qualität bzw. an der Glaubwürdigkeit der behaupteten ökologischen Produkteigenschaften wecken würde, zeichnen sich Konsumenten jenseits der

Nische (Umweltaktivierbare) durch andere Prioritätensetzung aus. Sie sind nicht grundsätzlich abgeneigt, umweltverträgliche Produkte zu kaufen, ihre **Zahlungsbereitschaft** unterliegt aber engeren **Grenzen**. Wir haben diese Zusammenhänge nicht ausführlich quantitativ untersucht, aber eine exemplarische Gegenüberstellung von Ökostrom und zwei Bio-Milchprodukten, nämlich Joghurt und pasteurisierte Milch, in bezug auf durchschnittlichen Aufpreis und erreichten Marktanteil in der Schweiz deutet an, dass ein gewisser Zusammenhang zwischen Preis und Absatz besteht (vgl.Abb. 57).

Die Konsequenz für das Pricing liegt darin, einen **moderaten**, aber – wegen der Funktion des Preises als Qualitätssignal – immer noch vorhandenen **Aufpreis** anzupeilen. Eine preisliche Differenzierung des Öko-Segmentes ermöglicht es dem Unternehmen, beide Kundengruppen zufriedenzustellen und dabei höhere Erträge zu erzielen als mit einem einheitlichen Preis.

Anzumerken ist, dass diese Überlegungen für den Fall Gültigkeit besitzen, dass parallel zu einem konventionellen Produkt eine ökologische Produktvariante eingeführt wird. Wenn es jedoch gelingt, durch weitreichende ökologische Innovationen in der Wahrnehmung des Kunden eine völlig neue Produkt- oder Dienstleistungskategorie zu eröffnen, so wird das Pricing **von bestehenden Preisstrukturen** weitgehend **unabhängig**. Damit kann eine weiterreichende Zahlungsbereitschaft bei den Konsumenten für eine ökologische optimierte Problemlösung aus Produkt und Dienstleistung aktiviert werden, die nicht mehr mit den bestehenden Angeboten konkurriert.

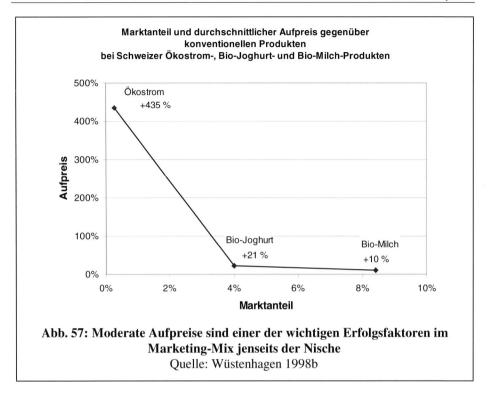

Abb. 57: Moderate Aufpreise sind einer der wichtigen Erfolgsfaktoren im Marketing-Mix jenseits der Nische
Quelle: Wüstenhagen 1998b

Umgekehrt können aber mit weitreichenden ökologischen Innovationen auch Niedrigpreisstrategien realisiert werden, wenn es gelingt, auf der Kostenseite sprunghafte Verbesserungen zu erzielen. Die Folge kann sein, dass ökologisch überlegene Produkte mit wesentlich geringeren Herstellungskosten zu einem günstigen Preis angeboten werden (Amory Lovins spricht hier von «**Tunneling through the Cost Barrier** – Making Big Savings cheaper than Small Savings»[587]).

---

[587]   Lovins 1999, S. 15

These 11: **Klassische «Müsli-Images» und Verzichtsbotschaften sind erfolgreich im Nischen-Marketing. Jenseits der Nische ist die Kommunikation optimistischer, lebensbejahender Zukunftsbilder erfolgversprechender. Eine wichtige Funktion der Kommunikation liegt in der Individualisierung des sozialen Nutzens von ökologischen Produkten.**

Es ist wichtig zu erkennen, dass der Preis zwar ein wichtiges, aber gewiss nicht das einzige Kriterium beim Kauf von ökologischen Produkten jenseits der Nische ist – schliesslich werden auch konventionelle Produkte nicht ausschliesslich bei Discountern eingekauft. Entscheidend ist ein umfassender, auf die Zielgruppen jenseits der Nische **zugeschnittener Marketing-Mix**, der unter anderem auch auf eine geeignete Kommunikation setzt.

Während Kunden in der Öko-Nische aus Überzeugung ökologisch einkaufen, und daher intensiver Marketing-Kommunikation eher mit Misstrauen begegnen, will der Kunde jenseits der Nische ein **vielschichtigeres Bedürfnisprofil** erfüllt sehen, was auch entsprechend kommuniziert werden muss. Ein Beispiel aus der Bekleidungsbranche: In der Nische mag ein «Sack-und-Asche-Look» ein nicht zu unterschätzendes Identifikationsmerkmal sein, jenseits der Nische will der Konsument auch (und in erster Linie) schön sein und ist daher beispielsweise für lustbetonte und erotische Images eher aufgeschlossen, was ökologische Produkteigenschaften ja nicht ausschliesst. Bei der konkreten Gestaltung der Kommunikationsbotschaft stellen sich somit zwei Fragen: Wie stark soll die Ökologie im Verhältnis zu anderen Produkteigenschaften betont werden, und welche anderen Attribute sind bei einer lediglich flankierenden Kommunikation der ökologischen Eigenschaften in den Vordergrund zu rücken? Hier ist bestenfalls eine branchenspezifische Antwort möglich. Für den Lebensmittelbereich mag der Hinweis auf gesundheitliche und geschmackliche Überlegenheit von ökologischen Produkten angebracht sein, in der Strombranche könnte eher mit Attributen wie «modern» oder «zukunftsorientiert» auf den notwendigen Ausbau neuer erneuerbarer Energien hingewiesen werden.

Diesen Überlegungen liegt die Erkenntnis zugrunde, dass eine wichtige Aufgabe der Kommunikation ein Beitrag zur **Individualisierung des sozialen Nutzens** ökologischer Produkte ist. Diese Herausforderung stellt sich umso dringender, je weniger individuellen Nutzen das (Kern-)Produkt an sich stiftet, mithin also in der Elektrizitätsbranche stärker als etwa in der Lebensmittel- oder Bekleidungsbranche.

These 12:	Jenseits der Nische erfolgreiches Öko-Marketing erkennt die Bedeutung der Lenkungssysteme Öffentlichkeit und Politik für die ökologische Transformation und betrachtet deren aktive Mitgestaltung als unverzichtbaren Bestandteil ihres Mega-Marketing-Mix

Der Bogen unserer Argumentation schliesst sich, wenn wir darauf hinweisen, dass nicht nur – wie eingangs festgestellt – von den Lenkungssystemen Öffentlichkeit und Politik wichtige Impulse auf die Unternehmen als Träger einer Entwicklung von der Öko-Nische zum Massenmarkt ausgehen, sondern dass auch umgekehrt die aktive Mitgestaltung von öffentlicher Meinung und politischen Rahmenbedingungen ein zentraler Bestandteil des Mega-Marketing-Mix von Unternehmen ist, die jenseits der Nische mit ökologischen Produkten erfolgreich sein wollen. Unsere Branchenanalysen zeigen, dass erfolgreiche Massenmarkt-Pioniere dies erkannt haben. Beispiele sind das Eintreten von Coop für strenge Anforderungen an ökologische Lebensmittel bei der Erarbeitung der Bio-Verordnung durch den Gesetzgeber, das Mitwirken des Solarstrom-Pioniers EWZ bei der Entwicklung eines einheitlichen Labels für Ökostrom oder die öffentliche Stellungnahme von Mitgliedsfirmen der öbu zugunsten einer aufkommensneutralen Ökologischen Steuerreform. Auch hier gilt jedoch das oben Gesagte: Der Ruf nach der Politik ist kein adäquater Ersatz für innovatives unternehmerisches Handeln, eine reine Marktfokussierung wird hingegen den spezifischen Merkmalen und Begrenzungen ökologischer Produkte nicht gerecht – besondere Chancen eröffnen sich durch ein Zusammenwirken innovativer Akteure in Markt und Politik.

These 13:	Der Übergang vom Diesseits zum Jenseits der Öko-Nische beinhaltet eine reale Absturzgefahr. Insofern ist das Anstreben des ökologischen Massenmarktes nicht im Eigeninteresse vieler heutiger Akteure – sowohl die Nische als auch der konventionelle Massenmarkt weisen Züge eines autopoietischen Zirkels auf.

Wir haben versucht aufzuzeigen, dass die Durchdringung des Massenmarktes mit ökologischen Problemen eine komplexere Aufgabenstellung ist als die blosse Ausweitung des Marktanteils bestehender Produkte um ein paar Prozent. Von welcher Seite man sich dieser Aufgabenstellung auch nähert, sei es als bestehender Öko-Nischen-Anbieter oder als Massenmarkt-Anbieter mit konventionellem Profil – stets besteht die Gefahr, das Ziel zu verfehlen und anschliessend **zwischen allen Stühlen** zu sitzen. Für Nischenanbieter ist es durchaus rational, in der Nestwärme der Nische zu verharren, und auch für Massenmarktanbieter ist es einfacher, Ökologie als Nischengeschäft mit attraktiven Margen zu betreiben als ökologische Angebote zu konzipieren, die über die Nische hinaus erfolgreich sind. Ein wesentlicher Grund für die Schwierigkeiten der Nischenüberwindung wird zudem deutlich, wenn man in diffusionstheoretischer Perspektive einen Blick auf die Konsumenten als potentielle Adaptoren ökologischer Innovationen wirft. Anders als im lehrbuchmässigen Diffusionsprozess fungieren die umweltaktiven Pioniere hier gerade nicht als Diffusionsagenten, an denen sich die (umweltaktivierbaren) frühen Folger orientieren, sondern es klafft vielmehr eine Lücke zwischen diesen Konsumentenschichten, oder wie es *Bodenstein et al.* formulieren: «Die Öko-Pioniere leben gleichsam in einem Kokon, der sie nach aussen abschottet, so dass weder ihre potentielle Meinungsführerschaft noch ihr Vorbildverhalten sozial wirksam werden (können).»[588]

Mit «Multiplying Davids» und «Greening Goliaths» haben wir zwei Pfade aufgezeigt, auf denen verschiedene Anbieter zu einer Überwindung der Nische beitragen könnten. Um diese Pfade tatsächlich erfolgreich einzuschlagen, bedarf es neben eines professionellen Marketing und geeigneter politischer Rahmenbedingungen jedoch vor allem eines: Den **expliziten Willen**, jenseits der Nische ökologische Produkte zu vermarkten. Die **Motivation** der Beteiligten wird so zur unverzichtbaren Ressource für das Erreichen des unkonventionellen Ziels ökologischer Massenmarkt.

---

[588] vgl. Bodenstein et al. 1998, S. 43 f. Begründet wird diese Einschätzung mit der Tatsache, dass der informierte Öko-Innovator seinem Umfeld nicht nur erfreuliche Nachrichten aus der alternativen Produktwelt vermittelt, sondern gleichzeitig ein Plädoyer für eine Änderung der Lebensstile in Richtung Suffizienz halten wird und somit als Spielverderber wahrgenommen wird. Die Autoren verweisen im übrigen tröstend darauf, dass die damit verbundene Aussenseiterrolle gegenüber den Gepflogenheiten in der Antike, Überbringer schlechter Nachrichten mit dem Tode zu bestrafen, einen nicht zu verachtenden zivilisatorischen Fortschritt darstellt.

6.6 Ausblick

Die Untersuchung der einzelnen Branchen mit dem in diesem Buch entwickelten konzeptionellen Raster hat gezeigt, dass vielfältige Ansatzpunkte für eine Entwicklung jenseits der Öko-Nische vorhanden sind, und sie vermittelte ein Gespür für die relative Bedeutung dieser Ansatzpunkte in den verschiedenen Branchen. Dem **Querschnittscharakter** des Themas Ökologie entsprechend bleibt diese Entwicklung jedoch nicht auf einzelne Branchen beschränkt. In weiteren Branchen, die im Rahmen des vorliegenden Buches nicht untersucht werden konnten, führt die Anwendung unseres konzeptionellen Rasters zu parallelen Erkenntnissen.[589] Und schliesslich bestehen unübersehbar auch **Wechselwirkungen zwischen Branchen**, die eine Verstärkung der ökologischen Wettbewerbsdynamik zur Folge haben können. So tragen ökologische Vorreiter in einer Branche das Thema an ihre Zulieferer aus einer anderen Branche heran, oder Handelsunternehmen nutzen Synergien, die sich aus dem Angebot von Öko-Produkten in verschiedenen Sortimentsbereichen ergeben. Einige Praxisbeispiele für solche branchenübergreifenden Impulse zur Überwindung der Öko-Nische sollen im folgenden kurz aufgezeigt werden.

- Der Bekleidungshersteller **Patagonia** Inc. hat 1998 beschlossen, für die Deckung seines gesamten Elektrizitätsbedarfs in Kalifornien von seinem Lieferanten die green-e-Zertifizierung zu verlangen.[590] Der Bekleidungshersteller bezieht seither Ökostrom von der Firma Enron Energy Services.[591] Hierfür werden von Enron neue Windkraftanlagen errichtet. Die Umweltorganisation Environmental Defense Fund (EDF) begrüsst die Entscheidung des Unternehmens: «The changes in the electricity industry mean that we now all have the ability to choose cleaner electricity sources. By causing new, environmentally preferable electricity sources to operate, Patagonia will be directly displacing energy generated from older, polluting sources. This is a direct and positive difference for the environment.»[592]

---

[589] Vgl. etwa Belz 1999 für die Mobilitätsbranche.

[590] vgl. Wiser 1998, S. 13

[591] vgl. Enron 1997, sowie persönliche Mitteilung der Geschäftsführerin der green-e-Trägerorganisation Centre for Resource Solutions, Jan Hamrin, Zürich, 14.3.1999.

[592] Daniel Kirshner, Senior Economic Analyst des kalifornischen Büros des Environmental Defense Fund, Oakland. Zit. n. Enron 1997.

- Verschiedene Lebensmittelhersteller leisten durch ihre Kaufentscheidung ebenfalls Beiträge zur Ökologisierung der Elektrizitätsbranche. So rühmt sich in den USA die Brauerei **New Belgium Brewing Company Inc.** damit, «The First Wind Powered Brewery in America» zu sein, nachdem sie einen Vertrag zur Lieferung von 1.8 Mio. kWh Strom aus einer neu errichteten Windkraftanlage mit dem örtlichen Versorgungsunternehmen abgeschlossen hat.[593] . In der Schweiz zählen neben der Post und der Winterthur Versicherung auch die **Fromagerie Joseph Spielhofer** im kleinen Juraort Cormoret zu den Grosskunden der Juvent SA, einer auf Windenergie spezialisierten Tochter der BKW FMB Energie AG.[594]

- Wie in den entsprechenden Branchenkapiteln dargestellt, leisten die beiden grossen Schweizer Detailhandelsunternehmen, **Coop** und **Migros**, nach ihren Impulsen zur Überwindung der Öko-Nische im Lebensmittelsortiment (Coop Naturaplan, M Sano/M Bio) auch namhafte Beiträge zur Ökologisierung ihrer jeweiligen Textilsortimente (Coop Naturaline, Migros eco-Textilien). Der US-Ökostromanbieter **Green Mountain Energy**[595] plant ebenfalls eine Ausdehnung seines Sortiments auf andere Öko-Produkte.

- Unternehmen verschiedener Branchen haben sich in Vereinigungen wie der Schweizerischen Vereinigung für ökologisch bewusste Unternehmungsführung (**öbu**) oder dem **European Business Council for a Sustainable Energy Future** (E^5)[596] zusammengeschlossen und setzen sich gemeinsam für eine Ökologische Steuerreform ein, weil sie erkennen, dass veränderte Rahmenbedingungen ihren Markterfolg mit ökologischen Innovationen langfristig unterstützen.

Diese exemplarische Auflistung zeigt, dass sich eine Reihe von Akteuren bereits auf den Weg ins Jenseits der Öko-Nische gemacht hat. Das vorliegende Buch leistet einen Beitrag dazu, diesen Weg besser analysieren und verstehen zu können. Es wäre allerdings nicht im Sinne dieses Buches, es bei dieser Analyse zu belassen. Die aktive Gestaltung

---

[593]   vgl. http://www.newbelgium.com/n_innovation.shtml, 15.04.1999.

[594]   vgl. http://www.juvent.ch/cust_lin.htm, 28.04.1999

[595]   vgl. http://www.greenmountain.com, 06.05.1999

[596]   vgl. http://www.e5.org, 06.05.1999

der Zukunft und ein mutiger Beitrag zur Erschliessung der **Märkte von morgen**[597] sei Ihnen, geschätzte Leserinnen und Leser, als nächster Schritt ans Herz gelegt.

---

[597]   So der Titel einer Konferenz der St. Galler Studenteninitiative oikos, an der die Autoren im Sommer 1999 ihr Konzept erstmals der Öffentlichkeit vorstellten.

7   Ein Cyber-Ausblick: Mit dem World-Wide-Web aus der Öko-Nische?

7.1 Einleitung: Öko-Electronic-Commerce - der Markt der Zukunft?

«Jenseits der Ökonische» - Entsprechend der visionären, aber praxisrelevanten Zielsetzung des vorliegenden Buches soll nachfolgend ein Blick in die nicht allzu ferne Zukunft geworfen werden: Ein Blick ins «Jenseits klassischer Öko-Marktformen» - den Cybermarkt im Internet (häufig auch «Electronic Commerce» oder «Elektronischer Handel» genannt).

Selbst wenn der Zeitpunkt des endgültigen Durchbruchs für den Elektronischen Handel noch nicht gekommen ist und der Güterabsatz in der Schweiz via Internet in den meisten Branchen nicht einmal 1 % des Gesamtabsatzes erreicht[598], werden Berater, Manager und Wissenschaftler dennoch nicht müde, den Aufbruch ins digitale Zeitalter zu propagieren: «Das Internet ist die grösste Errungenschaft seit Erfindung des Buchdrucks»[599], «Wir stehen heute dort, wo sich die Industrielle Revolution vor 100 Jahren befand» oder «Das Internet wird die Welt revolutionieren.»[600]

Auch die meisten der zur Zeit zitierten Studien zum Thema Electronic Commerce treffen im Hinblick auf den epochalen Charakter dieser neuen Handelsform eine eindeutige Aussage: Der Grundtenor ist euphorisch: Aus vielen Ländern und Branchen werden stark steigende Umsätze gemeldet.[601] Es wird mit Wachstumsraten bis zu 200 % pro Jahr und mehr gerechnet.[602] In einzelnen Branchen (z.B. Reisen, Bücher und Veranstal-

---

[598]   So zeigen die Zahlen einer im Herbst 1998 publizierten Studie über die Internet-Nutzung in der Schweiz, dass von den direkten Einkaufsmöglichkeiten über das Internet auch erst relativ zurückhaltend Gebrauch gemacht wird: Innerhalb des engeren Nutzerkreises (Internet-Nutzung mehrmals pro Monat) gaben lediglich 7% der Befragten an, ab und zu über Internet einzukaufen, während nur 2% der Nutzer das häufig tun. Vgl. Studie der AG für Werbemedienforschung (WEMF), zitiert in: o.V. 1998c, S. 26. Zu ähnlich bescheidenen Zahlen kommt eine von der Boston Consulting Group (BCG) erstellte Studie: Gemäss dieser werden nur 5 % der Besucher von Internet-Läden auch zu Kunden, nur 1,6 % der einzelnen Besuche führt zu einem Kauf. o.V. 1998c, S. 26

[599]   Zitat Nicolas Negroponte, einem der grossen Multimedia Vordenker; zitiert nach Krause 1998, S. 353

[600]   Zitat Nathan Myhrvold, Technologiechef von Microsoft; zitiert Lütge 1999

[601]   Vgl. Bauer/Huber/Henneberg 1999, S. 47

[602]   Vgl. o.V. 1998c, S. 26

tungen) sollen innerhalb der nächsten 10 Jahre 25-30% des Gesamtumsatzes über das Internet abgewickelt werden.[603]

Angesichts dieser Prognosen und der einmaligen Chance, sich bei rechtzeitigem Engagement im Electronic-Commerce ein gutes Stück am zu verteilenden «(Umsatz-) Kuchen» abschneiden zu können, liebäugeln viele Manager damit, auf den Zug des elektronischen Handels aufzuspringen. Nicht nur aus diesem Grund, sondern auch vor dem Hintergrund, den Anschluss ins digitale Zeitalter zu verpassen und unweigerlich ins Abseits zu geraten,[604] erscheint es sinnvoll, die Chancen und Risiken des neuen Mediums auch für die Anbieter ökologischer Güter und Dienstleistungen zu untersuchen.

7.2 Internet und Status Quo

Die derzeitige Zurückhaltung bei der Nutzung von Electronic Commerce ist begründet, da das aktuelle Leistungsprofil noch keine Mehrwerte für den Kunden aufweist.[605] Bezüglich einiger Funktionen bestehen sogar noch deutliche Defizite im Vergleich zu den traditionellen Absatzformen. Die Aufzählung der Diffusionsbarrieren vermag erste Einsichten darüber zu geben, welche Besonderheiten es seitens der Anbieter bei der Entscheidung über den Einstieg in den Electronic Commerce zu berücksichtigen gilt. Nachfolgend seien die wichtigsten Punkte herausgegriffen.

- **Technische Restriktionen:** Als Hindernis für eine weite Verbreitung dieser Handelsform erweisen sich vor allem die momentan noch geringe Verbreitung von PC-/Internet-Anschlüssen, die geringe Zugriffsgeschwindigkeit und hohe Internet-Nutzungsgebühren. Solange diese Probleme nicht durch neuartige Lösungen (Web-TV, günstige Internet-Computer etc.) gelöst sind, wird die für den EC erforderliche kritische Masse nicht erreicht.[606]

- **Soziale Restriktionen:** Neben technischen hemmen auch soziale Faktoren die weitere Verbreitung des elektronischen Handels. Beim Übergang zum Online-Shopping wird von den Konsumenten ein hohes Mass an Transferleistungen erwartet, d.h.

---

[603]   Vgl. Clemon/Sampler/Short 1997

[604]   Vgl. hierzu die Aussage des Direktors der Unternehmensberatung Arthur D. Little (Schweiz), Rudolph Fischer, in Kowalsky/Lüscher 1999.

[605]   Vgl. Gerth 1998, S. 143

[606]   Vgl. Bauer/Huber/Henneberg 1999, S. 48.

Kunden müssen Denkmuster, Rollen etc., die sie in der normalen Einkaufsumgebung mittels Sozialisierung gelernt haben, dem neuen Medium anpassen. So entfällt beim Online-Shopping die physische Inaugenscheinnahme von Produkten vor dem Kauf.[607] Stattdessen wird die Entscheidung des Konsumenten durch Bewegtbilder, Tonuntermalungen und Simulationen unterstützt. Produktvorteile können so zwar in einzigartiger Weise inszeniert werden[608], allerdings erfordert dies eine hohe Anpassungsleistung. Dies stellt den weniger technisch versierten, speziell älteren Kunden vor grosse Schwierigkeiten.[609]

- **Diffuses Wettbewerbsumfeld:** Rechtliche Regelungen zur Verschlüsselung und Speicherung von Daten zum Schutz der Nutzer fehlen weitgehend und bedürfen internationaler Regulierungen. Ebenso ist die Zahlungsabwicklung via Netz heute noch unzureichend gelöst: Neben Sicherheitsbedenken bei der Übermittlung von Kreditkarteninformationen ist es vor allem die fehlende Möglichkeit, kleinere Geldbeträge online zu verrechnen, die sich geschäftshemmend auswirkt.[610]

- **Mangelnde Überschaubarkeit, Fehlen überzeugender Mehrwerte:** Hier bleiben die derzeitigen Ausprägungen des Electronic Commerce weit hinter den Möglichkeiten zurück. Suchmaschinen beispielsweise leisten lange nicht den Komfort, den der Anwender sich wünscht. Wer dringt schon zum 148. gefundenen Eintrag eines recherchierten Stichwortes vor? Auch der Umfang und die Qualität der angebotenen Informationen entspricht in vielen Fällen noch dem bzw. der klassischer Verkaufsprospekte. Nur vereinzelt werden interessante Hintergrundinformationen, Erfahrungsberichte, Testergebnisse usw. mit dem direkten Produktangebot verknüpft. Die Beratungsqualität reduziert sich vor allem auf das Selbststudium der hinterlegten Angebotsbeschreibungen. Weitere Hilfestellungen, wie z.B. direkte Vergleichsmöglichkeiten fehlen genauso, wie Einsatztips, Ergänzungsvorschläge bzw. Erinnerungsfunktionen. Hinzu kommt, dass auch die Aktualität der dargebotenen Daten heute vielfach nicht den grundsätzlichen Möglichkeiten des Mediums entspricht; meist liegen die Aktualisierungstermine mehrere Monate zurück. Wenn zudem technische

---

[607]   Vgl. hierzu auch die Ausführungen zur«Strategie der Qualifizierung» in Kapitel 7.4.2.

[608]   Vgl. zur Relevanz des emotionalen Einkaufs ausführlicher Kroeber-Riel 1996, S. 672ff.

[609]   Vgl. Bauer/Huber/Henneberg 1999, S. 48.

[610]   Zu den grundlegenden Problemen der Zahlungsabwicklung in Datennetzen vgl. Heise 1996, S. 140ff.

Restriktionen einen Verzicht auf multimediale Darstellungselemente nötig machen und sich der potentielle Kunde durch textlastige und nicht selten überfüllte Seiten kämpfen muss, geht auch das physische Einkaufserlebnis online verloren.[611] Derartige Angebote stellen keine Konkurrenz zu den bekannten Absatzformen dar, erzeugen eine spröde Einkaufssituation und haben eher abschreckende Wirkung.

Anhand der dargestellten Gründe wird unmittelbar einsichtig, dass heute noch zahlreiche Diffusionsbarrieren existieren, die für einen «Massenmarkt Internet» hinderlich sind. Ein wirklicher Massenmarkt kann sich aber erst dann entwickeln, wenn die Nutzung des Mediums in weiten Kundenschichten ein hohes Niveau erreicht hat. Dies ist allerdings, wie andere technische Neuerungen zeigen, ein **evolutionärer Prozess** und keineswegs eine revolutionäre Entwicklung.

7.3 Internet und der Einfluss auf die Branche

Trotz der gegenwärtig noch existierenden Trägheit des Elektronischen Handels im Endkundengeschäft ist zu erwarten, dass dieses Medium mittel- bis langfristig den Markt in starken Masse beeinflussen wird.[612] Die ist vor allem auf das Zusammenspiel aus **technischen Innovationen** (**Technology Pull**) und **anwenderseitigen Leistungspotentialen** (**Market Pull**) zurückzuführen (vgl. Abb. 58), durch die für den Konsumenten ein Zusatznutzen des Internetangebotes gegenüber herkömmlichen Angeboten resultiert. Der Zusatznutzen entsteht dabei durch vier Faktoren:

- Interaktivität - Individualisierung
- Unmittelbarkeit des Zugriffs
- Senkung von Transaktionskosten
- Multimediale Angebotsformen.

Die Interaktivität ermöglicht die Individualisierung von Inhalten und schafft hiermit die Möglichkeit einer **individualisierten Massenkommunikation**. Diese sog. «Mass-Customization» bietet Vorteile für Anbieter und Nachfrager: Anbieter können durch die Modularisierung der Inhalte relativ kostengünstig individualisierte Informationen mit hohem Zusatznutzen anbieten. Nutzer können aus einer vorkonfigurierten Auswahl von

---

[611]   Vgl. Bauer/Huber/Henneberg 1999, S. 48
[612]   Vgl. Diller 1996

Informationsanbietern wie Nachrichtenagenturen oder speziellen Content Providern ein persönliches Informationsangebot zusammenstellen. Der dadurch erhöhte Informationswert trägt den Nutzerbedürfnissen Rechnung, da individualisierte Inhalte angeboten werden, ohne dass die Interaktivität und die damit verbundenen Entscheidungsprozesse für den Nutzer zu komplex werden.

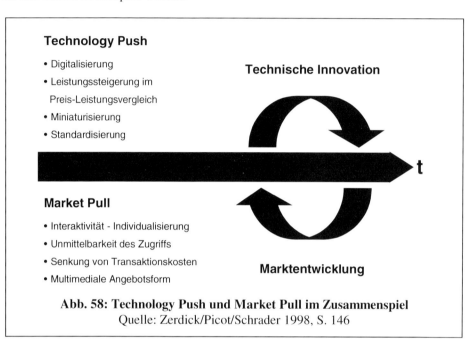

Abb. 58: Technology Push und Market Pull im Zusammenspiel
Quelle: Zerdick/Picot/Schrader 1998, S. 146

Ein weiterer Vorteil der Interaktivität ergibt sich aus der Stiftung eines Zusatznutzens durch **erweiterte Formen der zwischenmenschlichen Kommunikation** (Email, Diskussions- und Kommunikationsforen etc.). Durch die Integration und Aggregation dieser verschiedenen Dienste wird der Versuch unternommen, durch spezifische Kontextbündelung einen virtuellen Anlauf- und Treffpunkt (sog. «Community»)[613] zu schaffen.
Unmittelbarkeit des Zugriffs bedeutet, dass gewünschte Informationen unabhängig von Zeit und Raum verfügbar sind. Dadurch besteht bei Internet-Angeboten **generell ein hoher Informationswert**. Beispiele hierfür sind u.a. EDGA, eine umfangreiche Daten-

---

[613]   Vgl. hierzu ausführlicher Kapitel 7.4.2.

bank aller börsenkotierten Unternehmen der USA oder ein kontinuierlich aktualisierter Veranstaltungskalender für Grossstädte (vgl. z.B. http://www.BerlinOnline.de).

Die Senkung von Transaktionskosten stellt einen weiteren Nutzenvorteil von Internet-Angeboten dar. Vor allem der **Such- und Bewertungsaufwand** des Konsumenten wird durch das Internet wesentlich **verringert**. Statt mühsam Kataloge und Prospekte anfordern und studieren zu müssen, reicht ein Klick mit der Maus aus, um die gewünschte Information abzurufen. Falls es zudem gelingt, die Markttransparenz zu verbessern, lässt sich das vorhandene Potential zur Senkung der Transaktionskosten noch effizienter als bisher nutzen.

Die multimedialen Aspekte des Internets ermöglichen schliesslich die Kombination von Audio, Video, Text, Bild und Grafik in Internetangeboten. Hierdurch verbessert sich vor allem die **Präsentationsqualität**: Produktvorteile können so in einzigartiger Weise inszeniert werden, was **emotionale Einkaufserlebnisse** ermöglicht.[614]

Insgesamt zeigt sich, dass die Online-Angebote durch das Zusammenspiel der vier Faktoren einen hohen Zusatznutzen für den Konsumenten ermöglichen. Diese Attraktivität und die Entwicklungen im technologischen Bereich mit zunehmender **Standardisierung, Miniaturisierung, Digitalisierung und Leistungssteigerung im Preis-Leistungs-Vergleich** erklären das explosionsartige Wachstum des Internets. Als Folge dieses Zusammenspiels ist ein neuer Marktplatz entstanden, auf dem sich auch die Rahmenbedingungen des Wettbewerbs (vgl. Abb. 59) zunehmend verändern werden. Wie sich dieser Einfluss des Internets auf die Veränderung der Wettbewerbsstruktur ökologischer Märkte auswirkt, soll im folgenden anhand des methodischen Rahmens der Branchenstrukturanalyse Porters untersucht werden.

---

[614] Vgl. zur Relevanz des emotionalen Einkaufs ausführlicher Kroeber-Riel 1996, S. 672ff.

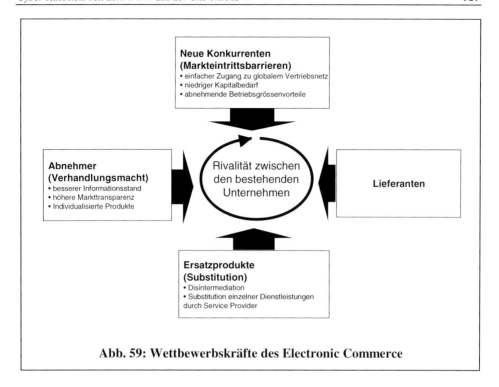

Abb. 59: Wettbewerbskräfte des Electronic Commerce

Die treibenden Kräfte einer Branche umfassen nach Porter **Markteintrittsbarrieren**, **Verhandlungsmacht des Kunden**, **Substitution**, **Grad der Rivalität zwischen den bestehenden Konkurrenten** sowie **Lieferantenmacht**.[615] Letztere soll im folgenden unberücksichtigt bleiben, da die Lieferantenmacht in Hinsicht auf die bewusste Eingrenzung des Buchs auf den Bereich des Öko-Marketing keinen wesentlichen Einfluss ausübt.

7.3.1 Markteintrittsbarrieren - Neue Konkurrenten

Ein grundlegender Wandel zeichnet sich bei den Markteintrittsbarrieren ab. Insbesondere verlieren Betriebsgrössenersparnisse, Kapitalbedarf und Zugang zu Vertriebskanälen durch den Einsatz des Electronic Commerce an Bedeutung.

---

615   Vgl. hierzu die Ausführungen in Kapitel 2 dieses Buches.

Mit zunehmendem Wettbewerbsdruck und fortscheitender Liberalisierung ist ein Anstieg des Handels auf globaler Ebene zu erwarten. Diese Tendenz unterstützt das World-
Wide-Web mit seiner Möglichkeit einer einfachen, weltweiten Verbreitung von Informationen. Während der Zugang zu einem globalen Markt bisher das Privileg weniger
grosser Konzerne war, wird diese Dominanz mit der Durchsetzung von innovativem in-
ternetbasiertem Marketing nicht länger aufrecht zu erhalten sein:[616] **Unabhängig von
bestehenden, die Markt- und Machtverhältnisse zementierenden Handelsstrukturen und Vertriebskanälen**, die häufig eine Hürdc für die Aufnahme ökologischer Guter
ins Handelssortiment darstellten, und ohne kostenintensive klassische Werbemassnahmen kann ein regional tätiges ökologieorientiertes Pionierunternehmen erstmals gleichberechtigt am Markt auftreten.[617]

Gleichzeitig kommt es zu einer **Redefinition der Betriebsgrössenvorteile** und **einer
Relativierung der Bedeutung von Kapital**, da das Internet die unternehmensübergrei-
fende Zusammenarbeit und Koordination in vielen Funktionsbereichen wie z.B. Planung, Produktentwicklung, Fertigung und Vertrieb unterstützt. Im Bereich Öko-Textilen
lassen sich dadurch bspw. die aufgrund kleiner Einkaufsmengen an Biobaumwolle hohen Transaktionskosten entlang der gesamten Wertschöpfungskette wesentlich verringern (vgl. hierzu das Beispiel der internetbasierten Kooperationsbörse Öko-Tex in Kapitel 7.5.).[618] Wenn geeignete Informations- und Telekommunikationstechniken zur Verfügung stehen, können Kontakte zwischen potentiellen Transaktionspartnern (Baum-
woll-Produzentenländer und -Verarbeiter) leichter geknüpft werden und Abstimmungen
auch über grössere Entfernungen hinweg vorgenommen werden.[619]

Ein anderes Anwendungsfeld stellen Vermarktungsorganisationen für ökologisch erzeugte Lebensmittel dar, die als Handelsplattformen die Vermittlerfunktion zwischen
Landwirten und dem Grosshandel übernehmen. Hierdurch reduziert sich einerseits der

---

[616]   Kalakota/Whinston 1996, S. 483.

[617]   Der potentielle Kunde kann anhand der Website nur schwerlich auf die Grösse der Unternehmung
        schliessen.

[618]   Da ökologische Baumwolle anders als klassische Baumwolle nicht an Börsen gehandelt wird, muss
        jeder, der solche Baumwolle in seinen Produkten einsetzen will, sich umständlich um Bezugsquellen
        bemühen. Durch die Verarbeitung nur geringer Mengen fallen auf allen Produktionsstufen hohe
        Rüstkosten durch Maschinenwechsel und sonstige Logistikvorgänge an. Die Einrichtung von Koope-
        rations-Börsen kann solche Probleme verringern. Vgl. Hummel 1997, S. 181ff.

[619]   Vgl. Reichwald/Koller 1995.

Koordinationsaufwand, der sonst zur Abstimmung einer Vielzahl von Einzelbetrieben nötig wäre, anderseits garantiert er den Abnehmern ausreichende Versorgungsmengen in vergleichbarer Qualität.[620]

Insgesamt resultieren aus dem Netzwerkcharakter des Internet Synergien und Kostenein-sparungen, die letztlich die Wettbewerbsfähigkeit kleiner Unternehmen erhöhen.[621] Dies begünstigt die Coevolution von Davids und Goliaths.

7.3.2 Verhandlungsmacht des Kunden

Die von Porter angeführten Bedingungen für der Verhandlungsmacht des Kunden erfah-ren durch das Internet eine wesentliche Veränderung. In der neuen Welt des World-Wide-Web ist der Nachfrager nicht mehr das passiv konsumierende, mit Werbespots und Werbebriefen überschüttete Individuum, sondern übernimmt die Rolle des Aktiven: Der Konsument kann selbst entscheiden, welche Informationen er nachfragt.[622] Eine Be-sonderheit stellt hierbei der Informationsstand des Kunden dar. Das Internet macht es durch seinen Netzwerkcharakter möglich, eine praktisch unbeschränkte Anzahl von Angebots- und Nachfragebeziehungen im Markt zusammenfassen. Dies vereinfacht Preis- und Qualitätsvergleiche erheblich und trägt zur **Markttransparenz** bei.[623] Gleichzeitig kommt es zu einer Entmachtung herkömmlicher Handelsstrukturen, weil der Handel nicht länger über die alleinige Macht zur Sortiments- und Preisgestaltung verfügt und der Konsument aus allen Angeboten selbst das billigste aussuchen kann.

Die in diesem Zusammenhang auf der Seite der Anbieter häufig geäusserte Furcht vor einer Intensivierung des Preiswettbewerbs (zu Lasten einer Qualitätsorientierung) scheint dabei unbegründet. Zwar können Preisinformationen schnell und ohne grosse Anstrengungen abgerufen werden, doch ermöglichen verschiedene Hersteller auch die Suche nach qualitätsspezifischen Produktmerkmalen. Solche qualitätsspezifischen und mühelos zu gewinnenden Informationen über kaufrelevante Attribute beeinflussen die Kaufentscheidung vor allem dann, wenn Qualitätsinformationen für den Nachfrager eine

---

[620] Vgl. Schneidewind 1998, S. 225f.
[621] Vgl. Picot/Reichwald/Wigand 1998, S. 264ff.
[622] Vgl. hierzu ausführlicher Krause 1998, S. 71ff.
[623] Vgl. Lütge 1999, S. 18.

hohe Bedeutung besitzen. Dies trifft i.d.R. für Öko-Produkte zu. Im Gegensatz zu konventionellen Produkten sinkt in diesem Fall bei Kunden die Preissensibilität. Es kann davon ausgegangen werden, dass günstige (Direkt-)Anbieter qualitativ hochwertiger Öko-Produkte bzw. Dienstleistungen daher von dem neuen Medium profitieren werden.[624]

Durch die Erfassung individueller Kundendaten aus vorhergehenden Käufen besteht ferner die Möglichkeit, den gesellschaftlichen Individualisierungstendenzen mit massgeschneiderten Angeboten Rechnung zu tragen. Man spricht hier vom **Eins-zu-Eins-Marketing**.[625] Begünstigt wird diese Art des Marketing durch die vergleichsweise geringen Fixkosten für einen Internetauftritt, die es nahezu jedem Unternehmen möglich machen, individuelle Nischenprodukte anzubieten. Ein Ladengeschäft, das bspw. nichts anderes als Mousepads anbietet, hätte auch in einer Grosstadt keine Überlebenschance. Im World-Wide-Web dagegen umfasst die potentielle Kundschaft von Mousepad.com die ganze Welt. Ähnliche spezifische, auf die Kundenbedürfnisse ausgerichtete Produkte und Dienstleistungen könnten auch Öko-Anbieter nutzen, um Marktnischen erfolgreich zu besetzen. Das Besetzen möglichst vieler (kleiner) Nischen führt in seiner Summe zu einem hohen Verbreitungsgrad ökologischer Produkte und Dienstleistungen und kann als sinnvolle Marketingstategie auf dem Weg ins «Jenseits der Nische» angesehen werden. Das Internet unterstützt diese Entwicklungspfad durch seine Möglichkeit der einfachen, weltweiten Verbreitung von Informationen.[626] Somit ist festzustellen, dass die Bereiche «**Ökologie**» und «**neue Informations- und Kommunikationstechnologien**» sich nicht gegenseitig ausschliessen, sondern **zwei gleichmassen mögliche wie wichtige Strategien** für Schweizerische Qualitätsanbieter (in der weltweiten Nische) darstellen.

---

[624]   Vgl. Bauer/Huber/Henneberg 1999, S. 49.

[625]   Vgl. hierzu ausführlicher Zerdick/Picot/Schrape 1999, S. 194ff.

[626]   Vgl. Kapitel 7.3.1.

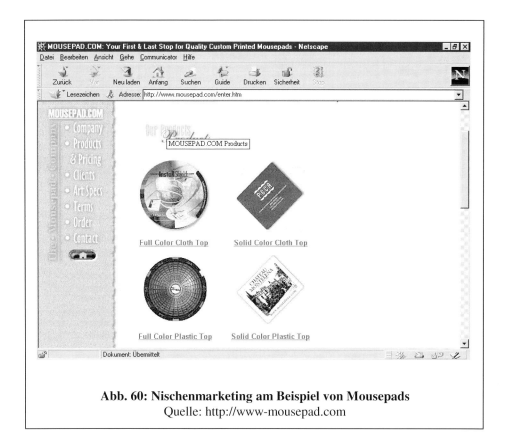

Abb. 60: Nischenmarketing am Beispiel von Mousepads
Quelle: http://www-mousepad.com

7.3.3 Substitution

Mit grosser Wahrscheinlichkeit wird der Einsatz von Electronic Commerce auch zur Substitution bestehender Produkte und Dienstleitungen beitragen. So wird in absehbarer Zeit der (Öko-)Stromverkauf möglicherweise schon über virtuelle Strombörsen erfolgen. Weitreichender in bezug auf die Wettbewerbsstrukturen von morgen wird jedoch nicht die Substitution von Produkten oder Dienstleistungen sein, sondern die potentielle Substitution bestimmter Wertschöpfungsstufen durch neue Technologien. Es ist zu erwarten, dass es zu **Transformationen innerhalb der Wertschöpfungskette** kommt und neue Wertschöpfungsketten und Marktstrukturen entstehen. Da durch das World-Wide-Web Distanzen keine Marktbarriere mehr bilden und der Kontakt vom Produzenten zum

Konsumenten direkt und ohne Zwischenglieder stattfinden kann, werden die physischen Distributionsnetze des Handels in ihrer Bedeutung relativiert. Es zeichnet sich somit einerseits eine teilweise Assimilation der Produzenten- und Händlerrolle sowie eine schwindende Akzeptanz traditioneller Handelsunternehmen (Grosshändler oder traditioneller Verkaufsunternehmen) ab.[627] Inwieweit sich das auf die zentrale ökologische Vorreiterrolle der beiden Handelsunternehmen Migros und Coop auswirken wird, bleibt abzuwarten. Zumindest arbeitet Migros mit Hochdruck am Ausbau ihres Electronic Commerce-Angebotes (auch im Biobereich, vgl. Abb. 61).[628]

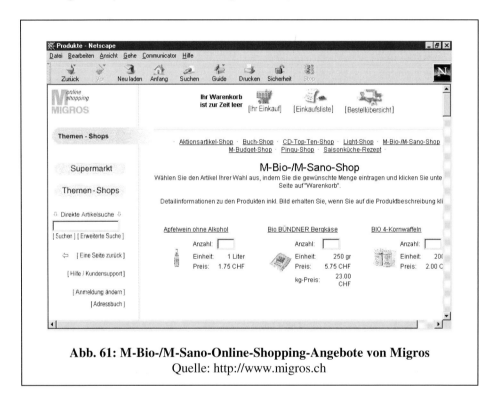

Abb. 61: M-Bio-/M-Sano-Online-Shopping-Angebote von Migros
Quelle: http://www.migros.ch

---

[627] Vgl. Bauer/Huber/Henneberg 1999, S. 49 sowie ausführlicher Sarkar/Butler/Steinfield 1995.
[628] Im Migros-Bio-/M-Sano-Shop kann der Kunde zur Zeit aus 66 verschiedenen Bio- bzw. IP-Produkten wählen. Vgl. zu den E-Commerce-Aktivitäten von Migros ausführlicher Bilanz 3/1999

Allerdings eröffnen sich durch diese Substitutionstendenzen auch neue Chancen für **ökologieorientierte Service-Provider**. Mögliche Funktionen sind bspw. Informationsdienste, die als unabhängige Institutionen ökologierelevante Informationen und Daten bündeln, Energieagenturen, die neben einer Öko-Strombörse auch Beratungsangebote zum Energie sparen oder zur Installation von Solaranlagen anbieten oder Lieferdienste, welche die von Bio-Bauern direkt vermarkteten Bio-Lebensmittel vor die Haustür liefern. Die Service Provider können in bezug auf den Handel also anstelle einer substitutiven auch in einer **additiven Rolle** auftreten und somit als zusätzliche Stufe in die Wertschöpfungskette einbezogen werden.

7.3.4   Grad der Rivalität

Nach Porter ist der Grad der Rivalität vom Branchenwachstum, den Fix- und Umstellungskosten sowie den Marktaustrittsbarrieren abhängig.

Grundsätzlich kann davon ausgegangen werden, dass sich mit zunehmender Verbreitung der Internet-Technologie die Rivalität zwischen den Electronic Commerce-Angeboten weiter erhöhen wird. So liefern sich in der Computer-Branche die beiden Software-Hersteller Microsoft und Netscape bereits seit mehreren Jahren einen erbitterten Kampf um Marktanteile bei ihren Internet-Browsern Microsoft Explorer und Netscape Navigator bzw. Communicator. Da es sich bei der Lebensmittel-, Textil- und Energiebranche jedoch um Bereiche handelt, die erst in der Entwicklung des elektronischen Handels stehen und heute durch eine erst geringe Anzahl von Internet-Pionieren gekennzeichnet ist, kann davon ausgegangen werden, dass die Rivalität der Electronic Commerce Anbieter hier vorerst noch eine untergeordnete Rolle spielt. Die weitere Entwicklung hängt im wesentlichen von der Entwicklung der Rahmenbedingungen für den Electronic Commerce ab. Wenn sich diese in absehbarer Zeit nicht wesentlich verbessern, werden sich die hohen Anfangsinvestitionen bei Verlusten auf absehbare Zeit negativ auf die Verbreitung des Internet auswirken. Dies wird auch ökologieorientierte Unternehmen skeptisch dieser Technologie gegenüberstehen lassen und sie davon abhalten, in den Elektronischen Handel zu investieren.[629]

---

[629]   Vgl. Bauer/Huber/Henneberg 1999, S. 47.

7.4 Internet und die «Landkarte des ökologischen Massenmarktes»

Das vorhergehende Kapitel hat deutlich gemacht, dass das Internet die Marktbedingungen auch für Umweltmärkte ändern wird. In diesem Zusammenhang stellt sich die Frage, inwiefern die Anbieter selbst die Wettbewerbsbedingungen aktiv zu ihrem Gunsten beeinflussen können. Oder mit anderen Worten: Welche möglichen Entwicklungspfade ergeben sich aus **dynamischer Perspektive** für ökologische Güter und Dienstleistungen durch die Nutzung des Internets?

Wie im Konzept der «Landkarte des ökologischen Massenmarktes» bereits erwähnt, bestehen hierbei grundsätzlich 6 Handlungsalternativen:

1. ECO GROWTH
2. UPGRADING CONVENTIONALS
3. ENLARGING THE MIDDLE (Ausdehnung des Mittelsegments)
4. UPGRADING THE MIDDLE (Anheben der ökologischen Qualität im Mittelsegment)
5. ECO PLUS (Anheben der ökologischen Qualität im Premium Öko-Segment)
6. SUSTAINABLE SHRINKING (Verringerung des Gesamtkonsums)

Während die Pfade 1 und 3 grundsätzlich auf **einer Ausdehnung des Marktanteils des «Eco-» bzw. «mittleren» Segments** basieren, wird bei den Pfaden 2, 4 und 5 eine **Anhebung der relativen ökologischen Qualität** der Produkte angestrebt. Pfad 6 zielt auf eine Verringerung der ökologischen Belastungen, indem der Gesamtkonsum reduziert wird.

7.4.1 Ausdehnung des Marktanteils in den Einzelsegmenten ECO und MIDDLE

Gewinnung von Neukunden

Das Internet bietet verschiedene Möglichkeiten, den Marktanteil in den Einzelsegmenten «Eco» bzw. «mittlere Qualität» auszudehnen. Einer der meistgenannten Effekte ist die Gewinnung von Neukunden übers Netz. Dies trifft für Endkunden ebenso zu wie für Geschäftskunden. Gründe hierfür können ein **erweitertes Einzugsgebiet** (neue Regionen,

Länder) oder die **Ansprache neuer Zielgruppen** sein.[630] Ferner werden bestehende Marktpotentiale besser ausgeschöpft, da eine bessere Marktabdeckung durch **Aufhebung räumlicher und zeitlicher Beschränkungen** erreicht wird.[631]

Wenngleich die genannten Gründe für alle Internetanbieter, d.h. auch für nicht-ökologische Unternehmen gelten, so lassen sie sich für Umweltmärkte in idealer Weise nutzen: Vor durch den weiter vorne genannten Aspekt der **Eröffnung neuer Vertriebsweges unabhängig bestehender Vertriebskanäle des Handels**[632] ergeben sich für Umweltmärkte interessante Anknüpfungspunkte. Meist handelt es sich bei den Neukunden nämlich um Personen, die bisher auf das Angebot verzichtet haben, weil die aktuellen Absatzformen nicht geeignet waren, diese anzusprechen. Dieser Umstand trifft gerade auch auf ökologisch orientierte Käuferschichten zu, die teilweise vor weiten oder umständlichen Beschaffungswegen für Bioprodukte zurückschreckten oder ein breites Bio-Produkt-Sortiment im Handel vermissten.

Zweitens hat auch die Aufhebung räumlicher und zeitlicher Beschränkungen positiven Einfluss auf die Ausbreitung ökologischer Produkte. So wird ein Besuch beim Biobauern 24 Stunden, 7 Tage die Woche möglich und ist nicht an kurze Hoföffnungszeiten gebunden. Das macht Bioprodukte bspw. auch für Berufstätige interessant, die abends aufgrund der meist kurzen Ladenöffnungszeiten von Biohöfen oder -läden auf den Konsum von Bioprodukten verzichten mussten. Geschickte Anbieter von Bio-Lebensmitteln schöpfen das darin liegende Marktpotential dieser Kundengruppe bereits aus. Beispiel Frankfurt am Main: Wer morgens bestellt, dem wird zur Mittagspause sein individuelles Lunch-Packet aus Bioprodukten in seinen «Lunch-Briefkasten» frei Haus zugestellt.

---

[630] Das Internet eröffnet die Chancen für die Bildung neuer Interessensgruppen und deren ökonomisch attraktive Versorgung mit medialen Inhalten. Diese Inhalte können äusserst divers oder sogar randlastig sein (wie im Umweltbereich häufig anzutreffend), sie erschliessen aber ein bisher brachliegendes Potential: Die Ansprache mittelgrosser Interessensgruppen von weniger als 10.000 Personen, die bislang mit elektronischen Medien nicht gesondert versorgt wurden. Kleine Umweltmärkte lassen sich hierdurch wesentlich besser und kostengünstiger bearbeiten. Vgl. Zerdick/Picot/Schrape 1999, S. 205.

[631] Vgl. Herrmanns/Wissmeier 1998, S. 1357.

[632] Vgl. Kapitel 7.3.1.

Mögliches Öko-Online-Marketing für ein ökologieorientiertes Bekleidungsunternehmen

Das Umweltengagement der Wattenscheider Bekleidungsgruppe Steilmann ist allgemein bekannt. Für dieses Unternehmen ist es durchaus vorstellbar, dass es sich dazu entschliesst, im Internet nicht unmittelbar mit Mode aufzutreten, sondern einen Schwerpunkt auf die Präsentation von umweltschutzrelevanten Inhalten zu legen. Möglich wäre bspw. das Angebot einer Datenbank mit umweltrelevanten Informationen zu Produkten und deren Herstellungsweise. Interessenten könnten z.B. alle relevanten Daten zu ökologischen Textil-Labeln, der globalen Verschmutzung und unzulässiger Kinderarbeit bei die Textilherstellung und -verarbeitung, Händlerverzeichnisse etc. abrufen. Informationen zu den Umweltschutzbemühungen bei Steilmann könnten hiermit geschickt verknüpft werden. Denkbar ist auch die Einbindung von Events, die interessierte Anspruchsgruppen anlocken könnten (Bsp.: «Eco-Challenge» des Bekleidungshersteller Bruno Banani unter der Rubrik «Adventureland», vgl. Abb. 62).

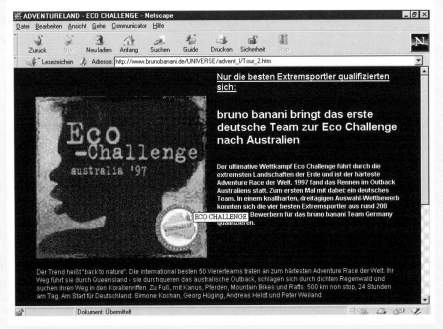

**Abb. 62: Eventmarketing zur Neukundengewinnung am Beispiel Bruno Bananis
«Eco-Challenge»**
Quelle: http://www.brunobanani.de

Erhöhte Kundenbindung

Weitere Marktanteilsgewinne sind aus einer erhöhten Kundenbindung ableitbar.[633] Die grosse Bedeutung von stabilen Kundenbeziehungen ist seit langem bekannt.[634] Neben der Erzielung von Folgekäufen haben Kundenbindungen vor allem folgende Zielsetzungen: die Steigerung der Kundenzufriedenheit, die Erhöhung der Markteintrittsschranken und damit die Schaffung von Wettbewerbsvorteilen gegenüber der Konkurrenz, evtl. die Ausnutzung von «Cross-Selling» (Herstellung von Absatzverbunden zwischen Sortimenten und die Verbesserung der Kenntnisse über Kundenbedürfnisse).[635]

Dass Informations- und Kommunikationstechnologien enorme Potentiale besitzen, die Kundenbindung zu erhöhen, wurde in der Literatur bereits häufiger diskutiert.[636] Netzwerke wie das Internet mit seinen Fähigkeiten der Multimedialität und Interaktivität beschleunigen, intensivieren und internationalisieren den uneingeschränkten Austausch von Informationen und bilden damit die Grundlage für eine Beziehung zwischen Anbieter und Nachfrager. Die einfache und schnelle Kommunikation per E-Mail, Informationen über Produktherstellung mittels Live-Kameras oder auf den Kunden zugeschnittene Angebote schaffen die Basis für eine **vertrauensvolle, individuelle Atmosphäre**, die im Idealfall mit dem Tante-Emma-Laden um die Ecke vergleichbar ist.[637] Für den Verkauf ökologischer Güter und Dienstleistungen ist eine solche vertrauensvolle Atmosphäre von Vorteil, verringert sich dadurch das Risiko des Kunden, getäuscht zu werden. Gleichzeitig erhöht eine solche Atmosphäre die Bereitschaft des Konsumenten, individuelle Präferenzen, soziodemographische Daten und Interessen an die Anbieter zu übermitteln. Diese Informationen nutzen dem Anbieter als Datenbasis für weitere zielgruppenspezifische Marketingaktivitäten (vgl. Beispiel der Firma Firely, Abb. 63).

---

[633] Vgl. Hidebrand 1998, Link 1998.

[634] Vgl. Zerdick/Picot/Schrape 1999, S. 194.

[635] Vgl. ausführlicher hierzu Kapitel 7.4.1.3.

[636] Vgl. bspw. Hermanns/Flory 1995, S. 389ff., in bezug auf das Internet auch Eusterbrock/Kolbe 1995, S. 144

[637] Vgl. Bauer/Huber/Henneberg 1999, S. 49.

Abb. 63: One-to-One-Marekting von Firefly
Quelle: http://www.firefly.com

Es gibt verschiedene Möglichkeiten, die Kundenbindung positiv zu beeinflussen. Eine
Möglichkeit besteht in der Integration des Kunden im Rahmen der Leistungserbrin-
gung.[638] Ziel ist es, dem Kunden so ein möglichst auf seine Bedürfnisse abgestimmtes
Produkt anzubieten. Die Folge ist eine grössere Zufriedenheit des Kunden als bei stan-
dardisierten Leistungen. Dies kann Vorbedingung für Wiederholungskäufe sein. Ein
Beispiel für eine solche Integration des Kunden findet sich bspw. beim deutschen Anbieter für Designerwäsche Bruno Banani: Auf seinen WWW-Seiten bietet er einen Bereich, in dem Besucher beurteilen sollen, welche Produkte nach ihrer Meinung die An-
gebotspalette von Bruno Banani am besten ergänzen. Hierzu werden Produktskizzen in
Form von Bildern gezeigt. Die Antwort kann in einem Formular übermittelt werden.
Weitere Konzepte im Bekleidungsbereich sind u.a. die Massanfertigung von Kleidungs-
stücken, Kundenumfragen etc. (vgl. Abb. 64).

---

[638]   Vgl. Engelhardt/Freiling 1995, S. 38ff.

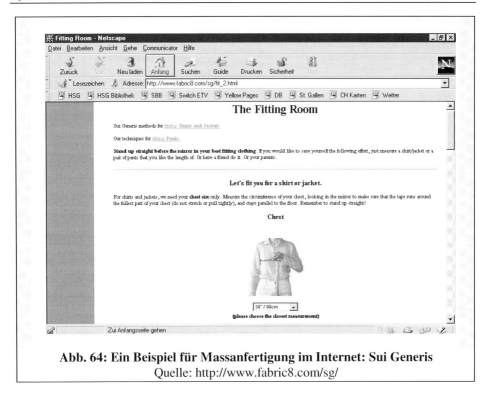

Abb. 64: Ein Beispiel für Massanfertigung im Internet: Sui Generis
Quelle: http://www.fabric8.com/sg/

Die geschickte Verknüpfung von Kundenbindung und Ökologie könnten ökologieorientierte Anbieter auch zur ökologischen Optimierung von Produkten nutzen: Durch den Dialog und Kooperation bei der Entwicklung von Neuprodukten wäre so die Generierung von umwelt- *und* kundenfreundlichen Produkten möglich.[639]

---

[639] Vgl. hierzu ausführlicher Kapitel 7.4.2.

Zwei Beispiele für bedürfnisgerechtes Online-Marketing: Firefly und Sui Generis

Ein Beispiel für individuelles, bedürfnisgerechtes Online-Marketing stellen die Angebote der beiden amerikanischen Unternehmen Firefly und Sui Generis dar: Bei Firefly (vgl. Abb. 63) meldet sich ein Nutzer bspw. bei der Musik-Site MyLaunch (www.mylaunch.com) an und nennt mindestens 10 CDs, die er am liebsten hört. Diese Angaben nutzt die im Hintergrund arbeitende Software und vergleicht sie mit den Angaben der rund 500.000 anderen MyLaunch-Mitgliedern. Dem Nutzer werden dann anhand dieser Daten Vorschläge für den Kauf weiterer CDs gemacht, die nicht von ihm genannt wurden.

Sui Generis bietet den Kunden massgefertigte Kleidungsstücke an (vgl. Abb. 64). Mit Hilfe ausführlicher Instruktionen im Internet kann das exakte Mass der Körperproportionen selbst ermittelt werden. Die so gewonnenen Körpermasse werden dann bei der Bestellung in ein Bildschirmformular eingegeben und an den Konfektionär übermittelt.

Cross-Selling-Aktivitäten

Auch Cross-Selling-Aktivitäten schaffen durch Mengenwirkungen eine Erhöhung des Marktanteils: Das im vorigen Abschnitt beschriebene Individual-Marketing wird den Anbieter in die Lage versetzen, dem Kunden umfassende, auf seine individuellen Bedürfnisse zugeschnittene Ergänzungsvorschläge zu machen. Übertragen auf die Bekleidungsindustrie entspricht das dem **Outfit- oder Coordinates-Gedanken**. So kann sich der Käufer eines Jacketts zusätzlich die passende Hose oder Schuhe auf dem Bildschirm als Kombination darstellen lassen. Anstelle passender Kleidungsaccessoires wäre es auch möglich, **ergänzende Zusatzleistungen** wie die Pflege oder die umwelfreundliche Reinigung der Textilen anzubieten. Im Lebensmittelbereich könnten Anbieter wie Migros oder Coop innerhalb des konventionellen Segments auf neue Öko- oder IP-Produkte aufmerksam machen. Hierdurch liesse sich auch die in Kapitel 3 erwähnte Option einer Quersubventionierung biologischer Lebensmittel durch konventionell produzierte Waren unterstützen. Im Energiebereich wäre eine Ergänzung der Kernleistung «Verkauf von Öko-Strom» durch Serviceleistungen (z.B. eine Energiesparberatung) möglich.

Durch die Zusammenfassung mehrerer ökologieorientierter Unternehmen auf Basis einer gemeinsamen Handelsplattform (sog. «Shopping-Malls») können die Effekte des Cross-

Selling auch **branchenübergreifend** Wirkung zeigen. Hierdurch könnten Konsumenten von Bio-Lebensmitteln dazu veranlasst werden, auch ökologische Textilen oder Strom aus regenerativen Energiequellen zu kaufen. Ferner könnten sich Anbieter durch das Angebot von individuell auf den Kunden zugeschnittenen «**Öko-Packages**»[640], d.h. einem Mix aus Angeboten der Bereiche Strom-, Energie und Textilen o.ä., auf dem Markt differenzieren.

Neue Preisstrategien

Mengenwirkungen sind eng mit den Preisen der angeboten Produkte und Dienstleistungen verknüpft. Das Internet bietet aufgrund der schnellen und kostengünstigen Verbreitung von Informationen vollkommen **neue Ansatzpunkte für innovative Formen von Preisstrategien**. Insbesondere die Strategie des «**Follow-the-free**» findet immer öfter Anwendung. Bei Follow-the-free werden Produkte zunächst kostenlos verkauft, um eine möglichst hohe Marktpenetration zu erlangen, die wiederum durchzusätzliche Attraktivität und über positive Feedbacks eine weitere Beschleunigung der Marktdurchdringung herbeiführt.[641] Populärstes Beispiel ist die Firma Netscape mit ihrem Internet-Brower Navigator. Sie verschenkte ihren Browser, um möglichst schnell bei zahlreichen Nutzern präsent zu sein. Die Refinanzierung der vorab getätigten Investitionen erfolgt im nachhinein durch den Verkauf von kostenpflichtigen Komplementärleistungen, Upgrades oder leistungsfähigeren Premium-Produkten.

Dass sich diese Preisstrategie nicht nur für Software nutzen lässt, sondern sich ohne weiteres auch für klassische Produkte anbietet, lässt sich am Beispiel D. Rockefellers zeigen: Schon vor etwa 100 Jahren verschenkte er Petroleumlampen, um anschliessend am Verkauf des Petroleums zu verdienen. Innovative Unternehmen wie das amerikanische Unternehmen FreePC (http://www.freepc.com) verschenken einen kompletten PC und finanzieren sich durch Werbung und Zusatz-Service-Angebote. Ähnlich wird auch in Deutschland bei den Mobilfunkanbietern vorgegangen: Durch die subventionierte Abgabe von Handys bei Abschluss eines Nutzungsvertrages wird in den Aufbau einer

---

[640] Vgl. hierzu auch Belz 1995.

[641] «Follow-the-free» stellt eine Extremform der Penetrationsstrategie dar. Vgl. Zerdick/Picot/Schrape 1999, S. 190 ff.

installierten Basis investiert. Umsätze werden in diesem Fall durch den Verkauf der Komplementärleistung «Telefondienst» generiert. Das Investment finanziert sich somit über Gesprächsgebühren.[642]

Im folgenden zwei Ansätze, die heute noch etwas visionär erscheinen mögen, jedoch Mut für neue Ideen machen sollen:

- Ökologieorientierte Energiedienstleister: Mit kostenlosen bzw. subventionierten, kostengünstigen Erstinstallationen von Solar-, Windkraftanlagen etc. liessen sich interessierte, aber preissensible Verbraucher für die Nutzung regenerativen Energiequellen gewinnen. Refinanziert würden diese Investitionen durch beim Kauf der Anlagen vertraglich fixierte Öko-Strom-Lieferungen, die den verbleibenden Restbedarf an Strom decken würden.

- Anbieter ökologisch erzeugter Textilien/Lebensmittel: Textilunternehmen könnten bspw. kostenlose Zusatzleistungen oder passende Accessoires zusammen mit der bestellten Ware verkaufen («Bundling»). Grosshändler für Lebensmittel wie Migros oder Coop könnten dem 'konventionellen Warenkorb' auf die Konsumentenbedürfnisse abgestimmte kostenlose Bio-Proben beilegen (vgl. hierzu die Ausführungen zu Cross-Selling im vorhergehenden Abschnitt). Im Fall der nicht völlig kostenfreien Abgabe der Produkte, kann das «Follow-the-free»-Prinzip auch in eine Strategie der Quersubventionierung von Bio-Produkten umgewandelt werden.

Gererell stellt die Vorgehensweise des «Follow-the-free» aufgrund des anfänglichen Verzichts auf Umsätze eine erhebliche Investition in die Zukunft dar, die zwangsläufig mit einem hohen unternehmerischen Risiko verbunden ist. Dennoch bietet diese Preisstrategie zwei entscheidende Vorteile für Anbieter in Umweltmärkten: Erstens hat die kostenlose Abgabe von Öko-Produkten einen hohen **Publicity-Effect**. Dieser bietet sich in idealer Weise an, um auf sich und sein Produktsortiment aufmerksam zu machen. Zweitens besteht die Möglichkeit, sich einen **neuen Kundenstamm** aufzubauen, indem Erstkäufer durch die erst später in Anspruch zu nehmenden Zusatzleistungen u.U. die Attraktivität des übrigen Warensortiments kennenlernen und sich möglicherweise auch langfristig an das Unternehmen binden lassen.

---

[642]   Vgl. Zerdick/Picot/Schrape 1999, S. 192.

Virtuelle Kooperationen und Netzwerke

Ein weiterer Weg, Mengeneffekte durch verminderte Preise zu generieren, besteht darin, dass die Herstellkosten gesenkt werden. Hierbei spielen Synergien **virtueller Kooperationen und Netzwerke** eine entscheidende Rolle.[643] Das Internet bietet mit seinen Vorteilen einer kostengünstigen, betriebssystemunabhängigen Teilnahme an solchen Kooperationen und Kommunikation von Unternehmen und deren Anspruchsgruppen ideale Ausgangsvoraussetzungen. Insbesondere für kleine und mittelständische ökologieorientierte Unternehmen («Davids»), die nur über sehr begrenzte finanzielle Ressourcen verfügen, ist dies von Bedeutung. Dabei erscheinen für den Kunden die Leistungen einer virtuellen Organisation wie aus einer Hand, obwohl sie faktisch das Ergebnis einer auf viele unabhängige Träger verteilten Leistungserstellung sind.[644] Heute schon anzutreffende Anwendungsformen sind Handelsplattformen bei Bio-Lebensmitteln (z.B. die Malls von Eco-Mall[645] und Oneworld, die virtuelle Grossmarkthalle in Berlin oder der Austrian Country Market)[646] oder Kooperations-Börsen in der Textilbranche (vgl. Modellprojekt von future e.V.). Während die Handelsplattform durch den horizontalen Zusammenschluss vieler unterschiedlicher Anbieter ein möglichst heterogenes Angebot an Bio-Produkten gewährleisten soll und damit als interessante Anlaufstelle für die Konsumenten fungiert, interagieren bei den Kooperationsbörsen auch vor- und nachgelagerte Stufen der textilen Wertkette miteinander: Rohstofflieferanten, Bio-Baumwolle-Verarbeiter sowie -Händler. In beiden Realisierungsformen besteht das Ziel darin, sowohl die Suchkosten zu verringern, als auch durch höhere Einkaufs- und Verarbeitungsmengen die Produktionskosten zu senken und somit am Markt günstiger anbieten zu können.[647]

---

[643] Insbesondere durch steigende Anforderungen eines globalen Wettbewerbs, eine sich ändernde Marktstruktur und das Potential weltweiter Informations- und Kommunikationstechnik gewinnen diese virtuellen Kooperationsformen an Bedeutung. Vgl. Klein 1994, S. 309.

[644] Vgl. Mertens/Faisst 1996.

[645] Vgl. http://www.ecomall.com.

[646] Vgl. hierzu ausführlicher Kapitel 7.5.

[647] Vgl. Schneidewind 1998, S. 226.

7.4.2   Anhebung der relativen ökologischen Qualität

Strategie der ökologischen Qualifizierung

Die Anhebung der relativen ökologischen Qualität stellt einen weiteren Weg auf der Landkarte des ökologischen Massenmarktes dar. Hierbei wurde in den Branchenkapiteln im Rahmen der «6 P» des Öko-Marketings bzw. im Rahmen der Entwicklungspfade auf der Landkarte des ökologischen Massenmarktes mehrmals die Bedeutung von Labels und die Beeinflussung gesetzlicher Mindeststandards betont (vgl. Abb. 65).[648]

	ENERGIE	LEBENS-MITTEL	TEXTIL
ECO GROWTH	Kooperation	Labeling, Kooperation	Kooperation
UPGRADING CONVENTIONALS	-	**gesetzliche Mindest-standards**	**Labeling, gesetzliche Mindest-standards**
ENLARGING THE MIDDLE	Labeling	-	-
UPGRADING THE MIDDLE	Service-angebote	**Labeling**	-
SUSTAINABLE SHRINKING	-	-	Service-angebote
ECO PLUS	-	-	**Labeling**

Abb. 65: Mögliche Handlungsoptionen im Branchenvergleich

Das Internet kann mit seiner Beratungs- und Informationsfunktion in beiden Bereichen wertvolle Unterstützungspotentiale bieten. Im einfachsten Fall können die ökologischen Produktangebote eines Herstellers mit den entsprechenden Institutionen, Umweltschutzorganisationen oder staatlichen Richtlinien und Verordnungen verknüpft («verlinkt»)

---

[648]   Vgl. hierzu die Ausführungen in Kapitel 3., 4. und 5.

werden.[649] Auf diese Art können sich Konsumenten vor dem Kauf ausführlich über die Produkteigenschaften, aber auch über die hinter den Labels stehenden Organisationen und gesetzliche Mindeststandards- oder Richtlinien informieren.

Geht man noch einen Schritt weiter und nutzt die Möglichkeiten des Internet, um sich von anderen Anbietern zu differenzieren, bietet sich die Strategie der ökologischen Qualifizierung an. Die Strategie der ökologischen Qualifizierung betrachtet den Nachfrager als Kunden, der in die Lage versetzt werden soll, Entscheidungen eigenverantwortlich zu treffen (Consumer Empowering).[650] Der Anbieter übernimmt hierbei die aktive Rolle, indem er den Nachfrager mit den entscheidungsrelevanten Informationen versorgt[651] und seinen Informationsvorsprung betreffend den Nachfrager abbaut. Es kommt zu einer Reduzierung der am Markt herrschenden Informationsasymmetrie. Gleichzeitig vermindert sich auf diese Weise auch die Unsicherheit beim Kauf umweltgerechter Güter und Leistungen.[652] Ziel ist es, durch Offenheit Kompetenz zu signalisieren, Vertrauen in das Unternehmen, seine Informationspolitik und seine Leistungen aufzubauen. Die Strategie der Qualifizierung ist demnach eine Massnahme zur Vertrauensbildung und dem Aufbau von Reputation zu sehen.[653] Insbesondere im Hinblick auf langfristige oder wiederholte Käufe stellt Reputation einen zentralen Erfolgsfaktor dar.

---

[649] Vgl. http://www.green-e.org.

[650] Zerdick/Picot/Schrape 1999, S. 198

[651] Der Signaling Ansatz unterstellt, dass die Initiative von der besser informierten Seite ausgeht. Vgl. Kaas 1991, S. 359 sowie Hopf 1983, S. 31f. Signaling stellt neben Reputation und Eingehen von Selbstbindungen einen Weg dar, um sich von sog. Trittbrettfahrern im Markt zu differenzieren. Vgl. Kaas 1992, S. 480f.

[652] Informationsasymmetrie, Unsicherheit und opportunistisches Verhalten sind wesentliche Probleme auf ökologischen Märkten. Vgl. Exkurs in Kapitel 2 sowie Hüser 1996, S. 27 ff.

[653] Vgl. Kaas 1992, S. 481.

Beispiel für eine Strategie der ökologischen Qualifizierung:
Coop NATURAplan

Einen guten Ansatz in Richtung einer Strategie der ökologischen Qualifizierung stellt der Internetauftritt des Schweizer Grosshandelsunternehmens Coop dar: Hier kann der Konsument sich ausgiebig über Produkte sowie deren Herstellungsweise (Bio-Suisse-Knospen-Label) informieren. Zudem soll eine Art vertrauensvolle «vor-Ort»-Atmosphäre vermittelt werden, indem der Kunde per Live-Cam einen Einblick in die Stallhaltung (Schweine, Rinder etc.) werfen oder das Kurz-Portait der angeschlossenen Biobauernhöfe samt Familienphoto anklicken kann. Hyperlinks zu unabhängigen Prüforganisationen und -instituten (Bio-Suisse und Knospenlabel) sowie die Möglichkeit zum Dialog mit dem Unternehmen erhöhen das Vertrauen in die Unternehmung.

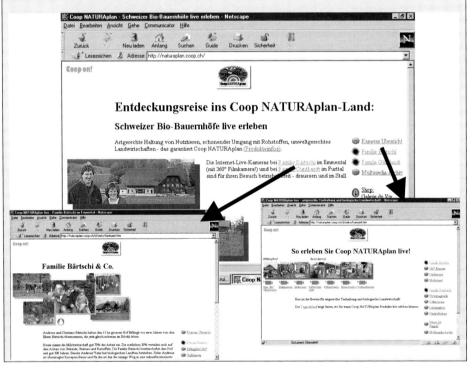

Abb. 66: Informationspolitik bei Coop NATURA Plan
Quelle: http://www.coop.ch

Ökologische Marktentwicklung

Ein weiterer Weg zur Erhöhung der relativen ökologischen Qualität liegt in der Einflussnahme auf das Marktgeschehen. Diese - in Europa noch weitgehend kaum genutzte - Möglichkeit der unmittelbaren Interaktion aller Marktakteure durch das World-Wide-Web schafft die Voraussetzung zur Bildung sogenannter «**Communities**». Eine Community stellt einen Zusammenschluss verschiedener Internetuser dar, die ein gemeinsames Interesse verfolgen (in unserem Fall bspw. über ökologische Probleme, Produkte, etc. zu kommunizieren).[654] Communities lassen sich durch eine breite Palette an interessanten Services sowie Möglichkeiten des Meinungsaustausches, der Unterhaltung etc. aufbauen. Durch die dadurch gewonnene Attraktivität für den einzelnen Internetuser wird eine Community zur zentralen Anlaufstation. Aus strategischer Sicht bietet sich den Betreibern virtueller Marktplätze so die Chance, Einfluss auf die Branche oder bestimmte Branchensegmente zu nehmen. Zwei Formen sind denkbar: Die Interaktion kann zum einem aus einem lockeren Informationsaustausch bestehen (z.B. in themenspezifischen Diskussionsforen und Newsgroups). **Die Einflussnahme auf das Marktgeschehen erfolgt in diesem Fall indirekt**. Erfolgreiche Beispiele für Communities sind Amazon oder Tripod. Bei Amazon können sich Internetuser über Bücher austauschen, während Tripod das Lebensgefühl einer ganzen Generation (18- bis 35-jährige) oder Kundengruppe verkörpert. Die Anziehungskraft dieser Gemeinschaften könnte für die Diffusion ökologischer Einstellungen, Meinungen usw. genutzt werden («Umweltbewusst ist Trendy»). Somit würde der Umweltgedanke nicht nur kostengünstig und unterhaltsam in einem - zwar weiterhin begrenzten - aber breiteren Kreis der Gesellschaft gestreut, sondern möglicherweise auch zu einer Erhöhung des Öko-Produkt-Absatzes beitragen. Letztendlich könnten dadurch auch Marktstrukturen und die politischen Rahmenbedingungen positiv beeinflusst werden.

Eine zweite Form nutzt die strategischen Potentiale der Community, indem sie die Interessen gezielt bündelt und kanalisiert und so - eine entsprechende kritische Masse vorausgesetzt - zur **direkten Einflussnahme auf das Marktgeschehen** nutzt. Denkbare Formen sind u.a. Boykottaufrufe einzelner Organisationen oder Interessenskreise, wie sie schon im letzten Jahr zum Streik gegen hohe Telefongebühren für die Internetnut-

---

[654] Vgl. hierzu auch ausführlicher Hage/Armstrong (1997) und Figallo (1998)

zung organisiert wurden.[655] Hierdurch kann u.U. ein Rückgang herkömmlicher Produktangebote bewirkt werden («Sustainable Shrinking»).[656]

Ähnliche positive Auswirkungen auf die Umwelt gehen von **Kooperationen** zwischen ökologischen Unternehmen bzw. Umweltschutzverbänden oder Verbrauchergruppen aus. Zum einen können solche Zusammenschlüsse den nötigen Druck auf weniger oder nicht umweltgerecht produzierende Unternehmen oder den Staat ausüben. Dies würde die Verbreitung ökologischer Angebote fördern als auch die Weiterentwicklung der gesetzlichen Voraussetzungen für eine umweltverträglichere Wirtschaftsweise forcieren. Zum anderen liesse sich durch den Dialog mit den unterschiedlichen Anspruchsgruppen des Unternehmens jedoch auch die Entwicklung umweltgerechter Neuprodukte und Dienstleistungen vorantreiben: So könnte der Kunde bereits frühzeitig aktiv in die Produktgestaltung miteinbezogen werden, indem online umweltrelevante Produktideen gesammelt und bewertet, Prototypen graphisch im WWW dargestellt und beurteilt werden oder Online-Fragebögen über die Resonanz bei Kunden Auskunft geben würden. Solche Massnahmen korrelieren zudem unmittelbar mit der Kundenzufriedenheit: Ökologieorientierte Unternehmen könnten bspw. durch eine gezielte Abfrage kaufrelevanter Faktoren ihre Produkte so gestalten, dass sie unter der Nebenbedingung einer möglichst geringen Umweltbelastung eine maximale Kundenzufriedenheit erzielen.

7.4.3 Sustainable Shrinking - Verringerung des Gesamtkonsums

Ein alternativer Weg, die Umweltbelastung durch den Konsum herkömmlicher oder ökologischer Produkte zu verringern, besteht in der Verringerung des Gesamtkonsums. Auch hier bietet das Internet Handlungsoptionen: Im Energiebereich können auf Energiesparen spezialisierte Energiedienstleister die Vermittlung von Informationen oder Dienstleistungen zum Energiesparen oder Mitfahrgelegenheiten übernehmen. Auch elektronische Fahrpläne, die eine optimale Beförderung zu einem gewünschten Fahrtziel ermitteln, helfen, den Autokonsum und somit den CO_2-Ausstoss zu verringern. Erste Beispiele finden sich bereits in der Praxis: So kann der Besucher des Naturkostenladens Ambrosia per Mausklick die ÖPNV-Verbindungen zwischen seiner Wohnung und dem

---

[655]   Vgl. o.V. 1999i

[656]   Vgl. ausführlicher zum Sustainable Shrinking Kapitel 7.4.3.

Bioland-Betrieb abrufen.[657] Im Rahmen des Projekts «Öko-Watt GmbH und Co» des Öko-Instituts Freiburg, haben sich 100 Schüler, Eltern und Lehrer zusammengeschlossen, um Investitionen zur Energie- und Wassereinsparung durchzuführen. Mit Hilfe der zu erwartenden Energie- und Wassereinsparungen kann das Anlagekapital verzinst und am Ende der Vertragsdauer zurückerstattet werden. Interessierte Bürgerinnen und Bürger können sich dabei im Internet ausführlich über Projektpartner, Wirtschaftlichkeit und Risiken informieren und sich per Formular für die Zeichnung von Eco-Watt-Beteiligungen anmelden.

7.5 Ökologieorientiertes Online-Marketing: Drei Beispiele aus der Praxis

In Zeitungen, Zeitschriften und in der Literatur sind meist nur die Erfolgsgeschichten der wirklich grossen Internet-Pioniere, wie Amazon oder Dell zu finden. Innovative Ideen kleinerer und mittlerer Unternehmen gehen im gegenwärtigen Publicity-Rummel zum Thema Electronic Commerce meist unter, obwohl das Internet - wie im vorigen Kapitel gezeigt - gerade für kleinere Unternehmen interessante Handlungsoptionen bietet. Im folgenden sollen drei Beispiele aus der Praxis veranschaulichen, wie auch im Umweltbereich diese Chancen genutzt werden können. Es handelt sich hierbei um den **Austrian Country Market** (Lebensmittel), die amerikanischen Unternehmen **APX Energy-Exchange** und **Utility.com** (Energie) sowie das **Webtex** (Textil).

7.5.1 Electronic Marketing für landwirtschaftliche Produkte und Dienstleistungen: Der Austrian Country Market (ACM)

Der Austrian Country Market (http://www.lisa.at) ist eine Electronic Mall für biologisch erzeugte landwirtschaftliche Produkte und Dienstleistungen im World-Wide-Web.[658] Er wurde 1996 als zweijähriges Forschungsprojekt des Instituts für Agrarökonomik der Universität für Bodenkultur Wien initiiert und erfreut sich steigender Beliebtheit.[659]

---

[657] Vgl. http://bs.cyty.com/ambrosia.

[658] Vgl. Haas 1997

[659] So haben sich die Zugriffszahlen von 1996 mit ca. 5700 Zugriffen/Monat auf 13.700 Zugriffe/Monat (1997) bzw. 33.000 Zugriffe/Monat (1998) fast versechsfacht. Vgl. Haas 1997 sowie Haas/Schiebel

Mittels des ACM sollte empirisch ermittelt werden, welche Möglichkeiten das neue Medium Internet für das Marketing landwirtschaftlicher Produkte bietet. Dieser Fokus macht es interessant, das Projekt im Rahmen dieses Buch näher vorzustellen.

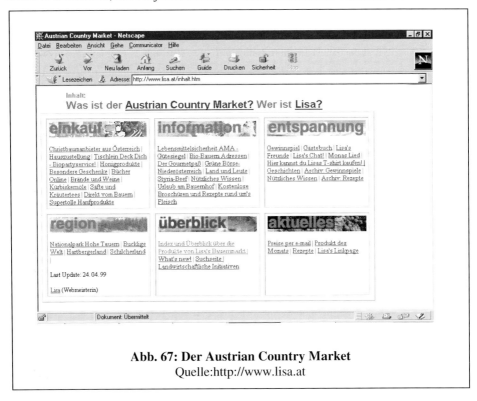

Abb. 67: Der Austrian Country Market
Quelle:http://www.lisa.at

Zu den Teilnehmern am ACM gehören neben verschiedenen landwirtschaftlichen Verbänden und/oder Initiativen (wie z.B. Bundesverband Ernte für das Leben, Bundesverband Urlaub am Bauernhof, Marketingorganisation «Gutes vom Bauernhof» für 800 steirische Direktvermarktungsbetriebe, Steirischer Fleischrinderverband (Styra beef) etc.) auch zahlreiche Anbieter von ökologisch erzeugten Lebensmitteln, wie z.B.:

- Biomobil (Hauszustellung für biologisch erzeugte Lebensmittel)
- Die Freiland GesmbH (Hauszustellung biologischer Lebensmittel in Wien)

1999. Die Wachstumsraten bei den Internet-Einkäufen liegen – abhängig vom Anbieter – zwischen 50-300 %. Vgl. Haas/Schiebel 1999.

- Tischlein Deck Dich (Bio-Party-Service)
- Obst-Most Gemeinschaft Bucklige Welt

Die Vision, die im April 1996 zur Gründung des ACM führte, war der Wunsch, eine Plattform zwischen regionalen Anbietern von landwirtschaftlichen Spezialitäten und den vorwiegend städtischen, gut ausgebildeten und einkommensstarken Internet-Nutzern zu schaffen. Das Ziel des ACM bestand dabei darin, zur Einkommenssteigerung der beteiligten österreichischen Landwirte als auch zur Imagesteigerung der österreichischen Landwirtschaft beizutragen.

Um diese Ziele zu erreichen, wurde ein Internet-Angebot geschaffen, das in 6 Teilbereiche gegliedert ist: Einkauf, Information, Entspannung, Region, Überblick und Aktuelles. Inhaltlich decken diese 6 Teilbereiche die Funktionen von **Information, Entertainment und Business** ab und sollen den Konsumenten dazu veranlassen, das Internet-Angebot sowohl möglichst häufig wieder zu besuchen als auch eine möglichst zu Wiederkäufen zu erreichen. (vgl. Abb. 68).[660]

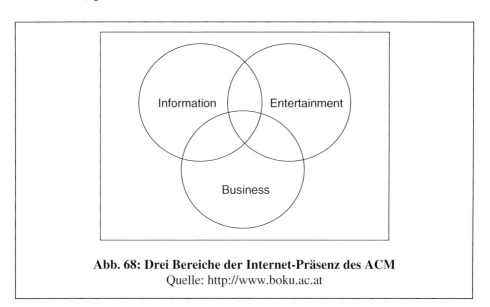

Abb. 68: Drei Bereiche der Internet-Präsenz des ACM
Quelle: http://www.boku.ac.at

---

[660]   Vgl. Haas/Schiebel 1999

Information

Unter der Rubrik «Information» können sich interessierte Internet-Besucher z.B. über die Ziele und Teilnehmer des Austrian Country Market oder das Gütesiegel der Agrarmarkt Austria für österreichische Lebensmittel informieren. Wie in Kapitel 7.4. schon erläutert, sollen derartige Informationen das Vertrauen in das Angebot erhöhen. Sie dienen gleichsam als Substitut für den fehlenden persönlichen Kontakt Kunde-Anbieter. Beim ACM wird diese Vertrauenskomponente ferner dadurch positiv beeinflusst, dass der ACM ein durch zahlreiche staatliche bzw. gemeinnützige Institutionen und Organisationen getragenes Projekt darstellt und vom Bundeslandwirtschaftsministerium mit Geldmitteln gefördert wird.

Das Zusammenfassen mehrerer Anbieter in einem Shopping-Mall hat zudem den Vorteil, dass sich die Suchkosten für den Kunden verringern. So genügt beim ACM eine E-Mail, um die Adresse des nächstgelegenen Bauern im Umkreis von 25 km anzufordern,[661] oder sich für einen Preisvergleich verschiedener aktuelle Angeboter schicken zu lassen. Dies fördert nicht nur die Markttransparenz, sondern forciert auch die Vermarktung von Produkten aus der Region und reduziert die Umweltbelastung durch kurze Transportwege.

Ein weiterer Vorteil ist die Aktualität der Informationen im Internet. So kann rasch auf aktuelle Themen reagiert werden. Als der BSE-Skandal beispielsweise zentrales Medienthema war, konnten Internet-User im ACM auf einen 20-seiten langen Fragen-Antwort-Katalog zurückgreifen, um sich ausführlich über die Gefahren und Probleme von BSE-Rindfleisch zu informieren.

Business

Ziel eines jeden Shopping-Mall stellt der Verkauf von Produkten dar. Je umfangreicher und breiter die Angebotpalette ist, desto eher wird es dabei zu den in Kapitel 7.4.1. beschrieben cross-over-Effekten kommen. Durch die Bündelung von verschiedenen Unternehmen und Institutionen im Rahmen des ACM kann der Besucher der Mall unter der

---

661   Eine Online-Datenbank Adressen ist in der Realisierungsphase. Diese soll eine noch komfortablere Suche ermöglichen, u.a. sowohl nach Produkten als auch nach Regionen, Ortschaften usw. suchen. Vgl. http://www.grueneboerse.at/suchen.htm.

Rubrik «Einkaufen» aus einem heute schon relativ breiten Angebot unterschiedlicher Produkte auswählen. Es reicht von Kürbiskernöl, Wein oder Honig über Obst, Gemüse oder Fleisch bis hin einem biologischen Partyservice. Dies meisten Produkte werden mit Ausnahme des Hauszustellungsdienstes per Versand zugestellt. Bezahlt wird per zur Zeit noch per Nachnahme oder Zahlschein, elektronische Zahlungssysteme sind in Vorbereitung.

Durch die geschickte Verknüpfung von informativen und absatzbezogenen Angeboten können aber auch im Überschneidungsbereich Business-Information spill-over Effekte erzielt werden. Ein typisches Beispiel hierfür wäre die Anforderung eines Kataloges «Urlaub auf dem Bauernhof».[662] Durch dieses Informationsangebot könnten Urlauber dazu veranlasst werden, später Urlaub-auf-dem Bauernhof zu machen.

Entertainment

Durch den ACM begleiten Mona und Lisa. «Mona, die Kuh mit Liebeskummer, und Lisa, das intellektuelle, leicht zerstreute Huhn, bringen auf sympathische und amüsante Weise dem Internet-User landwirtschaftliche Inhalte nahe.»[663] Durch Mona und Lisa wird eine auf emotionale Aspekte basierende Differenzierung des ACM von zukünftigen Konkurrenzangeboten im Internet verfolgt. Die Figuren dienen dabei zur Identifikation des Konsumenten; der Internet User soll sich nicht einer anonymen Shopping-Mall gegenübersehen, sondern den vertrauten Persönlichkeiten von Mona und Lisa. U.a. wurde die emotionale Bindung dadurch zu erreichen versucht, dass die Bauernmarkt-Besucher anfänglich beim monatlichen Gewinnspiel Lisa helfen mussten, ihr verlorenes Ei zu suchen.

Das monatliche Gewinnspiel dient dabei nicht nur der Unterhaltung, sondern gleichzeitg auch als Instrument der Kundenbindung. Zu weiteren Faktoren, die die Wiederkehrrate erhöhen sollen, zählen: Ein Chat, das die Möglichkeit zum gegenseitigen Meinungsaustausch bietet, eine Rezeptsammlung mit Zutaten, die von den

---

[662] Alleine Urlaub auf dem Bauernhof versandte 1997/1998 im Monatsdurchschnitt 130 Kataloge in die ganze Welt; mittlerweile steig diese Zahl auf 220 (Stand Mai 1999). Vgl. Haas/Schiebel 1999

[663] Vgl. Haas 1997.

angeschlossenen Unternehmen erzeugten Bio-Lebensmittel produziert und bestellt werden können.

7.5.2 Ökologisches Informations- und Kooperationsnetz in der textilen Kette: Das TexWeb

Ein weiteres Projekt für die Nutzung des Internet im ökologischen Bereich bildet das vom future e.V. initiierte Projekt «tcxweb».[664] Das Projekt befasst sich mit dem Aufbau eines ökologischen Informations- und Kommunikationsnetzwerkes in der textilen Kette. Es umfasst zur Zeit 4 Kooperationspartner entlang der textilen Kette und wird von der europäischen Union und dem Land Nordrhein Westfalen gefördert.

Im Gegensatz zum ACM wird das Internet hier nicht im Endkundengeschäft (Business-to-Consumer), sondern im inner- und zwischenbetrieblichen Bereich (Business-to-Business) genutzt.[665] Ausgangspunkt für das Anfang 1998 begonnene Modellprojekt ist der tiefgreifende Strukturwandel in der Textil- und Bekleidungsindustrie, der es mehr und mehr nötig macht, ökonomische und ökologische Einsparpotentiale durch die Weiterentwicklung der zwischenbetrieblichen Kooperation zu realisieren. Gleichzeitig eröffnet eine solche Modernisierung der Unternehmensabläufe der textilen Produktions- und Verteilungskette neue Chancen für die Herstellung ökologisch optimierter Produkte. Unter Nutzung der multimedialen und interaktiven Fähigkeiten des Internet werden folgende Ziele verfolgt:[666]

- die überbetrieblichen Informations- und Kommunikationsstrukturen für ökologische und wirtschaftliche Innovationen im Hinblick auf ein branchenweites Netzwerk auszubauen,

- überbetriebliche Kooperationen in der Branche modellhaft zu entwickeln und zu erproben,

- eine Konzeption für die Beteiligung und Qualifizierung von Mitarbeitern und Vorgesetzten in informationstechnisch gestützten Kooperationsnetzwerken zu entwikkeln,

---

664 Vgl. http://www.texweb.de.

665 Der Aufbau eines E-Commerce-Angebotes ist geplant.
     Vgl. http://www.texweb.de/extern/projekt/vorgehen.htm

666 Vgl. http://www.texweb.de/extern/projekt/ziele.htm.

- ressourcenschonende und schadstoffmindernde Innovationspotentiale durch die Erhöhung der Transparenz über produktbezogene Daten sowie Stoff- und Energieverbräuche zu erschliessen sowie

- den Zugang zu einem Markt für ökologisch optimierte Produkte zu öffnen.

Das Projekt ist in mehrere Phasen gegliedert: In einem ersten Schritt wird die **Kommunikation aktueller Produktinformationen** abgestimmt. Dadurch wird die erforderliche Datenbasis für die Angabe ökologischer Qualitätseigenschaften geschaffen und sowohl die Transparenz in Bezug auf Öko-Standards erhöht als auch die Fehlerquote in der überbetrieblichen Zusammenarbeit minimiert. In der projekteigenen Homepage texweb.de (vgl. Abb. 69) bietet das Projekt bspw. eine Datenbank, die eine solche Transparenz herstellt. Als erste Stufe einer ökologischen Bewertung wird auf die Zertifizierung nach Öko-Tex-Standard 100 zurückgegriffen. Die Option zu weiteren umweltbezogenen Angaben steht den Produktanbietern offen.

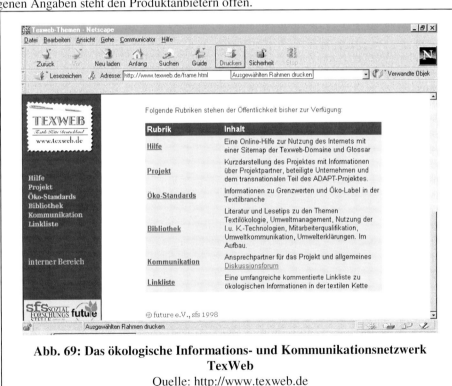

Abb. 69: Das ökologische Informations- und Kommunikationsnetzwerk TexWeb
Quelle: http://www.texweb.de

Die Attraktivität der Domain wird gestärkt durch ein Informationsangebot mit vielfältigen Angaben über Aktivitäten und Akteure der Branche. Die Webseiten beinhalten in der bisherigen Ausbaustufe (Oktober 1999):

- eine Übersicht über die Internetpräsenz von Unternehmen der Branche (nach Bewertungskriterien kommentierte Links),
- eine Aufstellung über Branchenprojekte sowie Links zu weiteren Akteuren der Branche,
- eine Bibliothek mit Literatur zum Umweltmanagement in der Textilindustrie,
- eine Rubrik «Öko-Standards» mit Informationen und einem Diskussionsforum zu ökologischen Produktlabeln,
- Arbeitsmaterialien aus den Erfahrungen in den Projektunternehmen sowie
- ein Kommunikations- und Diskussionsforum.

Weiterführend soll die **Kommunikation über Produkte** vor die faktische Entscheidung über die Kollektion gezogen werden. Entscheidend für den Erfolg ist der Aufbau überbetrieblicher Arbeitskontakte zwischen den Produktveranwortlichen von Konfektionären und Zulieferern. Hierzu werden im Rahmen des Projekts Workshops organisiert, in denen die technischen Möglichkeiten, Erfordernisse und Restriktionen der Ausrüstung für die Kollektion erarbeitet werden. Bereits im Vorfeld lassen sich so machbare Innovationen abgrenzen.

Neben der technischen Umsetzung ökologischer und qualitativ hochwertiger sowie modisch und funktional innovativer Produkte müssen diese auch angemessen am Markt präsentiert werden. Aufbauend auf der ersten Darstellung von Trendinformationen wird ein **E-Commerce-Angebot** entwickelt, das ausgewählte Kollektionen mit Angaben von Verfügbarkeit sowie qualitäts- und umweltbezogenen Eigenschaften präsentiert.

Über diese modellhaften, auf einzelne Unternehmensgruppen bezogenen Ansätze sollen die Kommunikationsgrundlagen der Branche für ökologische Innovationen entwickelt werden. Zielvision ist ein **branchenweit anerkanntes Forum**, in dem Produktinformationen abrufbar sowie benötigte Produkte auffindbar und orderbar sind. Ein solches Forum kann sich als Katalysator für verstärkte Kooperationen in der Kette erweisen. Bisher existiert in der textilen Kette kein allgemein zugängliches Informationssystem, das Angaben über Herkunft und Eigenschaften ökologisch bewerteter Zulieferprodukte bietet.

7.5.3 Öko-Strom-Börse im Internet - «GreenPlanet™ von Utility.com» und der «Green-Power-Market™» von APX

Abschliessend soll die Verknüpfung ökologischer Themenfelder mit dem Medium Internet am Beispiel der Energiebranche verdeutlicht werden. Insbesondere sollen hier die Internet-Angebote des amerikanische Unternehmens «utility.com» bzw. der kalifornischen Firma «APX» vorgstellt werden, die als erste Energiedienstleister neben herkömmlich produzierten Strom auch Öko-Strom über das Internet anbieten.[667]

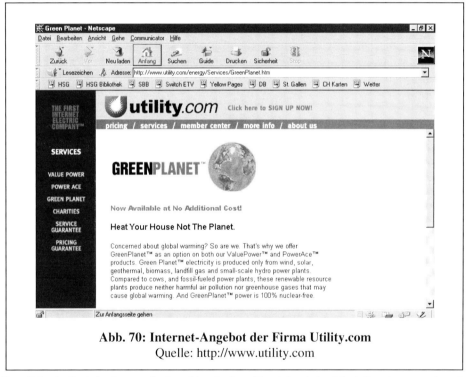

Abb. 70: Internet-Angebot der Firma Utility.com
Quelle: http://www.utility.com

Das Prinzip funktioniert nach dem klassischen Handelsmittler-Modell, wie es auch auf Börsen stattfindet: Angebot und Nachfrage werden über einen Vermittler abgestimmt, ohne dass sich die beiden Marktpartner direkt treffen oder bilaterale Verträge abgeschlossen werden. Für die Anbieter und Nachfrager hat dies zum Vorteil, dass den

---

[667] Vgl. http://www.energy-exchange.com sowie http://www.utility.com.

Marktteilnehmern die Suche nach geeigneten Marktpartnern erspart wird - der Zwischenmakler steht immer als Handelspartner zur Verfügung. Insbesondere auf dem durch viele kleine und kaum wahrnehmbare Anbieter geprägten Öko-Strom Markt bietet ein Börsen-Modell-Vorteile - es verschafft den Erzeugern «sauberen Stroms» die nötige Abnehmerschaft. Die damit verbundenen Betriebsgrössenvorteile ermöglichen ihnen nicht nur eine effizientere Beschaffung, sondern verschaffen ihnen auch eine bessere Marktposition.

Das eigentlich neue und innovative ist beim Internet-basierten Handelsmittlermodell, dass die Abstimmung von Angebot und Nachfrage über das Internet stattfindet:[668] Erzeuger von Ökostrom (Solar, Windkraft, Biomasse, Wasserkraft usw.) lassen sich bei APX oder Utility.com registrieren und bieten ihr Kontingent an Öko-Strom zu ihrem Angebotspreis an. APX bzw. Utility.com erstellen dann ein Portfolio und kaufen Ökostrom bei einigen dieser privaten Anbietern möglichst günstig ein. Der durchschnittliche Preis aller Öko-Strom-Lieferungen ergibt den Kurs, für den der Strom an die Kunden weiterverkauft wird. Interessierte Kunden können sich ebenfalls registrieren lassen und gewisse Stromkontingente einkaufen. Dabei erhalten sie per E-Mail monatlich eine Rechnung, welche sie ebenfalls über das World-Wide-Web per Kredit-Karte bezahlen können.

Durch die Abwicklung des Handels über das Internet lassen sich erstens die anfallenden Transaktionskosten für die Rechnungserstellung und die Kontoführung um ein Vielfaches senken. Laut Chris King, dem CEO bei ultility.com ist eine Reduktion um 90% möglich im Vergleich zur klassischen Rechnung auf Papier.[669] Diese Einsparungen können direkt an den Konsumenten weitergegeben werden.

Die stets aktuellen Kurse und Energiekosten schliesslich haben positive Wirkungen auf den Markt: Von stets aktuellen Handelspreisen im Internet profitieren zum einen die Anbieter von Öko-Strom, weil sie ihre Stromkontingente zum jeweils aktuellen Markt-preis verkaufen können. Somit ist stets die optimale Vergütung des Öko-Strom gewähr-leistet. Zum anderen haben die jederzeit abrufbaren Kurse bzw. Energiekosten Signal-funktion für das Konsumverhalten: Der private oder betriebliche Strom-Abnehmer be-hält sein Stromverbrauch im Auge und kann proaktiv agieren, d.h. er kann bspw. seinen

---

668   Vgl. Picot/Reichwald/Wigand 1998, S. 346
669   Vgl. oV. 1999j

Stromverbrauch in Spitzenzeiten auf Zeiten mit geringerem Strombedarf verlagern (vgl. Abb. 71). Dies ermöglicht ihm, in den Genuss niedriger KWh-Kosten zu kommen. Zudem entlastet er die Umwelt, da aufgrund des ausgeglicheneren Konsumverhaltens auf die Produktion umweltschädlicheren Stroms aus nicht-regenerierbaren Brennstoffen (Kohle oder Kernkraft) in Spitzenzeiten verzichtet werden kann.

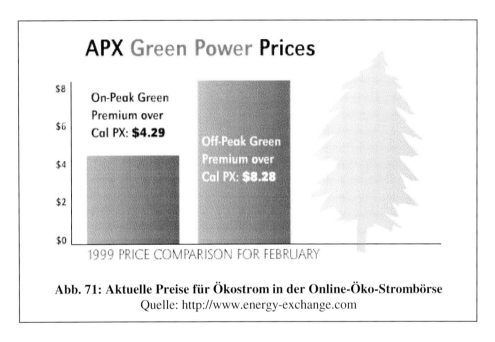

Abb. 71: Aktuelle Preise für Ökostrom in der Online-Öko-Strombörse
Quelle: http://www.energy-exchange.com

7.6 Und die Zukunft? Electronic Öko-Commerce und Massenmarkt

Die theoretischen Ausführungen zum Thema Electronic Commerce auf Umweltmärkten haben deutlich gemacht, welche Potentiale das Internet für die Vermarktung ökologischer Produkte und Dienstleitungen eröffnet. Die vorgestellten Beispiele aus der Unternehmenspraxis machten darüber hinaus deutlich, dass auch im Ökologiebereich erste vielversprechende innovative Ansätze im Electronic Commerce beschritten werden. Selbst wenn die Internet-Angebote noch viele der typischen in Kapitel 7.2. dargestellten Schwächen beinhalten, ist das Engagement positiv zu beurteilen. Denn wie das Beispiel Amazon zeigt, wird Markterfahrung einer der Erfolgsfaktoren der Zukunft sein. Die damit realisierten First-Mover-Vorteile bringen dem Unternehmen nicht nur erhebliche Imagevorteile, sondern dienen gleichzeitig als Markteintrittsbarriere für andere Anbieter. Insgesamt stellt also eine frühzeitige Lern- und Penetrationsstrategie ein erfolgsversprechendes Konzept dar - dies gilt auch für Umweltmärkte. Der häufig vorgebrachte Vorwand, Electronic Commerce eigne sich nur für ganz bestimmte Branchen, wie z.B. Musik/Tonträger, Reisen/Hotels, Finanzdienstleistungen, Bücher sowie Computer/Hard- und Software, muss relativiert werden: Auch spezialisierte Shopping-Malls können nach Meinung von Experten als gewinnträchtige Nischenmärkte mittels EC bearbeitet werden - so auch eine zielgruppenspezifische «grüne» Mall, die vorwiegend ökologische Produkte im Sortiment führt.[670] Die Aussichten sind also - bei genügend innovativem Geist und Engagement - durchaus als positiv zu beurteilen. Vielleicht sieht die Zukunft ja bald so aus:

Ein Ausflug ins Jahr 2005...

Ein ganz gewöhnlicher Donnerstag im Jahre 2005. Es ist schon wieder 20.30 Uhr und Rolf W., Inhaber einer kleinen Öko-Strom-Agentur und Mitinitiator des Öko-Strom-Netzwerkes «Green-Swiss-Power», sitzt immer noch im Büro. Er hat alle Hände voll zu tun; die Leute reissen sich geradezu um Aktien regenerativer Energieträger. Eben hat er noch einen Anruf eines Mitglieds des Öko-Strom-Netzwerkes «Green-Swiss-Power e.V.» erhalten. Der Anrufer teilt ihm mit, dass er diese Woche seine kleine 10 kWh-Photovoltaik-Anlage in Betrieb nehmen wolle und bittet Rolf W., doch mögliche Abnehmer zu akquirieren. Ein Mausklick im Internet genügt und auf dem Bildschirm erscheint eine Liste möglicher Interessenten mit den dazugehörenden aktuellen Solar-Strom-Preisen. Die Daten entstammen der Öko-Strom-Börse-Schweiz, die seit letztem Jahr in Betrieb ist.

Inzwischen ist es 20.40 Uhr. Feierabend. Rolf W. verlässt das Büro und geht nach Hause. Dort angekommen, klingelt es auch schon an der Haustür. Rolf W. nimmt das am Mittag per Internet bestellt Einkaufspaket des Bio-Lebensmittelgrosshändlers Alex V. entgegen.

---

[670]   Vgl. hierzu die Aussagen der Unternehmensberatung A. T. Kearney sowie des Lehrstuhls Markting II der Universität Mannheim, in: Bauer/Huber/Henneberg 1999, S. 50

Freitag morgen, der Bio-Brötchen-Kurier, ein Tochterunternehmen des Bio-Grosshändlers Alex V.s hat eben frische Gipfeli gebracht, als ihm von seinem persönlichen Terminassistenten per Email die Nachricht übermittelt wird, dass der für heute früh 9:00 vorgesehene Termin mit dem Öko-Energie-Gesamtprojektleiter Thomas D. storniert wurde. Nicht unglücklich über die neu gewonnene Zeit, kommt ihm spontan die Idee, das nun etwas «relaxtere» Frühstück für den noch anstehen Einkauf des Anzugs zu nutzen, den er für die Energietagung nächste Woche benötigt. Nach der ersten Tasse Kaffe aktiviert er daher die Dialogfunktion seines Einkaufs-Assitenten (EA) und beginnt mit der Suche:

EA: Hallo Rolf, suchen Sie «Spezielle Angebote» oder möchten Sie nur «Bummeln»?

Rolf W.:   «Spezielle Angebote.»

EA: «Art des gewünschten Angebots?»

Rolf W.:   «Bekleidung.»

EA: «Anlass?»

Rolf W.:   «Business.»

EA: «Preislimit?»

Rolf W.:   «500 Euro.»

...

Auf Basis von Rolf W.'s Vorstellungen bzgl. Grösse, Farbe und Stoffart und aufgrund der vom System gelernten generellen Einkaufsvorlieben von Rolf W., macht sich der EA auf die Suche nach dem gewünschten Anzug. Nach einigen Sekunden erhält er die Meldung: «12 Angebote liegen vor.» Nach einem schnellen Blick auf die Kurzübersicht, entscheidet sich Rolf W. dafür, die ersten 3 Angebote näher zu prüfen. Die Auswahl ermöglicht es ihm, den gewünschten Anzug von allen Seiten zu betrachten. Ein eingespieltes Video zeigt die Passform am «lebenden Objekt». Nachdem sich Rolf W. für eines der Modelle seines Haus- und Hoflieferanten «Meyer-Öko-Fashion» entschieden hat, gibt er seine individuellen Körperdaten in den Computer ein. Zudem bietet ihm der Computer ein abgestimmtes Pflegeprogramm (Reinigung/Auffrischungsservice) zu den mit Rolf W. individuell ausgehandelten Konditionen an. Da Rolf W. die Bestellung eines passenden Hemdes noch zurückstellen möchte, ignoriert er die Vorschläge seines SA und initiiert die Abbuchung des Betrages von seinem Kundenkonto.

8 Literaturverzeichnis

Aeschbach, U. (1999): Die Öko-Zeichen stehen gut. In: CoopZeitung vom 24.02.1999, Nr. 8, Basel, S. 36.

Ahlert, D./Horstmann, S. (1994): Die vertikale Kooperation im Spannungsfeld zwischen Konfliktverhalten und Direktvertrieb – Strategische Optionen der Bekleidungsindustrie unter Berücksichtigung neuerer US-amerikanischer Lösungskonzeptionen. In: Ahlert, D./Dieckheuer, G. (Hrsg.): Kooperation in der Textilwirtschaft. Perspektiven und Konzepte zur Zusammenarbeit zwischen Industrie und Handel. Schriften zur Textilwirtschaft, Bd. 44, Münster, S. 51-116.

Ahlert, D./Markmann, F. (1999): Strategisches Marketing-Management im Bekleidungseinzelhandel. In: Hermanns, A./Schmitt, W./Wissmeier, U.K. (Hrsg.): Handbuch Mode-Marketing. 2. Aufl., Frankfurt a. Main, S. 907-952.

Albaum, M. (1999a): Die Konsumentenstruktur. In: Hermanns, A./Schmitt, W./Wissmeier, U.K. (Hrsg.): Handbuch Mode-Marketing. 2. Aufl., Frankfurt a. Main, S. 315-334.

Albaum, M. (1999b): Die TW-Kundenstudie. In: Hermanns, A./Schmitt, W./Wissmeier, U.K. (Hrsg.): Handbuch Mode-Marketing. 2. Aufl., Frankfurt a. Main, S. 503-526.

Bänsch, A. (1990): Marketingfolgerungen aus Gründen für den Nichtkauf umweltfreundlicher Konsumgüter. In: GfK - Jahrbuch der Absatz- und Verbrauchsforschung, Nr. 4, S. 360-379.

Bänsch, A./Seydel, S. (1998): Operatives ökologieorientiertes Marketing. In: Hansmann, K.-W. (Hrsg.): Umweltorientierte Betriebswirtschaftslehre - Eine Einführung. Wiesbaden, S. 227-265.

Banz, C. (1997): Die schnellsten Kopierer. In: Tages-Anzeiger vom 05.06.1997, S. 6.

Barth, K. (1999): Grundlagen der Kommunikationspolitik des Handels. In: Hermanns, A./Schmitt, W./Wissmeier, U.K. (Hrsg.): Handbuch Mode-Marketing. 2. Aufl., Frankfurt a. Main, S. 977-1005.

Bartu, F. (1999): EOS rüstet sich für die Marktöffnung, in: NZZ vom 03.07.1999, S. 27.

Basler und Partner/Ecoplan (1996): Solarinitative: Analyse der Auswirkungen, Studie im Auftrag des Bundesamtes für Energiewirtschaft im Rahmen des Forschungsprogramms «Energiewirtschaftliche Grundlagen», Bern.

Bauer, A./Olbrich, H. (1999): Preis- und Konditionenpolitik der Bekleidungsindustrie. In: Hermanns, A./Schmitt, W./Wissmeier, U.K. (Hrsg.): Handbuch Mode-Marketing. 2. Aufl., Frankfurt a. Main, S. 655-676.

Bauer, H.H./Huber, F./Henneberg, S.C.M. (1999): Klick & Kauf – Electronic Commerce als strategische Option für den Handel, in: THEXIS 1/99, S. 47-52.

Beck, U. (1986): Risikogesellschaft. Auf dem Weg in eine andere Moderne. Suhrkamp.

Beck, U. (1996): Das Zeitalter der Nebenfolgen und die Politisierung der Moderne, in: Beck, U./Giddens, A./Lash, S.: Reflexive Modernisierung. Eine Kontroverse. Frankfurt a.M., S. 19-112.

Becker, J. (1994): Vom Massenmarketing über das Segmentmarketing zum Kundenindividuellen Marketing (Customized Marketing). In: Tomczak, T./Belz, C. (Hrsg.): Kundennähe realisieren. St. Gallen, S. 15-30.

Belz, C. (1995): Dynamische Marktsegmentierung. In: Thexis. Fachbericht für Marketing. Nr. 95/2, St. Gallen.

Belz, F. (1995): Ökologie und Wettbewerbsfähigkeit in der Schweizer Lebensmittelbranche, Bern, Stuttgart, Wien.

Belz, F. (1997): Ökologische Sortimentsanalyse im schweizerischen Lebensmittelhandel. Eine explorative Untersuchung. Diskussionsbeitrag Nr. 47 des Instituts für Wirtschaft und Ökologie, Universität St. Gallen.

Belz, F. (1998a): Entstehung und Entwicklung des Biomarktes. Eine wirtschaftshistorische Analyse aus institutionstheoretischer und wettbewerbsstrategischer Perspektive. Diskussionsbeitrag Nr. 66 des Instituts für Wirtschaft und Ökologie, Universität St. Gallen.

Belz, F. (1998b): Lebensmittelhandel als ökologischer Diffusionsagent dargestellt am Beispiel des schweizerischen Fleischmarktes. Internes Arbeitspapier am IWÖ-HSG, Universität St. Gallen.

Belz, F. (1999): Integratives Öko-Marketing: Erfolgreiche Vermarktung von ökologischen Produkten und Leistungen im Konsumbereich. Habilitationsschrift Universität St. Gallen (forthcoming).

Belz, F./Schneidewind, U./Villiger, A./Wüstenhagen, R. (1997): Von der Öko-Nische zum ökologischen Massenmarkt im Bedürfnisfeld Ernährung. Konzeption eines Forschungsbeitrages. IWÖ-Diskussionsbeitrag Nr. 40, Universität St. Gallen.

Belz, F./Villiger, A. (1997): Zum Stellenwert der Ökologie im schweizerischen Lebensmittelhandel. Eine wettbewerbsstrategische Analyse. Diskussionsbeitrag Nr. 46 des Instituts für Wirtschaft und Ökologie, Universität St. Gallen.

Belz, F./Villiger, A. (1998): Aktuelle und potentielle Konkurrenten im schweizerischen Lebensmitteldetailhandel. In: Die Unternehmung 52. Jg. (1998), Heft 5/6. S. 297-308.

BFE (Bundesamt für Energie) (1998): Elektrizitätsmarktgesetz. Bericht über die Ergebnisse der Vernehmlassung, Bern, September 1998.

Binger, D. (1991): Umweltfragebogen von Neckermann. Industrie: «Das ist ein Skandal». In: Textilwirtschaft vom 05.12.1991, Nr. 49.

Binswanger, H.-C. (1998): Was kann und soll die Energiewende bedeuten? in: NZZ, 19. September 1998, S. 29.

Binswanger, M. (1995): Beschäftigungswirksamer ökologischer Strukturwandel in der Schweizer Wirtschaft: Die Bedeutung einer Energiesteuer, IWÖ-Diskussionsbeitrag Nr. 22, Universität St. Gallen, März 1995.

Bio Suisse (1998): Knospe-Wachstum, Qualität und Politik für das nächste Jahrhundert. Medienkonferenz vom 19. März 1998, Basel.

Blättler, T. (1998): Das «Burgdorfer Modell» zur Förderung der Photovoltaik, Standbericht vom 31. Dezember 1997, Industrielle Betriebe Burgdorf, 17.03.1998.

Blickhäuser, J./Gries, T. (1989): Individualisierung des Konsums und Polarisierung von Märkten als Herausforderung für das Konsumgütermarketing. In: Marketing ZFP, Heft 1, I. Quartal, S. 5-10.

Bodenstein, B. F. (1996): Internationale Handelsmarkenpolitik im europäischen Lebensmitteleinzelhandel, Regensburg.

Bodenstein, G./Elbers, H./Spiller, A./Zühlsdorf, A. (1998): Umweltschützer als Zielgruppe des ökologischen Innovationsmarketing - Ergebnisse einer Befragung von BUND-Mitgliedern. Diskussionsbeitrag Nr. 246 des Fachbereichs Wirtschaftswissenschaft der Universität Duisburg, Duisburg.

Borsch, P./Wagner, H.-J. (1992): Energie und Umweltbelastung, Berlin usw.

Braun, R./Matzenbach, D. (1996): Vom Müslilook zum Ökolabel. In: Zeitmagazin vom 13.09.1996, Nr. 38, S. 50-55.

Braunschweig, M. (1989): Erarbeiten strategischer Erfolgspositionen im Bekleidungsmarkt. Bamberg.

Breitenstein, M. (1999): Die ökologische Steuerreform hat viele Gesichter, in: NZZ, 10. März 1999, S. 18.

Breu, S. (1996): Leistungssysteme für Elektrizitätsversorgungsunternehmen (EVU) – Ein marktorientierter Ansatz der Integrierten Ressourcenplanung (IRP), Diss., Universität St. Gallen.

Brüns, B. (1999): Trends erkennen – Strategien ableiten. Systematische Marktinformationen durch das GfK Textilpanel. In: Hermanns, S./Schmitt, W./Wissmeier, U. (Hrsg.): Handbuch Mode-Marketing. 2. Aufl., Frankfurt a. Main, S. 467-487.

Bruhn, M. (1990): Sozio- und Umweltsponsoring. München.

Buhl, T./Cordes-Kraft, M./Cornejo, C./Degen, J.-M./Sandmeier, E.P. (1998): Ein Zeichen setzen: Das Öko-stromlabel, Projektarbeit Nachdiplomstudium Umweltwissenschaften, Universität Zürich, August 1998.

Bundesamt für Gesundheit & Bundesamt für Umwelt, Wald und Landschaft (1997): Nachhaltige Entwicklung. Aktionsplan Umwelt und Gesundheit, Bern.

Bundesamt für Landwirtschaft (1995): Zweite Etappe der Agrarreform. Agrarpolitik 2002. Vorschlag für ein neues Landwirtschaftsgesetz, Vernehmlassungsunterlage, Bern.

Bundesamt für Landwirtschaft (1998): Direktzahlungen 1997 an die Landwirtschaft, Bern.

Bundesamt für Statistik (1999): Statistisches Jahrbuch der Schweiz. Zürich.

Bundesrat (1997a): Botschaft zu einem Bundesgesetz über die «Reduktion der CO_2-Emissionen» vom 17. März 1997, http://www.parlament.ch/internet98/d/programme/archiv%5Fschwerpunkte/ fruehjahr-session%5F1999/co2%5Fd.htm, 06.04.1999.

Bundesrat (1997b): Nachhaltige Entwicklung in der Schweiz, Strategie. Bern.

C&A (1997): Service Organisation for Compliance Audit Management. 1997 Annual Report. Brüssel.

C&A (1998a): C&A Code of Conduct für Supply of Merchandise. Informationsbroschüre, Zürich.

C&A (1998b): fil-à-fil. Das Magazin für C&A-Mitarbeiterinnen, Zürich.

CIPRA (Hrsg.) (1998): Energiezukunft Alpen. Die Öffnung der Strommärkte und die Folgen für die Bergge-biete, Schaan (FL).

Claus, F./Völkle, E./Wiedemann, P.M./Hamm, C. (1995): Informationsbeziehungen in der textilen Kette. In: Zeitschrift für angewandte Umweltforschung, Heft 2, S. 218-226.

Clemon, E. K./Sampler, J. L./Short, J. E. (1997): Introduction. in: International Journal of Electronic Com-merce 1997 Spring Vol 1:3, London.

Collis, D.J./Montgomery, C.A. (1995): Competing on Resources. Strategy in the 1990s. In: Harvard Business Review, Jul/Aug, pp. 118-128.

Conner, K.R. (1991): A historcal comparison of resource-based theory and five schools of thought within industrial organization economics: Do we have a new theory of the firm? In: Journal of Management, 17(1). pp. 121-154.

Coop (1998): Hintergrundinformationen zu den 4 Coop OECO-Kompetenzmarken, Pressematerialien, Coop Schweiz Wirtschaft/Umwelt/PR, Basel, 13. Mai 1998.

Coop (1999): Hintergrundinformationen zu den 4 Coop OECO-Kompetenzmarken, Pressematerialien, Coop Schweiz Wirtschaft/Umwelt/PR, Basel, 27. April 1999.

Couson, S. (1999): Aktivitäten des Dachverbandes Schweizer Jugendparlamente (DSJ) im Bereich der erneu-erbaren Energien, Präsentation der Projektleiterin erneuerbare Energien des dsj im Rahmen der Ar-beitsgruppe Ökostrom an der 12. oikos-Konferenz «Märkte von morgen», Universität St. Gallen, 24. Juni 1999.

Cova, B./Svanfeldt, C. (1993): Societal innovations and the postmodern aestheticization of everyday life. In: International Journal of Research in Marketing, Vol. 10, pp. 297-310.

Crane, A./Peattie, K. (1999): Has green marketing failed ... or was it never really tried? Proceedings of the 8th annual Business Strategy and the Environment Conference, 16.-17.09.1999, Leeds.

Darby, M.R./Karni, E. (1973): Free Competition and the Optimal Amount of Fraud. In: The Journal of Law and Economics, Vol 16, pp. 67-88.

Demoscope (1994): Die Elektizitätswerke im Spiegel der öffentlichen Meinung. Umfrage im Auftrag des VSE, diverse Berichte.

Diethelm, R. (1999): How fuel cells could change the marketplace: Perspectives of a decentralized Swiss energy system in 200X, in: Wüstenhagen, R./Dyllick, T. (Hrsg.): nachhaltige marktchancen dank dezentraler energie? ein blick in die zukunft der energiedienstleistung, Diskussionsbeitrag Nr. 72 des Instituts für Wirtschaft und Ökologie, Universität St. Gallen, S. 28-37.

Dietler, C. (1999): Solides Wachstum dank Innovation und Eigenverantwortung. In: Bio Suisse Medienunterlagen zur Medienkonferenz vom 23. März 1999 in Bern.

Diller, H. (1996): Marketing im Zeitalter der Online-Medien, Arbeitspapier, Universität Erlangen-Nürnberg.

Doebeli, H.P. (1992): Konsum 2000. Schriftenreihe «Die Orientierung», Nr. 101, Bern.

Dolan, R.J./Simon, H. (1996): Power Pricing. How Managing Price Transforms the Bottom Line. New York/London.

Domeyer, B./Pfister, P. (1997): Luxese - oder warum Luxus und Askese kein Widerspruch sind. In: Schweizerischer Bankverein (Hrsg.): Der Monat 12/1997, Basel, S. 44-47.

Domeyer, B./Pfister, P. (1997): Luxese – oder warum Luxus und Askese kein Widerspruch sind. In: Der Monat 12/1997. Hrsg. vom Schweizerischen Bankverein, Basel.

Doswald, C. (1992): Was der Umwelt dient, darf auch mehr kosten. In: SonntagsZeitung vom 31.05.1992.

Dyllick, T. (1982): Gesellschaftliche Stabilität und Unternehmungsführung, Ansätze zu einer gesellschaftsbezogenen Managementlehre, Bern/Stuttgart.

Dyllick, T. (1990): Management der Umweltbeziehungen. Öffentliche Auseinandersetzung als Herausforderung. Wiesbaden.

Dyllick, T. (1999): Umweltmanagement im Spannungsfeld von Integration und Erosion. In: IWÖ-HSG Jahresbericht 1998, Universität St. Gallen, S. 8-9.

Dyllick, T./Belz, F. (1993): Ökologie und Wettbewerbsfähigkeit von Unternehmen und Branche in der Schweiz. Konzeption eines Forschungsprojektes. Diskussionsbeitrag Nr. 1 des Instituts für Wirtschaft und Ökologie, Universität St. Gallen.

Dyllick, T./Belz, F. (1994): Einleitung. Zum Verständnis des ökologischen Branchenstrukturwandels. In: Dyllick, T./Belz, F./Hugenschmidt, H./Koller, F./Laubscher, R./Paulus, J./Sahlberg, M./Schneidewind, U. (Hrsg.): Ökologischer Wandel in Schweizer Branchen. Bern/Stuttgart/Wien, S. 9-30.

Dyllick, T./Belz, F. (1996): Ökologische Positionierungsstrategien. In: Tomczak, T./Rudolph, T./Roosdoorp, A. (Hrsg.): Positionierung. Kernentscheidung des Marketing. St. Gallen, S. 170-179.

Dyllick, T./Belz, F./Hugenschmidt, H./Koller, F./Laubscher, R./Paulus, J./Sahlberg, M./Schneidewind, U. (1994): Ökologischer Wandel in Schweizer Branchen. Bern/Stuttgart/Wien.

Dyllick, T./Belz, F./Schneidewind, U. (1997): Ökologie und Wettbewerbsfähigkeit. Carl Hanser, München/Wien, Verlag Neue Zürcher Zeitung, Zürich.

Eberle, A. (1996): Das Minimalkostenprinzip beim Ausbau staatlicher Infrastrukturleistungen, Optimierung zwischen Finanz- und Umweltknappheit, Diskussionspapier Nr. 33 des Instituts für Wirtschaft und Ökologie, Universität St. Gallen.

Ehrlich, P.R./Raven, P.H. (1964): Butterflies and Plants: A Study of Coevolution, in: Evolution, 18/1964, S.586-608.

Eickhoff, M. (1994): Vertikale Kooperation versus vertikale Integration – Was können die «Isolierten» von den «Integrierten» lernen: In: Ahlert, D./Dieckheuer, G. (Hrsg.): Kooperation in der Textilwirtschaft. Perspektiven und Konzepte zur Zusammenarbeit zwischen Industrie und Handel. Schriften zur Textilwirtschaft, Bd. 44, Münster, S. 117-139.

Eidgenössische Oberzolldirektion (1997): Schweizerische Aussenhandelsstatistik. Jahresstatistik 1997. Bern.

Eisendle, R./Miklautz, E. (Hrsg.) (1992): Produktkulturen. Dynamik und Bedeutungswandel des Konsums. Campus, Frankfurt a. Main/New York.

Engelhardt, W.H./Freiling, J. (1995): Integrativität als Brücke zwischen Einzeltransaktion und Geschäftsbeziehung, in: Marketing ZFP, Jg. 17, Nr. 1, 1995, S. 37-43.

Enquete-Kommission «Schutz der Erdatmosphäre» des Deutschen Bundestages (1995): Mehr Zukunft für die Erde. Nachhaltige Energiepolitik für dauerhaften Klimaschutz. Schlussbericht, Bonn.

Enquête-Kommission «Schutz des Menschen und der Umwelt» des Deutschen Bundestages (Hrsg.) (1994): Die Industriegesellschaft gestalten. Perspektiven für einen nachhaltigen Umgang mit Stoff- und Materialströmen. Bonn.

Enron (1998): EDF applauds Patagonia-Enron windpower deal using electricity choice to benefit the environment, Press Release, July 6, 1998, http://www.wind.enron.com/whatsnew/08-06-98.html, 24. März 1999.

Erklärung von Bern (1999): Vers un Développment Solidaier. Pour des Habits Produits dans la Dignité. Bern

Eurosolar (1997): 71 % bereit zu höheren Strompreisen für Erneuerbare Energien, Presseerklärung der Europäischen Sonnenenergievereinigung Eurosolar e.V., http://www.eurosolar.org/mitteilungen/19970708.infas.html, 2. Juni 1998.

EuroTec (Hrsg.) (1999): «Grüner Strom» – Die Macht der Konsumenten, Tagungsband zur Fachtagung im Rahmen der Messe erneuerbare Energien 1999 in Böblingen, 27.02.1999.

Eusterbrock, C./Kolbe, L. (1995): Aufbau und Gestaltung von Online-Services für den privaten Haushalt, in: der markt, Jg. 34, Nr. 3, 1995, S. 133-146.

Faist, S. /Kytzia, M. (1999): Wie kann ein Grossverteiler zur effizienten Ressourcennutzung beitragen? In: EAWAG-News, 46 D, Januar 1999, S. 24-26.

Falcke, R. (1999): Abgelegt ist angesagt. In: Die Zeit vom 04.03.1999, S. 73.

Feusi, A. (1998): Windkraft im Gegenwind, in: NZZ, 9. Februar 1998, S. 7.

Fichter, K. (1998): Umweltkommunikation und Wettbewerbsfähigkeit. Wettbewerbstheorien im Lichte empirischer Ergebnisse zur Umweltberichterstattung von Unternehmen. Marburg.

Figallo, C (1998): Hosting Web Communities: Building Relationships, Increasing Customer Loyalty and Maintaining A Competitive Edge, John Wiley & Sons.

Filippini, M./Wild, J. (1997): Ein Pool-Modell für die schweizerische Elektrizitätswirtschaft, Working Paper No. 9701, Sozialökonomisches Seminar der Universität Zürich, November 1997.

Firat, A.F. (1991): The Consumer in Postmodernity. In: Advances in Consumer Research, Vol. 18, pp. 70-76.

Firat, A.F./Venkatesh, A. (1993): Postmodernity. The age of marketing. In: International Journal of Research in Marketing, Vol. 10, pp. 227-249.

Fischedick, M. (1999): Einseitige Konzentration auf «imageträchtigen» Solarstrom, in: Erneuerbare Energien, 2/1999, S. 43.

Foerster, R./Stahel, U./Scheidegger, A. (1998): Zuordnung der Ökofaktoren 97 und des Eco-indicator 95 zu Schweizer Oekoinventaren; Standardisierte und kommentierte Liste, öbu Schriftenreihe 16/1998, Zürich.

Franken, M. (1999): «Sauberer Strom im schmutzigen See», in: die tageszeitung, 30. Januar 1999, S. 21.

Fries, J. (1996): Techno und Konsum. Arbeitspapier Nr. 20 des Lehrstuhl für BWL, insbesondere Marketing der Universität Frankfurt a. Main, Frankfurt a. Main.

Frischknecht, R. (1999): Berechnung der Umweltbelastungspunkte verschiedener Strombereitstellungssysteme in der Schweiz, persönliche Mitteilung, Uster, 04.05.1999.

Fuchslocher, H. (1994): Mode-Marketing im Umbruch. Weichenstellung für die Zukunft. Düsseldorf/München.

Funck, D. (1996): Ökologische Sortimentspolitik im Handel. Göttingen.

Fussler, C./James, P. (1996): Drving Eco-Innovation. A breakthrough discipline for innovation and sustainability. London.

Ganz, J. (1999): Der schweizerische Bekleidungseinzelhandel im internationalen Wettbewerb – Probleme, strategische Möglichkeiten, Erfolgsfaktoren. Bamberg (zugl. Dissertation Nr. 2223 der Universität St. Gallen).

Gerth (1998): Bedeutung des Online-Marketing für die Distributionspolitik in: Link, J./Tiedke, D. (Hrsg.): Wettbewerbsvorteile durch Online Marketing : die strategischen Perspektiven elektronischer Märkte, Berlin.

GfS (1996): Landwirtschaft. UNIVOX-Studie III A-96. Institut für Agrarwirtschaft ETH Zürich, Zürich 1996.

Giddens, A. (1992): Die Konstitution der Gesellschaft. Grundzüge einer Theorie der Strukturierung. Campus, Frankfurt a. Main/New York.

Gierl, H. (1995): Diffusion. In: Tietz, B./Köhlers, R./Zentes, J. (Hrsg.): Handwörterbuch des Marketing, Enzyklopädie der Betriebswirtschaftslehre, Bd. IV, 2. vollst. überarb. Aufl., Stuttgart. Sp. 469-477.

Giger, N. (1999): Die EWZ-Solarstrombörse – Das Originalmodell des Elektrizitätswerkes der Stadt Zürich. Konzept und Erfahrung nach zwei Jahren Kundennachfrage, Vortrag auf der Fachtagung «Grüner Strom» – Die Macht der Konsumenten im Rahmen der Messe erneuerbare Energien 1999 in Böblingen, 27.02.1999.

Glauser, H. (1999): Wärmekraftkopplung: Der Schlüssel zu Effizienz und Nachhaltigkeit, in: Wüstenhagen/Dyllick 1999, S. 105-111.

Goodman, A. (1999): Companies of the Year. In: Tomorrow, Jan/Feb, pp. 14-16.

Greenpeace (1999): Gentechnik 1999. Jetzt gibt's Mais! In: Greenpeace. Die Zeitung mit Mehrsicht, 1/99, S. 6-7.

Greenpeace e.V. (Hrsg.) (1998): Saubere Stromversorgung: Klimaschonend und ohne Atomstrom. Ein Konzept für den ökologischen Energiedienstleister der Zukunft. Greenpeace-Bericht, Hamburg, Stand 8/98.

Grundmeier, A.-M. (1996): Evas neue Kleider. Damenoberbekleidung ökologisch kompatibel. Frankfurt a.M. usw.

Guggenbühl, H. (1997): Energieabgabe in vielen Modellen, in: Die Südostschweiz, 6. Oktober 1997, S. 9.

Günthardt, W. (1998a): Mehr Energieeffizienz durch «High Tech», in: NZZ, 17. September 1998, S. 25.

Günthardt, W. (1998b): Tragbares Energiewachstum als Chance, in: NZZ, 19. September 1998, S. 22.

Gutmann, M. (1999): Nahrungsmittel und Getränke. In: UBS Branchenspiegel Schweiz 1998/99, Zürich, S. 8-9.

Haas, R. (1997): Electronic Marketing für landwirtschaftliche Produkte und Dienstleistungen im Internet gezeigt am Beispiel des Austrian Country Market – Angewandte Marketingforschung in einem neuen Kommunikationsmedium, Online-Publikation der Universität Wien (http://www.boku.ac.at/iao/haas.artikel2.html).

Haas, R./Schiebel, W. (1999): Fallbeispiel: Marketing und Internet: Handlungsalternativen, Entscheidungs-, und Erfolgskriterien, in: Wagner, P. (Hrsg.): Marketing in der Agrar- und Ernaehrungswirtschaft, Stuttgart.

Haber, P. (1996): Rauher Wind für Öko-Kleider. In: Ktip vom 28.02.1996, Nr. 4, S. 29.

Hagel III, J./Armstrong A.G. (1997): Net Gain. Profit im Netz. Märkte erobern mit virtuellen Communities, Wiesbaden.

Hamel, G./Prahalad, C.K. (1991): Corporate Imagination and Expeditionary Marketing. In: Harvard Business Review, Jul/Aug, pp. 81-92.

Hamel, G./Prahalad, C.K. (1993): Strategy as Stretch and Leverage. In: Harvard Business Review, Mar/Apr, pp. 75-84.

Hamel, G./Prahalad, C.K. (1994): Competing for the Future. Harvard Business School Press, Boston/Mass. (Hardcover).

Hamel, G./Prahalad, C.K. (1996): Competing for the Future. Harvard Business School Press, Boston/Mass. (Paperback).

Hamrin, J. (1999): Green-e Renewable Electricity Certification Program. Program Overview, in: EAWAG (Hrsg.): Hydropower as Green Electricity, Workshop Proceedings, Zürich 15./16. März 1999.

Hamschmidt, J. (1998): Auswirkungen von Umweltmanagementsystemen nach EMAS und ISO 14001 in Unternehmen. Diskussionsbeitrag Nr. 65 des Instituts für Wirtschaft und Ökologie, Universität St. Gallen.

Hansen, U. (1988): Ökologisches Marketing im Handel. In: Brandt, A./Hansen, U./Schoenheit, I./Werner, K: (Hrsg.): Ökologisches Marketing, Frankfurt a.M., New York, S. 331-362.

Hansen, U./Kull, S. (1996): Der Handel als ökologieorientierter Diffusionsagent - theoretische Überlegungen und ein Blick in die Praxis. In: GfK Jahrbuch der Absatz- und Verbrauchsforschung, 1/96, S. 90-115.

Hennes&Mauritz (1997): H&M in der Schweiz 1997. Werbebroschüre, Genf.

Hennicke, P. (Hrsg.) (1991): Den Wettbewerb im Energiesektor planen. Least-Cost Planning: Ein neues Konzept zur Optimierung von Energiedienstleistungen; Berlin, Heidelberg, New York, Tokyo.

Hermanns, A./Flory, M. (1995): Elektronische Kundenintegration im Investitionsgütermarketing – Eine Studie über die Akzeptanz von vertriebsunterstützenden Informations- und Kommunikationstechnologien durch Kunden, in: Jahrbuch der Absatz- und Verbrauchsforschung, Jg. 41, Nr. 4. 1995, S. 387-406.

Herrmanns/Wissmeier (1999): Mode Marketing via Internet, in: Hermanns/Schmitt/Wissmeier (Hrsg.) : Handbuch Mode-Marketing: Grundlagen, Analysen, Strategien, Instrumente; Ansätze für Praxis und Wissenschaft, Frankfurt/M.

Hetzel, P. (1994): The Role of Fashion and Design in a Postmodern Society. What Challenges for Firms? In: Baker, M.J. (ed.): Perspectives on Marketing Management, Vol. 4, pp. 97-118.

Hetzel, P. (1997a): The Aestheticisation of Everyday Life. A Post-Modern Phenomenon Calling for Illumination and Clarification. Discussion Paper, Strasbourg.

Hetzel, P. (1997b): Auswirkungen der Mode auf das Marketing und die Marketing-Strategien der Industrie. Strassburg.

Hildebrand, V.G. (1998): Kundenbindung mit Online Marketing, in: Link, J./Tiedke, D. (Hrsg.): Wettbewerbsvorteile durch Online Marketing : die strategischen Perspektiven elektronischer Märkte, Berlin

Hinterhuber, H.H. (1985): Die Wettbewerbsfähigkeit als zentrales Element der Unternehmensstrategie. In: WiSt, Heft 7/85, S. 347-353.

Hirtz, H./Schwericke, C. (1999): Produktpolitik der Industrie. In: Hermanns, A./Schmitt, W./Wissmeier, U.K. (Hrsg.): Handbuch Mode-Marketing. 2. Aufl., Frankfurt a. Main, S. 595-628.

Hochreutener, T. (1993): Kein Rezept gegen das Lädelisterben? In: IHA-GfM News, 50. Jg., 1993, Nr. 3. S. 28-30.

Hochreutener, T. (1997): Ihre Chancen in der Preispolitik. In: IHA-GfM News, 54. Jg., 1997, Nr. 3, S. 14-17.

Hofer, K./Stalder, U. (1998): Regionale Produktorganisationen in der Schweiz: Situationsanalyse und Typisierung. SPPU-Diskussionspapier Nr. 9 des Geographischen Instituts der Universität Bern, Bern.

Hoffman, A.J. (1997): From Heresy to Dogma. An Institutional History of Corporate Environmentalism. San Francisco.

Hohmann, P. (1998a): Organic Cotton. Is it a Reality? Vortrag auf der 24th International Cotton Conference in Bremen.

Hopf, M. (1983): Informationen für Märkte und Märkte für Informationen, Diss. Frankfurt/M.

Horstmann, G. (1995): Mode zwischen Law und Label. Vortrag am 07.02.1995 während der cpd Düsseldorf.

Huber, K. (1998): «Dem reinen Effizienz- und Kostendenken sind Leitplanken zu setzen.», in: CIPRA 1998, S. 82-85.

Hummel, J. (1997): Strategisches Öko-Controlling. Konzeption und Umsetzung in der textilen Kette. Wiesbaden (Zugleich Dissertation Nr. 1951 an der Universität St. Gallen).

Hüser, A. (1993): Institutionelle Regelungen und Marketinginstrumente zur Überwindung von Kaufbarrieren auf ökologischen Märkten. In: Zeitschrift für betriebswirtschaftliche Forschung, 63. Jg., 1993, S. 257-287.

Hüser, A. (1996): Marketing, Ökologie und ökonomische Theorie. Gabler, Wiesbaden.

Hüser, A./Mühlerkamp, C. (1992): Werbung für ökologische Güter. Gestaltungsaspekte aus informationsökonomischer Sicht. In: Marketing ZFP, Heft 3, III/1992, S. 149-156.

IEA (International Energy Agency) (1989): Electricity End-Use Efficiency, Paris.

IHA-GfM (1995): IHA-Umweltstudie. Untersuchungsperiode 1986 bis 1994. Hergiswil.

IHA-GfM (1997): Vegi-Produkte im Vormarsch. In: IHA-GfM News, 1/97, S. 29.

IHA-GfM (1998): Vademecum 1998, 22. Jg., o.A.

IHA-GfM (1999): Vademecum 1999, 23. Jg., o.A.

Imper, P./Lüscher, S. (1999): Ein Monopol in Scherben, in: Bilanz, Februar 1999, S. 78-86.

Imwinkelried, B. (1999): Private Power Projects – IPPs as Threat to the Utility Establishment?, in: Wüstenhagen/Dyllick (1999), S. 78-88.

Infras (1995): Quantitative Aspekte einer zukunftsfähigen Schweiz, Arbeitsbericht im Auftag der Schweizer Umweltorganisationen, Zürich.

Jacobs, S. (1999): Aktuelle Entwicklungen in der Praxis des Textileinzelhandels. Seminarunterlagen der Universität Marburg (Seminar vom 15.-29.01.1999), Marburg.

Jegen, M./Wüstenhagen, R. (1999): Modernize it, sustainabilize it! Swiss Energy Policy on the Eve of Electricity Market Liberalisation, paper submitted in April 1999 to: Swiss Political Science Review, Special Issue on Institutionalized Management of Scarce Resources.

Jung, A. (1998): Qualitätsunsicherheit auf dem Markt für Lebensmittel aus ökologischem Anbau. Erklärungsansätze für träges Umweltverhalten unter besonderer Berücksichtigung informationsökonomischer Erkenntnisse, Frankfurt a.M. u.a.

Jungbluth, N. (1998): Ökologische Beurteilung des Bedürfnisfeldes Ernährung. Arbeitsgruppen - Methoden - Stand der Forschung - Folgerungen. Working Paper No. 18, Umweltnatur- und Umweltsozialwissenschaften, Eidgenössische Technische Hochschule, Zürich, August 1998.

Jungbluth, N./Köllner, T. (1999): Ökobilanzierung landwirtschaftlicher Produkte. Nachbearbeitung des 8. Diskussionsforums Ökobilanzen vom 6. Oktober 1998, ETH Zürich, UNS-ETHZ Zürich.

Kaas, K.-P. (1991): Marktinformationen: Screening und Signaling unter Partnern und Rivalen, in: ZfB, Jg. 61, Heft 3, 1991, S. 357-370.

Kaas, K.P. (1992): Marketing für umweltfreundliche Produkte. Ein Ausweg aus den Dilemmata der Umweltpolitik? In: Die Betriebswirtschaft. Heft 4/1992, S. 473-488.

Kaas, K.P. (1993): Informationsprobleme auf Märkten für umweltfreundliche Produkte. In: Wagner, G.R. (Hrsg.) (1993): Betriebswirtschaft und Umweltschutz. Schäffer-Poeschel, Stuttgart, S. 29-43.

Kaas, K.P. (1994): Marketing im Spannungsfeld zwischen umweltorientiertem Wertewandel und Konsumentenverhalten. In: Schmalenbach-Gesellschaft - Deutsche Gesellschaft für Betriebswirtschaft e.V. (Hrsg.): Unternehmensführung und externe Rahmenbedingungen. Kongress-Dokumentation 47, Deutscher Betriebswirtschafter-Tag 1993, Stuttgart, S. 93-112.

Kalakota, R./Whinston, A.B. (1996): Frontiers of Electronic Commerce. Mass. Addison Wesley.

Kerbusk, K.-P. (1998): «Die Kraft, die Macht und das Geld». In: Der Spiegel, Nr. 49, s. 104-106.

King, C. W. (1976): Mode und Gesellschaftsstruktur. In: Specht, K.G./Wiswede, G. (Hrsg.) (1976): Marketing-Soziologie. Berlin, S. 375-392.

Kircher, N. (1998): Optimismus bei den «Big Three». In: Handelszeitung, Nr. 18 vom 29. April 1998, S. 39.

Klein, S. (1994): Virtuelle Organisation, in: WiSt Heft 6, Juni 1994, S. 309-311.

Klement, E. (1998): Zur Bedeutung der Ökologie im Wettbewerb des schweizerischen Brotmarktes. Diskussionsbeitrag Nr. 67 des Instituts für Wirtschaft und Ökologie, Universität St. Gallen.

König, R. (1988): Die Menschheit auf dem Laufsteg. Frankfurt a.Main/Berlin.

König, R./Schuppisser, P.W. (1959): Die Mode in der menschlichen Gesellschaft. Zürich.

Kotler, P. (1986): Megamarketing. In: Harvard Business Review, Nr. 3 und 4/86, S. 117-124.

Kotler, P. (1991): Marketing Management. Analysis, Planning, Implementation, & Control. 7th Ed., Prenticc Hall, Englewood Cliffs.

Kotler, P./Bliemel, F. (1995): Marketing-Management: Analyse, Planung, Umsetzung und Steuerung. 8., vollst. neu bearb. und erw. Aufl., Stuttgart.

Kotler, P./Levy, S. (1971): Demarketing, yes, demarketing. Harvard Business Review, November/December.

Kowalsky, M./Lüscher, S. (1999): Die virtuelle Revolution, in: Die Bilanz 3/99.

Krause, F./Bossel, H./Müller-Reissmann, K.-F. (1980): Energiewende. Wachstum und Wohlstand ohne Erdöl und Uran, Frankfurt/Main.

Krause, J. (1998): Electronic Commerce: Geschäftsfelder der Zukunft heute nutzen, München, Wien.

Kroeber-Riel, W. (1993): Strategie und Technik der Werbung. Verhaltenswissenschaftliche Ansätze. Kohlhammer, Stuttgart.

Kroeber-Riel, W./Weinberg, P. (1996): Konsumentenverhalten. 6. Aufl., München.

Ktip (1993): Informationen zur Fernsehsendung Kassensturz. Nr. 18 vom 17.11.1993.

Kuhn, A. (1998): Schlüsseltechnologie Jugendpower, in: greenpeace die zeitung mit mehrsicht, 2/98, Zürich, S. 7.

Kühn, R./Weiss, M. (1998): Das «Made-in»-Image der Schweiz im internationalen Vergleich. Ausgewählte Resultate der Studie «Image of Countries ans Business 1997». In: Die Unternehmung, 52. Jg., 1998, Heft 1, S. 49-60.

Lautenschütz, R. (1998): Energie- und steuerpolitische Vorentscheide, in: NZZ, 23. Oktober 1998, S. 13.

Ledermann, J. (1996): Der Schweizer Lebensmittelhandel im Umbruch: Perspektiven im internationalisierten Wettbewerbsfeld, Chur, Zürich.

Lehmann, H./Reetz, T. (1995): Zukunftsenergien. Strategien einer neuen Energiepolitik. Berlin, Basel, Boston.

Leibundgut, Y. (1997): Öko-Mode auf dem Prüfstand ... und schon ist man im Kassensturz. In: Textil-Revue, Nr. 27/28 vom 07.07.1997, St. Gallen, S. 16-18.

Leprich, U. (1994): Least-Cost Planning als Regulierungskonzept. Neue ökonomische Strategien zur rationellen Verwendung elektrischer Energie; Freiburg i. B.

Leu, H. (1995): Mehr Gewinn durch Eigenmarken – Worauf müssen Einzelhändler achten? In: Ahlert, D./Dieckheuer, G. (Hrsg.): Erfolg in schwierigen Märkten – internationale Konzepte und Strategien für den Modeeinzelhandel von morgen. Schriften zur Textilwirtschaft, Bd. 46, Münster, S. 181-189.

Leuschner, U. (1999): Wettbewerb in der Praxis, in: Stromthemen Nr. 1, Januar 1999, S. 1 ff.

lid Landwirtschaftlicher Informationsdienst (1999a): http://www.lid.ch/homepage/framezahlen.htm

lid Landwirtschaftlicher Informationsdienst (1999b): http://www.lid.ch/zahlenw/ausundein.htm

Linder Kommunikation AG (1998): Solarstrom vom EW, Dossier für interessierte Elektrizitätswerke, Zürich.

Linder, E./Frauenfelder, S. (1998): Solarstrom – Modelle und Erfolgsfaktoren für eine neue Dienstleistung, in: Bulletin SEV/VSE, 10/98.

Lingenfelder, M./Lauer, A./Funk, C. (1998): Die Markenbereitschaft und Markenakzeptanz vo Konsumenten im Lichte der Informationsökonomie. Arbeitspapier Nr. 5 des Marketing-Lehrstuhls der Universität Marburg.

Link, J. (1998): Grundlagen der zukünftigen Entwicklung des Online Marketing, in: Link, J./Tiedke, D. (Hrsg.): Wettbewerbsvorteile durch Online Marketing : die strategischen Perspektiven elektronischer Märkte, Berlin.

Loeb, B. (1997): Doppelte Qualität mit M-Bio und M-Sano. Interview im Brückenbauer 40, vom 1. Oktober 1997, S. 35.

Lovins, A.B. (1985): Saving Gigabucks with Negawatts, in: Public Utilities Fortnightly, March 21, 1985.

Lütge, G. (1999): Weil dasInternet die Welt beschleunigt, geraten die ökonomischen Gesetze durcheinander, in: Die Zeit, Nr. 4. vom 21. Januar 1999, S. 17-18.

Lutz, C. (1997): Leben und Arbeiten in der Zukunft, 2. Aufl., München.

Meadows, D.H./Meadows, D.L./Randers, J./Behrens, W.W. (1972): Die Grenzen des Wachstums, Stuttgart.

Meffert, H./Kirchgeorg, M. (1998): Marktorientiertes Umweltmanagement. Konzeption – Strategie – Implementierung mit Praxisfällen. 3. Aufl., Schäffer-Poeschel, Stuttgart.

Meier-Ploeger, A. et al. (1996): Steigern Convenience-Produkte den Verzehr von ökologischen Lebensmitteln? In: Ökologie und Landbau, 24. Jg., 1996, Nr. 4. S. 24-26.

Merck, J. (1995): Praktiziertes Umweltmanagement im Otto Versand. In: UmweltWirtschaftsForum, Heft 2, S. 58-60.

Merck, J. (1997): Umweltorientierte Einkaufspolitik am Beispiel Otto Versand. In: Bundesverband Junger Unternehmer (Hrsg.) (1997): BJU-Umweltschutz-Berater. Kap. 4.13.

Mertens, P./Faisst, W. (1996): Virtuelle Unternehmen, eine Organisationsstruktur für die Zukunft?, in: WiSt 25 (1996) 6 , S. 280-285.

Meyer, A. (1999): Kommunikation in der textilen Kette. In: Brickwede, F. (Hrsg.): Stoffstrommanagement. Herausforderung für eine nachhaltige Entwicklung. Osnabrück, S. 167-182.

Meyer, A./ Dyllick, T. (1999): Ökologische Bekleidung zwischen Modephänomen und Wettbewerbschance. Historische Aufarbeitung des produktbezogenen Umweltschutzes im schweizerischen Bekleidungshandel. Diskussionsbeitrag Nr. 73 des Instituts für Wirtschaft und Ökologie, Universität St. Gallen.

Meyer, A./ Hohmann, P. (1999): Other Thoughts, Other Results?! Remei's bioRe Organic Cotton on the Way to the Mass Market. Yet unpublished manuscript, submitted to: greener Management international.

Michels, R.-D. (1999): Sortiments- und Preispolitik im Textileinzelhandel. In: Hermanns, A./Schmitt, W./Wissmeier, U.K. (Hrsg.): Handbuch Mode-Marketing. 2. Aufl., Frankfurt a. Main, S. 953-975.

Mildner, G./Böge, S. (1996): Früher gab es den Laden um die Ecke. Eine vergleichende Transportanalyse von konventionellem und alternativem Handel, Wuppertal Paper Nr. 52, Wuppertal.

Minsch, J. (1998): Direktzahlungen: Überlegungen und Anfragen aus der Sicht der ökonomischen Nachhaltigkeitsforschung. In: Agrarwirtschaft und Agrarsoziologie, 2/98, IAW-ETHZ Zürich, S. 65-88.

Minsch, J./Feindt, P.-H./Meister, H.-P./Schneidewind, U./Schulz, T. (Arbeitsgemeinschaft IWÖ-HSG/IFOK, 1998): Institutionelle Reformen für eine Politik der Nachhaltigkeit, Berlin/Heidelberg/New York.

Minsch, J./Eberle, A./Meier, B./Schneidewind, U. (1996): Mut zum ökologischen Umbau, Basel/Boston/Berlin.

Mintzberg, H. (1988): Generic Strategies. Toward a Comprehensive Framework. In: Lamb, R./Shrivastava, P. (eds.): Advances in Strategic Management. Vol. 5, Greenwich/London, pp.1-68.

Mohr, E./Schneidewind, U. (1995): Brent Spar und Greenpeace. Ökonomische Autopsie eines Einzelfalls mit Zukunft. Diskussionsbeitrag Nr. 28 des Instituts für Wirtschaft und Ökologie, Universität St. Gallen.

Müller, A. (1998): Migros bläst zur Bio-Attacke gegen Coop. In: Cash vom 29.05.1998, Nr. 22, S. 1 und 16-17.

Müller, A. (1999): Der grüne Abstrich blättert ab. Beim Umweltschutz setzt Coop vor allem auf PR - die interne Umweltorganisation wurde abgeschafft. In: Cash Nr. 6, vom 12 Februar 1999, S. 5.

Mutzner, J. (1995): Die Stromversorgung der Schweiz. Entwicklung und Struktur, in: Bulletin VSE/SEV, 12/1995, S. 53-82.

National Resources Defense Council (1998): Choosing Clean Power in California, http://www.nrdc.org/howto/encagp.html, 22.07.1998.

Nehrt, C. (1998): Maintainability of First Mover Advantges When Environmental Regulations Differ Between Countries. In: Academy of Management Review, Vol. 23, pp. 77-97.

Nelson, P. (1974): Advertising as Information. In: The Journal of Political Economy, Vol. 82, Chicago, pp. 729-754.

Nerdinger, F.W./Rosenstiel, L.v. (1991): Psychologie der Mode. In: Hermanns, S./Schmitt, W./Wissmeier, U. (Hrsg.) (1991): Handbuch Mode-Marketing. Frankfurt a. Main, S. 67-83.

Neukom, A. (1998): Kein Konsens zu einer Energieabgabe in Sicht, in: NZZ 13. Oktober 1998, S. 13.

Neukom, A. (1999): Russland als Objekt von Endlagerträumen, in: NZZ 13. Januar 1999, S. 13.

NOK (Nordostschweizerische Kraftwerke) (1999): Bericht und Jahresrechnung zum 84. Geschäftsjahr 1997/98, Baden.

Norberg-Blohm, V. (1998): Creating Incentives for Environmentally Enhancing Technological Change: Lessons from 30 Years of U.S. Energy Technology Policy, in: In: The Greening of Industry Network: Partnership and Leadership: Building Alliances for a Sustainable Future, conference proceedings, Rome, November 15-18, 1998.

Nordmann, T. (1997): Success Stories of Photovoltaic Financing in Europe, Paper presented at the 14th European Photovoltaic Conference & Exhibition, Barcelona, 30 June - 4 July 1997.

Norgaard, R.B. (1994): Development Betrayed: The end of progress and a coevolutionary revisioning of the future; London, New York.

o.V. (1994): Öko-Textilien im Höhenflug. In: Der Bund vom 15.01.1994.

o.V. (1997): Goldene Nase mit Solarstrom, in: Greenpeace, die Zeitung mit Mehrsicht, Ausgabe 4/97 vom Dezember 1997, S. 11.

o.V. (1998a): «Wir stehen überall unter Druck». In: Der Spiegel, Nr. 49, S. 107-110.

o.V. (1998b): Tief verstrickt. In: Der Spiegel, Nr. 52, S. 98-100.

o.V. (1998c): Immer noch mehr Neugierige als Käufer im Internet, NZZ vom 8.12.1998, S. 26.

o.V. (1999a): Kampagne für bessere Arbeitsbedingungen in der Produktion. In: Neue Zürcher Zeitung vom 13.01.1999, S. 14.

o.V. (1999b): Auf dem Markt für Naturtextilien gibt es zu viele Gütesiegel. In: Frankfurter Allgemeine Zeitung vom 22.01.1999.

o.V. (1999c): Top-Lieferanten stärken ihre Position. In: Textil-Revue vom 08.03.1999, Nr. 10, S. 18-19.

o.V. (1999d): Neue Gesellschafter bei SWISSOLAR, in: Swissolar Info, Februar 1999, S. 1.

o.V. (1999e): Pfadi goes Solar, in: Swissolar Info, Februar 1999, S. 2.

o.V. (1999f): Dynamische deutsche Werbewirtschaft, in: NZZ 16. Februar 1999, S. 21.

o.V. (1999g): Nationalratskommission will höhere Energieabgabe, in: NZZ 24. März 1999, S. 14.

o.V. (1999h): Schönauer Netzkauf-Initiative «Ich bin ein Störfall», http://www.oneworldweb.de/schoenau/welcome.html, 11.4.1999.

o.V. (1999i): Netzgeflüster: «Modems auf Halbmast!» – Europäische Surfer proben den Aufstand, NZZ vom 15.1.99.

o.V. (1999j): Buying Electricity on the Web, in: CNN, 1.4.1999.

Ogilvy & Mather (1999): Der erste Markenartikel in Sachen Strom, Düsseldorf.

Osborn, D.E. (1998): Commercialization and Business Development of Grid-Connected PV at SMUD, Sacramento, CA.

Patagonia (1995): Fall/Winter 1995 Katalog.

Pelda, K. (1997): Sichtbare Risse in der Elektrizitätswirtschaft, in: NZZ, 28. November 1997, S. 21.

Pelda, K. (1998): Statt einer nun zwei Netzgesellschaften, in: NZZ, 23. Dezember 1998, S. 23.

Pelda, K. (1999): Swisscom und Sunrise einigen sich. Beigelegter Streit um die Interkonnektionspreise, in: NZZ, 03.02.1999, S. 19.

Pfriem, R. (1996): Unternehmenspolitik in sozialökologischen Perspektiven. Metropolis, Marburg.

Picot, A./Reichwald, R./Wigand, R.T. (1998): Die grenzenlose Unternehmung: Information, Organisation und Management, 3. Überarb. Aufl., Wiesbaden.

Politische Ökologie (1998): Endspurt. Die ökologische Steuerreform vor dem Durchbruch? Nr. 56.

Porter, M.E. (1985): Competitive Advantage. Creating and Sustaining Superior Performance. New York/London.

Porter, M.E. (1991): Toward a Dynamic Theory of Competition. In: Strategic Management Journal, Vo. 12, pp. 95-117.

Porter, M.E. (1992): Wettbewerbsvorteile. Spitzenleistungen erreichen und behaupten. 3. Aufl., Campus, Frankfurt a. Main.

Porter, M.E. (1995): Wettbewerbsstrategie. Methoden zur Analyse von Branchen und Konkurrenten, 8. Aufl., Frankfurt, New York, 1995.

Porter, M.E. (1996): What is Strategy?, in: Harvard Business Review, November-December 1996, S. 61-78.

Porter, M.E. (1998): Competitive Strategy. Techniques for Analyzing Industries and Competitors. The Free Press, New York (Original 1980).

Prognos (1996): Energieperspektiven für die Szenarien I bis III 1990-2030, Studie im Auftrag des Bundesamtes für Energiewirtschaft im Rahmen des Forschungsprogramms «Energiewirtschaftliche Grundlagen», Bern.

Raffee, H. (1979): Marketing und Umwelt. Poeschel, Stuttgart.

Rasonyi, P. (1999): Die Solarstrom-Börsen beflügeln die Anbieter, in: NZZ, 28.01.1999, S. 28.

Reckfort, J. (1997): Der Markt für Textilien und Bekleidung - Strukturen, Entwicklungen, Trends. Arbeitspapier Nr. 33 der Forschungsstelle für Allgemeine und Textile Marktwirtschaft an der Universität Münster, Münster.

Rehn, G. (1993): Will der Konsument wirklich Naturprodukte? Natürliche Grenzen und ökologische Chancen im Einzelhandel. In: Arbeitskreis Naturtextil (Hrsg.): Ökologie und Bekleidung. Frankfurt a. Main, S. 88-108.

Reicherzer, J. (1997): Der Supermarkt als Apotheke. In: Die Zeit, Nr. 19, vom 2. Mai 1997, S. 25 -26.

Reichwald, R./Koller, H. (1995): Informations- und Kommunikationstechnologien, in: Tietz, B./Köhler, R./Zentes, J. (Hrsg): Handwörterbuch des Marketing, 2. Aufl., Stuttgart 1995, Sp. 947-962.

Renggli, M. (1999): Schlagkräftig auch ohne Kraftwerke: Power Marketers als neue Wettbewerber, in: Wüstenhagen/Dyllick (1999), S. 70-77.

Rhodes, S./Brown, L. (1999): Certified: green power, in: International Water Power & Dam Construction, January 1999, S. 28-29.

Richter, R./Bindseil, U. (1995): Neue Institutionenökonomik. In: WiSt, Heft 3, S. 132-140.

Ried, M. (1989): Chemie im Kleiderschrank. Das Öko-Textil-Buch. Reinbek bei Hamburg.

Rieder, C. (1926): Heimatschutz und elektrische Leitungen, in: Heimatschutz, Heft Nr. 6, Sept/Okt. 1926, S. 81-96.

Rigendinger, L. (1997): Blick über den Tellerrand - nachhaltige Entwicklung am Beispiel Ernährung - Ein Beitrag zur Strukturierung des Themas in der Bildungspraxis. Diskussionspapier IP Gesellschaft Teilprojekt Nr. 3, ETH Zürich.

Rodewald, R. (1998): Landschaftsschutz und Widerstand der Lokalbevölkerung, in: CIPRA 1998, S. 102-106.

Rogers, A. (1993): The Earth Summit. A Planetary Reckoning. Los Angeles.

Rogers, E.M. (1983): Diffusions of innovations, 3. Aufl., New York et al.

Rooijen, J. van (1999): Postkartenaktion irritiert Handel. In: Textil-Revue vom 08.04.1999, Nr. 13/14, S. 34-35.

Roome, N. (1994): Business Strategy, R&D management and environmental imperatives. In: R&D management, Vol. 24, pp. 65-82.

Ropertz, H.-R. (1999): Beschaffungsmarketing des Handels. In: Hermanns, A./Schmitt, W./Wissmeier, U.K. (Hrsg.): Handbuch Mode-Marketing. 2. Aufl., Frankfurt a. Main, S. 1095-1117.

Rouhani, S. (1998): Analyse und Interpretation von Preisstrategien des Schweizerischen Lebensmittelhandels am Beispiel von Bioprodukten. Diplomarbeit an der Universität St. Gallen (bei Dyllick, T./Belz, F.).

Rudolph, T. (1996): Erfolgversprechende Positionen in Handel und Gastronomie marktgerecht profilieren. In: Tomczak, T./Rudolph, T./Roosdorp, A. (Hrsg.): Positionierung. Kernentscheidung des Marketing. Thexis. Fachbuch für Marketing, S. 180-192.

Rudolph, T. (1996): Neue Informations- und Kommunikationsmöglichkeiten. Einsatzmöglichkeiten und Auswirkungen im Handelsmanagement. In: Thexis, 13. Jg., 1996, Nr. 4. S. 17-23.

Rudolph, T. (1997): Profilieren mit Methode. Von der Positionierung zum Markterfolg. Frankfurt a. Main/New York.

Rüegg-Stürm, J. (1998a): Neuere Systemtheorie und unternehmerischer Wandel. Skizze einer systemisch-konstruktivistischen ‚theory of the firm'. Manuskript, Universität St. Gallen.

Rüegg-Stürm, J. (1998b): Implikationen einer systemisch-konstruktivistischen ‚theory of the firm' für das Management tiefgreifender Veränderungsprozesse. Manuskript, Universität St. Gallen.

Rühli, E. (1994): Die Resource-based View of Strategy. In: Gomez, P/Hahn, D./Müller-Stewens, G./Wunderer, R. (Hrsg.): Unternehmerischer Wandel. Festschrift für Knut Bleicher. Wiesbaden, S. 31-57.

Sachs, W. (1993): Die vier E's. Merkposten für einen massvollen Wirtschaftsstil, in: Politische Ökologie, September/Oktober 1993, S. 69-72.

Sakar, M.B./Butler, B./Steinfield, C. (1995): Intermediaries and Cyberintermediaries: A Continuing Role for Mediating Players in the Electronic Marketplace, in: Journal of Computer Mediated Communication, Nr. 3, 1995 (http://shum.huji.ac.il/jcmc/vol1/issue3/sarkar.html).

Salzman, J. (1997): Informing the Green Consumer. The Debate Over the Use and Abuse of Environmental Labels. In: Journal of Industrial Ecology, Vol. 1, no. 2, pp. 11-21.

Scheidegger, E. (1996): Sommerflirt in Polyurethan mit Elastan. In: Tages-Anzeiger vom 22.03.1996.

Schimmel, J. (1998): Solarstrom von den St. Galler Stadtwerken - Erfahrungen aus erster Hand, Vortrag am Info-Treff «Solarstrom vom EW», Zürich, 31. März 1998.

Schindler, P. (1997): Cilander macht einen Quantensprung. In: Textil-Revue vom 18.08.1997, Nr. 34, S. 33.

Schindler, P. (1998): Richtung Öko-Tex Standard 1000 fährt der Zug. In: Textil-Revue vom 26.10.1998, Nr. 43/44, S. 12.

Schlusche, K.-H. (1999): Warum eine Marke NaturEnergie?, Vortragsmanuskript, in: EuroTec (Hrsg.): «Grüner Strom» – Die Macht der Konsumenten, Tagungsband zur Fachtagung im Rahmen der Messe erneuerbare Energien 1999 in Böblingen, 27.02.1999.

Schmalen, H. (1993): Diffusionsprozesse und Diffusionstheorie. In: Wittmann, W. et al. (Hrsg.): Handwörterbuch der Betriebswirtschaft, Enzyklopädie der Betriebswirtschaftslehre, Teilbd. 1, 5. vollst. neu gestaltete Aufl., Stuttgart, Sp. 776-787.

Schmalen, H. (1994): Das hybride Kaufverhalten und seine Konsequenzen für den Handel. In: Zeitschrift für Betriebswirtschaft, 64. Jg., Heft 10, S. 1221-1240.

Schmuck, W. (1996): Auf dem Datenhighway zum Kunden. Neue Informations- und Kommunikationstechnologien im Handel. In: Thexis, 13. Jg., 1996, Nr. 4, S. 35-39.

Schneider Karten (1999): Aus dieser Windkraftanlage der Appenzellischen Vereinigung zur Förderung umweltfreundlicher Energien beziehen wir den Strom unserer Papiermacherei, http://212.40.4.10/Windrad.htm, 08.04.1999.

Schneidewind, U. (1995): Chemie zwischen Wettbewerb und Umwelt. Perspektiven für eine wettbewerbsfähige und nachhaltige Chemieindustrie. Marburg.

Schneidewind, U. (1995): Ökologisch orientierte Kooperationen aus betriebswirtschaftlicher Sicht. In: UmweltWirtschaftsForum, Heft 4, S. 16-21.

Schneidewind, U. (1998): Die Unternehmung als strukturpolitischer Akteur. Metropolis, Marburg.

Schneidewind, U./Hummel, J. (1996): Von der Öko-Nische zum Massenmarkt. Ökologisierung des Handels auf freiwilliger Basis. In: Politische Ökologie, Nr. 45, März/April, S. 63-66.

Schulze, G. (1996): Die Erlebnisgesellschaft. Kultursoziologie der Gegenwart. Campus, Frankfurt a. Main/ew York.

Schwarz, U.H. (1987): Über Versuche, die Mode theoretisch einzuholen. In: Soziologische Revue, Jg. 10, S. 149-159.

Schweizer Baumwollinstitut (1992): Die ökologische Herausforderung. Theorie und Praxis beim Kauf von Textilien. Zürich.

Schweizerischer Bundesrat (1992): Siebter Landwirtschaftsbericht, Bern.

Schweizerisches Verkaufsförderungs-Forum (1998): Detailhandel Schweiz 98. Hrsg.: Fuhrer/Partner, Gottlieb Duttweiler Institut, IHA-GfM, Hergiswil.

Senn, C./Belz, C. (1994): Key Account Management - Bestandesaufnahme und Trends. Thexis-Fachbericht für Marketing, Nr. 2, St. Gallen.

Sieler, C. (1994): Ökologische Sortimentsgestaltung, Wiesbaden.

Simmel, G. (1905): Philosophie der Mode. In: Rammstedt, O. (Hrsg.) (1995): Georg Simmel - Gesamtausgabe. Frankfurt a. Main, S. 9-37.

Sladek, M. (1999): Watt Ihr Volt aus Schönau – Öko-Strom für alle!, Vortragsmanuskript, in: EuroTec (Hrsg.) (1999).

Solarthemen (1999): Ökostrom-Anbieter, Datenbankauszug, Stand 14.1.99, Bad Oeynhausen.

Spiller, A. (1996): Ökologieorientierte Produktpolitik. Forschung, Medienberichte und Marktsignale. Metropolis, Marburg.

Spirig, K. (1999): Chancen für Newcomer und Kooperationen im dezentralen Energiemarkt, in: Wüstenhagen, R/Dyllick, T. (1999), S. 89-97.

SSGN (1998): Mit viel Energie in die Zukunft, Jahresbericht 1997 der Solarspargenossenschaft SSGN, Rünenberg.

Shrivastava, P. (1995): Environmental technologies and competitive advantage. In: Scientific Management Journal, Vol. 16, pp. 183-200.

Steilmann, K. (1994): Beschleunigung – eine Modeerscheinung? In: Backhaus, K./Bonus, H. (Hrsg.): Die Beschleunigungsfalle oder der Triumph der Schildkröte. Stuttgart, S. 94-110.

Strohm, H. (1986): Friedlich in die Katastrophe. Eine Dokumentation über Atomkraftwerke, 12. Auflage, Frankfurt am Main.

Suter, P./Frischknecht, R. at.al. (1996): Ökoinventare von Energiesystemen. Grundlagen für einen ökologischen Vergleich von Energiesystemen und den Einbezug von Energiesystemen in Ökobilanzen für die Schweiz, Zürich/Villigen/Würenlingen.

Sutter, C. (1999): Ökobilanzierung grüner Stromprodukte in liberalisierten Märkten, Diplomarbeit, ETH Zürich Departement X B.

Tanner, C. et al. (1998): Internale und externale Restriktionen und Ressourcen des ökologisch nachhaltigen Lebensmitteleinkaufs. Forschungsbericht 1998-2, Bern.

Tomczak, T./Reinecke, S. (1995): Die Rolle der Positionierung im strategischen Marketing. In: Thommen, J.-P. (Hrsg.): Management-Kompetenz. Zürich, S. 499-517.

Tomczak, T./Roosdorp, A. (1996): Positionierung - Neue Herausforderungen verlangen neue Ansätze. In: Tomczak, T./Rudolph, T./Roosdorp, A. (Hrsg.): Positionierung. Kernentscheidung des Marketing. Thexis. Fachbuch für Marketing, S. 26-42.

Töpfer, A. (1985): Die Umwelt- und Benutzerfreundlichkeit von Produkten als strategische Unternehmensziele. In: Marketing Zeitschrift für Forschung und Praxis, 7. Jg. 1985, S. 241-251.

Troge, A. (1999): Erneuerbare Energien – Raus aus der Käseglocke! in: Erneuerbare Energien, 2/1999, S. 6-8.

Truffer, B. (1998): «Green Electricity»: Ecological Product differentiation for the Greening of Electricity. In: The Greening of Industry Network: Partnership and Leadership: Building Alliances for a Sustainable Future, conference proceedings, Rome, November 15-18, 1998.

Truffer, B./Bloesch, J./Bratrich, C./Wehrli, B. (1998): «Ökostrom»: Transdisziplinarität auf der Werkbank, in GAIA, Nr. 1/98, S. 26-35.

Umweltschutzamt (1998): Agenda 21 - für eine nachhaltige Entwicklung, Umweltschutzamt, St. Gallen.

UNFCCC (United Nations Framework Convention on Climate Change) (1999): Kyoto Protocol to the United Nations Framework Convention on Climate Change, http://www.unfccc.de/resource/docs/cop3/protocol.pdf, 06.04.1999.

Velimirov, A./Plochberger, K. (1995): Nicht alles, was golden ist, ist auch Delicious! Neue Untersuchung zur Qualität unterschiedlich angebauter Äpfel. In: das bioskop. Fachzeitschrift für Biolandbau und Ökologie, Nummer 6/95, S. 4-8.

Verdin, P./Williamson, P. (1994): Successful Strategy. Stargazing or Self-examination? In: European Management Journal, Vol. 12, no. 1, pp. 10-19.

Villiger, A. (1998): Vom Subventionsverdruss zum Bio-Boom. Analyse der Diffusion biologischer Lebensmittel anhand des ökologischen Transformationsprozesses. Diskussionsbeitrag Nr. 70 des Instituts für Wirtschaft und Ökologie, Universität St. Gallen.

Villiger, A./Belz, F. (1998): Von der Öko-Nische zum ökologischen Massenmarkt - Eine Analyse der Diffusion von biologischen Lebensmitteln anhand des ökologischen Transformationsprozesses. In: der markt, Zeitschrift für Absatzwirtschaft und Marketing, 1998/2, 37. Jg., Nr. 145. S. 68-82.

Villiger, A./Choffat, A. (1998): Von der Öko-Nische zum Massenmarkt. Kommunikation – mit Glaubwürdigkeit zum Erfolg. In: UmweltFocus, Juni, S. 10-11.

Volle, O. (1997): Die ökologische Herausforderung in der Getränkckartonindustrie, Bern, Stuttgart, Wien.

Von Krogh, G.F./Rogulic, B. (1996): Branchen gestalten statt Marktanteile verwalten. In: Tomczak, T./Rudolph, T./Roosdorp, A. (Hrsg.): Positionierung. Kernentscheidung des Marketing. Thexis. Fachbuch für Marketing, S. 58-68.

VSE (1999): Erzeugung und Abgabe elektrischer Energie in der Schweiz, in: Bulletin SEV/VSE, Heft 4/99, S. 75-76.

Vulic, S. (1998): Klarer Punktsieg für Bio-Äpfel. In: Coop Zeitung Nr. 41, vom 7. Oktober 1998, S. 36.

Walter, U. (1999): Sozial ist bei Kleidern mehr als Öko. In: St. Galler Tagblatt vom 13.01.1999, S. 9.

Watson, J. (1999): Perspectives of Decentralised Energy Systems in a Liberalised Market: The UK Experience, in: Wüstenhagen/Dyllick (1999), S. 38-47.

Watzlawick, P. (1981): Selbsterfüllende Prophezeiungen. In: Watzlawick, P. (Hrsg.): Die erfundene Wirklichkeit. Wie wissen wir, was wir zu wissen glauben? Beiträge zum Konstruktivismus, München 1981, S. 91-110.

Weinhold, H. (1989): Hauptaspekte von Marketing und Qualität. In: Thexis, Nr. 6, S. 32-37.

Weinhold, H./Belz, C./Rudolph, T. (1991): Auswirkungen einer Europäisierung auf den Einzelhandel in der Schweiz, Chur/Zürich.

Weisskopf, T. (1999): Energie-Contracting – eine Übersicht, in: Bulletin SEV/VSE, 4/99, S. 28-30.

Welford, R./Starkey, R. (1995): Business and the Environment. London.

Weller, T. (1998): Green Pricing: kundenorientierte Angebote der Elektrizitätswirtschaft, in: Zeitschrift für Energiewirtschaft, Heft 1/98, S. 58-70.

Weskamp, C. (1996): Wohin die Reise geht. Bestandsaufnahme der deutschen Textil- und Bekleidungsindustrie. In: Politische Ökologie, Nr. 45, März/April 1996, S. 26-30.

Widmer, F. (1993): Coop Naturaplan - ein Konsumentenbedürfnis, Vortrag anlässlich der Medienkonferenz Coop Naturaplan vom 29. April 1993, Basel.

Willnecker, R. (1998): C&A, Brenninkmeyer. Mit Umweltschutz an die Öffentlichkeit. In: Textil-Revue vom 11.05.1998, Nr. 19/20, S. 23.

Windhoff-Héritier (1987): Policy-Analyse. Eine Einführung. Frankfurt a. Main/New York.

Wiser, R. (1998): Supporting Renewable Generation Through Green Power Certification; The Green-e Program, Forschungsbericht Nr. LBNL-42485, Lawrence Berkeley National Laboratory, Berkeley CA, September 1998.

Wiswede, G. (1971): Theorien der Mode aus soziologischer Sicht. In: Jahrbuch der Absatz- und Verbrauchsforschung, Heft 1, S. 79-93.

Wiswede, G. (1991): Soziologie der Mode. In: Hermanns, S./Schmitt, W./Wissmeier, U. (Hrsg.) (1991): Handbuch Mode-Marketing. Frankfurt a. Main, S. 85-108.

Witt, H.-J. (1999): Die Spiegel-Outfit-Studie. In: Hermanns, A./Schmitt, W./Wissmeier, U.K. (Hrsg.): Handbuch Mode-Marketing. 2. Aufl., Frankfurt a. Main, S. 435-452.

Wolff, H./Scheelhaase, J.D. (1998): Sustainable Development – weder Illusion noch Schicksal der Energiewirtschaft, in: GAIA Nr. 1/1998, S. 36-49.

Wölfing, S. et al. (1998): Die Vermittlung handlungsrelevanter Informationen für den ökologisch nachhaltigen Lebensmitteleinkauf. Forschungsbericht 1998-3, Bern.

Wong, V./Turner, W./Stoneman, P. (1996): Marketing Strategies and Market Prospects for Environmentally-Friendly Consumer Products. In: British Journal of Management, Vol. 7, pp. 263-281.

Wüstenhagen, R. (1997): Ökologie im Catering-Markt Schweiz: Branchenanalyse und Beurteilung ökologischer Wettbewerbsstrategien in der Gemeinschaftsgastronomie, Diskussionsbeitrag Nr. 45 des Instituts für Wirtschaft und Ökologie, Universität St. Gallen.

Wüstenhagen, R. (1998a): Green Electricity in Switzerland. A Mere Eco-Niche or the first Step Towards a Sustainable Energy Market at Large? In: International Association for Energy Economics (eds.): Energy Markets: What's New? Berlin, pp. 143-151.

Wüstenhagen, R. (1998b): Pricing Strategies on the Way to Ecological Mass Markets, in: Greening of Industry Network (ed.): Partnership and Leadership - Building Alliances for a Sustainable Future, Proceedings of the 7th International Conference, November 15-18, 1998, Rome.

Wüstenhagen, R. (1998c): Greening Goliaths vs. Multiplying Davids – Pfade einer Coevolution ökologischer Massenmärkte und nachhaltiger Nischen, Diskussionsbeitrag Nr. 61 des Instituts für Wirtschaft und Ökologie, Universität St. Gallen.

Wüstenhagen, R./Dyllick, T. (Hrsg.) (1999): nachhaltige marktchancen dank dezentraler energie? ein blick in die zukunft der energiedienstleistung, Diskussionsbeitrag Nr. 72 des Instituts für Wirtschaft und Ökologie, Universität St. Gallen.

Wüstenhagen, R./Grasser, C./Kiefer, B./Sutter, C./Truffer, B. (1999): Green Electricity Labelling in Switzerland: A Powerful Tool to Enhance Sustainable Energy Market Penetration?, in: European Council for an Energy Efficient Economy (eds.): Energy Efficiency and CO_2 reduction: The dimensions of the social challenge, proceedings of the ECEEE 1999 Summer Study, Mandelieu, May 31 - June 4, 1999.

Wüstenhagen, R./Meyer, A./Villiger, A. (1999): Die «Landkarte des ökologischen Massenmarktes», in: Ökologisches Wirtschaften, 1/1999, S. 27-29.

Wüthrich, B. (1992): Der Jute-Phönix steigt aus der Plastik-Asche. In: Die Weltwoche vom 13.02.1992, S. 69.

WWF (1993): Kleider. Informationen von Konsum&Umwelt, Nr. 11/93, Zürich.

WWF Panda (1996): Ökologie kommt in Mode. Der WWF ebnet den Weg. In: WWF Panda-Katalog, Herbst, S. 24-25.

Zentrum für biologischen Landbau Möschberg (Hrsg.) (1993): Biologischer Landbau - Illusion oder Chance? Grosshöchststetten.

Zerdick, A./Picot, A./Schrape, K. (1999): Die Internet-Ökonomie: Strategien für die digitale Wirtschaft, Berlin/Heidelberg.

Zerfass, A. (1996): Unternehmensführung und Öffentlichkeitsarbeit. Grundlegung einer Theorie der Unternehmenskommunikation und Public Relations. Westdeutscher Verlag, Opladen.

Zuber, M. et al. (1996): Die Handels- und Verarbeitungsspannen bei landwirtschaftlichen Erzeugnissen. Bericht der Abteilung Agrarwirtschaft, Brugg.